空间分析方法与技术

许 镇 主 编

朱勇彦 副主编

天津大学出版社

TIANJIN UNIVERSITY PRESS

图书在版编目（CIP）数据

空间分析方法与技术 / 许镇主编；朱勇彦副主编
. -- 天津：天津大学出版社，2023.11
　ISBN 978-7-5618-7415-8

　Ⅰ.①空… Ⅱ.①许… ②朱… Ⅲ.①地理信息系统
－系统建模 Ⅳ.① P208.2

中国国家版本馆 CIP 数据核字 (2023) 第 034950 号

出版发行	天津大学出版社
地　　址	天津市卫津路 92 号天津大学内（邮编：300072）
电　　话	发行部：022-27403647
网　　址	www.tjupress.com.cn
印　　刷	北京虎彩文化传播有限公司
经　　销	全国各地新华书店
开　　本	787mm×1092mm　1/16
印　　张	20.625
字　　数	515 千
版　　次	2023 年 11 月第 1 版
印　　次	2023 年 11 月第 1 次
定　　价	59.00 元

前　　言

随着现代卫星导航、无线移动等定位技术的发展,具有空间位置的信息大量涌现,如何利用这些空间数据挖掘空间对象的分布和变化规律至关重要。空间分析就是一种面向空间数据的定量化分析技术,用来评价空间数据的格局、分布、关系以及发展过程和趋势。空间分析方法与技术为这些海量空间数据的存储、管理、查询、访问提供了有效的解决方案;同时,也在空间统计分析、空间数据挖掘、空间知识发现及地理和地质空间建模等方面得到了广泛应用,成为空间信息技术发展的重要支撑。

本书主要用于"空间分析方法与技术"课程的实践教学,帮助学生提高空间分析与建模能力和自学能力。全书内容包括空间关系计算与分析、空间目标特性、GIS 空间分析模型、三维数据的空间分析方法、空间数据性质分析、空间数据库查询与设计、空间杆系结构的三阶共失效分析、空间态势二维可视化技术、空间态势量化分析技术等,逻辑清晰、内容丰富,并通过问题及自我练习引导学生思考,快速掌握软件及原理。通过阅读本书,希望了解基本的空间分析知识与应用方法的读者可以迅速掌握空间分析的主要手段;具有一定基础的读者,可以从本书中发现空间分析研究的一个新框架和前沿知识。本书既阐述了空间分析基础内容,又具有前瞻性,可以满足不同层次读者的需求。

空间数据库技术的发展日新月异,特别是大数据技术的发展对空间数据库提出了许多新的要求,带来了诸多挑战。受时间、篇幅、知识面和材料限制,本书还存在很多不足之处,期待您的批评指导,以便我们在后续工作中不断完善相关内容。

编者

2023 年 8 月

目　　录

第一章　空间关系计算与分析 ································· 1

　第一节　空间关系的特征和分类 ························· 1

　第二节　拓扑关系计算与分析 ··························· 2

　第三节　方向关系计算与分析 ··························· 5

　第四节　距离关系计算与分析 ·························· 12

第二章　空间目标特性 ··································· 18

　第一节　空间目标特性基本含义及用途 ················· 18

　第二节　空间目标几何与材质特性 ····················· 22

　第三节　空间目标运动特性 ··························· 23

　第四节　空间目标光学特性 ··························· 41

　第五节　空间目标雷达特性 ··························· 54

第三章　GIS 空间分析模型 ······························ 60

　第一节　GIS 空间分析内容 ··························· 60

　第二节　空间数据模型的基本概念和组成 ··············· 80

　第三节　空间分析模型的常见类型 ····················· 82

　第四节　空间分析的建模过程和方法 ··················· 93

　第五节　元胞自动机模型的产生及应用 ················· 97

第四章　三维数据的空间分析方法 ························ 105

　第一节　三维地形模型 ······························ 105

　第二节　地形分析 ·································· 110

　第三节　三维空间查询与特征量算 ···················· 118

　第四节　三维缓冲区与叠置分析 ······················ 123

第五章　空间数据性质分析 ······························ 125

　第一节　线性表 ···································· 125

　第二节　堆栈和队列 ································ 139

　第三节　数组 ···································· 152

　第四节　字符串 ···································· 160

第六章 空间数据库查询与设计 ·· 172

　第一节 数据库相关知识 ·· 172

　第二节 空间数据库基础 ·· 186

　第三节 空间数据库查询 ·· 195

　第四节 空间数据库设计 ·· 207

第七章 空间杆系结构的三阶共失效分析 ·· 220

　第一节 三阶共失效理论 ·· 220

　第二节 星型穹顶结构的三阶共失效概率 ·· 241

　第三节 基于应力变化率法的重要性系数研究 ··· 243

第八章 空间态势二维可视化技术 ·· 244

　第一节 二维可视化概述 ·· 244

　第二节 符号化方法 ·· 252

　第三节 符号库系统 ·· 271

　第四节 基于分块数据的二维态势系统 ·· 278

第九章 空间态势量化分析技术 ·· 287

　第一节 时间窗口分析方法 ·· 287

　第二节 卫星区域覆盖分析方法 ··· 304

　第三节 防御航天侦察综合分析与辅助决策技术初探 ····································· 314

参考文献 ··· 322

第一章　空间关系计算与分析

导读:

空间关系是指各实体空间之间的关系,包括拓扑空间关系、顺序空间关系和度量空间关系。由于拓扑空间关系对 GIS 查询和分析具有重要意义,因此在 GIS 中空间关系一般指拓扑空间关系。空间关系是人类认知和描述现实世界最基本也是最常用的一种表达方式。空间目标之间空间关系的描述和表达对 GIS 空间查询、空间分析和空间推理等方面具有重要影响。

学习目标:

1. 学习 GIS 空间关系的特征和分类。
2. 掌握拓扑关系的计算和分析。
3. 了解方向关系的计算和分析。
4. 明白距离关系的计算与分析。

第一节　空间关系的特征和分类

一、空间关系的特征

在地理信息系统(Geographic Information System , GIS)中,空间关系是空间目标之间的一种空间约束,可降低空间计算的复杂性和计算量,加快空间查询的速度,提高空间分析的精度。空间关系描述的是空间目标之间的相对位置关系,具有尺度特征、不确定性特征、层次特征和动态性特征。

空间关系的尺度特征主要表现为随着空间尺度的变化,空间目标形态发生变化,从而导致不同比例尺地图上空间目标间的空间关系可能发生变化。如随着比例尺缩小,目标形状发生简化或目标之间发生合并或聚集等。其中有些变化是允许的,而有些变化是不允许的。因此,需要考虑空间关系的尺度特征,其主要研究不同尺度下的空间关系的变化规律及一致性问题。

空间关系的不确定性特征主要表现为人的认知不确定性和空间数据本身的不确定性。前者表现为不同人对空间关系的理解和认识的差异;而后者主要是由于空间数据不可避免地存在不确定性,从而导致不同的描述结果,尤其是对拓扑关系（即拓扑不一致性情况）。

空间数据的不确定性（如线的观测误差）可能导致现实中的覆盖关系变成由数据分析得到的相交关系。

空间关系的层次特征主要表现为空间关系描述从粗到细,在不同的层次,空间关系描述的分辨率不同。如拓扑关系可以粗略分为相离与不相离,而不相离可进一步分为相接、相交及包含等,相交又可进一步分为零维相交、一维相交和二维相交等。

空间关系的动态性特征主要表现为随着时间推移,空间目标在形状、尺寸等方面发生的变化,这种变化也称为时空变化,包括移动、收缩、扩张、合并、分割、消失、重现等,从而导致空间目标间的空间关系发生改变。如两个空间目标在 t_1 时刻为相接关系,而在 t_2 时刻为相交关系。

二、空间关系的分类

由于国内外学者对空间关系研究角度的差异,已有研究成果根据空间关系的特征及所采用的研究方法将空间关系分为多个类别。下面从所在空间类型、嵌套空间维数、几何约束类型、空间目标运动状态、目标空间维数、空间关系描述的复杂程度、空间关系的表达形式和计算方法等方面,对空间关系进行分类,具体如下。

（1）根据所在空间类型,空间关系可分为度量空间关系、拓扑空间关系和地理空间关系。

（2）根据嵌套空间维数,空间关系可分为二维空间关系和三维空间关系。

（3）根据几何约束类型,空间关系可分为拓扑关系、方向关系和距离关系,有的文献也区分为拓扑关系、度量关系（包括方向和距离）和序关系（包括偏序和全序）。

（4）根据空间目标运动状态,空间关系可分为静态空间关系和动态空间关系。

（5）根据目标空间维数,在二维空间中的空间关系可分为点—点、点—线、点—面、线—线、线—面、面—面目标间的空间关系,此外还包含点群、线群、面群、体群间的空间关系,以及三维空间中体目标间的空间关系。

（6）根据空间关系描述的复杂程度,空间关系可分为基本空间关系和复杂空间关系,如带孔洞的复杂空间目标、边界不确定的模糊空间目标之间的空间关系。

（7）根据空间关系的表达形式,空间关系可分为定性空间关系、半定量空间关系和定量空间关系。

（8）根据空间关系的计算方法,空间关系可分为矢量空间关系和栅格空间关系。

第二节　拓扑关系计算与分析

在现有的众多拓扑关系研究中,拓扑关系的计算方法可以归纳为三类,即基于目标分解的方法、基于目标整体的方法和基于混合的方法。

一、基于目标分解的方法

基于目标分解的方法将一个空间目标分解为点集拓扑分量（内部和边界），通过其点集拓扑分量间的组合关系来描述和区分空间目标间的拓扑关系。利用该方法建立的大部分形式化模型都基于点集拓扑学理论，其中最基本的模型是四交叉模型，其基本思想是将二维矢量空间中的空间目标分解为内部和边界，通过比较空间目标 A 的内部、边界与空间目标 B 的内部、边界的交集的值（取值为空或非空）来分析确定空间目标 A 和 B 之间的拓扑关系，即

$$T_k^4(A,B) = \begin{pmatrix} A^\circ \cap B^\circ & A^\circ \cap \partial B \\ \partial A \cap B^\circ & \partial A \cap \partial B \end{pmatrix} \tag{1-1}$$

式中：A° 为 A 的内部；∂A 为 A 的边界；B° 为 B 的内部；∂B 为 B 的边界。

在交集取值为空（$\varnothing$）或非空（$\neg\varnothing$）的情况下，利用四交叉模型可描述 2 种点—点关系、3 种点—线关系、3 种点—面关系、16 种线—线关系、13 种线—面关系和 8 种简单面—面关系。

由于四交叉模型在线—线、线—面两类关系区分上容易导致混淆，在该模型的基础上纳入目标的外部（除目标本身的其余所有空间），可构建九交叉模型，即

$$T_R^q(A,B) = \begin{pmatrix} A^\circ \cap B^\circ & A^\circ \cap \partial B & A^\circ \cap B^- \\ \partial A \cap B^\circ & \partial A \cap \partial B & \partial A \cap B^- \\ A^- \cap B^\circ & A^- \cap \partial B & A^- \cap B^- \end{pmatrix} \tag{1-2}$$

式中：A^- 为 A 的外部；B^- 为 B 的外部。

当以上各交集参数取值为空或非空时，九交叉模型应能区分 2^9=512 种拓扑关系，但实际上仅有极少部分拓扑关系与之对应。例如，两个简单面目标间仅有 8 种情形具有拓扑意义。相比于四交叉模型，九交叉模型能区分更多的拓扑关系类型，即 2 种点—点关系、3 种点—线关系、3 种点—面关系、33 种线—线关系、19 种线—面关系和 8 种简单面—面关系。但由于九交叉模型中所定义的目标外部范围太大，一方面不利于空间操作与实现，另一方面使其与目标的内部、边界构成线性关系，限制了其识别能力。采用空间目标的沃罗诺伊（Voronoi）图取代九交叉模型所定义的目标外部，可构建基于沃罗诺伊图的九交叉模型（Voronoi-based 9-intersection model，V9I），即

$$V\_T_R^9(A,B) = \begin{pmatrix} A^\circ \cap B^\circ & A^\circ \cap \partial B & A^\circ \cap B^v \\ \partial A \cap B^\circ & \partial A \cap \partial B & \partial A \cap B^v \\ A^v \cap B^\circ & A^v \cap \partial B & A^v \cap B^v \end{pmatrix} \tag{1-3}$$

式中：A^v、B^v 分别为空间目标 A 和 B 的沃罗诺伊图。

在欧氏平面上，可采用点和线段的沃罗诺伊多边形对空间相接进行函数定义。它具有矢量结构中图形与空间目标一一对应及栅格结构中空间连续铺盖的双重特点，可以较好地反映相邻空间目标间的邻近、次邻近、侧向邻近等拓扑关系。因此，V9I 模型在判断空间目标间的邻近关系和相离关系时具有一定优势。

二、基于目标整体的方法

基于目标整体的方法是运用空间目标的整体来定义和区分拓扑关系。利用该方法建立的模型主要有区间关系模型、基于逻辑的区域连接演算（Region Connection Calculus，RCC）模型和空间代数模型。

区间关系模型是关于一维时间区间的代数系统。通过比较两个时间区间的端点之间的关系，定义了 13 种互不相交且联合完备（Jointly Exhaustive and Pairwise Disjoint，JEPD）的二元区间关系，即对于任意两个区间有且仅有一个特定的 JEPD 关系成立。其关系谓词包括 before（b），meets（m），overlaps（o），starts（s），during（d），finishes（f）及其逆关系 after（bi）、met-by（mi），overlapped-by（oi），started-by（si）、includes（di），finished-by（fi）及相等关系 equals（e）。该模型最初用于处理时态关系，扩展后广泛应用于 GIS 领域，用来描述高维空间中的拓扑关系。

RCC 模型基于一阶谓词并运用逻辑演算的方法来描述面目标间的拓扑关系。与点集拓扑中以点为基元不同，该模型在描述拓扑特性和拓扑关系的过程中以任意维的区域为基元，但不能描述点、线目标间的拓扑关系。其使用关系 C 定义了 8 种互不相交且联合完备的基本关系 RCC-8：不连接（DC）、外部连接（EC）、部分交叠（PO）、正切真部分（TPP）、非正切真部分（NTPP）、相等（EQ）、反正切真部分（TPPi）和反非正切真部分（NTPPi）。

空间代数模型是一种基于空间代数方法的拓扑关系形式化模型。其基本思想是利用多个空间代数算子，如并（$\cup$）、交（$\cap$）、差（$\setminus$）、反差（$/$）、对称差（$\triangle$）等对两个目标进行操作运算，结果可表达为一个数学函数，即

$$\alpha\_T(A,B) = f(A,B) = f(A\cup B, A\cap B, A\setminus B, A/B, A\triangle B, \cdots) \tag{1-4}$$

不同于 RCC 模型，空间代数模型更适合描述空间点、线和面目标间的拓扑关系，且能区分更多的拓扑情形。通过纳入空间目标的沃罗诺伊区域间的代数运算，可改进空间代数模型，构建沃罗诺伊空间代数模型，即

$$\alpha V\_T(A,B) = F\begin{pmatrix} A\theta B & A\theta B^v \\ A^v\theta B & A^v\theta B^v \end{pmatrix} \tag{1-5}$$

式中：A^v、B^v 分别是空间目标 A、B 的沃罗诺伊图；θ 为空间代数算子，如并、交、差、反差等。

与基于目标分解的方法所建立的形式化模型相比，基于目标整体的方法的优点是具有严密的逻辑性，便于数学推理和证明，但其缺点是需要预先假定目标间可能的拓扑关系，难以保证完备性，但描述结果具有唯一性，即互斥性。

三、基于混合的方法

四交叉模型由两个面目标 A 的内部与 B 的内部的交集（$A^\circ \cap B^\circ$），A 的边界与 B 的边界的交集（$\partial A \cap \partial B$），$A$ 与 B 的差集（$A-B$）及 B 与 A 的差集（$B-A$）四个部分构成，即

$$T_1(A,B) = \begin{pmatrix} A^\circ \cap B^\circ & A-B \\ B-A & \partial A \cap \partial B \end{pmatrix} \tag{1-6}$$

或等价表达为一个四元组形式，即

$$T_1(A,B)=\left(A^\circ\cap B^\circ, A-B, B-A, \partial A\cap\partial B\right)$$ （1-7）

式中各符号含义与式（1-1）相同。

如果式（1-6）或式（1-7）中各元素的取值为空或非空，有 $2^4=16$ 种可能的取值，则四交叉模型能区分 16 种拓扑情形。由于简单面目标几何构成的特殊性（如连续的内部和外部），在一定分类层次上仅有 8 种拓扑关系具有物理意义。一方面，该模型采用的是目标本身而非拓扑分量，因而不同于基于目标分解的方法；另一方面，该模型采用的是目标的内部和边界，不同于基于目标整体的方法。因此，该建模方法可视为一种混合方法。

对于复杂的空间分布情形，首先将复杂的拓扑关系信息分解为一组基本的拓扑关系（也称局部拓扑），然后通过建立基本拓扑关系的序列来组合表达复杂拓扑关系，最后通过具有不同区分能力的拓扑不变量建立拓扑关系的层次模型。

下面以线与面间拓扑关系的层次模型为例，介绍层次拓扑关系的描述。在粗糙层次上可区分线与面间的六种基本关系，分别为相离（disjoint）、相接（meet）、相交（cross）、覆盖于（covered-by）、在边界上（on-boundary）和包含于（contained-by）。在这个区分过程中，仅考虑了内容不变量，即交的内容（空或非空），而没有考虑交的数量、维数等。

从人的空间认知角度来讲，以上六种拓扑关系的描述具有一定的层次性，即可进行层次描述。用户最关心的问题可能是线与面是否连接，如一条道路是否可直接到达公园等。该问题可利用线与面的边界的交集（即 $L\cap\partial A$）来解答。如果线与面连接，则进一步关心的问题可能是线是否属于面或包含在面内，如道路围绕公园或公园里的道路等。该问题可利用线与面的差集（即 $L-A$）来解答。同样，也会涉及这样的问题：道路是否穿越公园？因此，以上一系列问题可利用一个层次决策树的形式来描述和解答。

从上述粗糙分类可以发现，"相接""相交"和"覆盖于"这三种拓扑关系能够在维数和交的方面进一步区分，如"相接"关系可区分为零维（即点相接）和一维（即线相接）两种情形。类似地，可区分"相交"和"覆盖于"关系。通过分析归纳，可以得到 16 种详细的基本关系。为区分方便，也称这些关系为详细层次上的线与面基本关系。

第三节　方向关系计算与分析

一、方向关系计算

方向关系的描述方式可分为定性和定量两种。定性方向关系采用有序尺度数据粗略描述方向关系，常用的有 4 方向（东、南、西、北）、8 方向（东、东南、南、西南、西、西北、北、东北）和 16 方向（北、东北、东北北、东北东、东、东南、东南东、东南南、南、西南、西南西、西南南、西、西北、西北西、西北北）等；定量方向关系使用准确的数值来表示空间目标间的方向关系。定性描述与定量描述之间并不存在绝对的界限，可以相互转换。

(一)定性方向关系计算

定性方向关系是对方向关系的粗略表达,是非常重要的方向关系信息,如东、南、西、北、前、后、左、右等,人们在日常生活中通常用这类方向关系进行交流。目前,对定性方向关系计算模型还未达成共识,其中具有代表性的模型有锥形模型、投影模型、2D String 模型、方向关系矩阵模型等。不同的定性描述模型反映了不同的方向关系表达的精确程度。许多学者已指出定性描述更符合人们的空间认知习惯,采用自然语言描述和交流。

1. 锥形模型

锥形模型的基本思想是先将参考目标及其周围区域划分为若干具有方向性的锥形区域,每个锥形区域顶点的角平分线均指向一个主方向(如东、南、西、北等),再根据源目标与锥形区域交的结果来确定源目标与参考目标间的方向关系。该模型以参考目标的质心代替参考目标,如果源目标落在某个主方向所在的锥形区域内,即可判定源目标在参考目标的该主方向上。如图 1-1 所示,A 为参考目标,B 为源目标,B 落在 A 的北方向三角形区域内,根据锥形模型即可判定 B 位于 A 的北方向。该模型在目标相距较远(相比于目标本身的尺寸)的情况下判断效果较为理想,但无法处理相交、缠绕、马蹄形等情况,有时会导致判断错误。

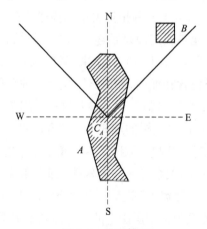

图 1-1   锥形模型

2. 投影模型

投影模型也称最小约束矩形模型,是目前研究和应用较多的模型之一。该模型的基本思想是利用两个目标在 X 轴和 Y 轴上的投影建立最小外接矩形(Minimum Bounding Rectangle,MBR),从而近似地表达原始目标的方向关系,如图 1-2 所示。借助 13 种区间关系,投影模型可以描述和区分 $13 \times 13 = 169$ 种情形。

3. 2D String 模型

2D String 模型基于坐标轴投影的符号表示模型,利用固定尺寸的格网覆盖目标所在的整个区域,用相应的符号表示并记录每个格网中的目标。如用 Σ 表示目标的符号集合;S 表示操作符集合 {=,<, :},其中"="表示"相等","<"表示"在前",":"表示"在同一格网"。如图 1-3 所示,$\Sigma = \{A,B,C,D,E\}$,且在 X 轴和 Y 轴上投影得到的 1D String

分别表示为 $A=D$: $E<B<C$，$A<B=C<D$: E，取其并集则为 2D String，即 {$A=D$: $E<B<C$，$A<B=C<D$: E}。

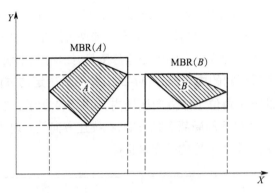

图 1-2　投影模型

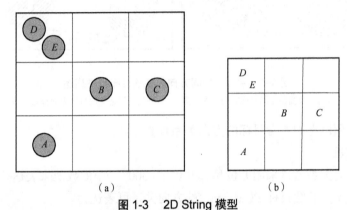

（a）　　　　　　　　　　　（b）

图 1-3　2D String 模型

（a）基于格网的空间目标分布图　（b）相应的符号表示图

4. 方向关系矩阵模型

方向关系矩阵模型以参考目标的最小外接矩形作为参考目标，将最小外接矩形的四条边向上、下、左、右延伸，把整个空间划分为 9 个方向区域，再利用源目标与 9 个方向区域的相交情况来判断方向关系，即

$$Dir(A,B) = \begin{pmatrix} NW_A \cap B & N_A \cap B & NE_A \cap B \\ W_A \cap B & O_A \cap B & E_A \cap B \\ SW_A \cap B & S_A \cap B & SE_A \cap B \end{pmatrix} \tag{1-8}$$

式中各元素的取值为 1 或 0，分别表示源目标是否在该方向区域内。

通常情况下，式（1-8）中可能有多个元素不为 0，即两个目标间可能有多个方向关系。

（二）定量方向关系计算

定性方向关系对空间目标间的方向关系的区分较为粗糙，提高方向关系模型精度的关键在于减少对空间目标过多的简化假设。综合考虑空间目标的几何构成和分布关系，邓敏等提出了直接计算空间目标方向关系的精确化定量模型——方向关系统计模型。该模型采用基于分解与组合的思想分析空间目标间的方向关系。首先将空间目标分解为更小的基本单元,若忽略这些单元的大小,则在计算方向时可将其视为点来处理;然后计算这些单元之间的方向,得到两个目标的所有基本单元间的方向,可视为一组方向或一个分布;最后对这组方向进行统计描述。在统计学上描述一个分布需要两种度量:一种为分布的离散度度量,如方差、标准差和范围;另一种为分布的中心趋势度量,如均值、中值和众数。在数学上,该分布范围可表示为两个目标间的内切线 l_1 和 l_2 的方位角所确定的方向区间,即 A 的任意点与 B 的任意点的连线的方位角位于该方向区间内,如图 1-4 所示。在中心趋势度量的三个度量指标中,均值易受空间目标的局部形状影响,在描述方向关系时很可能出现有多个众数的现象,相比而言中值是一个较为稳健的度量指标。

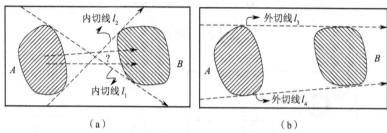

图 1-4 空间目标间方向关系的分布特性描述

(a)内切线描述空间目标方向分布范围　(b)外切线描述空间目标方向分布趋势

下面主要介绍以点为参考目标的方向关系计算方法。

1. 点—点情况

两个点的方向关系通常采用方位角,即(0°,360°)中的数值来表达。如图 1-5 所示,参考目标 $A(x_A, y_A)$ 和源目标 $B(x_B, y_B)$ 的方向关系可表达为

$$Dir(A,B) = \alpha_{AB} = \begin{cases} \arctan \dfrac{\Delta x_{AB}}{\Delta y_{AB}} & 当 \Delta x_{AB} \geqslant 0, \Delta y_{AB} > 0 \\ 90° & 当 \Delta x_{AB} > 0, \Delta y_{AB} = 0 \\ 180° + \arctan \dfrac{\Delta x_{AB}}{\Delta y_{AB}} & 当 \Delta y_{AB} < 0 \\ 270° & 当 \Delta x_{AB} < 0, \Delta y_{AB} = 0 \\ 360° + \arctan \dfrac{\Delta x_{AB}}{\Delta y_{AB}} & 当 \Delta x_{AB} < 0, \Delta y_{AB} > 0 \end{cases} \qquad (1\text{-}9)$$

式中:$\Delta x_{AB} = x_B - x_A$,$\Delta y_{AB} = y_B - y_A$。

利用方位角可以派生出其他方向指标,如象限角。

2. 点—线情况

如图 1-6 所示,对参考目标 A 和源目标 B(即 B_1B_2 线段),利用式(1-9)可以得到 AB_1 和 AB_2 的方向 α_{AB_1} 和 α_{AB_2}。根据方向关系的定义与空间位置变化的连续特性,对于线段 B_1B_2 上的任一内插点 B_t,A 与 B_t 的方向 α_{AB_t} 介于 α_{AB_1} 与 α_{AB_2} 之间。当 B_t 从 B_1 移动到 B_2 时,α_{AB_t} 从 α_{AB_1} 单调地变化到 α_{AB_2}。当且仅当 $\alpha_{AB_1} = \alpha_{AB_2}$ 时,B_1B_2 上的所有点与 A 的方向关系一致

（α_{AB_1} 不变）。点 A 与线段 B_1B_2 的方向关系分布范围可表示为

$$Dir(A,B) = Dir(A,B_1B_2)$$

$$= \begin{cases} [Dir(A,B_1), Dir(A,B_2)] = [\alpha_{AB_1}, \alpha_{AB_2}] & 当 \alpha_{AB_1} \leqslant \alpha_{AB_2} \ 且 \ \alpha_{AB_2} - \alpha_{AB_1} < 180° \\ [Dir(A,B_2), Dir(A,B_1)] = [\alpha_{AB_2}, \alpha_{AB_1}] & 当 \alpha_{AB_1} \leqslant \alpha_{AB_2} \ 且 \ \alpha_{AB_2} - \alpha_{AB_1} > 180° \\ [Dir(A,B_2), Dir(A,B_1)] = [\alpha_{AB_2}, \alpha_{AB_1}] & 当 \alpha_{AB_2} \leqslant \alpha_{AB_1} \ 且 \ \alpha_{AB_1} - \alpha_{AB_2} < 180° \\ [Dir(A,B_1), Dir(A,B_2)] = [\alpha_{AB_1}, \alpha_{AB_2}] & 当 \alpha_{AB_2} \leqslant \alpha_{AB_1} \ 且 \ \alpha_{AB_1} - \alpha_{AB_2} > 180° \end{cases}$$

$$（1\text{-}10）$$

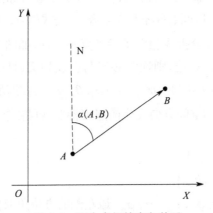

图 1-5　两个点间的方向关系

由于不在线段上的点总位于线段的一侧,则 $Dir(A, B_1B_2)$ 的区间宽度绝对值满足 $0° \leqslant |\alpha_{AB_1}, \alpha_{AB_2}| \leqslant 180°$。当 $\alpha_{AB_1} = \alpha_{AB_2}$,即 B_1 与 B_2 相对于参考点 A 为相同方向时,式（1-10）可简化为一个具体数值。此时,B_1、B_2 为同向点,而 B_1B_2 为同向线段,其相对于参考点 A 只有一个点是可视的。如在图 1-6（b）中只有 B_1 点是可视的,而其他同向点均不可视。故点 A 与线段 B_1B_2 的方向关系可简化为点 A 与可视点 B_1 的方向关系 α_{AB_t}。

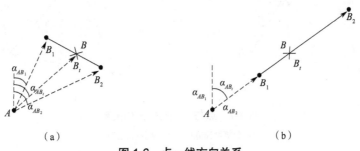

（a）　　　　　　　　　　　　　　　（b）

图 1-6　点—线方向关系

（a）A、B 不共线　（b）A、B 共线

当源目标为一条折线时,设折线的顶点依次为 B_1,B_2,$\cdots$,B_n,即折线由一组线段 B_1B_2,B_2B_3,$\cdots$,$B_{n-1}B_n$ 组成,则参考点 A 与 $B_1B_2\cdots B_n$ 的方向关系分布范围可通过对式（1-10）进行扩展得到,即

$$Dir(A,B) = Dir(A,B_1B_2) \cup Dir(A,B_2B_3) \cup \cdots \cup Dir(A,B_{n-1}B_n) \quad\quad (1\text{-}11)$$

为了简化，记 $Dir(A,B_iB_{i+1}) = [\alpha_i, \beta_i]$，并且 $1 \leqslant i \leqslant n-1$，那么式（1-11）可表达为

$$Dir(A,B) = Dir(A,B_1B_2) \cup Dir(A,B_2B_3) \cup \cdots \cup Dir(A,B_{n-1}B_n)$$

$$= [\alpha_1, \beta_1] \cup [\alpha_2, \beta_2] \cup \cdots \cup [\alpha_{n-1}, \beta_{n-1}]$$

$$= \bigcup_{i=1}^{n-1} [\alpha_i, \beta_i] \quad\quad (1\text{-}12)$$

在实际计算中，式（1-12）中各方向子区间之间可能存在重叠。因此，可分为以下两种情况进行讨论。一种情况是全部可视，即源目标相对于参考目标是完全可视的，如图 1-6（a）所示。在这种情况下，方向子区间之间不存在重叠，于是式（1-11）满足 $(\alpha_i, \beta_i) \cap (\alpha_j, \beta_j) = \varnothing$，其中 $i \neq j$。另一种情况是部分折线相对于参考点不可视，如图 1-6（b）所示。若将折线上位于不可视部分的点 B_t 与 A 相连，则连线必定与折线相交，且所有交点与 B_t 皆为同向点。于是，式（1-11）满足存在 i，$j(i \neq j)$，$(\alpha_i, \beta_i) \cap (\alpha_j, \beta_j) \neq \varnothing$，或满足存在 $i(1 \leqslant i \leqslant n-1)$，$\alpha_i = \beta_i$。进而，考虑目标的空间分布和空间方向变化的连续特性，可将式（1-11）简化为

$$Dir(A,B) = [\alpha, \beta]$$

$$\alpha = left\{\alpha_1, \alpha_2, \cdots, \alpha_{n-1}\} \quad\quad (1\text{-}13)$$

$$\beta = right\{\beta_1, \beta_2, \cdots, \beta_{n-1}\}$$

式中：$left\{\}$ 为有序集合元素 α_1，α_2，$\cdots$，α_{n-1} 最左侧的方位角取值函数；$right\{\}$ 为最右侧的方位角取值函数。

如图 1-7（a）所示，$\alpha = left\{\alpha_1, \alpha_2\} = \alpha_1$（即 α_{AB_1}），$\beta = right\{\beta_1, \beta_2\} = \beta_2$（即 α_{AB_3}），于是 A 与 B 的方向关系可以表达为 $Dir(A,B) = [\alpha_1, \beta_2]$。但在图 1-7（b）中，$\alpha = left\{\alpha_1, \alpha_2\} = \alpha_1$（即 α_{AB_1}），$\beta = right\{\beta_1, \beta_2\} = \beta_2$（即 α_{AB_2}），则 $Dir(A,B) = [\alpha_1, \beta_1]$。

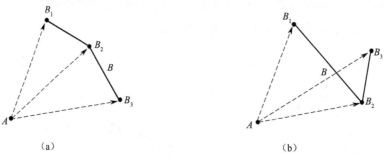

图 1-7　点与折线间的方向关系

（a）全部可视情形　（b）部分可视情形

3. 点—面情况

当参考目标为点目标，源目标为面目标时，则面目标只能部分可视，且可视部分为面目标边界折线段。假设面目标 B 相对于参考点 A 的可视部分为线段 B_1B_9，其余部分不可视。如果将不可视区域中的任意点 Z_2 与 A 相连，则连线与可视线段必然存在一个交点 Z_1。再如 Z_5 是不可视点 B_4、Z_3、Z_4 与 A 的连线和可视线段 B_1B_9 的公共交点。因此，面目标中

的不可视点集与可视点集是一种多对一的同向映射关系。点与面的方向关系分布范围计算类似于点与折线的情况,即

$$Dir(A,B) = Dir(A,B_1B_2) \cup Dir(A,B_2B_3) \cup \cdots \cup Dir(A,B_{n-1}B_n) \cup Dir(A,B_nB_1)$$

$$= [\alpha_1,\beta_1] \cup [\alpha_2,\beta_2] \cup \cdots \cup [\alpha_{n-1},\beta_{n-1}] \cup [\alpha_n,\beta_n]、$$

$$= [left\{\alpha_1,\alpha_2,\cdots,\alpha_n\}, right\{\beta_1,\beta_2,\cdots,\beta_n\}] \quad\quad (1\text{-}14)$$

二、空间方向查询

空间查询是空间分析中最基本且最常用的功能,其与其他查询功能的本质区别在于查询和处理的对象是空间数据。空间查询的方式多种多样,主要有参数查询、空间定位查询、空间关系查询。参数查询主要是根据空间目标的几何参数进行查询,常用的几何参数包括离散点的位置坐标、两点间的距离及方向、点到线的距离、线目标的长度、面目标的周长及面积、面目标的重心等。空间定位查询是查询用户指定的图形范围(如点、矩形、圆、多边形等)内的空间目标及其属性。空间关系查询是查询出满足某种空间关系条件式的空间目标。根据空间关系的种类,空间关系查询可以分为拓扑关系查询、方向关系查询、空间关系的组合查询(拓扑关系和方向关系组合查询)等。在现有商用 GIS 软件中,参数查询、空间定位查询等都已实现,用户可直接在通用软件平台上使用这些查询功能,也可通过二次开发的方式将相应的组件直接嵌入自己的应用系统。但是,大多数软件都只提供空间关系查询中的简单拓扑关系查询功能,而无法实现方向关系查询及空间关系的组合查询。

根据空间查询目的,可以将方向关系查询分为两类:一类是给定源目标和参考目标,查询它们之间存在怎样的方向关系;另一类是给定参考目标和方向关系谓词,以参考目标为参照查询满足给定方向关系谓词的源目标。对于第一类已知空间实体查询方向关系,人们希望得到唯一的查询结果,即最有可能的方向关系;而对于第二类已知方向关系查询源目标,人们则希望能得到满足查询条件的所有实体。不同的查询目的对空间目标间的方向关系判断会存在不一致性,应该根据查询目的有针对性地选择方向关系判断方法。

(一)方向关系的定性查询

方向关系的定性查询,即查询位于某一空间目标的某一方向(如东、南、西、北)的所有空间目标及其相应的属性,如查询位于长沙东南方向的所有城市。方向关系定性查询中方向关系的种类取决于该空间查询的精度要求以及所选的空间参考框架对方向关系的划分。不同的空间方向关系查询系统可以根据查询精度的需要,选择不同的方向关系分类系统。

(二)方向关系的定量查询

在方向关系的定性查询中,对于方向关系的描述是以某个区域来进行的,在某些需要精确定位的系统中则无法满足其实际精度需求。方向关系的定量查询最常用的参数是方位角 α,如查询位于某个特定方位角 α 内的所有空间目标。通常将方向关系的定量查询与定性查询结合在一起,以实现高精度的方向查询。

下面以基于 8 方向锥形模型的空间方向查询为例介绍空间方向查询的步骤。

（1）计算各空间目标的几何中心。

（2）以参考目标为中心将空间划分为 8 个方向区域,分别为东（E）、东北（NE）、北（N）、西北（NW）、西（W）、西南（SW）、南（S）和东南（SE）,分别对应角度范围为 −22.5°~<22.5°、22.5°~<67.5°、67.5°~<112.5°、112.5°~<157.5°、157.5°~<180°、−180°~<−157.5°、−157.5°~<−112.5°、−112.5°~<−67.5°、−67.5°<−22.5° 的空间区域。

（3）根据方向查询条件,对某个方向区域内的空间对象进行空间方向查询。由于自然语言表达的模糊性,人们对空间方向的认知并没有严格的界限。例如,−24°~<24° 范围为东方向,21°~<69° 范围为东北方向,21°~<24° 范围重叠带既可认为是东方向也可认为是东北方向。

第四节　距离关系计算与分析

一、距离关系计算

（一）空间基本单元间的距离关系

1.欧氏空间中点目标间的距离关系

设 S 为任一非空集合,$d: S \times S \to R$ 为一个函数,使得对于 S 的任意点 P_1、P_2、P_3 满足下列性质:

（1）非负性,$d(P_1, P_2) \geqslant 0$,当且仅当 $P_1 = P_2$ 时,$d(P_1, P_2)=0$;

（2）对称性,$d(P_1, P_2)=d(P_2, P_1)$;

（3）三角不等式,$d(P_1, P_2) \leqslant d(P_1, P_3)+d(P_3, P_2)$,

则称（S, d）为以 d 为距离的度量空间。若 P_1、$P_2 \in S$,则实数 $d(P_1, P_2)$ 称为从点 P_1 到点 P_2 的距离。

对于 m 维空间中的点 $P_i(x_{i_1}, x_{i_2}, \cdots, x_{i_m})$ 和 $P_j(x_{j_1}, x_{j_2}, \cdots, x_{j_m})$,度量距离的一般形式表达为

$$d_n(P_i, P_j) = \left(\sum_{k=1}^{m} \left| x_{i_k} - x_{j_k} \right|^n \right)^{\frac{1}{n}} \tag{1-15}$$

式（1-15）称为闵可夫斯基度量。

当 $n=1$ 时,式（1-15）简化为

$$d_1(P_i, P_j) = \left| x_{i_1} - x_{j_1} \right| + \left| x_{i_2} - x_{j_2} \right| + \cdots + \left| x_{i_m} - x_{j_m} \right| = \sum_{k=1}^{m} \left| x_{i_k} - x_{j_k} \right| \tag{1-16}$$

式（1-16）称为曼哈顿距离。

当 $n=2$ 时,式（1-15）简化为

$$d_2(P_i, P_j) = \left(\sum_{k=1}^{m} \left| x_{i_k} - x_{j_k} \right|^2 \right)^{\frac{1}{2}}\qquad(1\text{-}17)$$

式（1-17）称为欧氏距离。

当 n 趋于无穷大时，式（1-15）可近似简化为

$$d_m(P_i, P_j) = \max \left\{ \left| x_{i_1} - x_{j_1} \right|, \left| x_{i_2} - x_{j_2} \right|, \cdots, \left| x_{i_m} - x_{j_m} \right| \right\}\qquad(1\text{-}18)$$

式（1-18）称为最大范数距离，其几何解释如图 1-8 所示。

式（1-16）至式（1-18）所定义的三种距离度量表达形式唯一，且仅适用于点与点之间的距离计算。同时，这些距离度量满足度量空间的三个基本特性，即非负性、对称性和三角不等式。

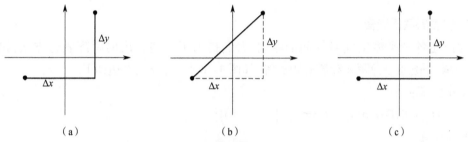

图 1-8　距离度量的三种定义

(a) $d_1 = \Delta x + \Delta y$　(b) $d_2 = \sqrt{(\Delta x)^2 + (\Delta y)^2}$　(c) $d_\infty = \max\{|\Delta x|, |\Delta y|\}$

此外，在空间分析中，两个点目标间的距离可以定义为它们之间的直线长度，如图 1-9（a）和（c）所示的欧氏距离；也可以定义为它们之间实际到达路径的长度，如图 1-9（b）所示的最短路径距离和图 1-9（d）所示的球面距离。其既可以是二维空间的距离度量，如图 1-9（a）和（b）所示；也可以是三维空间的距离度量，如图 1-9（c）和（d）所示。

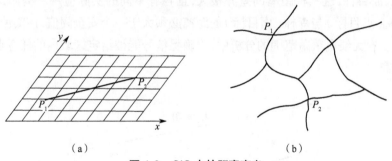

图 1-9　CIS 中的距离定义

(a)二维欧氏距离　(b)最短路径距离

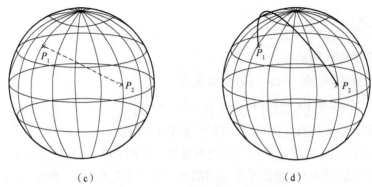

（c）　　　　　　　　　　　　（d）

图 1-9　GIS 中的距离定义（续）

（c）三维欧氏距离　（d）球面距离

2. 扩展的欧氏距离

为描述各种类型空间目标间的距离，人们提出了一些扩展的距离表达方法，如最近（小）距离、最远（大）距离和质心距离等，如图 1-10 所示，分别表达如下。

最小距离：

$$D_{\min}(A,B) = \min_{P_A \in A}\left\{\min_{P_B \in B}\left\{d(P_A, P_B)\right\}\right\} \tag{1-19}$$

最大距离：

$$D_{\max}(A,B) = \max_{P_A \in A}\left\{\max_{P_B \in B}\left\{d(P_A, P_B)\right\}\right\} \tag{1-20}$$

质心距离：

$$D_c(A,B) = d\left(\frac{1}{m}\sum_{i=1}^{m}V_{i_A}, \frac{1}{n}\sum_{j=1}^{n}V_{j_B}\right) \tag{1-21}$$

式中：A、B 为两个空间目标；V_{i_A}、V_{j_B} 分别为目标 A 和 B 的顶点。

对于线、面目标，这三种距离的差异很大，且各有不同的实际应用。例如，在森林防火中，任意火源（点目标）与森林（面目标）的距离必须大于一个安全阈值，该阈值只能用最小距离来描述。在无线电覆盖范围的分析中，为确保信号能被给定区域内的任意点接收，必须使用最大距离。

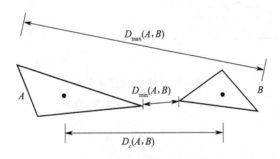

图 1-10　最小距离、最大距离和质心距离

严格地说，以上扩展距离并不满足距离度量的三个基本特性，即非负性、对称性和三角不等式，且由于它们仅考虑两个空间目标的局部而非整体之间的关系，导致当目标的形状、大小、相对位置关系等发生变化时,这三种距离的值可能保持不变。

根据豪斯道夫距离的定义,对于两个点集 A 和 B,豪斯道夫距离可表达为

$$H(A,B) = \max\{h(A,B), h(B,A)\} \tag{1-22}$$

且

$$h(A,B) = \sup_{P_A \in A}\left\{\inf_{P_B \in B}\|P_A - P_B\|\right\}$$

$$h(B,A) = \sup_{P_B \in B}\left\{\inf_{P_A \in A}\|P_A - P_B\|\right\}$$

式中:sup 为一个集合的最小上界;inf 为一个集合的最大下界;$\|\|$ 为两个点之间的某种度量,如欧氏距离度量;$h(A,B)$ 与 $h(B,A)$ 分别为从 A 到 B 与从 B 到 A 的有向豪斯道夫距离,或称为向前距离和向后距离。这两个距离函数通常不相等,即不满足距离度量的对称性,因此并非真正的距离度量。

由于空间目标是非空紧致集合,即有界闭集,有向豪斯道夫距离可简化为

$$\begin{cases} h(A,B) = \max_{P_A \in A}\left\{\min_{P_B \in B}\{d(P_A, P_B)\}\right\} \\ h(B,A) = \max_{P_B \in B}\left\{\min_{P_A \in A}\{d(P_A, P_B)\}\right\} \end{cases} \tag{1-23}$$

相应地,豪斯道夫距离表达为

$$H(A,B) = \max\left\{\max_{P_A \in A}\left\{\min_{P_B \in B}\{d(P_A, P_B)\}\right\}, \max_{P_B \in B}\left\{\min_{P_A \in A}\{d(P_A, P_B)\}\right\}\right\} \tag{1-24}$$

从表达形式上看,豪斯道夫距离也是一种最大—最小距离。如果空间目标 A 和 B 的豪斯道夫距离为 d_0,则 A(或 B)的任意点到 B(或 A)的最小距离不大于 d_0;对于 A(或 B)的任意一个点 P_A(或 P_B),总能在 B(或 A)上找到一个点位于 P_A(或 P_B)的 d_0 邻域内,即以 P_A 或 P_B 为中心,以 d_0 为半径的一个圆。

(二)栅格空间中像元间的距离关系

在栅格空间中,两个点 $P_1(i,j)$ 和 $P_2(m,n)$ 之间的距离仍可以采用欧氏距离来表达,即

$$d(P_1, P_2) = f(i,j,m,n) = \sqrt{(i-m)^2 + (j-n)^2} \tag{1-25}$$

式中 $d(P_1, P_2)$ 以栅格像元来计算。

但是,根据式(1-25)计算得到的结果难以满足这个要求。为此,提出了其他一些栅格距离定义方法,如棋盘距离、城市街区距离、八边形距离、斜距等。如图 1-11 所示,以一个 5×5 的方格矩阵分别表示不同类型的栅格距离。图 1-11(a)为基于 8 邻域计算的棋盘距离,各邻接像元的距离为 1;图 1-11(b)为基于 4 邻域计算的城市街区距离;图 1-11(c)为八边形距离;图 1-11(d)在水平方向、垂直方向的邻接像元距离为 2,在对角线方向的邻接像元距离为 3;图 1-11(e)在水平方向、垂直方向的邻接像元距离为 3,在对角线方向的邻接像元距离为 4。

2	2	2	2	2
2	1	1	1	2
2	1	0	1	2
2	1	1	1	2
2	2	2	2	2

4	3	2	3	4
3	2	1	2	3
2	1	0	1	2
3	2	1	2	3
4	3	2	3	4

3	2	2	2	3
2	2	1	2	2
2	1	0	1	2
2	2	1	2	2
3	2	2	2	3

6	5	4	5	6
5	3	2	3	5
4	2	0	2	4
5	3	2	3	5
6	5	4	5	6

8	7	6	7	8
7	4	3	4	7
6	3	0	3	6
7	4	3	4	7
8	7	6	7	8

(a)　　　　(b)　　　　(c)　　　　(d)　　　　(e)

图 1-11　不同类型的栅格距离定义

(a)棋盘距离　(b)城市街区距离　(c)八边形距离　(d)斜距 2-3　(e)斜距 3-4

以上仅从数学上讨论了在二维空间中点目标或栅格单元之间的各种距离表达形式和计算方法,并且不同的表达方法得到的距离度量是不同的。

二、空间邻近性分析

空间邻近性分析主要应用于研究空间目标与周围具有一定距离的目标之间的关系,即空间邻近关系。空间邻近关系在空间数据内插、模式识别、地形信息提取等方面有着广泛的应用,既属于拓扑关系,又可视为定性度量关系。空间邻近关系可根据空间目标间是否具有公共部分划分为两类:一类为空间相连目标间的邻近关系,称为拓扑邻近或相接($A|B \Leftrightarrow A \cap B = \partial A \cap \partial B \neq \varnothing$);另一类为空间不相连目标间的邻近关系,称为几何邻近或相离($A\|B \Leftrightarrow A \cap B = \varnothing$)。拓扑邻近可通过空间目标间的公共部分定义与区分,较为固定与明确;几何邻近的定义与区分则依赖于具体应用环境,尤其是在空间目标不规则分布的情况下,通常具有一定的模糊性。空间插值的角度形式化定义了空间目标相接关系,从空间分析的角度提出了 k 阶邻近的概念,用沃罗诺伊距离替代欧氏距离来反映空间目标间的邻近关系。

沃罗诺伊图是计算几何中的重要几何结构之一,主要用于解决与距离相关的问题,如最近点、最短路径、最小树、最大空圆等。沃罗诺伊图是根据最邻近原则,将空间中的各个点分配到与其最近的空间目标后形成的一种空间剖分面片图。空间目标的沃罗诺伊多边形是互不重叠的,空间目标间的沃罗诺伊多边形的个数反映了其邻近程度。k 阶沃罗诺伊图研究给定的点集 $S(P_1, P_2, \cdots, P_n)$ 中任意 k 个点所形成的子集产生的图形集合以及这些子集间的最邻近问题。沃罗诺伊距离(D_v)是用空间目标之间经历的沃罗诺伊多边形最少个数来度量的,其可推断出空间目标 A 相对于 B 的远近级别,用于表示空间目标间的邻近度,也称为 k 阶邻近关系。

设 P 是二维欧氏空间有限凸域上的空间目标 $P_1, P_2, \cdots, P_n$ 的集合,P_i、$P_j \in P(i \neq j, i, j=1, 2, \cdots, n)$。$V(P)$ 为 P 剖分后所形成的沃罗诺伊图,记空间目标 P_i 和 P_j 的沃罗诺伊区域分别为 $V(P_i)$ 和 $V(P_j)$,$V(P_i)$ 和 $V(P_j)$ 之间的沃罗诺伊多边形的最少个数 k 称为 P_i 与 P_j 间的沃罗诺伊距离,也称 P_i 与 P_j 间存在 k 阶邻近关系,记为 $D_v(P_i, P_j) = k$,且 $D_v(P_i, P_j) \geqslant 0$。当 $P_i = P_j$ 时,$D_v(P_i, P_j) = 0$。

沃罗诺伊距离包含一种拓扑信息,并不是纯度量意义上的距离,其值只取决于两个空间目标之间经历沃罗诺伊多边形的个数,而与空间尺度无关。沃罗诺伊距离不仅可以反映空间目标间的邻近程度,而且可以更加细致地区分相离目标及非相离目标间的不同邻近情形。当 $k=0$ 时,表示空间目标间存在较为规则的分布;当 $k=2$ 时,表示两个空间目标被其他空间目标隔开。因此, k 阶邻近是对几何邻近关系总的概括,可以用其细致地区分相离目标间的不同几何邻近情形。

与给定空间目标共享沃罗诺伊边界的空间目标是其 1 阶邻近目标,而该空间目标的所有 1 阶邻近目标的沃罗诺伊多边形恰好将空间目标完全围绕。因此,如果以该给定空间目标为中心,则可知其与 1 阶邻近目标之间不存在其他任何目标。

2 阶邻近目标并不与给定目标的沃罗诺伊多边形相接,而是与给定目标的 1 阶邻近目标的沃罗诺伊多边形相接。2 阶邻近目标必定全部位于 1 阶邻近目标之后,即 1 阶邻近目标位于 2 阶邻近目标之前。依次类推,3 阶邻近目标位于 2 阶邻近目标之后。

思考题

1. 空间关系的特征是什么?
2. 空间关系的计算有哪些方法?
3. 空间邻近性分析包括哪些?

第二章 空间目标特性

导读：

研究空间目标特性,对于有效甄别环境效应影响、无意干扰具有重要意义。因此,各航天强国均将空间目标特性视为应对空间安全威胁与挑战、保护国家空间资产、保证空间活动安全、发展航天器系统及目标探测识别系统的重要信息基础,并大力开展对空间目标特性信息的获取技术及应用的研究。目标特性研究本身属于基础性的应用研究,目的是将应用研究成果转化为工程实用成果,促进目标探测技术和装备的发展。

学习目标：

1. 概述空间的含义、范围及应用价值。
2. 了解空间目标轨道要素。
3. 描述二体轨道运动特性。
4. 掌握空间目标运动参数确定的方法和步骤。
5. 熟悉空间目标自旋稳定特性的含义。
6. 学习目前获取目标特性信息的方法。

第一节 空间目标特性基本含义及用途

一、空间目标特性基本含义

(一)目标特性

目标不可能单独存在,其一定存在于一定的环境中。目标特性是指目标固有的理化属性以及目标与所处环境相互作用而呈现的能够被传感器感知的特性。这里的环境是指除了目标之外的一切空间物质,包括目标依存的背景、目标至探测系统或武器系统的传输介质(如大气等)。

关于目标特性需要说明以下两个问题。

(1)环境对目标特性的影响。目标特性与所处环境有紧密关系,不同环境下所呈现的目标特性不同。

(2)特性和特征的关系。特性强调目标在环境中的固有属性,而特征则强调目标与其他目标的不同属性。特性可能是特征,或一组特性表现为一个特征,或可从多种特性中挖掘出一个特征。

(二)目标电磁特性

随着电子信息技术的广泛应用以及大量体制复杂、种类多样的电子信息系统与装备的使用,在一定的空间内形成了由空域、时域、频域、能量域上分布的数量繁多、样式复杂、密集重叠的电磁信号构成的电磁环境。可见,电磁环境应是指一定空间内对任务活动有影响的电磁活动和现象的总和。

目标既然存在于环境中,一定存在相互作用,因此将目标电磁特性定义为目标与所处电磁环境相互作用而呈现的能够被传感器感知的特性。

具有一定温度的任何物体都会向周围空间辐射电磁能,且辐射的形式多样,如 X 射线、紫外线、可见光、红外线、无线电波等。例如,太阳中心温度约为 1.5×10^7 K,表面温度约为 6 000 K,辐射的总功率为 3.826×10^{26} W,表面的辐射出射度为 6.284×10^7 W/m²。太阳的辐射光谱从 X 射线一直延伸到无线电波,是一个综合波谱。太阳辐射的大部分能量集中于近紫外至中波红外($0.31 \sim 5.6$ μm)范围内,占全部能量的 97.5%,其中可见光占 43.5%,近红外占 36.8%。在此区间内太阳辐射强度的变化很小,可当作很稳定的辐射源。其他波段的太阳辐射则可以忽略。

无论哪种辐射形式,均由带电粒子能态变化而产生,传播过程都遵守麦克斯韦波动方程,以光速传播,并遵守反射、折射和衍射定律,因此将其统称为电磁辐射。可见,之所以会产生不同的电磁辐射形式,主要是因为辐射波长(或频率)不同,但各种电磁辐射的本质是一样的。通常把电磁辐射按波长或频率的不同划分为许多波段,从波长由短至长来看,包括 γ 射线、X 射线、紫外线、可见光、红外线、微波、电视信号、无线电波等,它们共同构成了电磁波谱。

电磁波谱的范围很广,包括波长 3×10^3 m 的无线电波到波长 3×10^{17} m 的宇宙射线,传统的光波范围定义为 40 nm~1 000 μm。由于人眼对各种波长的光具有不同的敏感性,正常人眼对波长为 555 nm 的光最为敏感,即这种波长的辐射能引起人眼最大的视觉,离 555 nm 越远的辐射,对人眼的刺激就越小,可见度也越小。一般情况下,对波长在 390~760 nm 范围内的光波,人眼具有比较明显的感觉,并且按照波长由长到短大致呈现出红、橙、黄、绿、青、蓝、紫等七个明显的色彩,即 760 nm 附近的光波呈现为红色,390 nm 附近的光波呈现为紫色,而其他波段范围内的光人眼几乎无法察觉。因此,习惯性地把波长在 390~760 nm 范围内的电磁波称为"可见光";波长在 40~390 nm 范围内的电磁波在紫色光之外,就称为"紫外光";波长在 760 nm~1 000 μm 范围内的电磁波则在红色光之外,就称为"红外光"。

目标与不同波段的电磁波相互作用会呈现不同的电磁特性,如雷达特性、可见光特性、紫外特性、红外特性等。此外,目标电磁特性还与目标自身因素有关,不同大小、形状、材质、位置、姿态下的目标,与相同波段电磁波作用也会呈现出不同的电磁特性。这些都能够为目标探测装备的研制、目标探测识别提供依据。

目标电磁特性主要以幅值、波长、传输方向（相位）、偏振面等要素描述，也可将其称为目标电磁特性的 4 个基本特征。目标电磁特性的各种基本特征，能够从不同角度描述被观测目标的属性。

基于来自目标不同波段电磁波的辐射强度，可以获取目标的表面状态、温度、成分及其他物理化学特性信息；波长不仅可以描述目标的运动特性，还可以与幅值特征共同描述目标的组成成分；偏振面可以描述目标的表面理化特性，传输方向与幅值可以描述目标的形状及空间位置等。

空间目标监视的基本理论主要建立在电磁特征上，空间目标监视设备利用从目标发射、反射的电磁波，通过信号分析和数据处理来获得对象信息。

（三）目标光学特性

光电探测设备是空间态势感知尤其是空间目标监视系统的重要组成部分，目标光学特性是目标探测、监视、分类与识别的重要信息基础。依照前面对目标特性、目标电磁特性的定义，将目标光学特性定义为目标与所处电磁环境相互作用而呈现的能够被光学传感器感知的特性。通过对目标电磁特性的分析可知，目标光学特性实际上就是高频电磁波段的目标电磁特性。目标光学特性是目标可探测光学参量的科学描述，反映了目标与光波（从紫外光、可见光到红外光）相互作用而产生的物理现象，揭示了该波段目标所具有的属性。

（四）目标雷达特性

雷达探测设备是空间态势感知尤其是空间目标监视系统的另一重要组成部分。鉴于新技术雷达的发展以及雷达探测的全天候优势，空间感知领域对目标雷达特性的需求越来越高。与目标光学特性定义类似，目标雷达特性就是目标与所处电磁环境相互作用而呈现的能够被雷达传感器感知的特性。从电磁波谱段来看，目标雷达特性实际上就是低频电磁波段的目标电磁特性。由于雷达是一种主动探测设备，因此目标雷达特性实际上反映的是目标对于照射电磁波的散射能力。

（五）航天活动中空间目标特性

根据航天活动对空间态势感知的信息需求，针对空间目标的特点及其所处环境，结合上述定义，可知空间目标特性应包括其本身所固有的几何、材质、运动、无线电信号等特性，以及与电磁环境相互作用而呈现的光学和雷达特性等，见表 2-1。其中，空间目标几何特性是指其几何形状、典型组成部件、几何尺寸等；材质特性是指空间目标的主要典型材料、表面粗糙度、对照射光波的反射和辐射能力等；运动特性是指空间目标的运行轨道、状态、运动方式、机动方式等；电磁特性是指空间目标的光学特性、雷达特性；无线电信号特性是指空间目标自身发射的无线电通信信号，上下行测控、遥测与指控信号，航天器下行链路与地面站的数传信号等。空间目标特性不仅能够为分析判断目标类型、身份、功能、姿态、体积、形态、材料、位置乃至关键载荷等特征提供依据，对于空间目标探测识别系统建设及空间任务（空间目标监视、空间垃圾清除、在轨维护等）等应用也具有重要意义。

表 2-1　空间目标特性

几何特性	几何结构、典型组成部件、几何尺寸等
材质特性	材料、粗糙度、反射率、辐射率
运动特性	轨道、姿态、运动方式、机动方式等
电磁特性	光学特性、雷达特性
无线电信号特性	自身发射通信信号、测控／遥测与指控信号、数传信号等

二、空间目标特性的地位和作用

从上述空间目标特性基本含义的分析可知，通过对非己方目标特性的研究，能够从尽量多的特性中分析出其特征，有助于对其进行探测、识别、分类、跟踪，提升目标监视能力。而对于己方目标特性的研究，通过对特征进行控制，有助于实现有效的防护、威胁规避等，提升自身的生存能力。

因此，对空间目标特性进行深入研究，从而进行目标特性数据的积累与应用，对于空间目标探测装备的发展建设及航天任务的应用具有重要意义。

（一）支持航天任务训练与应用

在空间态势感知方面，可以根据目标与环境特性机理对天基、地基等探测系统感知的空间目标和环境信息进行空间态势分析。

在航天装备安全防护方面，能够根据目标自身的特性，制定减小目标特性信号及环境影响效应的措施，提高生存能力。

在航天任务训练方面，能够利用目标与环境特性的知识，有助于任务人员了解和掌握装备中的先进目标探测传感器对目标和战场环境的呈现形式。

（二）支持装备建设与发展

利用空间目标与环境特性信息不仅能够催生新型空间目标监视装备，指导装备的总体设计，而且在装备建设的全寿命过程的各阶段都发挥着重要作用。

在论证阶段，空间目标监测系统的能力需求、结构、功能、性能指标的论证分析依赖于目标在所有可能的任务时刻的目标特性数据及模型，因此该阶段目标特性能够为目标探测识别类装备的概念研究、预研提供目标特性数据、模型方面的支持。在系统研制阶段，需要利用目标在所有可能的任务时刻的目标特性数据去测试和检验目标监测系统的性能及技术指标，以便于及时发现问题，修改完善系统设计，因此该阶段目标特性能够为系统的初样、试样提供目标特性数据、模型、识别方法方面的支持。在装备定型试验阶段，靶目标选择与设计，试验时间、地点、位置等的规划，以及试验效果的评估，都依赖于目标在试验任务时刻的目标特性数据，因此该阶段目标特性能够提供科学等效的靶标数据、模型及识别特征方面的支持；此外，通过在实验室模拟和复现真实目标与环境特性，对探测系统的性能进行分析与评估，能够降低试验的风险和成本。在装备采购阶段，能够为装备采购提供特性数据方面的支持。在航天任务训练阶段,利用空间目标特性的研究成果能够逼真模拟空间环境与态势,为参训人员提供模拟任务环境下的目标特性信息,能够增强参训人员对复杂空间任务环境的理解,提高训练效果。在装备使用阶段,要实现对目标的准确定位与跟踪,完成空间预警、威胁规避、效果评估等任务,就必须全面掌握空间目标在特定时刻的特性信息。利用历史积累的和任务时刻实时测量的目标特性数据、模型,能够支撑航天任务辅助决策和效果评估。

第二节　空间目标几何与材质特性

一、空间目标几何特性

空间目标是一个复杂的几何体,通过分析低、中、高轨整个轨道范围内的通信、导航、侦察、预警等各类卫星的几何结构特征可知,卫星本体主要有方体、柱体、球体及锥体等典型几何形状,太阳能帆板多为矩形。为了真实描述目标的光学特性,结合具体的卫星本体结构,一般用方体、柱体、球体及锥体等几何形状对空间目标本体进行几何建模,用矩形对太阳能帆板进行建模,基本过程如下:

（1）基于三维建模软件构建目标的三维几何形状模型;

（2）根据具体目标的实际结构及材质为模型添加纹理及材质;

（3）建立目标本体的坐标系;

（4）根据目标的几何形状及表面材料特征对目标表面进行区域分解;

（5）建立每一区域的表面方程、约束方程及每个区域特征点的三维数据;

（6）基于有限元的思想,对目标每一区域进行网格划分,以便建立精确的目标特性的数学模型。

几何特性建模应具备数据驱动能力,即能够获取面元顶点的坐标、法线、面积等,为空间目标光学特性计算奠定基础。不同区域面元划分粒度不同,一般先基于区域划分,再进行网格划分,而且网格划分不均一,材料一致、结构形状规整的可划分得粗一些;而材料变化大、结构形状不规整的则需要划分得细一些。

二、空间目标材质特性

空间目标由于空间环境和任务要求,各部分构件使用的材料不同,而材料的介电常数和电导率是从根本上影响目标电磁反射特性的参数,因此需要对空间目标的材料进行建模。

空间目标根据外形可以分为太阳能帆板、各种外形的天线、太空舱、连接和支持部分。

大面积太阳能帆板初期为铝合金加筋板或夹层板结构,后来改用以碳纤维和复合材料为面板的铝蜂窝夹芯结构,更先进的轻型太阳能帆板则以碳纤维复合材料为框架,表面蒙上聚酰胺薄膜。面积更大的柔性太阳能帆板全部由薄膜材料制成。

大型抛物面天线是现代卫星的重要组成部分,原来多采用铝合金或玻璃钢制造,但随着天线指向精度的提高,现已改用热膨胀系数极小的轻质材料。碳和芳纶在一定的温度范围内具有负热膨胀系数,可通过材料的铺层设计制造出热膨胀系数接近于零的复合材料,从而成为制造天线的基本材料。超大型天线需制成可展开的伞状,其骨架由铝合金或复合材料制成,反射面为涂有特殊涂层的聚酯纤维网或镍－铬金属丝网。

太空舱、轨道器大部分用铝合金、镁合金和钛合金制造。例如,航天飞机支撑主发动机的推力结构用钛合金制造;中机身的部分主框用硼纤维增强铝合金的金属基复合材料制造;货舱舱门采用以碳纤维增强环氧树脂复合材料为面板的特制纸蜂窝夹层结构。

空间目标要求高强度的零部件则采用钛合金和不锈钢制造。为了提高刚度和减轻质量,已开始采用高模量石墨纤维增强的新型复合材料。卫星本体和仪器设备表面常覆有温控涂层,利用热辐射或热吸收特性来调节温度,如镍基合金板、新型陶瓷隔热瓦。

空间目标的反射率和辐射率特性是非合作目标光学测量的重要基础和依据。不同空间目标的功能、组成、表面材料等不同,目标的反射率和辐射率特性变化较大,难以给出确定的反射率和辐射率。

空间目标使用的主要材料的反射率在 0.1~0.9,在空间环境长期作用下,这些材料的反射率会有不同程度的降低。

第三节　空间目标运动特性

空间目标运动特性是指航天器、自然天体、碎片等外太空物体运动所呈现的特性。若将空间目标视为刚体,则其运动主要呈现为质心的轨道运动特性和绕质心的姿态运动特性两部分。空间目标运动特性决定着空间目标的覆盖范围和时间分辨率等重要的覆盖性能,进而直接影响其信息获取能力和质量。

一、空间目标运动时间与坐标系统

掌握空间目标的运动规律是轨道运动特性分析的前提条件,而卫星运动规律的描述依赖于对时间、空间系统的定义。

(一)时间系统

时间系统一般通过时间起算点和单位时间间隔定义。空间目标运行的高动态性决定了轨道运动特性分析中必然需要准确、统一的时间系统。时间系统既能够为空间目标的跟踪测量提供确定的时刻,又能够为描述空间目标运动过程提供均匀的时间间隔。在空间目标观测、轨道确定等核心空间目标监视任务中涉及的时间系统主要包括世界时、历书时、原子时、动力学时、协调世界时。

1. 世界时

世界时主要用于研究地球自转规律中地球的空间姿态描述。世界时时间系统以地球自转的周期性作为时间基准。根据描述地球自转运动的空间参考点位置选择的不同,世界时时间系统可分为恒星时和平太阳时。

1）恒星时（ST）

设观察地球自转空间参考点为地球公转轨道面与赤道面的升交点（春分点），由它的周日视运动所确定的时间系统称为恒星时。恒星时在数值上等于春分点相对于本地子午圈的时角。同一时间不同子午圈上的恒星时不同，所以恒星时具有地方性（也称地方恒星时）。真赤道坐标系转换到地固坐标系时会涉及恒星时。岁差、章动等影响使得恒星时不是均匀的时间系统。恒星时又分为格林尼治真恒星时（GAST）和格林尼治平恒星时（GMST），二者关系如下：

$$\theta_g = \bar{\theta}_g + \Delta\Psi\cos\tilde{\varepsilon} \tag{2-1}$$

式中：θ_g、$\bar{\theta}_g$ 分别为真恒星时和平恒星时；$\Delta\Psi$ 为黄经章动；$\tilde{\varepsilon}$ 为真黄赤交角。

2）平太阳时（世界时 UT）

地球相对于太阳自转一周的时间称为太阳日。由于地球围绕太阳公转的轨道面为椭圆，再加上地球自转的不均匀性和极移的影响，使得太阳日并不均匀，从而使得世界时也不是均匀的时间系统。因此，引入一个假想的参考点——赤道平太阳，作为一个匀速运动的点，平太阳绕地球运动一周时间作为平太阳日。世界时 UT 就是在平太阳日基础上建立的时间系统，可由天文观测直接测定，格林尼治地方的平太阳时，称为世界时 UT_0。对 UT_0 进行极移修正后的世界时记为 UT_1，$UT_1 = UT_0 +$ 极移修正；进一步对 UT_1 进行周期性季节变化修正后的世界时记为 UT_2，$UT_2 = UT_1 +$ 周期变化项。由于地球自转存在着长期变化、周期变化和不规则变化，即便修正过的世界时也都是不均匀的。

2. 历书时（ET）

作为牛顿运动方程中的独立变量，历书时主要用于计算太阳、月亮、行星和卫星星历表的自变量。历书时是在太阳系质心系框架下定义的一种均匀的时间尺度。1900 年 1 月 0 日 12 时（历书时）瞬间的回归年尺度的 1/31 506 925.947 4 定义为历书时的 1 个秒长。

3. 原子时（TAI）

原子时不是天文意义上的时间系统，而是用物理方法建立的一种理想的时间系统，通过原子钟进行守时和授时，GPS（全球定位系统）所采用的就是原子时。由于原子跃迁时对电磁波的辐射和吸收的频率具有很强的稳定性，将位于海平面上的铯原子 Cs-133 基态的两个超精细能级间跃迁辐射，在零磁场中辐射振荡 9 192 631 770 周所持续的时间定义为 1 原子时秒，并将其历元（原子时起算点）定义为 1958 年 1 月 1 日世界时零时。

4. 动力学时

动力学时时间系统主要用于描述重力场中的物体运动，是一种均匀尺度时间系统，包括地球动力学时（TDT）、太阳系质心动力学时（TDB）。由于太阳重力场和相对论效应的影响，TDT 与 TDB 存在细微的差别。地球卫星在忽略太阳引力场影响情况下，一般采用 TDT，TDT 与原子时的关系为 TAI=TDT-32.184 s。

5. 协调世界时（UTC）

协调世界时主要用于表示精密定轨中的观测时刻。自原子时诞生后，世界时作为时间计量基准的作用不断减弱。但世界时仍被用于地球的空间姿态描述,进而用于研究地球自转的变化规律。由于地球自转的速度不断减慢,世界时与原子时之间的差距不断增大。为了兼顾世界时时刻和原子时秒长的需要,引入协调世界时（UTC）,并作为世界标准时间和频率发布的基础。UTC是一种参考于世界时的原子时,其历元与世界时相同,但秒长采用原子时秒长,且通过调整时刻（跳秒）使得UTC与世界时之差的绝对值小于0.9 s。

（二）坐标系统

在空间目标位置姿态测量及轨道计算过程中,涉及用于处理不同类型、不同坐标系的各种观测量,而且测量结果用途不尽相同。因此,需要根据实际需求定义多种坐标系统。坐标系主要由坐标原点、基本平面和基本平面中的主方向（在直角坐标系中通常是 X 轴方向）三个要素定义。描述空间目标运动的参考坐标系主要包括行星际坐标系、地球基准坐标系和空间目标基准坐标系三类。

1. 地球基准坐标系

地球基准坐标系可以分为原点在地球中心的坐标系和原点在地面上某点的坐标系两大类。由于岁差和章动作用,地球自转轴在空间缓慢摆动,这就影响了地心赤道坐标系的基本平面及主方向的选择。

空间目标形态测量常用坐标系包括 J2000.0 地心惯性坐标系、空间目标轨道坐标系、空间目标本体坐标系、相机视场坐标系、焦平面坐标系等；在轨道确定过程中所涉及的坐标系主要包括 J2000.0 地心惯性坐标系、准地心坐标系、测站坐标系、空间目标坐标系等。

1）历元平赤道坐标系——J2000.0 地心惯性坐标系

通常认为历元平赤道坐标系是惯性坐标系,目前的历元是指标准历元。J2000.0 地心惯性坐标系（Earth Centered Inertial, ECI）也称地心天球坐标系,是研究空间目标轨道运动常用的惯性坐标系,其原点为地球质心,基本平面为 J2000.0 地球平赤道面, X 轴在基本平面内由地球质心指向 J2000.0 的春分点, Z 轴为基本平面的法向,并指向北极方向, Y 轴与 X、Z 轴构成右手系,如图 2-1（a）所示。

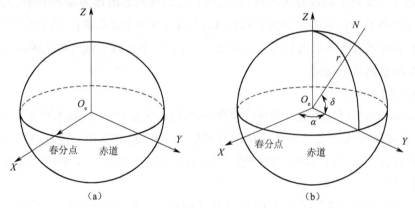

图 2-1　地心坐标系

（a）J2000.0 地心惯性坐标系　（b）地心球面坐标系

地心坐标系还常表示为地心球面坐标系,空间目标在地心球面坐标系下用地心距、赤经、赤纬三个坐标表示,如图 2-1(b)所示。其中,r 为地心到空间某点的距离;在赤道面内,α 为春分点向东到空间某点的矢径在赤道面上的投影的角距,通常称为赤经;δ 为空间某点的矢径与赤道面的夹角,向北为正,通常称为赤纬。

2)瞬时平赤道坐标系

瞬时平赤道坐标系的原点为地球质心,观测时刻的平赤道面为基本平面,X 轴在基本平面内由地球质心指向观测时刻的平春分点,Z 轴为基本平面的法向,并指向北极方向,Y 轴与 X、Z 轴构成右手系。由岁差含义可知,只需进行岁差修正就可以将 J2000.0 地心惯性坐标系转换为瞬时平赤道坐标系,如图 2-2 所示下标为 m 的坐标系。

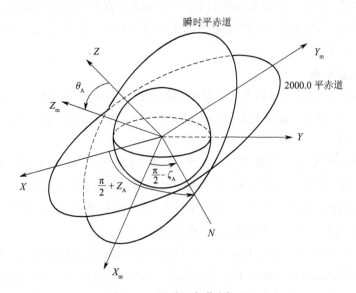

图 2-2　瞬时平赤道坐标系

3)瞬时真赤道坐标系

瞬时真赤道坐标系的原点为地球质心,观测时刻的真赤道面为基本平面,X_t 轴在基本平面内由地球质心指向观测时刻的真春分点,Z_t 轴为基本平面的法向,并指向北极方向,Y_t 轴与 X_t、Z_t 轴构成右手系。由章动含义可知,只需进行章动修正就可以将瞬时平赤道坐标系转换至瞬时真赤道坐标系。

4)准地固坐标系

准地固坐标系主要用于卫星的星历预报,坐标原点为地球质心,基本平面为地球瞬时赤道面,X 轴在基本平面内由地球质心指向格林尼治子午圈,Z 轴指向地球自转轴的瞬时北极,由于极移的影响,Z 轴与地球表面的交点随时间而变,Y 轴与 X、Z 轴构成右手系。

5)地固坐标系

地固坐标系(地心球面固连坐标系)是描述地球引力常用的坐标系,主要用于地球引力场与地面点位置分析,坐标原点位于地心,基本平面是与地心和国际习用原点(Conventional International Origin,CIO,由 1900—1905 年期间地极的平均位置定义)连线正交的平面,X 轴指向参考平面与格林尼治子午面的交线方向（即在基本平面内由地心指向格林尼治子午圈），Z轴指向地球自转轴北极（即由地心指向北极的CIO），Y轴与X、Z轴构成右手系。

6）测站坐标系

测站坐标系也称站心坐标系，主要用于地基空间目标观测及轨道确定，坐标系原点O_s为测站中心，基本平面为测站地平面，X_s轴在基本平面内指向正东，Y_s轴在基本平面内指向正北方向，Z_s轴与基本平面垂直指向上方。地固坐标系需要进行原点平移和坐标轴旋转才能够转换至测站坐标系。

7）大地坐标系

大地坐标系主要用于描述观测站站址和空间目标星下点轨迹，坐标原点位于地球质心，基本平面为大地参考椭球面，观测站（或空间目标）的位置用大地经度λ、大地纬度ψ和大地高h表示，如图2-3所示。其中，大地经度λ是通过观测站的大地子午面与本初子午面（通过国际习用原点和格林尼治天文台旧址的子午面即为本初子午面）之间的夹角，由本初子午面向东计量，可理解为赤道面内从格林尼治子午线向东的地心角；大地纬度ψ是通过观测站（或空间目标）的赤道面与地球椭球面法线之间的夹角，由赤道面向北为正，向南为负；大地高h为观测站（或空间目标）地面点沿法线到参考椭球面的距离，从地球椭球体表面沿着其外法向度量为正，沿内法向度量为负。大地坐标系可由地固坐标系进行相关变换得到，但转换过程较为复杂。

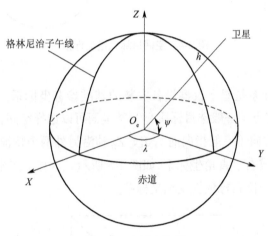

图2-3 大地坐标系

2. 空间目标基准坐标系

空间目标观测、监视、相对运动描述、轨道确定、轨道偏差和轨道转移等通常采用空间目标基准坐标系，也称星基坐标系（Satellite Based Coordinate System），常用的有近焦坐标系、空间目标轨道坐标系、空间目标本体坐标系、空间目标惯性主轴坐标系等。

1）近焦坐标系

近焦坐标系主要用于描述太阳、空间目标和天基观测平台的轨道运行状态。该坐标系原点是椭圆轨道的一个焦点（即地心），基本面为空间目标轨道面，以从原点出发且过近地

点的射线为 X_ω 轴，X_ω 轴沿空间目标运动方向绕地心在轨道面内旋转 90°得到 Y_ω 轴，Z_ω 轴的确定遵循右手准则。

2）空间目标轨道坐标系

空间目标轨道坐标系是对地定向空间目标姿态确定中最常用的参考坐标系，用于描述空间目标与天基观测平台之间的相对动力学模型，如图 2-4 所示。该坐标系原点位于空间目标的质心；基本面定义为空间目标的轨道平面，通常是其轨道轨迹所在的平面；X 轴指向地球中心，沿着空间目标矢径方向；Y 轴垂直于轨道平面，位于轨道平面内，指向空间目标的轨道运动方向，垂直于轨道平面；Z 轴垂直于轨道平面，与 X 和 Y 轴构成右手直角坐标系。在这个坐标系中，运动速度指的是空间目标在其轨道中的速度，通常与轨道平面内的 Y 轴有关；运动方向是空间目标相对于轨道坐标系的运动方向，通常与轨道平面内的 Y 轴方向有关；速度方向通常指的是目标的速度矢量方向，即运动速度的方向。

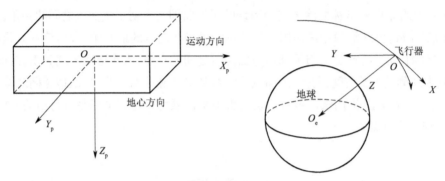

图 2-4　空间目标轨道坐标系

3）空间目标本体坐标系

空间目标本体坐标系是星上仪器设备安装的基准参考坐标系。该坐标系原点 O 位于空间目标上某一个固定点（一般选目标质心），基本面可以选择空间目标任意一个平面，X_B 轴沿目标某一特征轴方向（一般指向前），Y_B、Z_B 轴沿另外两个特征轴方向（ Z_B 轴一般向下），X_B、Y_B、Z_B 轴构成右手直角坐标系，如图 2-5 所示。若将上述坐标系中的特征轴均选为惯性主轴，则可得到空间目标惯性主轴坐标系。

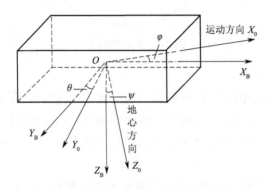

图 2-5　空间目标本体坐标系

两个坐标系之间的变换一般包括坐标系原点和坐标轴方向变换两个方面:坐标系原点变换是通过两个坐标系的原点之间的平移,使得两个坐标系原点重合;坐标轴方向变换是通过方向余弦变换矩阵,使得两个坐标系对应的轴指向相同,对应轴平行。

二、空间目标轨道运动基本原理与特点

掌握轨道运动的特性是理解空间目标运行的基础。空间目标在空间的飞行轨道是一条复杂的曲线。空间目标轨道运动可以通过开普勒运动和牛顿运动形象地展现出来。

(一)空间目标轨道要素

根据空间目标运动方程可知,只要知道六个独立的位置和速度参数,就能够唯一地确定空间目标的状态,从而确定空间目标的运动规律。由于空间目标绕某天体的运动可以用二体运动近似描述,遵循开普勒第一定律。因此,确定空间目标沿椭圆轨道绕地球运动需要六个开普勒轨道根数,将其称为空间目标的轨道要素。空间目标轨道要素实际上就是二体问题运动方程的六个积分常数,可以唯一地确定空间目标的轨道运动规律,从而计算空间目标在任一时刻的空间位置。

一般而言,只要能够唯一地确定空间目标在任一时刻的轨道参数,就可以称为轨道要素。对于沿椭圆轨道运行的空间目标,如无特殊说明均指开普勒轨道根数的六个参数,即轨道半长轴 a、轨道偏心率 e、轨道倾角 i、升交点赤经 Ω、近地点幅角 ω 和空间目标过近地点时刻 t_p(或真近地点角 f)。

1. 轨道半长轴 a

轨道半长轴 a 主要用于描述空间目标轨道的大小,其和轨道高度一起决定着轨道运动周期,有

$$T = 2\pi\sqrt{\frac{a^3}{\mu}} \tag{2-2}$$

式中: μ 为地心引力常数。

由式(2-2)可知,轨道越低,周期越短。一般轨道的周期范围是 90 min(仅高于大气层的低轨道)至 24 h(位于地球表面大约 36 000 km 的地球同步轨道)。

此外,轨道半长轴还决定着目标在轨道上所能获得的速度大小,空间目标在沿轨道运行过程中动能和势能的相互转换关系可用活力公式描述,即

$$v^2 = \mu\left(\frac{2}{r} - \frac{1}{a}\right) \tag{2-3}$$

式中: r 为空间目标的位置。

2. 轨道偏心率 e

轨道偏心率 e 用来描述轨道形状偏离圆轨道的程度,即椭圆轨道的形状。设航天器轨道的轨道半长轴为 a,轨道半短轴为 b,则轨道偏心率为

$$e = \frac{\sqrt{a^2 - b^2}}{a} \tag{2-4}$$

对于目前绝大多数空间目标运行的椭圆轨道, $0<e<1$; $e=0$ 时,空间目标轨道形状为圆; $e=1$ 时,空间目标轨道形状为抛物线; $e>1$ 时,空间目标轨道形状为双曲线。

可见,由轨道半长轴 a 和轨道偏心率 e 两个要素即可确定空间目标轨道椭圆的大小和形状。

3. 轨道倾角 i

轨道倾角 i 用来描述轨道面的方位,即轨道面的倾斜程度,其决定着卫星对地球表面直接覆盖的面积,是卫星完成其使命的关键条件,其与升交点赤经 Ω 一起还可以确定轨道平面在空间的定向,即确定空间目标轨道平面在惯性坐标系中的位置。

轨道倾角 $i=0°$ 或 $180°$ 称为赤道轨道, $i=90°$ 称为极地轨道, $0°<i<90°$ 称为顺行轨道(轨道方向与地球自转方向一致), $90°<i<180°$ 称为逆行轨道(轨道方向与地球自转方向相反)。

4. 升交点赤经 Ω

升交点赤经 Ω 决定着轨道面的旋转角度,是春分点与升交点对地心在赤道面上的张角,由春分点逆时针度量至升交点,其与轨道倾角 i 一起可以确定轨道平面在空间的定向,即确定空间目标轨道平面在惯性坐标系中的位置,升交点赤经范围为 $0°\leqslant\Omega\leqslant360°$。

5. 近地点幅角 ω

近地点幅角 ω 决定着椭圆轨道在轨道面内的指向,即目标轨道椭圆在轨道平面内的方位,其是升交点与近地点在轨道面上的张角,从升交点开始沿航天器运动方向测量为正。近地点幅角的范围为 $0°\leqslant\omega\leqslant360°$。

6. 真近地点角 f 及过近地点时刻 t_p

过近地点时刻 t_p 是空间目标经过近地点的时刻,可以用年、月、日、时、分、秒表示,也可以用儒略日表示,其是运动时间的起算点。由于 t_p 不能直观地表征空间目标的当前位置,常常使用真近地点角来代替过近地点时刻。

二体运动中,开普勒轨道根数中的轨道半长轴 a、轨道偏心率 e、轨道倾角 i、升交点赤经 Ω、近地点幅角 ω 都不随时间而变化,只有真近地点角 f 或过近地点时刻 t_p 随时间变化。为了说明真近地点角 f 与过近地点时刻 t_p 的关系,建立真近地点角与时间 t 的联系,引入平近点角 M, M 为平均角速度与时间的乘积,没有几何意义,则有

$$E-e\cdot\sin E=M=n(t-t_p) \tag{2-5}$$

式中: n 为空间目标运动平均周期, $n=\sqrt{\dfrac{\mu}{a^3}}$; t 为待求时刻; t_p 为过近地点时刻。

式(2-5)即为开普勒方程。

(二)空间目标运动轨道类型

运行在稠密大气层以外的空间目标遵循开普勒定律,在其轨道上飞行。轨道类型有多种分类形式,例如:按照轨道形状可分为圆轨道、椭圆轨道等;按照轨道倾角可分为赤道轨道、极地轨道、顺行轨道和逆行轨道;按照轨道高度又可分为低地球轨道、中地球轨道以及地

球同步轨道等。空间目标选择的轨道形状主要与其任务有关。从轨道高度角度来看,目前部署的航天器的分布轨道主要包括低地球轨道(LEO)、中地球轨道(MEO)、极地轨道(PEO)、大椭圆轨道(HEO)、地球同步轨道(GEO)等五种,如图2-6所示。

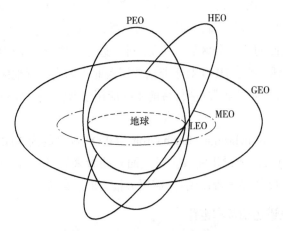

图 2-6　空间目标运动轨道类型

1. 低地球轨道

低地球轨道(Low Earth Orbit, LEO)是最容易到达的轨道类型,简称低轨或低轨道。低轨道卫星与地球表面的距离较近,一般在 200~1 600 km 范围内,轨道周期一般约为 90 min,为卫星获取高分辨率图像提供了最大的可能。与其他较高轨道的空间目标相比,低轨道空间目标相对于地球表面运动快,地面视野小,在任一时刻都只能看见地球表面较小的范围,而且大气阻力会缩短其持续时间。低轨道主要用于进行载人飞行、环境监测及其他情报、监视和侦察(Intelligence, Surveillance, and Reconnaissance, ISR)等。

2. 极地轨道

极地轨道(Polar Earth Orbit, PEO)通常简称为极轨,是一种轨道倾角接近 90° 的轨道,轨道高度一般在 1 600~20 000 km 范围内,轨道周期约为 12 h。极轨航天器在地球两极之间运行,在 12~24 h 内能够覆盖全部或者几乎全部的地球表面。极轨主要用于环境监测和 ISR任务。

太阳同步轨道是一种特殊的近地极轨,轨道平面和太阳始终保持相对固定角度,轨道面进动的平均角速度与平太阳在赤道上运动的平均角速度相等。轨道倾角依赖于轨道高度和偏心率,其轨道倾角为 90°~120°,轻微逆行,且全年保持恒定的太阳朝向,因此每条轨道都有相似的光照条件,非常有利于探测环境条件及地球表面特征随时间的变化。

3. 中地球轨道

中地球轨道(Middle Earth Orbit, MEO)高度一般在 1 600~20 000 km 范围内,典型的中地球轨道是轨道高度约为 20 000 km 的半同步轨道,轨道周期约为 12 h,偏心率是变化的,大气阻力可以忽略不计。与 LEO 相比,MEO 卫星在任何时刻都能看见地球表面的大部分区域,因此连续全球实时覆盖所需的卫星数目远少于低地球轨道卫星数目,目前主要用于

GPS、GLONASS、伽利略、北斗等卫星导航系统。

4. 大椭圆轨道

大椭圆轨道（Highly Elliptical Orbit, HEO）是偏心率 $0<e<1$ 的轨道，轨道形状是椭圆，轨道高度一般在 1 000~40 000 km 范围内，轨道周期约为 12 h。HEO 卫星的运行速度并不恒定，在近地点附近运动得快，在远地点附近运动得慢，能够在远地点有一个较长的停留时间，同时还能看到地球表面的大部分区域。可见，对于远地点位于北半球的 HEO 卫星，大部分时间卫星都位于北半球上空。HEO 对于通信或覆盖北半球高纬度地区（地球同步轨道卫星几乎很少覆盖到该地区）而言非常重要，目前主要应用于通信和一些 ISR 任务。

5. 地球同步轨道

地球同步轨道（Geosynchronous Earth Orbit，GEO）高度约为 36 000 km，轨道周期约为 24 h，星下点轨迹近似为一条封闭曲线。对地面观测者来说，每天相同时刻 GEO 卫星大致出现在相同方位。GEO 的高度难以到达，需要大推力的运载火箭。

（三）空间目标轨道运动基本定律

1. 运动方程

空间目标的运动方程为

$$\frac{\mathrm{d}^2 r}{\mathrm{d}t^2} = -\frac{\mu}{r^2} \tag{2-6}$$

式中：r 为空间目标位置矢量；$\dfrac{\mathrm{d}^2 r}{\mathrm{d}t^2}$ 为空间目标运动加速度矢量；μ 为地心引力常数，$\mu = Gm_E = 3.986\,005 \times 10^{14}\,\mathrm{m^3/s^2}$；$G$ 为牛顿万有引力常数；m_E 为地球质量。

该方程是一个六阶非线性常微分方程组，为了能够唯一地确定空间目标的状态，进而确定空间目标的运动规律，至少需要知道六个独立的位置和速度参数。

2. 开普勒第一定律

空间目标绕地球运行的轨迹是以地心为焦点的椭圆，因此可得

$$r = \frac{p}{1 + e \cdot \cos f} \tag{2-7a}$$

或

$$r = \frac{a(1 - e^2)}{1 + e \cdot \cos f} \tag{2-7a}$$

则以地心为原点的直角坐标系可表示为

$$\begin{cases} x = a(\cos E - e) \\ y = b\sin E = a\sqrt{1 - e^2}\,\sin E \end{cases} \tag{2-8}$$

可见，空间目标轨道运动曲线为圆锥曲线，曲线形状主要由偏心率 e 确定。

3. 开普勒第二定律

空间目标矢径在单位时间内扫过的面积 A 为常数，即

$$\frac{\mathrm{d}A}{\mathrm{d}t} = \frac{1}{2}\sqrt{\frac{\mu}{a}} \cdot b = \text{const} \tag{2-9}$$

4. 开普勒第三定律

空间目标轨道周期的平方和半长轴的三次方的比值为常数,即

$$\frac{T^2}{a^3} = \frac{(2\pi)^2}{\mu} = \text{const} \tag{2-10a}$$

或

$$\begin{cases} n^2 a^3 = \mu \\ n = \dfrac{2\pi}{T} \end{cases} \tag{2-10b}$$

5. 开普勒方程

开普勒方程表示为

$$E - e \cdot \sin E = M \tag{2-11}$$

$$M = n(t - t_{\mathrm{p}}) = \frac{2\pi}{T}(t - t_{\mathrm{p}}) = \mu^{\frac{1}{2}} \times a^{-\frac{3}{2}}(t - t_{\mathrm{p}}) \tag{2-12}$$

式中:M 为平近点角;t 为空间目标经过 S 位置的时刻;t_{p} 为空间目标飞经近地点的时刻。

(四)空间目标轨道运动特点

与飞机在大气中的运动不同,空间目标在太空中的运动是一种无动力飞行,一旦将卫星送入轨道,则无须持续提供推力卫星就可绕地球运动,轨道和速度之间有着严格的关系,但轨道机动必须依靠推力实现。

1. 轨道运动与机动的速度特点

空间目标的轨道速度与轨道高度之间存在密切关系。在给定的椭圆轨道上,轨道高度越高,空间目标的运行速度越小;空间目标在近地点时速度最大,而在远地点时速度最小。如果两空间目标轨道高度相同,则速度的大小由轨道半长轴决定,半长轴越大的速度越小。由于当前空间目标采用的大多是偏心率很小的近圆轨道,一般可以认为轨道高度越高的空间目标,其运行的速度越小。

需要说明的是,空间目标的质量不会影响其轨道速度,即便是质量很小的碎片也能与卫星以相同速度运行于同一轨道。此外,空间目标在轨道运行过程中不需要再施加任何动力,依靠惯性自由飞行,因此卫星和碎片都可长期停留在轨道上。除非轨道高度足够低,在大气阻力作用下逐渐降低速度和高度,直至最终陨落。可见,随着时间的推移,进入轨道的碎片会逐渐积累,若不主动减少碎片,会使某些太空区域最终因碎片过多而无法避免碰撞。由于空间目标运行速度非常高,一旦发生碰撞会导致卫星受到严重破坏,甚至完全被摧毁,而且还会因碰撞产生更多的碎片,进一步恶化碎片环境。

2. 轨道面特点

根据力学原理,单位质量动量矩为

$$\boldsymbol{h} = \boldsymbol{r} \times \frac{\mathrm{d}\boldsymbol{r}}{\mathrm{d}t} \tag{2-13}$$

根据矢量运算法则,可得

$$\frac{\mathrm{d}\boldsymbol{h}}{\mathrm{d}t}=\frac{\mathrm{d}}{\mathrm{d}t}\left(\boldsymbol{r}\times\frac{\mathrm{d}\boldsymbol{r}}{\mathrm{d}t}\right)=\frac{\mathrm{d}\boldsymbol{r}}{\mathrm{d}t}\times\frac{\mathrm{d}\boldsymbol{r}}{\mathrm{d}t}+\boldsymbol{r}\times\frac{\mathrm{d}^2\boldsymbol{r}}{\mathrm{d}t^2}=\boldsymbol{r}\times\frac{\mathrm{d}^2\boldsymbol{r}}{\mathrm{d}t^2}=0 \tag{2-14}$$

显然,动量矩为常矢量,即

$$\boldsymbol{h}=\boldsymbol{r}\times\boldsymbol{r}=\mathrm{const} \tag{2-15}$$

由于动量矩方向垂直于位置矢量和速度矢量,因此轨道面的法线方向就是动量矩方向;由于动量矩为常量,因此轨道运动平面必然是惯性固定的,且地心位于轨道平面内,并是椭圆轨道的一个焦点。

式(2-15)表明空间目标矢径在相等的时间内扫过的面积相等,这实际上就是称为面积定律的开普勒第二定律的实质。由于在短时间内空间目标运动轨迹可以看作直线,则有

$$\Delta A=\frac{1}{2}|\boldsymbol{r}\times\boldsymbol{r}\Delta t|=\frac{1}{2}|\boldsymbol{h}|\Delta t \tag{2-16}$$

通过摄动影响分析可知,在摄动影响特别是地球非球形摄动的影响下,所有的开普勒轨道根数都会随时间发生变化,导致轨道面绕地轴旋转,同时近地点也会在轨道面内旋转。

3. 轨道运动的星下点轨迹特点

星下点是指空间目标与地心连线和地面的交点,星下点轨迹是指当空间目标在轨道上运行时星下点在地面形成的连续曲线,星下点轨迹的方位角是指星下点轨迹的切线方向与正北方向的夹角。由于星下点轨迹与地球模型密切相关,所以针对不同的用途或精度要求,可以选择不同的地球模型分析空间目标星下点轨迹。

1)基于无旋地球模型的星下点轨迹

无旋地球模型就是将地球假设为不旋转的均质圆球。由轨道面特点可知,轨道平面必经过地心,因此轨道平面内任何大小、任何形状的轨道与地球相交的截面都是圆形,相应的星下点轨迹必然是圆形,即基于无旋地球模型的星下点轨迹是一个封闭的圆,具有如下特点。

(1)星下点轨迹只与轨道倾角和升交点赤经有关,即只与轨道平面在惯性空间中的方位有关,而与轨道的大小、形状及其近地点方向在轨道平面内的方向无关。

(2)星下点轨迹是升交点角距的函数,表示空间目标在轨道上的位置,且在 $0°\leqslant u<360°$ 范围内周期变化,故基于无旋地球模型的星下点轨迹是一条封闭曲线,即每圈重复相同的星下点轨迹。

(3)当升交点角距为 $0°\leqslant u\leqslant180°$ 时,星下点轨迹位于北半球;当 $180°\leqslant u\leqslant270°$ 时,星下点轨迹位于南半球。

(4)当 $0°\leqslant u\leqslant90°$ 和 $270°\leqslant u\leqslant360°$ 时,$0°\leqslant\alpha^*\leqslant180°$ 位于升段。在这部分轨道,空间目标由南向北飞行。通常,轨道的前半部分($0°\leqslant u\leqslant90°$)被称为升段,而轨道的后半部分($270°\leqslant u\leqslant360°$)也被称为升段,因为它们都代表空间目标从南向北飞行的轨迹。当 $90°<u<270°$ 时,$180°\leqslant\alpha^*\leqslant360°$,此时空间目标由北向南飞行,通常将这部分轨道称为降段。

(5)星下点轨迹能够达到的南北纬极值、星下点轨迹方位角的变化范围由轨道倾角决定。

2）基于旋转地球模型的星下点轨迹

基于无旋地球模型的星下点轨迹是在惯性空间描述空间目标运动的一种方式。而实际应用中,通常需要在旋转地球表面上描述空间目标星下点轨迹。一般用地心纬度和经度来描述基于旋转地球模型的星下点轨迹。由于地心经度为赤经与格林尼治地方的恒星时角之差,则某时刻空间目标星下点的地心纬度和经度与赤经和赤纬之间的关系为

$$
\begin{cases}
\varphi = \delta \\
\lambda = \alpha - S(t)
\end{cases}
\tag{2-17}
$$

式中:δ 为 t 时刻的格林尼治平恒星时角;α 为 t 时刻格林尼治天文台的赤经。

若以空间目标通过升交点的时间为起始时刻,即 $t_0 = 0$,则式(2-17)可改写为

$$
\begin{cases}
\varphi = \delta \\
\lambda = \alpha - S(0) - \omega_e t
\end{cases}
\tag{2-18}
$$

式中:δ 为空间目标通过升交点时刻的格林尼治平恒星时角;ω_e 为地球自转角速度。

可见,与基于无旋地球模型的星下点轨迹相比,基于旋转地球模型的星下点轨迹的地心赤纬多了两个时间项。

基于旋转地球模型的星下点轨迹具有以下特点。

（1）星下点轨迹是升交点角距和时间的函数,且与轨道的大小、形状以及轨道近地点方向有关。

（2）星下点轨迹与六个轨道要素和时间都有关,半长轴、偏心率、轨道倾角和近地点幅角决定了星下点轨迹的形状,升交点赤经和过近地点时刻决定了星下点轨迹相对于旋转地球的相对位置。

三、空间目标轨道运动特性分析

空间态势数据的获取和信息服务会受到卫星轨道、传感器性能、通信条件、数据分发模式乃至行业管理体制的约束,目前尚无法满足用户的全部要求。空间目标运动轨道是影响其信息数据获取能力的最重要因素。空间目标轨道运动特性分析就是基于轨道动力学理论,通过建立开普勒方程来计算空间目标的轨道参数,并通过确定轨道根数来确定可见目标的飞行轨道。可见,空间目标轨道运动特性分析是计算航天器空间坐标和相对位置的基础,对于设计与优化空间目标轨道、提升态势数据的按需获取能力和数据质量具有重要意义。

（一）二体轨道运动特性

1. 二体运动特性的数学描述

为了简化数学模型,空间目标运动分析中一般假设空间目标在地球中心引力场中运动,忽略其他各种摄动（包括地球非球形摄动、日月引力摄动、大气阻力摄动、光压摄动等）对空间目标运动规律的影响,这种空间目标轨道称为二体轨道,代表了空间目标运动的最主要特性。

2. 二体运动状态描述转换——状态矢量与轨道根数的转换

描述空间目标的运动状态一般有状态矢量和轨道根数两种方式。轨道根数是用来描述空间目标运动状态的一组参数，根据不同的应用可选取不同的表现形式，最常见的是开普勒轨道根数。

在分析轨道的基本特性时，一般采用开普勒轨道根数描述轨道，而当进行轨道计算、控制等操作时，则需要采用空间目标的状态矢量来描述。

1）开普勒轨道根数转换为状态矢量

若已知空间目标某时刻的开普勒轨道根数，可以计算任意时刻空间目标状态矢量。建立地心轨道坐标系 $OXYZ$，坐标原点位于地心，XOY 平面为轨道平面，X 轴指向近地点，Z 轴为角动量方向。在地心轨道坐标系下，空间目标的状态矢量即地心轨道坐标系下的位置和速度矢量为

$$\boldsymbol{r} = \begin{pmatrix} x(t) \\ y(t) \\ z(t) \end{pmatrix} = \begin{pmatrix} a(\cos E - e) \\ a\sqrt{1-e^2}\sin E \\ 0 \end{pmatrix} = \begin{pmatrix} r(\cos E - e) \\ r\sqrt{1-e^2}\sin E \\ 0 \end{pmatrix} \tag{2-19}$$

$$\boldsymbol{v} = \begin{pmatrix} \dfrac{\mathrm{d}x(t)}{\mathrm{d}t} \\ \dfrac{\mathrm{d}y(t)}{\mathrm{d}t} \\ \dfrac{\mathrm{d}z(t)}{\mathrm{d}t} \end{pmatrix} = \begin{pmatrix} -\sin E \\ \sqrt{1-e^2}\cos E \\ 0 \end{pmatrix} \dfrac{na}{1-e\cos E} = \begin{pmatrix} -\sin f \\ e+\cos f \\ 0 \end{pmatrix} \dfrac{na}{\sqrt{1-e^2}} \tag{2-20}$$

式中：r 为空间目标地心距，$r = \dfrac{a(1-e^2)}{1+e\cos f}$；$n$ 为空间目标运动的平均角速度，$n = \mu^{\frac{1}{2}} a^{-\frac{3}{2}}$。通过地心轨道坐标系到地心惯性坐标系的转换矩阵可以求得空间目标在地心惯性坐标系下的状态矢量。

2）状态矢量转换为开普勒轨道根数

首先通过空间目标位置矢量 $\boldsymbol{r}$ 和速度矢量 $\boldsymbol{v}$ 计算比角动量 $\boldsymbol{h}$，然后通过比角动量计算开普勒轨道根数。

$$\boldsymbol{h} = (h_x, h_y, h_z) = \boldsymbol{r} \times \boldsymbol{v} \tag{2-21}$$

径向速度的大小为 $v_r = \dfrac{\boldsymbol{r} \cdot \boldsymbol{v}}{|\boldsymbol{r}|}$，其中 r 和 v 分别为位置矢量和速度矢量的模。

定义单位矢量 $\boldsymbol{K} = (0,0,1)$，计算轨道面与赤道面交线矢量 $\boldsymbol{N} = (N_x, N_y, N_z)$（地心指向轨道升交点）和它的模 N：

$$\boldsymbol{N} = \boldsymbol{K} \times \boldsymbol{h} \tag{2-22}$$

轨道倾角：

$$i = \arccos \dfrac{h_z}{h} \tag{2-23}$$

升交点赤经：

$$\Omega = \begin{cases} \arccos\dfrac{N_x}{N} & N_y \geqslant 0 \\ 2\pi - \arccos\dfrac{N_x}{N} & N_y < 0 \end{cases} \tag{2-24}$$

轨道偏心率:

$$\boldsymbol{e} = (e_x, e_y, e_z) = \frac{1}{\mu}\left(\boldsymbol{v} \times \boldsymbol{h} - \mu\frac{\boldsymbol{r}}{r}\right) \tag{2-25}$$

$$e = \frac{1}{\mu}\sqrt{(2\mu - rv^2)rv_r^2 + (\mu - rv^2)^2} \tag{2-26}$$

轨道半长轴:

$$a = \frac{h^2}{\mu(1 - e^2)} \tag{2-27}$$

近地点幅角:

$$\omega = \begin{cases} \arccos\dfrac{\boldsymbol{N} \cdot \boldsymbol{e}}{|\boldsymbol{N}||\boldsymbol{e}|} & e_z \geqslant 0 \\ 2\pi - \arccos\dfrac{\boldsymbol{N} \cdot \boldsymbol{e}}{|\boldsymbol{N}||\boldsymbol{e}|} & e_z < 0 \end{cases} \tag{2-28}$$

真近地点角:

$$f = \begin{cases} \arccos\dfrac{\boldsymbol{e} \times \boldsymbol{r}}{|\boldsymbol{e}||\boldsymbol{r}|} & v_r \geqslant 0 \\ 2\pi - \arccos\dfrac{\boldsymbol{e} \times \boldsymbol{r}}{|\boldsymbol{e}||\boldsymbol{r}|} & v_r < 0 \end{cases} \tag{2-29}$$

（二）摄动对轨道运动的影响因素及影响效应

上述二体轨道运动特性描述中假设地球和空间目标为质点,空间目标仅受到地球重力场的作用。但实际上,空间目标在轨运行过程中会受各种因素影响,使得空间目标在轨运行受各种保守力和各种非保守力的作用,受力情况非常复杂,从而使得实际运行的轨道会不同程度偏离二体运动方程所确定的理想圆锥曲线轨道。这些影响因素被称为摄动,因此空间目标在轨运动应该是受摄的二体运动。

在地心惯性坐标系下,空间目标的受摄运动可以描述为

$$\frac{\mathrm{d}^2 r}{\mathrm{d}t^2} = a_G(r) + a_\varepsilon\left(r, \frac{\mathrm{d}r}{\mathrm{d}t}, t\right) \tag{2-30}$$

式中: $a_G(r)$ 为地球引力加速度,且 $a_G(r) = -\dfrac{\mu}{r^2} \cdot \dfrac{\boldsymbol{r}}{|\boldsymbol{r}|}$; $a_\varepsilon\left(r, \dfrac{\mathrm{d}r}{\mathrm{d}t}, t\right)$ 为包含各种影响空间目标运动因素的摄动力加速度,且 $a_\varepsilon\left(r, \dfrac{\mathrm{d}r}{\mathrm{d}t}, t\right) = \sum\limits_{k=1}^{n} a_k\left(r, \dfrac{\mathrm{d}r}{\mathrm{d}t}, t; \varepsilon^k\right)$, a_ε 满足 $\dfrac{|a_\varepsilon|}{|a_G|} = 0(\varepsilon^k, \varepsilon, 1)$ 。对于低轨空间目标而言,有 $\varepsilon = 0(J_2) = 10^{-3}$, J_2 是地球非球形的扁率因子。

影响卫星运动的摄动力因素很多,主要可以分为引力摄动和非引力摄动两种类型。引

力摄动主要包括地球非球形引力摄动、N体摄动、固体潮和海潮引起的形变摄动、地球自转形变摄动、月球扁率摄动、地球扁率间接摄动和广义相对论摄动。非引力摄动包括太阳和地球辐射压摄动、大气阻力摄动、热阻力摄动和类阻力摄动。其中,地球、太阳、月球等星体对空间目标的引力以及地球潮汐导致的引力场变化称为保守力,大气阻力、地球红外辐射、空间目标姿态控制力等称为非保守力(也称耗散力)。可见,空间目标在轨运行过程中所受力为

$$\sum F = F_{ET} + F_{NT} + F_{NS} + F_{DT} + F_{RT} + F_{SR} + F_{ER} + F_{EA} + F_{OT} \qquad (2\text{-}31)$$

式中:F_{ET}为二体作用力,即地球对空间目标的引力;F_{NT}为N体摄动力,主要包括日、月及其他星体对空间目标的引力;F_{NS}为地球非球形部分对空间目标的引力;F_{DT}为地球形变摄动力,包括固体潮、海潮、大气潮汐等各种潮汐使地球对空间目标引力变化的部分;F_{RT}为相对论效应对空间目标运动的影响;F_{SR}为太阳辐射对空间目标形成的压力;F_{ER}为地球红外辐射和地球反射太阳光辐射对空间目标产生的压力;F_{EA}为地球/大气对空间目标形成的阻力;F_{OT}为作用在空间目标上的其他作用力,如空间目标姿态控制力等。

由于地球不是刚体,在日、月引力作用下会发生形变,从而引起地球引力场的变化,主要分为固体潮、海潮和大气潮汐三种类型。此外,地球自转的不均匀性也会引起地球的形变,称为地球自转形变。相比于地球非球形引力摄动,地球形变摄动影响较小。

月球的非球形部分(主要是扁率部分)对空间目标运动产生的摄动较微小,绝大多数情况下可以忽略不计。地球扁率间接摄动是由于质点月球对地球扁率部分产生影响而导致的,其表现为通过影响地心坐标系的变化而对空间目标产生的一种惯性加速度,一般情况也较小。

为满足空间目标观测精度不断提高的需求,在原有的以牛顿力学为基础的天体力学理论中引入广义相对论,则空间目标在以地球质心为原点的局部惯性坐标系中将受到一个由广义相对论效应导致的附加摄动,称为广义相对论摄动。它主要影响轨道近地点幅角,但相对影响程度较小。

空间目标运动的非引力摄动较难准确建模和描述,如大气阻力模型和相应的大气物理模型均有较大的误差,会直接影响空间目标特别是近地轨道空间目标的运动特性分析精度。此外,非引力摄动效应一般都与空间目标的形状、空间姿态和表面的物理性质等本体特征有关,这些因素都会影响相关摄动力模型的构建精度。

1. 地球非球形引力摄动影响

地球不是形状规则的球体,而是一个两极稍扁而赤道较鼓、北极地区较尖而南极地区较平的椭球。地球质量分布的不均匀导致引力场分布不均匀,致使地球对空间目标产生一种保守力,称为地球非球形引力,对空间目标运动的影响称为地球非球形引力摄动,一般用一个复杂的位函数多项式来描述。该摄动是对空间目标运动影响最大的摄动因素,对距离地球较近的空间目标轨道影响较大。分析中主要考虑其中对轨道影响最大的J_2摄动项(对于中高轨卫星影响更为明显)。地球非球形引力摄动产生的影响主要表现在以下两个方面。

1) 轨道面旋转

如果是顺行轨道, 轨道面围绕地球自东向西旋转(升交点赤经减小); 如果是逆行轨道, 轨道面围绕地球自西向东旋转(升交点赤经增大)。即轨道面旋转表现为升交点赤经 Ω 的变化。

2) 在轨道面内旋转

在轨道面内旋转即椭圆轨道的近地点在轨道面内旋转, 表现为近地点幅角的变化。

2. 第三体引力摄动影响

空间目标绕地球在轨运行时, 不但受中心天体地球引力的作用, 而且还受太阳、月球、水星、金星、木星等其他天体引力的影响。将中心天体之外的日月甚至大行星引力作用对空间目标运动的影响称为第三体摄动, 其也是一种保守力, 空间目标则称为被摄动体。此时, 一般将日月等第三体、地球和空间目标均作为质点处理。

一般空间目标距离地球越远, 地球引力相对越小, 其他天体的引力作用就会越明显, 因此 N 体引力摄动对高轨卫星的影响比较大, 而且对轨道的影响呈长周期变化, 与空间目标轨道对太阳和月球的定向有关。

3. 大气阻力摄动影响

空间目标在地球高层大气中飞行, 不可避免地会受到大气阻力摄动的影响, 特别是遥感卫星等近地轨道空间目标, 由于速度快且大气密度较大, 其所受到的摄动影响也较为明显。大气阻力摄动对空间目标运动的影响主要表现在使空间目标运动轨道周期逐渐缩短。引起大气阻力

由空气引起的大气阻力是作用于卫星表面的扰动力, 可以表示为

$$f_{\text{drag}} = -m\frac{1}{2}\left(\frac{G_{\text{d}}S}{m}\right)\sigma\,|\,\boldsymbol{r} - \boldsymbol{r}_{\text{air}}\,|^2\,\boldsymbol{n}_a$$

式中: m 为卫星的质量; C_{d} 为阻力系数; S 为卫星的横截面(或有效面积); σ 为大气的密度; $\boldsymbol{r}$、$\boldsymbol{r}_{\text{air}}$ 分别为卫星和大气的地心速度矢量; $\boldsymbol{n}_a$ 为沿阻力方向的单位矢量, $\boldsymbol{n}_a = \dfrac{\boldsymbol{r} - \boldsymbol{r}_{\text{air}}}{|\,\boldsymbol{r} - \boldsymbol{r}_{\text{air}}\,|}$。

通常, S 的值为卫星外表面积的 $1/4$, C_{d} 的实验室值为 2.2 ± 0.2。

地球 / 大气阻力摄动影响主要体现在对空间目标轨道动能的消耗, 从而导致轨道高度的降低, 直至陨落。一般在预测近地轨道空间目标位置时都需要考虑大气阻力摄动的影响, 但需要依赖大气阻力模型。

4. 太阳光压摄动影响

太阳光压摄动实际是指太阳辐射压摄动, 它是由太阳光辐射到空间目标上对其产生压力造成的, 其大小与空间目标到太阳的距离、空间目标的面积质量比、空间目标表面反射特性、空间目标 - 日 - 地位置、空间目标是否在地影中等有关。在计算太阳光压摄动影响时, 由于光学入射截面面积的计算非常复杂, 因此理论上需要对各个面元将太阳入射光分成反射、漫射和吸收三个部分分别进行分析。由于很难全面了解空间目标特别是非合作空间目标各个面元的物理特性, 通过综合分析可知目前空间目标本体绝大多数为柱体、方体, 为了建模方便, 可以用球体进行简化。因此, 可以用两种模型描述太阳光压摄动影响效应: 一是

基于球体简化的仅考虑作用在空间目标本体上的太阳辐射压力引起的摄动加速度模型；二是采用简化公式计算太阳光压摄动加速度模型。对于非球形本体的空间目标，特别是高轨空间目标而言，太阳辐射压力对其影响较大，但目前尚没有针对该类空间目标的太阳辐射压摄动模型。

（三）摄动影响下的轨道运动特性分析

对于近地轨道空间目标需要考虑的摄动因素主要包括地球非球形引力摄动、日月引力摄动、大气阻力摄动、太阳光压摄动等。地球非球形引力摄动对空间目标运动影响最大，其次为大气阻力摄动。第三体引力摄动以及太阳光压摄动与空间目标到第三体及太阳的距离有关。在地心惯性坐标系中，根据牛顿第二定律，考虑主要摄动情况下近地轨道空间目标的运动方程可描述为

$$m\frac{\mathrm{d}^2\boldsymbol{r}}{\mathrm{d}t^2} = F_{\mathrm{ET}} + F_{\mathrm{NT}} + F_{\mathrm{EA}} + F_{\mathrm{SR}} \qquad (2\text{-}33)$$

式中：m 为空间目标质量；$\boldsymbol{r}$ 为空间目标在惯性坐标系中的位置矢量。

1. 空间目标运动状态变化分析

虽然在空间目标初始时刻 t_0 的运动状态 $\left(r_0, \dfrac{\mathrm{d}r_0}{\mathrm{d}t}\right)$ 已知情况下，只要求得空间目标所受各种摄动力，就能够求解在任意 $t \geqslant t_0$ 时刻空间目标的运动状态 $\left(r_t, \dfrac{\mathrm{d}r_t}{\mathrm{d}t}\right)$，但一般情况下，空间目标的初始状态 $\left(r_0, \dfrac{\mathrm{d}r_0}{\mathrm{d}t}\right)$ 很难预先精确获取，只能获得其参考值 $\left(r_0', \dfrac{\mathrm{d}r_0'}{\mathrm{d}t}\right)$。为了得到高精度的初始状态 $\left(r_0, \dfrac{\mathrm{d}r_0}{\mathrm{d}t}\right)$，需要利用空间目标的连续观测数据进行不断修正，此过程实际上就是空间目标定轨的核心任务。此外，在空间目标受力模型中，诸如大气阻力参数等很多参数值也无法精确获取，其误差必将影响运动状态 $\left(r_t, \dfrac{\mathrm{d}r_t}{\mathrm{d}t}\right)$ 的计算精度。而且观测站坐标误差、测量设备的系统误差等也直接影响轨道特性的计算精度。因此，为了确定空间目标在某时刻的精确位置，一般都需要对空间目标进行跟踪或观测，并利用跟踪观测数据对相关参数不断进行修正。需要说明的是，除 $\left(r_t, \dfrac{\mathrm{d}r_t}{\mathrm{d}t}\right)$ 外，在轨道确定中需要求解的还包括其他动力学参数和运动学参数矢量。其中，动力学参数主要是指空间目标运动方程中的待估计参数，如 GM 值、地球引力场系数、大气阻力参数、太阳光压系数、地球反照辐射压系数等；运动学参数主要是指未出现在空间目标运动方程中的一些参数，如观测站坐标、地球自转参数、观测值的距离偏差和时间偏差等。

2. 空间目标轨道根数变化分析

从空间目标长期运行过程来看，其平均轨道实质是一个长期进动的椭圆，相应的轨道根数是带有长期变化的平均根数，具体描述如下：轨道半长轴、偏心率、轨道倾角不随时间变化，升交点赤经、近地点幅角、过近地点时刻或真近地点角则随时间变化，即

$$a(t) = a(t_0) \tag{2-34}$$

$$e(t) = e(t_0) \tag{2-35}$$

$$i(t) = i(t_0) \tag{2-36}$$

$$\Omega(t) = \Omega(t_0) + \frac{\mathrm{d}\Omega(t-t_0)}{\mathrm{d}t} \tag{2-37a}$$

$$\frac{\mathrm{d}\Omega(t)}{\mathrm{d}t} = -\frac{3nJ_2 R_e^2}{2a^2(1-e^2)^2}\cos i \tag{2-37b}$$

$$\omega(t) = \omega(t_0) + \frac{\mathrm{d}\omega(t-t_0)}{\mathrm{d}t} \tag{2-38a}$$

$$\frac{\mathrm{d}\omega(t)}{\mathrm{d}t} = -\frac{3nJ_2 R_e^2}{2a^2(1-e^2)^2}\left(\frac{5}{2}\sin^2 i - 2\right) \tag{2-38b}$$

$$M(t) = M(t_0) + \frac{\mathrm{d}M(t-t_0)}{\mathrm{d}t} \tag{2-39a}$$

$$\frac{\mathrm{d}M(t)}{\mathrm{d}t} = n - \frac{3nJ_2}{2\sqrt{(1-e^2)^3}}\left(\frac{R_e}{a}\right)^2\left(\frac{3}{2}\sin^2 i - 1\right) \tag{2-39b}$$

式中：R_e 为地球平均赤道半径；n 为空间目标运动平均周期。

可见，采用平均根数描述的摄动影响下的轨道运动是一个轨道平面进动与拱线转动两种运动的合成。

3. 空间目标的星下点轨迹分析

由于摄动力的影响会导致空间目标轨道发生变化，因此空间目标星下点轨迹必然会发生相应的变化。对于近地空间目标而言，摄动项主要是地球非球形摄动，理论分析一般仅考虑摄动项的影响。如前所述，由于摄动项的影响，轨道平面将在惯性空间发生西移（或东进），因此对于基于旋转地球模型的空间目标星下点轨迹，地心纬度不变，地心经度为

$$\lambda = \Omega + k180° + \arctan(\cos i \tan u) - S(0) - \left(\omega_e - \frac{\mathrm{d}\Omega}{\mathrm{d}t}\right)t \tag{2-40}$$

第四节　空间目标光学特性

由于历史原因，在光学领域中，一直沿用以人的视觉感知为基础的光度学计量方法描述、分析目标光学特性。随着紫外线和红外线的发现，以及光电测量技术的发展，光度学逐渐被以物理量的客观测量为基础的辐射度学取代。

一、目标光学特性基本术语

（一）辐射度学基本术语

1. 辐射能与光谱辐射能

辐射能是以电磁波的形式发射、传输和接收的能量，以 Q 表示，单位为焦耳（J）。

光谱辐射能是指某波长 λ 处单位波长间隔内的辐射能,以 Q_λ 表示,单位为焦耳每微米 (J/μm)。

2. 辐射功率与光谱辐射功率

辐射功率也称辐射通量,是以电磁波的形式发射、传输和接收辐射能的速率,以 Φ 表示,单位为瓦(W),且有

$$\Phi = \frac{\partial Q}{\partial t} \qquad (2\text{-}41)$$

光谱辐射功率也称光谱辐射通量,是某波长 λ 处单位波长间隔内的辐射功率,以 Φ_λ 表示,单位为瓦每微米(W/μm),且有

$$\Phi_\lambda = \frac{\partial Q_\lambda}{\partial t} \qquad (2\text{-}42)$$

3. 辐射强度与光谱辐射强度

辐射强度是指在给定方向上单位立体角 Ω 内的辐射功率,以 I 表示,单位为瓦每球面度 (W/sr),且有

$$I = \frac{\partial \Phi}{\partial \Omega} \qquad (2\text{-}43)$$

光谱辐射强度是指某波长 λ 处单位波长间隔内的辐射功率,以 I_λ 表示,单位为瓦每球面度微米(W/(sr·μm)),且有

$$I_\lambda = \frac{\partial \Phi_\lambda}{\partial \Omega} \qquad (2\text{-}44)$$

4. 辐射出射度与光谱辐射出射度

辐射出射度是指辐射源单位表面积发出的辐射通量,以 M 表示,单位为瓦每平方米 (W/m²),计算公式为

$$M = \frac{\partial \Phi}{\partial A_{\mathrm{fs}}} \qquad (2\text{-}45)$$

光谱辐射出射度是指某波长 λ 处单位波长间隔内的辐射出射度,以 M_λ 表示,单位为瓦每平方米微米(W/(m²·μm)),计算公式为

$$M_\lambda = \frac{\partial \Phi_\lambda}{\partial A_{\mathrm{fs}}} \qquad (2\text{-}46)$$

5. 辐射照度与光谱辐射照度

辐射照度是指照射到接收面单位面积上的辐射通量,以 E 表示,单位为瓦每平方米 (W/m²),计算公式为

$$E = \frac{\partial \Phi}{\partial A_{\mathrm{js}}} \qquad (2\text{-}47)$$

光谱辐射照度是指某波长 λ 处单位波长间隔内的辐射照度,以 E_λ 表示,单位为瓦每平方米微米(W/(m²·μm)),计算公式为

$$E_\lambda = \frac{\partial \Phi_\lambda}{\partial A_{\mathrm{js}}} \qquad (2\text{-}48)$$

6. 发射率与光谱发射率

发射率是指辐射体的辐射出射度 M 与同温度下的黑体辐射出射度 M_b 之比，以 ε 表示，计算公式为

$$\varepsilon = \frac{M}{M_b} \tag{2-49}$$

光谱发射率是指某波长 λ 处单位波长间隔内的发射率，以 ε_λ 表示，计算公式为

$$\varepsilon_\lambda = \frac{M_\lambda}{M_{b\lambda}} \tag{2-50}$$

（二）光度学基本术语

光度学量和对应的辐射度学量在一定波长处表达的物理内容一样，光度学量采用的符号与相应辐射度学量的符号一样，计算公式与相应辐射度学量的数学表达式也相同。在需要区分的情况下，可以用下标 e 和 v 分别表示辐射度学量和光度学量。此处仅给出光量、光通量、发光强度、光亮度、光出射度、光照度、曝光量等光度学术语的基本含义。

光量也称为光能量，是可见光波段的电磁辐射能量，以 Q_v 表示，单位为流明秒（lm·s）。

光通量是指点光源或面光源的光能量传递速率，以 ϕ_v 表示，单位为流明（lm）。

发光强度是在给定方向上光源单位立体角的光通量，以 I_v 表示，单位为坎德拉（cd）。1 cd 等于在该方向上发出频率为 540×10^{12} Hz（波长为 0.555 μm）的单色辐射，而且在该方向上的辐射强度为 1/683 W 每球面度的光源发光强度。

光亮度是指在给定方向上光源的光亮度，是光源在该方向上的发光强度与光源面积在该方向上的投影之比，以 L_v 表示，单位为坎德拉每平方米（cd/m²）。

光出射度是光源发出的光通量与光源面积之比，以 M_v 表示，单位为流明每平方米（lm/m²）。

光照度是入射到接收面上的光通量与接收面积之比，以 E_v 表示，单位为勒克斯（lx），且 1 lx=1 lm/m²。

曝光量是光照度与照射时间之积，以 H 表示，单位为勒克斯秒（lx·s）。

需要说明的是，在天文学上习惯用等效视星等值而不是照度来表示天体的亮度。在太阳照射下，空间目标对远距离的可见光观测系统来说，可等效成某种星等的点目标。

等效视星等定义为两个光通量相差 100 倍的星体，其亮度相差 5 个星等。0 等星是指在地球/大气层外产生的照度为 2.089×10^{-6} lm/m²。

m 星等计算公式为

$$E_m = 2.089 \times 10^{-6} / 10^{\frac{m}{2.5}} = 2.089 \times 10^{-6} / 2.512^m \tag{2-51}$$

若取等效视星等值为 −26.74 的太阳为参考星，则 m 等星的计算公式为

$$m = -26.74 - 2.5 \lg \left(\frac{E_m}{E_{sun}} \right) \tag{2-52}$$

太阳常数是指太阳与地球距离为 1 AU（AU 是一种天文单位，1 AU=1.499 85 × 10⁸ km）

时,太阳在地球 / 大气层外产生的总辐射照度为

$$E_{sun} = \int_0^{+\infty} E_\lambda d\lambda = 1353 \text{ W/m}^2 \qquad (2\text{-}53)$$

由星等计算公式可知,星等数值越大,目标越暗;星等数值越小,目标越亮。

(三)光度学量与辐射度学量的关系

由于光度学量和对应的辐射度学量仅在可见光波长范围内表达的物理内容一样,因此两者的换算仅在可见光区(0.4~0.76 μm)有意义。借助光谱光视效能或光谱光视效率可实现光度学量和辐射度学量之间的转换。

光谱光视效能是在波长 λ 处的光通量 $\Phi_{v\lambda}$ 和辐射通量 $\Phi_{e\lambda}$ 之比,以 $K(\lambda)$ 表示,单位为流明每瓦(lm/W),即

$$K(\lambda) = \frac{\Phi_{v\lambda}}{\Phi_{e\lambda}} \qquad (2\text{-}54)$$

$K(\lambda)$ 随波长 λ 变化的曲线极大值在波长 $\lambda = 0.555$ μm($f = 540 \times 10^{12}$ Hz)处,极大值 $\frac{K(\lambda)}{K_{max}}$ 的试验值为 683 lm/W。

光谱光视效率 $V(\lambda)$ 就是光谱光视效能 $K(\lambda)$ 对其极大值 $\frac{K(\lambda)}{K_{max}}$ 的归一化值,即

$$V(\lambda) = \frac{K(\lambda)}{K_{max}} \qquad (2\text{-}55)$$

二、目标光学特性描述方法

空间目标指高度在 100 km 以上的卫星、空间飞行器、空间站和中继站等,发射时有强大的光辐射,利用天基红外和紫外光学监测系统,实现对发射的探测与识别。对于大气层内飞行的或再入大气层的空间目标而言,可以根据空间目标与大气相互作用而产生的可见光和红外辐射特性(强度和光谱)进行探测和识别。绕地球飞行的各种空间目标,在向阳区的太阳光照射下可以探测的光学特性主要是太阳光散射特性(主要是可见光和紫外光)和表面温度为 300~450 K 的红外辐射特性;在无太阳光照射的阴影区,空间目标可探测的光学特性仅有表面温度约 200 K 的红外辐射特性(以下简称"辐射特性")。

(一)散射特性及其描述方法

空间目标所运行的空间环境是一个冷黑背景,因此太阳直接辐射、地球表面反照太阳辐射、月球及其他星体对太阳光的反射光是空间目标光散射信号的主要来源。空间目标自身的表面几何结构、表面材料及其表面状态、自身姿态、日 - 地 - 目标相对位置、探测视向等都会直接影响空间目标在探测传感器上所呈现的光散射特性。

通过对空间目标散射特性影响因素及其背景特点的分析可知,目标散射信号以太阳光为主,观测时间和目标的位置、姿态、几何结构、表面材料等对光散射特性影响明显,使得空间目标光散射亮度分布不均匀且差异巨大,但只要相关要素信息具备,就能够从物理上描述

空间目标光散射特性。可见,空间目标光散射特性时刻处于动态的变化中,与空间目标的材料、大小和状态等紧密相关,进行空间目标光散射特性分析时,需要综合考虑目标的材料特性、结构特性、背景特性、轨道运动特性等因素。

1. 双向反射分布函数

依据前面相关术语定义可知,空间目标光散射特性可通过目标表面反射背景辐射在探测器入瞳处产生的辐射照度来描述,而入瞳能量计算则需要采用双向反射分布函数(Bidirectional Reflectance Distribution Function,BRDF)。BRDF 是由 Nicodemus 于 1965 年提出的,是从辐射度学出发,在几何光学的基础上描述表面反射特性的物理量,具体而言是用来描述 2π 空间内光学散射特性分布的物理量,它可以完全表征材料的光学散射特性,能够精确描述目标表面反射空间、时间和光谱特性。BRDF 的基本含义如图 2-7 所示。

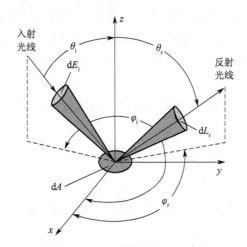

图 2-7　BRDF 的基本含义示意图

图 2-7 中,dA 为目标表面小面元,(θ_i,φ_i) 为入射光源方向,(θ_r,φ_r) 为探测器的观察方向,下标 i 和 r 分别表示入射和反射,θ 和 φ 分别表示天顶角和方位角,z 表示粗糙表面平均法线方向。

BRDF 定义为沿着出射方向的辐射亮度 $dL_r(\theta_i,\varphi_i,\theta_r,\varphi_r)$ 与沿着入射方向入射到空间目标被测表面的辐射照度 $dE_i(\theta_i,\varphi_i)$ 之比,以 $f_r(\theta_i,\varphi_i,\theta_r,\varphi_r)$ 表示,即

$$f_r(\theta_i,\varphi_i,\theta_r,\varphi_r) = \frac{dL_r(\theta_i,\varphi_i,\theta_r,\varphi_r)}{dE_i(\theta_i,\varphi_i)} \tag{2-56}$$

或

$$f_r(\theta_i,\varphi_i,\varphi,\lambda) = \frac{dL_r(\theta_i,\theta_r,\varphi)}{dE_i(\theta_i,\varphi_i)}, \varphi = \varphi_r - \varphi_i \tag{2-57}$$

BRDF 可简单理解为光辐射的反射辐射亮度和入射辐射照度的比值。之所以采用 BRDF 描述空间目标光学散射特性,是因为实际空间目标表面对太阳光的散射既不是理想的镜面反射,也不是理想的漫反射,而是介于两者之间,空间目标表面的光学散射特性既与入射方向有关,又与散射出射方向有关。为严格描述空间目标可见光散射特性,必须引入

BRDF。

　　BRDF 的取值范围为零到无限大,单位为 sr^{-1},它是一个微分量,因此不能直接测量,但是可以在一定的非零参数范围内测量其平均值。

　　由 BRDF 定义可知,空间目标在探测器方向散射的太阳光的辐射亮度为

$$L_\mathrm{T}(\theta_\mathrm{s},\varphi_\mathrm{s},\theta_\mathrm{d},\varphi_\mathrm{d}) = f_\mathrm{T}(\theta_\mathrm{s},\varphi_\mathrm{s},\theta_\mathrm{d},\varphi_\mathrm{d}) E_0 \cos\theta_\mathrm{s} \tag{2-58}$$

式中:下标 s 代表太阳入射光,d 代表探测方向,T 代表目标;$L_\mathrm{T}(\theta_\mathrm{s},\varphi_\mathrm{s},\theta_\mathrm{d},\varphi_\mathrm{d})$ 为空间目标散射的辐射亮度,单位为瓦每球面度平方米(W/(sr · m^2));$E_0 \cos\theta_\mathrm{s}$ 为太阳对空间目标的辐射照度,单位为瓦每平方米(W/m^2);E_0 为大气层外太阳常数,当 $\theta_\mathrm{s} = 0$ 时,$E_0 = E_\mathrm{sun} = 1\,353\ \mathrm{W/m^2}$。

　　空间目标在探测器入瞳处产生的光谱辐射照度目前基本采用有限元的思想进行计算,即按照目标表面结构和材料属性,对目标表面进行区域分解与网格划分,进行有效面元判断,利用 BRDF 计算每个有效面元在探测器入瞳处产生的光谱辐射照度,最后将所有的有效面元分量叠加,即可得到整个空间目标在探测器入瞳处产生的光谱辐射照度。有效面元是指能够被照明且对探测器入瞳处光谱辐射照度有贡献的面元。

2. 反射率

　　反射率 $\rho(\omega_\mathrm{i},\omega_\mathrm{s},L_\mathrm{i})$ 定义为反射辐射通量与入射辐射通量之比。在立体角 ω_i 内入射到面元 dA 上的辐射通量为

$$\mathrm{d}\varPhi_\mathrm{i} = \mathrm{d}A \int_{\omega_\mathrm{i}} L_\mathrm{i}(\theta_\mathrm{i},\varphi_\mathrm{i})\cos\theta_\mathrm{i}\,\mathrm{d}\omega_\mathrm{i} \tag{2-59}$$

在立体角 ω_s 内的反射通量为

$$\mathrm{d}\varPhi_\mathrm{s} = \mathrm{d}A \iint_{\omega_\mathrm{i},\omega_\mathrm{s}} f_\mathrm{r}(\theta_\mathrm{i},\varphi_\mathrm{i};\theta_\mathrm{s},\varphi_\mathrm{s}) L_\mathrm{i}(\theta_\mathrm{i},\varphi_\mathrm{i})\cos\theta_\mathrm{i}\cos\theta_\mathrm{s}\,\mathrm{d}\omega_\mathrm{i}\mathrm{d}\omega_\mathrm{s} \tag{2-60}$$

由此得反射率为

$$\rho(\omega_\mathrm{i},\omega_\mathrm{s},L_\mathrm{i}) = \frac{\mathrm{d}\varPhi_\mathrm{s}}{\mathrm{d}\varPhi_\mathrm{i}} = \frac{\iint_{\omega_\mathrm{i},\omega_\mathrm{s}} f_\mathrm{r}(\theta_\mathrm{i},\varphi_\mathrm{i};\theta_\mathrm{s},\varphi_\mathrm{s}) L_\mathrm{i}(\theta_\mathrm{i},\varphi_\mathrm{i})\cos\theta_\mathrm{i}\cos\theta_\mathrm{s}\,\mathrm{d}\omega_\mathrm{i}\mathrm{d}\omega_\mathrm{s}}{\int_{\omega_\mathrm{i}} L_\mathrm{i}(\theta_\mathrm{i},\varphi_\mathrm{i})\cos\theta_\mathrm{i}\,\mathrm{d}\omega_\mathrm{i}} \tag{2-61}$$

如果在入射光束内入射辐射是各向同性和均匀的,则式(2-61)中的 L_i 为常数,则有

$$\rho(\omega_\mathrm{i},\omega_\mathrm{s}) = \frac{\iint_{\omega_\mathrm{i},\omega_\mathrm{s}} f_\mathrm{r}(\theta_\mathrm{i},\varphi_\mathrm{i};\theta_\mathrm{s},\varphi_\mathrm{s})\cos\theta_\mathrm{i}\cos\theta_\mathrm{s}\,\mathrm{d}\omega_\mathrm{i}\mathrm{d}\omega_\mathrm{s}}{\int_{\omega_\mathrm{i}} \cos\theta_\mathrm{i}\,\mathrm{d}\omega_\mathrm{i}} \tag{2-62}$$

(二)辐射特性及其描述方法

　　由于电离层的平均高度为 300~2 500 km,因此 250~300 km 的低轨空间是一个包含电离层的近似 3.5 K 的冷黑空间。尽管电离等离子体温度很高,中性粒子温度约为 1 300 K,离子和电子温度更高,但由于粒子数密度相当低,所以这些粒子的热流极其微弱。至于来自太阳风、高能宇宙线的辐射,其能量更微弱。因此,能够对空间目标进行加温的辐射主要包括太阳的直接辐射、地球 / 大气系统的长波辐射、地球反射辐射、月球及其他星体对太阳光的反射辐射、空间目标自身热辐射(内热)。相较于前三者,后两者有时可以忽略不计。空间目标的自身热结构、表面材料辐射和散(反)射特性和日 - 地 - 空间目标相对位置、空间目

标自身姿态、探测视向等都会直接影响空间目标在探测传感器上所呈现的红外辐射特性（下面不特殊说明）。

通过对空间目标红外辐射特性影响因素及其背景特点的分析可知，空间目标辐射特性主要包括两种机制：一是空间目标在空间热环境中自身辐射，二是空间目标散射环境辐射。如同空间目标光散射特性一样，观测时间和空间目标的位置、姿态、自身热结构、表面材料等对空间目标光辐射特性影响明显，使得空间目标光辐射亮度分布不均匀且差异巨大并动态变化。确定空间目标的红外辐射特性需要知道空间目标的形状尺寸、表面温度和表面材料的红外光谱发射率以及日 - 地 - 空间目标相对位置、空间目标姿态、探测视向。

对于空间目标散射的环境辐射部分，描述方法和计算方法同光散射特性。此处仅介绍空间目标自身辐射特性的描述方法。

表面发射率和表面温度是影响空间目标红外辐射强度的主要因素，对于探测系统而言，能够探测到的辐射强度还与空间目标有效辐射面积有关。因此，空间目标红外辐射特性可以通过表面发射率、内外热流作用下的空间目标表面温度及其有效辐射面积进行描述。

1. 表面发射率

发射率是材料表面的热辐射性质，与光谱和其方向有关，最基本的概念是光谱方向发射率。根据不同技术领域关心的重点不同，通过光谱平均和方向平均，分别有方向（全谱段）发射率和光谱（半球）发射率两个概念。在同时需要考虑辐射表面半球、全谱发射特性的领域，一般将其称为表面发射率。表面发射率与表面结构和材料密切相关，当表面材料及结构确定时，其表面辐射特性只由温度决定。此外，材料内部辐射、材料厚度等对表面发射率也存在一定的影响。

2. 空间目标表面温度

由于空间目标所处的深空背景是近似 3.5 K 的冷黑、近真空背景，外部加热只能以辐射方式进行，所以在分析空间目标表面温度时，需要重点对空间目标的辐射加热进行分析。构成空间目标辐射加热的因素主要包括太阳直接辐射对目标的加热、地球 / 大气长波辐射对目标的加热、地球对太阳辐射的反照、目标内部电子元器件的放热。空间目标表面温度计算目前较为精确的方法是热网络法（也称节点网络法），其基本原理是将航天器分为若干一定尺寸的单元（称为节点），每个单元具有均匀的温度、热流和有效辐射，各单元之间的辐射、传导、对流及换热过程可以看成是节点之间由多种热阻连接起来的热流传递过程。但实际上，空间飞行器的表面各部分温度均不相同，并且随时间而变化。为进行初步估算，假定空间目标表面温度各处相同，并且省略内部热源。由于空间目标在日照区和阴影区的辐射加热热源不同，下面分别介绍日照区和阴影区的空间目标表面温度。

日照区空间目标表面温度可由以下热平衡方程表示：

$$\alpha_1 E_{\text{sun}} A_{\text{ps}} + \alpha_2 E_2 \left(\frac{R}{R+h} \right)^2 A_{\text{pe}} + \varepsilon E_3 \left(\frac{R}{R+h} \right)^2 A_{\text{pe}} = A\varepsilon\sigma T^4 \tag{2-63}$$

式中：A_{ps} 为目标对太阳的投影面积；A_{pe} 为目标对地球的投影面积；A 为目标表面积；E_{sun} 是太阳常数；E_2 为地球对太阳的反照常数；E_3 为地球的热发射常数，且 $E_3 = 237 \text{ W/m}^2$；ε 为目标

表面材料在温度 T 下的发射率；σ 为斯忒藩-玻尔兹曼常数，且 $\sigma = 5.67 \times 10^{-8}\ \text{W/(m}^2 \cdot \text{K}^4)$；$R$ 为地球半径，且 $R = 6\ 371\ \text{km}$；h 为目标地面高度（km）；T 为目标表面温度（K）。

令 $b = \dfrac{R}{R+h}$，由式（2-63）可得日照区空间目标表面温度为

$$T_{\text{sunlight}} = \left[\frac{1}{A\sigma} \left(\frac{\alpha_1}{\varepsilon} E_1 A_{\text{ps}} + \frac{\alpha_2}{\varepsilon} \frac{R}{R+h} E_2 b^2 A_{\text{pe}} + E_3 b^2 A_{\text{pe}} \right) \right] \tag{2-64}$$

由于在阴影区空间目标外界辐射热流仅来自地球/大气长波辐射，则阴影区空间目标表面温度可由以下热平衡方程表示：

$$T_{\text{sunlight}} = \left[\frac{1}{A\sigma} \left(\frac{\alpha_1}{\varepsilon} E_1 A_{\text{ps}} + \frac{\alpha_2}{\varepsilon} \frac{R}{R+h} E_2 A_{\text{pe}} + E_3 b^2 A_{\text{pe}} \right) \right]^{1/4} \tag{2-65}$$

即不受太阳照射的地球阴影区空间目标表面温度为

$$T_{\text{shadow}} = \left(\frac{A_{\text{pe}}}{A\sigma} b^2 E_3 \right)^{1/4} \tag{2-66}$$

需要说明的是，实际空间目标具有一定的热惯性（也称热容量），则在轨道飞行中可以认为表面温度在 T_{shadow}、T_{sunlight} 之间变化，而且大部分空间目标在轨运行时内部热能是不能忽略的。因此，空间目标特别是地球阴影区的空间目标表面温度应该比式（2-66）计算的值稍大。

3. 有效辐射面积

空间目标有效辐射面积是指空间目标表面材料或涂层的红外发射率 ε 与空间目标对探测方向的投影面积 A_{p} 的乘积。

对空间目标的红外辐射特性进行测量时，若空间目标表面平均温度为 T'，表面材料或涂层的红外发射率为 ε，目标对探测方向的投影面积为 A_{p}，则在红外波段（λ_1、$\lambda_1 + \Delta\lambda_1$）区，空间目标在红外探测系统处产生的辐射照度为

$$E_{\Delta\lambda_1(T)} = \frac{\tau_{\Delta\lambda_1} \varepsilon_{\Delta\lambda_1} A_{\text{p}}}{R^2} \int_{\lambda_1}^{\lambda_1 + \Delta\lambda_1} L_{\text{b}\lambda}(T) \mathrm{d}\lambda \tag{2-67}$$

式中：R 为目标至红外探测系统的距离；$\tau_{\Delta\lambda_1}$ 为目标至红外探测系统的大气光谱透过率；$L_{\text{b}\lambda}(T)$ 为温度为 T 的黑体光谱辐射亮度（$\text{W/(sr} \cdot \text{m}^2 \cdot \mu\text{m})$）；$\lambda$ 为波长（μm）；T 为目标表面温度（K）。

需要说明的是，实际空间目标表面温度并不是均匀的，并且随时间而变化。为了得到空间目标各部分精确的温度分布，需要采用热网络法将其分成许多块进行分析，其原理可参考相关文献。

表面发射率、表面温度及其变化率、有效辐射面积作为表征目标辐射特性的参数，不仅能够作为探测空间目标的直接信息，而且能够用来识别空间目标。

（三）偏振特性及其描述方法

1. 偏振特性含义

光波是横波，光矢量与光波的传播方向垂直，因此要完全描述光波，必须指明光场中任

一点、任意时刻光矢量的方向。光的偏振现象就是光的矢量性质的表现，反映的是空间电磁波的时变电场矢量的幅度大小和方向随传播方向变化的情况。

大气中的任何物体，在反射和发射电磁波的过程中都会产生由其自身材质、光学基本定律决定的偏振特性。因此，与目标的辐射、散射特性一样，偏振特性可以作为物体表征信息，而且目标反射或发射电磁波的波长（频率）、振幅、相位、偏振均属于物体的基本属性。

反射辐射的偏振特性不仅取决于观测时的几何条件、空间目标本征特性等因素，还受到光照条件的影响。户外环境更为复杂，因为辐射源是太阳光、太空散射光、反射辐射光的综合。

根据电磁波振幅和相位的关系，光的偏振状态可以分为线偏振、圆偏振、椭圆偏振和部分偏振四种。自然界存在的偏振光大多为部分偏振，部分偏振光通常在散射与折射过程中产生。

空间目标表面偏振特性取决于其表面的介质特性、结构特征、粗糙度等固有属性，同时还与目标表面入射光线的天顶角、方位角、观测角、探测波段等因素有关，空间目标表面粗糙度对其影响程度很大，举例如下。

人工目标表面：大多数是一种非自然的光滑面，与自然面相比，将产生较大的偏振度。

粗糙表面：到达观测者的辐射主要是多次反射光，表现出较小的偏振度。

较暗的表面：单次散射占比例较大，表现出较大的偏振度。

较亮的表面：多次反射占较大优势，表现出较小的偏振度。

虽然偏振图像的可视性没有强度图像好，但偏振图像能够提高对比度，挖掘出强度图像中许多隐藏的信息，而且偏振特性能够表征一些强度测量难以表征的信息（如目标自然表面的粗糙度），有助于辨别伪装或隐蔽的目标，对置于背景中物体的边缘增强效果明显。

相同辐射强度的目标可能有不同的偏振状态。偏振图像还可以减小杂乱背景的影响，显示传统遥感所不能分辨的目标。偏振特性在大气探测、地球资源勘察、水体遥感与船舶监测以及军事伪装等许多领域都具有广泛的应用。

2. 偏振特性描述方法

偏振信息的定量化表征通常有两种方法：一种是 Jones 矢量法，另一种是 Stokes 参量法。其中，Jones 矢量法是关于光电场的振幅描述而不是光强的描述，便于分析偏振光在不同介质、光学器件中的传输，但仅适用于全偏振光，对于部分偏振光需采用 Stokes 参量法描述。Stokes 参量法不仅应用范围广，而且由于各元素均为实数且具有强度量纲、便于测量，因此在遥感探测过程中一般使用 Stokes 参量描述法。

1）Stokes 参量描述法

完全描述一束光的偏振状态需要使用 4 个相互独立的参量 S_0、S_1、S_2、S_3，即

$$S = [S_0, S_1, S_2, S_3]$$

实际上是利用 x、y 两个正交方向上的偏振幅度、相位表示，其中：

$$\begin{cases} S_0 = E_x E_x^* + E_y E_y^* = \langle E_x^2 \rangle + \langle E_y^2 \rangle \\ S_1 = E_x E_x^* - E_y E_y^* = \langle E_x^2 \rangle - \langle E_y^2 \rangle \\ S_2 = E_x E_y^* + E_y E_x^* = 2\langle E_x E_y \cos\left[\varphi_{y(t)} - \varphi_{x(t)}\right]\rangle \\ S_3 = \mathrm{i}(E_x E_y^* - E_y E_x^*) = 2\langle E_x E_y \sin\left[\varphi_{y(t)} - \varphi_{x(t)}\right]\rangle \end{cases} \tag{2-68}$$

式中：$\langle E \rangle$ 表示时间平均的效果；φ 表示在 x 方向或 y 方向上振动的瞬时相位，起作用的是这两个相位的差值；S_0 表示光波的总强度，总为正值；S_1 表示 x 方向与 y 方向线偏振光的强度差，根据 x 方向占优势、y 方向占优势或两者一样，S_1 取值可为正、负或零；S_2 表示 45° 与 135° 线偏振光的强度差，根据 45° 方向占优势、135° 方向占优势或两者一样，S_2 取值可为正、负或零；S_3 表示光波与圆偏振相关的量，表示右旋还是左旋圆偏振分量，根据右旋方向占优势、左旋方向占优势或两者一样，S_3 取值可为正、负或零。

2）偏振度与偏振角描述法

两个常用参数偏振度 P 和偏振角（即偏振相位角）θ 对于表征偏振状态非常有用。通过 Stokes 参数，可以定义散射光的线偏振度、圆偏振度、线偏振角和椭率角。

偏振度是指偏振分量的强度与总强度的比值，表征一束光的偏振程度。

线偏振度公式为

$$P_L = \frac{\sqrt{S_1^2 + S_2^2}}{S_0} = \frac{\sqrt{Q^2 + U^2}}{I} \quad 0 \leqslant P \leqslant 1 \tag{2-69}$$

圆偏振度公式为

$$P_C = \frac{V}{I} \tag{2-70}$$

式中：$P = 0$ 表示光是非偏振光；$P = 1$ 表示光是全偏振光；$0 < P < 1$ 表示光是部分偏振光。

不同物体的偏振度对比度可表示为

$$C_{DOLP} = \frac{P_T - P_B}{P_T + P_B} \tag{2-71}$$

式中：C_{DOLP} 为目标与背景的线偏振度对比度；P_T 为目标线偏振度；P_B 为背景线偏振度。

偏振角 θ 是指入射光的偏振方向相对于 x 轴的夹角。对于部分偏振光来说，其就是能量最大的偏振方向相对于 x 轴的夹角。

线偏振角公式为

$$\theta = \frac{1}{2}\arctan\frac{S_2}{S_1} = \frac{1}{2}\arctan\frac{U}{Q} \quad -90° \leqslant \theta \leqslant 90° \tag{2-72}$$

需要说明的是，在对空间目标进行探测识别时，一般不单独应用目标偏振特性进行探测或仅应用目标的全波段偏振特性。其原因在于：一方面，偏振探测特别是偏振成像探测需要多角度起偏，从而使得经过偏振片后到达传感器上的能量被削弱，甚至导致几何特征的严重丢失；另一方面，从 Stokes 参数的基本定义可知，偏振与波长密切相关，且目标偏振特性主要反映目标的表面特性（如粗糙度、电导特性等），而光谱特性具有"指纹效应"，能够反映目标的物质组分。因此，将目标的偏振特性与光谱特性分离，或仅应用目标全波段的偏振特性都无法充分利用目标偏振特性所包含的信息优势。

三、空间目标光学特性获取及应用

随着空间应用范围的不断拓展、空间地位的不断提升以及空间技术的快速发展,使得空间目标越来越多,有效获取空间目标光学特性信息并利用其进行有效的目标探测识别、威胁评估等,对于保护空间系统及空间活动安全具有重要的意义。

(一)空间目标光学特性获取方法

空间目标探测技术的快速发展,使能够探测和监视的目标越来越多。从目前来看,能够真实获取空间目标光学特性信息的手段无非是地基、天基光学测量系统的实时测量。对于低轨目标而言,依靠地基大口径高性能光学测量系统能够获取较为丰富的空间目标光学特性信息。对于绝大多数中高轨空间目标而言,需要依靠地基系统与天基抵近观测系统进行实时测量。但由于地基测量距离问题、天基平台资源问题以及目标的实时运动特性,使得很难完全依靠测量系统获取所有空间目标的光学特性信息。所以,目前主要采取理论计算(即建模仿真生成)、缩比模拟测量、全尺寸测量和动态测量相结合的方法,获取所需要的空间目标光学特性信息。由于空间目标一般体积较大,且地面模拟空间环境较为困难,对于全尺寸测量环境建设难度大、费用高,此处重点介绍其他三种获取方法。

1. 空间目标光学特性理论计算

空间目标光学信号来源主要包括太阳直接辐射、发光星体照射、月球及其他星体对太阳光的反射、地球表面反照太阳辐射等。因此,对空间目标光学特性的影响因素除了空间目标表面结构、表面材料光学特性外,日 - 地 - 目标相对位置、目标自身姿态以及探测视向都会对空间目标光学特性有较大影响。

空间目标光学特性理论计算就是根据探测任务需求及目标特点,分析空间目标所处的空间环境的深空背景特点及光学特点,根据目标几何参数、材料类型及特点、日 - 地 - 目标相对位置、自身姿态及探测视向等,在对空间目标几何特性、材料特性建模基础上,建立目标表面每个网格面元的辐射照度计算模型,在此基础上进行积分得到整个目标的光学特性模型,并据此计算得到任意时刻、任意位置的空间目标光学特性信息。

几何特性建模就是利用 CAD、3D Max、UG 等技术进行表面三维几何建模,并进行计算网格划分。几何特性建模应具备数据驱动能力,即获取面元定点的坐标、法线、面积等,不同区域面元划分粒度不同,一般先基于区域划分,再进行网格划分。

材料特性建模重点是针对目前航天上使用的三种主要材料白漆(热控涂层)、太阳能电池片、主体防护材料,测量漫反射率、半球反射率、双向反射分布函数(BRDF)等光学散射特性参数及粗糙度等表面结构参数,并据此在三维几何模型上添加材质及纹理信息。

面元辐射照度计算模型的构建,首先结合空间目标结构参数、材料物性参数及轨道参数,计算太阳对目标每一个面元的辐射照度;然后依据给定背景辐射条件,计算分析背景辐射亮度,并利用探测系统位置及技术参数,计算空间目标每一个面元在探测器光学系统入瞳面的能量分布情况;最终得到整个空间目标光学特性计算模型。

尽管太阳辐射分析、目标光学散射特性分析、光学大气传输特性分析等方面已经有一套成熟的理论模型,但是有些理论模型用单纯的理论推导将空间目标和运行环境过于理想化,缺少环境条件的约束,其虽然具有一定的普适性,但会影响空间目标光学特性分析的准确性。虽然有些模型是基于实测数据得到的,但这些模型的参数多来自实测数据的拟合,参数的正确性和准确性对测量目标、测量环境、测量条件有很大的依赖性,一旦目标的形状、结构、材质或者测量试验环境发生改变,理论模型参数也将不再适用。此外,空间目标材质表面粗糙度、大气气溶胶垂直分布、大气湍流、气象条件等因素有很大的随机性,而且是不可复现的,因而这部分因素主要采用抽样分析和统计平均等方法进行处理,然而采样过程不能完全随机给数据的处理结果带来了偏向性,同时随机因素的不稳定性和不可复现性也会限制模型的推广应用。

2. 空间目标光学特性缩比模拟测量

空间目标光学特性缩比模拟测量是目前分析空间目标光学散射特性的一个主要技术途径,缩比模拟测量核心就是基于空间目标缩比模型、环境模拟、光源模拟器等设备,对空间目标光学特性进行等效测量。因此,要求能够对目标结构、运动过程、运动环境等进行等效。目标结构等效是指一个目标的物理结构与另一个目标的物理结构对外界产生的功能和效果相同时,二者就可视为等效并相互变换。利用结构等效进行变换,能够使复杂的物理问题简化,从而使其易于求解。目标运动过程等效是指在不改变目标运动产生的结果的前提下,把所研究目标的物理运动过程等效为另外的物理运动过程,从而使问题得到简化。对空间目标运动环境直接进行模拟非常困难。

光源及散射模拟测量设备最重要的是光环境模拟,一般通过大功率灯源模拟太阳光源,具体指标要求主要体现在两个方面:一是要求其具有与太阳相似的辐射光谱,二是辐射照度要达到一个太阳常数。如果有条件,需要采用太阳模拟器作为光源,来模拟太阳光照射,并需要充分考虑光谱覆盖、能量等效、精度等问题。一般要求太阳模拟器具有大的平行光均匀照明区域,主要依据目标大小进行匹配,通常要求有效光斑要大于目标,且要求在光斑范围内具有较高的均匀性和较小的发散角。此外,还需要光学定量测量相机、标准漫反射板等模拟测量设备。

与理论计算存在的问题类似,少量的试验数据无法准确地分析出目标的光学特性,而对单次试验采集的大量数据进行分析又会造成对特定条件下目标光学特性的过拟合,使分析结果不具有普适性。为了解决这个矛盾,必须对不同条件下目标的光学散射特性进行测量和采集,而这将会耗费大量的时间和资金。例如,对于最基础的材质光学散射特性双向分布函数的测量,完成一个材质的各个谱段的 BRDF 测量大概需要一个月的时间,因而在所有不同的条件下进行试验数据的采集可行性不大。

3. 空间目标光学特性外场动态测量

在空间目标探测与识别领域,空间目标光学特性不仅是空间目标识别的重要信息,也是空间目标探测与识别系统的探测波段优化设计和探测能力分析的重要依据。目前,空间目标光学特性外场动态测量主要有地基、空基（机载、球载）、天基（箭载、星载）等多种技术途径。

1）地基空间目标光学特性测量

地基空间目标光学特性测量技术领域最具有代表性的测量系统是毛伊岛光学观测站（Air Force Maui Optical Station，AMOS）。AMOS 将多台大口径光学跟踪望远镜和从可见光到红外波段多种探测器有机地结合在一起,构成了先进的空间目标光学特性测量系统,不仅能够对从低轨到地球同步轨道的空间目标进行特性测量,而且能够在雷达引导下对处于飞行中段的导弹（范登堡空军基地发射）、火箭（考艾岛发射）和处于大气层内的飞机、导弹模拟靶标等目标进行跟踪及光学特性测量。其中,3.67 m 主望远镜系统（Advanced Electro-Optical System，AEOS）能够获取高轨明亮度超过 8 星等的空间目标的接近于 3.63 m 衍射极限即 0.05″ 的高分辨力图像,以及中低轨空间目标的形体特征、温度分布图、精度优于10% 的辐射强度分布图以及高时间分辨力多谱段辐射特征;1.6 m 望远镜系统通过可见光与红外成像系统有机结合具有斑点成像、相位探测、波前探测及红外成像 4 种工作模式,白天和夜间均能够对空间目标进行可见光（0.6~0.9 μm）、中波红外（3~5 μm）、长波红外（9~14 μm）等多波段成像;1.2 m 望远镜系统能够在白天对亮目标成像,并进行光度和红外辐射特性定量测量,在暗天空背景条件下可对亮度超过 12 星等的空间目标进行光学特性测量和多色光度测量。

2）空基空间目标光学特性测量

目前,空基空间目标光学特性测量系统主要包括机载和球载 2 类。其中,机载测量系统主要用于测量导弹类空基目标的光谱辐射特性;球载测量系统主要用于地球/大气背景光学特性测量。目前,球载测量系统主要以平流层气球作为测量平台,未来能力更强的平流层飞艇将会是空基空间目标光学特性测量的重要平台。

由于气球上升高度可达 30 km 或更高,球载红外系统能够在比机载高度更高的空中对地球/大气背景进行红外辐射特性测量。

3）天基空间目标光学特性测量

天基空间目标光学特性测量系统包括以火箭（导弹）为测量平台的箭（弹）载测量系统和以卫星为测量平台的星载测量系统,对于发展弹道导弹预警系统而言是非常重要也深受重视的测量技术。这主要是源于天基空间目标光学特性测量系统能够为预警卫星系统优化设计和试验验证提供充分的信息。一方面,不同地区、不同季节、不同气象条件下的地球/大气背景特性不同,只有利用星载手段,才能长时间对全球不同地区、不同条件的地球/大气背景进行测量,进而获得全面充分的测量数据;另一方面,弹道导弹预警所需要的背景特性还包括极光、气辉、卷云、夜光云等特殊自然现象以及地球邻边的大气背景特性,机载、球载及箭（弹）载测量手段无法实现上述特性的测量;此外,在 20~300 km 飞行过程中的导弹光学特性与地面静态条件下完全不同,只有在实际的大气层外飞行条件下才能准确获取真实的目标特性及目标与背景的对比特性。同时,天基测量系统可摆脱气象条件的约束,从而能更好地完成各项测量任务。

目前,天基空间目标光学特性测量系统平台最多,传感器配置庞杂,探测波段设置细腻、覆盖范围宽,发挥的作用越来越大。光谱仪对目标及背景进行高光谱分辨力测量,可以掌握其总体光谱分布情况。辐射计及成像仪不仅可通过多波段衔接实现 0.11~28 μm 的完全覆盖,还可在紫外、短波红外、中波红外 3 个强吸收带设置多种带宽。

(二)空间目标光学特性应用

1. 光度特性应用

空间目标在高空飞行时,若飞行速度为 7~8 km/s,则姿态运动周期为几秒钟。对于姿态可控目标而言,在一个周期中的距离参数在目标坐标系的太阳光入射方向与观测方向上都基本不变化,因而空间目标表观星等也基本不变。但对于姿态不可控目标(失效卫星和碎片等)而言,因飞行中翻滚,使其相对于目标坐标系的太阳光入射高低角、方位角和观测方向的高低角、方位角都随之而变化,在一个姿态变化周期中,表观星等变化,且变化周期就是目标姿态运动的周期。同时,空间目标表观星等变化的规律与目标形状有关。可见,基于空间目标光度特性,能够对空间目标进行有关的分类识别研究。

2. 成像特性应用

在几何形状不同、姿态不同条件下,空间目标所呈现的二维光学图像特征不同,不仅包含轮廓结构信息,而且包含大量的材质信息。可以依据特殊载荷的形状特点、材质光谱特性,识别目标天线、光学镜头等典型任务载荷,为目标能力分析提供依据。此外,还可以通过基于目标散射特性的成像效果来仿真模拟不同任务时刻的目标特性,并依据实时测量图像信息确定关键部位。

3. 散射偏振特性应用

偏振度和偏振角随波长的变化规律与材料理化特性紧密相关,可以在光谱强度信息相近情况下,进行不同材质的部件的识别。例如,可见光在传播时受到介质粒子的散射和反射,图像模糊,对比度下降,丢失大量信息。但后向散射和反射光都是非完全偏振光,目标反射的偏振度小于粒子散射光的偏振度,目标反射光的偏振度取决于表面材料光学特性,粒子后向散射的偏振度与粒子大小、发生碰撞的概率(粒子浓度)有关。因此,基于偏振技术可以改变目标反射光和散射光强度之间的相对大小,从而降低背景噪声,提高图像清晰度。导弹发射过程中产生大量烟雾和长长的尾焰,对入射辐射产生强烈的偏振,能够基于偏振特性进行探测和识别。

第五节　空间目标雷达特性

一、概述

近年来,空间目标雷达特性的研究大大促进了雷达技术的发展。过去,雷达习惯把观察对象看成是一个点目标,测量它的位置、速度与加速度等运动学参数。自从空间目标雷达特性研究开始之后,观察对象即被看作一个体目标,从雷达回波中提取目标特征信号,进而判断目标的大小、形状、表面材料参数以及粗糙度等,达到识别的目的。基于雷达特性的目标识别能力就像在雷达望远镜上增加了一个显微镜,大大丰富了获得的目标信息,不仅能明确目标位置,而且还能识别出目标大小和形状,增强了雷达识别真假目标的功能,同时也促使雷达转向微波遥感,开发地球资源和保护地球环境。

从测量目标参数的观点可以将雷达分为两大类:第一类称为尺度测量(Metric Measurement)雷达,主要是测量目标的三维位置坐标、速度与加速度等参数,其单位分别是m、m/s与m/s^2,与米尺度有关;第二类称为特征测量(Signature Measurement)雷达,主要测量雷达散射截面及其统计特征参数、角闪烁及其统计特征参数、极化散射矩阵、散射中心分布以及极点等参量,从而推求出目标形状、体积、姿态、表面材料的电磁参数与表面粗糙度等物理量。从原理上看,上述两类测量可以在同一部雷达上实现,但由于对接收系统线性动态范围、变极化、幅度与相位标定精度等要求的不同,对一部具体雷达而言,只能在某方面功能上有所侧重。

目前研究空间目标雷达特性的主要工具包括理论计算、全尺寸目标测量、缩比目标测量和动态目标测量,将其称为研究目标特性的四根支柱。其中,理论与试验是相辅相成的,理论能预测和解释试验数据,测量有助于引导分析理论模型结构中各种分量的特性与应占有的权重。当今多数学者仍然强调,空间目标电磁散射辐射特性研究主要依靠试验法,以多次重复精确测量的数据为基准,调整模型参数,然后基于模型构建数据库。

正如雷达技术得益于宽带波形、信号分析和高速数字技术一样,空间目标电磁散射测量也受到上述三项先进技术的促进,并产生了飞跃的发展。最近发展起来的紧凑场以及测量数据处理中所采用的先进变换方法更使空间目标雷达特性测量技术提高了一步。

二、空间目标雷达特性类型及用途

(一)空间目标散射特性

空间目标的雷达散射截面(Radar Cross Section, RCS),简称为"散射截面",是表征雷达目标对于照射电磁波散射能力的一个物理量。早在雷达出现之前,人们就已经求得了几种典型形状导体目标的电磁散射精确解,例如球、无限长圆柱、椭圆柱、法向入射抛物柱面等。20世纪30年代雷达出现后,雷达目标成为雷达收、发闭合回路中的一个重要环节。

随着空间目标探测需求的提高,需要了解雷达目标的更多信息,雷达散射截面便是其中最基本、最重要的一个参数。20世纪60年代初发展的识别与反识别洲际导弹真假弹头以及80年代隐身飞行器的隐身与反隐身技术使RCS的研究出现了两次高潮,各类目标的静态与动态测量和理论分析得到了广泛研究。同时,先进的雷达技术也为目标特征测量提供了良好的手段,为了深入研究目标雷达特性,电磁场理论的学者也纷纷转向目标散射理论研究。

(二)空间目标极化特性

雷达散射截面是一个用于描述目标电磁波散射效率的量,只能表征雷达目标散射的幅度特性,缺乏对于诸如极化和相位特性等目标特征的表征。为了完整地描述雷达目标电磁散射性能,引入极化散射矩阵(以下简称"散射矩阵")的概念。一般来说,散射矩阵具有复数形式,随工作频率与目标姿态而变化,对于给定的频率和目标姿态特定取向,散射矩阵能够表征目标散射特性的全部信息。

(三)空间目标几何特性

如果雷达接收机能够得到目标的(一维、二维或三维)电磁散射图像,即几何特性,就可以设计出简单的分类器来完成目标识别,高分辨力雷达及与其相关技术的出现和发展,使得上述设想成为可能。

1. 一维距离高分辨

在光学散射区,复杂目标一般可看成是由许多个孤立的散射中心组成。如果雷达发射的信号的径向距离分辨力远小于目标尺寸,就可以在雷达的径向距离上测量出目标上的若干个强散射中心。

由于高分辨力雷达发射信号的脉冲空间体积比常规雷达要小得多,在雷达分辨单元内,各目标之间、目标上各散射体之间的信号引起的响应相互干涉和合成的机会较少,回波信号中目标信息的含量比较单纯,故可供识别目标的明显几何特征。

2. 逆合成孔径雷达(ISAR)

利用宽带信号可以得到对目标的径向距离高分辨,利用空间相干多普勒处理可以获得对目标的横向距离高分辨,距离 - 多普勒两维分辨原理成为合成孔径雷达(Synthetic Aperture Radar,SAR)和逆合成孔径雷达(Inverse SAR,ISAR)的基础。无论是 SAR 还是 ISAR,其成像处理经过运动补偿后,都可归结为旋转目标成像处理。

ISAR 技术既适用于空间飞行目标成像,也可用于对海上舰船等其他目标的成像,是目标分辨、分类与识别技术现阶段发展的主导方向之一。

3. 高距离分辨力与单脉冲处理相结合的三维成像技术

距离上的高分辨力是通过雷达发射宽带信号来实现的,可将目标上的各散射体分离成一个个单独回波并求得其距离坐标。在角度(方位、俯仰)维,用高精度的单脉冲技术可以测出已分离成一个个单独回波的各散射体的角坐标,从而确定出它们与雷达视线间的横向距离。与 ISAR 技术相比,它既可以用简单得多的技术来实现目标三维成像,又没有 ISAR 成像中横向分辨力取决于目标相对于雷达运动的旋转分量的缺点。此外,这种成像技术还具有与 ISAR 成像处理及单脉冲跟踪功能相兼容的优点。

单脉冲三维成像的主要不足之处:一是由于角分辨力并未提高,因此如果在同一距离单元内有两个以上不同横向距离的散射体,雷达便不能正确地测出各散射体的角坐标;二是由于受单脉冲技术测角精度的限制,对远距离目标无横向分辨能力,因而只适用于对中短距离的目标成像。以上两点通过单脉冲与 ISAR 处理相结合的处理方式可得到改善。

4. 目标运动调制与非线性散射特征

空间目标上太阳能帆板的旋转、无线电有效载荷天线等目标结构的周期运动,都会产生对雷达回波的周期性调制,使回波起伏谱呈现取决于旋转体角速度和数量等的基本调制频率和其谐波尖峰,尖峰出现的位置由目标的周期性运动决定,而与雷达频率无关,目标本身的固有振动也可对电磁散射产生幅度和相位调制。但是,对于空间目标而言,由于没有如此快速旋转的部件,因此可用性不强。

然而,金属目标中金属间的接触电阻的非线性,会导致散射场出现基波以外的谐波分量。基于这一非线性散射特性的目标识别技术应该受到空间目标识别的重视。应用先进的雷达接收和数字信号处理技术,有可能得到目标的一次、二次、三次等谱系的回波信号,这些信号均可作为表征目标的特征量。

三、RCS 测量方法及其应用

(一)空间目标 RCS 定义

雷达散射截面是度量雷达目标对照射电磁波散射能力的一个物理量。对 RCS 的定义有两种出发点:一种是从电磁散射理论的观点;另一种是从雷达测量的观点。两者的基本概念是统一的,均定义为单位立体角内目标朝接收方向散射的功率与从给定方向入射到该目标的平面波功率密度之比的 4π 倍。

1. 电磁散射理论观点

按照电磁散射理论观点,雷达目标散射的电磁能量可以表示为目标的等效面积与入射功率密度的乘积。此观点是基于在平面电磁波照射下,目标散射具有各向同性的假设,对于这样一种平面波,其入射能量密度为

$$W_i = \frac{1}{2} E_i H_i = \frac{1}{2} Y_0 |E_i|^2 \tag{2-73}$$

式中: E_i、H_i 分别为电场强度与磁场强度; Y_0 为自由空间导纳。

借鉴天线口径有效面积的概念,目标截取的总功率为入射功率密度与目标等效面积的乘积,即

$$P = \sigma W_i = \frac{1}{2} \sigma Y_0 |E_i|^2 \tag{2-74}$$

假设功率是各向同性均匀地向四周立体角散射,则在距离目标 R 处的目标散射功率密度为

$$W_s = \frac{P}{4\pi R^2} = \frac{\sigma Y_0 |E_i|^2}{8\pi R^2} \tag{2-75}$$

由于散射功率密度可用散射场强 E_s 表示为 $W_s = \frac{1}{2} Y_0 |E_s|^2$,因此有

$$\sigma = 4\pi R^2 \frac{|E_s|^2}{|E_i|^2} \tag{2-76}$$

式(2-76)符合 RCS 定义。当距离足够远时,照射目标的入射波近似为平面波,这时 σ 与 R 无关(因为散射场强 E_s 与 R 成反比,与 E_i 成正比),因而定义远场 RCS 时,R 应趋向无

限大,即要满足远场条件。

按照坡印廷(Poynting)矢量 $S_{uv}=R_e[E\times H]$,电场与磁场的储能互相可转换的原理,远场 RCS 的表达式应为

$$\sigma = 4\pi \lim_{R\to+\infty} R^2 \frac{E_s E_s^*}{E_i E_i^*} = 4\pi \lim_{R\to+\infty} R^2 \frac{H_s H_s^*}{H_i H_i^*} \qquad (2\text{-}77)$$

2. 雷达测量观点

基于雷达测量观点定义的 RCS 是由雷达方程式推导出来的。雷达系统由发射机、发射天线到目标的传播途径、目标、目标到接收天线的传播途径以及接收机等部分组成。由雷达方程式推导出的接收功率的表达式为

$$P_r = \frac{P_t G_t}{L_t} \frac{1}{4\pi r_t^2 L_{mt}} \sigma \frac{1}{4\pi r_r^2 L_{mr}} \frac{G_r \lambda^2}{4\pi L_r} \qquad (2\text{-}78)$$

式中: P_t 、 P_r 、 G_t 、 G_r 、 r_t 、 r_r 、 L_t 、 L_{mt} 、 L_r 、 L_{mr} 分别为发射功率、接收机输入功率(W)、天线发射增益、接收增益,雷达到目标、目标到雷达距离(m),发射机内馈线与发射天线到目标传播途径的损耗,接收机内馈线与目标到接收天线传播途径的损耗; λ 为波长(m); σ 为散射面积(m²)。

省略掉损耗,则雷达方程式变为

$$P_r = \frac{P_t G_t}{4\pi r_t^2} \frac{\sigma}{4\pi} \frac{A_r}{r_r^2} \qquad (2\text{-}79)$$

式中: A_r 为接收天线有效面积(m²), $A_r = \frac{G_r \lambda^2}{4\pi}$ 。

式(2-79)的物理意义: 右边第一分式为目标处的照射功率密度(W/m²); 前两分式乘积为目标各向同性散射功率密度(W/sr); 第三分式为接收天线有效口径所张的立体角。

(二)RCS 分类

RCS 的分类方法有多种,按场区来分,有远场 RCS 与近场 RCS,后者是距离的函数; 按入射波频谱来分,有点频 RCS 与宽带 RCS。

在常规雷达中,目标散射的雷达回波频率等于雷达发射频率。但在宽带高分辨雷达中,目标照射波不再是单色波,而且频谱很宽。由于目标对照射频谱内各频率分量的响应不同,其散射回波的谱分布特性与发射谱分布有较大差别。因此,为了研究并表征在任意照射谱下目标散射特性,需要引入时域的目标冲击响应概念,并通过它来定义宽带 RCS。

在目标坐标系中,如果入射波方向与散射波接收方向相同,称为单站(也称单基地)散射,也称后向散射; 如果接收、发射不用同一天线,但相互很靠近,入射波与反射波夹角在 5°以内,则称为准单站散射; 如果发射、接收端相距较远,称为双站(即双基地)散射,也称为非后向散射,发射入射波与接收散射波之间在目标坐标系中的夹角称为双站角(双基地角)。

(三)RCS 计算方法

目标 RCS 计算方法的合理选择,取决于散射问题的计算目的、计算设备、目标的几何形

状、电尺寸和构成材料的电导率、磁导率等。目前,实际电磁工程中常用的方法有数值方法、高频渐近法、混合法与部分分解法等。

1. 数值方法

对于目标尺寸远小于波长的瑞利区以及目标尺寸与波长处于同一数量级的谐振区,一般采用数值方法。该方法将麦克斯韦方程结合格林定理应用到散射体表面后,可以得到一组积分方程,对散射体表面应用边界条件得到一系列线性方程,然后利用矩阵方法求出物体上的电路,进而求得远区的散射场。矩阵法、时域法、单矩阵法、时域有限差分法等都是典型的数值方法,它们原则上可以计算任何复杂的目标。

2. 高频渐近法

对于目标尺寸远大于雷达波长的光学区,一般采用高频渐近法。高频渐近法的基本原理是局部性,即在高频时,物体的每个部分基本上是独立散射能量,而与其他部分无关,这就相对简化了感应场的估算。物理光学法、几何光学法、几何绕射理论、一致性几何绕射理论、一致性渐近理论、物理绕射理论、等效电磁流方法、增量长度绕射系数法等都属于高频渐近方法。

3. 混合法

混合法就是将两种或两种以上的方法通过合理途径有机结合起来分析散射和辐射问题。混合法都是根据高频方法的适用范围,将目标分成光滑区域和不光滑区域,用高频方法求解光滑区域,用数值方法求解不光滑区域,并适当考虑各区域的互相耦合。场基混合法、电流基混合法、迭代法、矩量 - 时域有限差分法等都属于混合方法。这些方法都集中了高频方法和混合方法的优点,即计算结果的精确率比高频方法高,计算速度比数值方法快,可以计算大电尺寸、复杂边界散射体的电磁散射。其中,时域有限差分法是谐振区目标 RCS 估算方法中最常用的一种。

4. 部分分解法

对于极其复杂的大型目标,仅用单一的方法来预估其 RCS 会受到各种因素的极大限制。为了预估极其复杂的大型目标 RCS,常采用板块元法或部分分解法。该方法是将目标按其几何特点分解成许多基本部件,在计算每一个部件的散射场时,为了提高计算精度,对不规则的几何结构采用大量面元来进行模拟。在计算方法上,根据需要和各散射中心物理特性上的差异,选用不同的高频方法。

思考题

1. 空间目标包括哪些平台及系统?

2. 空间目标主要有哪些特性? 各有什么作用?

3. 分析空间目标运动特性时,常用的时间与坐标系统有哪些? 各自含义是什么?

4. 描述空间目标轨道运动特性的参数主要有哪些? 各自含义是什么?

5. 空间目标在轨运动过程中主要受到哪些摄动的影响? 各自的影响效应是什么?

6. 什么是目标的散射特性? 如何描述及分析目标的光学散射特性及雷达散射特性?

第三章 GIS 空间分析模型

导读：

空间分析是基于地理对象的位置和形态特征的空间数据分析技术。空间分析方法必然受到空间数据表示形式的制约和影响，研究空间分析必须考虑空间数据的表示方法和空间数据模型。因此，本章对空间数据的模型进行详细的分析。

学习目标：

1. 了解 GIS 空间分析的内容。
2. 掌握 GIS 空间数据模型的基本概念和组成。
3. 熟悉 GIS 空间分析模型的常见类型。
4. 明白 GIS 空间分析的建模过程和方法。
5. 学习元胞自动机模型的产生及应用。

第一节 GIS 空间分析内容

一、空间目标形态量测及空间关系计算

（一）空间目标形态量测的概述

1. 空间目标形态量测的定义

空间量测是获取地理空间信息的基本手段。通过空间量测与计算，可以获得各种空间目标的基本几何参数，如空间目标的位置、中心、长度、面积、体积等。除了量测空间目标的基本几何参数，在一些情况下还需量测与计算空间目标的形态。在地理空间中，不同形态的空间目标具有不同维度的分布，而不同维度的空间目标所隐含的信息也存在差异。空间目标通常被抽象为点、线、面、体四大类，其中点目标是零维的，不具有任何空间形态；而线、面、体分别对应一维、二维和三维空间体，具有各自不同的几何形态，并且随维数的增加，其空间形态更加复杂。

在空间分析中，通常需要通过空间量测来获取空间目标的量化形态信息，以反映客观事物及地理现象的特征，从而更好地服务于空间决策。下面首先介绍基本几何参数量测与计算，然后阐述空间线、面目标的形态量测分析方法。

2. 空间目标形态量测的分析

1）基本几何参数量测分析

Ⅰ. 位置量测

空间位置是所有空间目标共有的属性。在空间分析时，通常需要先确定空间目标的位置，包括绝对位置和相对位置。

在矢量 GIS 中，空间目标的位置是用其特征点的坐标表达和存储的。点目标的位置在二维欧氏空间中表示为（x,y），在三维欧氏空间中表示为（x,y,z）；线目标的位置用坐标串表达，在二维欧氏空间中用一组坐标对表示为（x_1,y_1），（x_2,y_2），…，（x_n,y_n），在三维空间中表示为（x_1,y_1,z_1），（x_2,y_2,z_2），…，（x_n,y_n,z_n），其中 n 为大于 1 的整数；面目标的位置由所围成的边界线的位置来表达；体目标的位置由所围成的线目标和面目标的位置来表达。在矢量数据结构中，由于位置直接采用坐标点来表示，因此位置是明显的，而属性是隐含的；在栅格数据结构中，每个位置点都表示为一个单元（pixel 或 cell），因此属性是明显的，而位置是隐含的。

空间目标的绝对位置是以经纬网为参照所确定的位置。利用角度量测系统，计算本初子午线以东或以西的经度以及赤道以北或以南的纬度，即可确定地球上任意点的绝对位置，所得测量值可随时换算为千米等单位。此外，一个参照点或坐标系中的坐标原点所确定的位置，也是一种绝对位置。例如，进行地图数字化时，必须首先确定控制点的位置，并以该控制点为参照确定其他点的位置，从而使数字化地图中的各种空间目标具有与实际相符的准确位置，以保证数字化地图的实用价值。

空间目标的相对位置是空间中一个目标相对于其他目标的方位，其在 GIS 空间分析中具有重要的实用意义。例如，需要在城市 A 的市区外围修建一个物流中心，在综合考虑自然环境因素、经营环境因素及基础设施状况等各种因素的情况下，选择最佳的物流中心位置。这里，将市区的位置视为绝对位置，以市区为参照点来选取物流中心的相对位置，而不是在任意区域选择基础较好的地段。

确定相对位置的方法很多。在绝对格网坐标系中，若已知两个空间目标间的实际距离，可通过两坐标值相减确定相对位置。在笛卡儿坐标系中，可利用两点间距离计算公式确定空间中一个目标相对于另一个目标的相对位置，即

$$d = \sqrt{(x_2-x_1)^2+(y_2-y_1)^2} \tag{3-1}$$

式中：d 是两点之间的距离；x_2-x_1 是 x 方向或经线方向上两点之间的坐标差；y_2-y_1 是 y 方向或纬线方向上两点之间的坐标差。

此外，空间目标的位置量测涉及位置精度。GIS 空间量测的位置精度是指空间数据库中空间目标的地理位置与其真实地面位置之间的差别，是 GIS 数据质量评价的重要指标之一，常用坐标数据的精度表示。尽管目前位置精度受到许多客观条件的影响和制约，但是较传统量测的精度已有大幅提高。由于位置精度是确保其他量测精度的基础，因此提高位置精度是 GIS 空间量测需要解决的一个重要的数据质量问题。

Ⅱ. 几何中心量测

空间目标的中心对空间目标表达及其他参数获取具有重要意义,通常定义为空间目标的几何中心或由多个点所围成区域的空间分布中心。例如,在绘制一幅小比例尺地图时需要用点来代替城市的位置,采用不同的内部点来代替该面目标会产生不同的效果。上海市最北端和最南端的直线距离为 120 km,若以最北端的点或最南端的点代替上海市,其在地图上的位置就会相差 120 km,从而直接影响地图的精度。因此,在以点表示面的情况中,一般采用几何中心来代替面状目标。

简单、规则的空间目标的中心量测非常简单,如线目标的中心为其中点,圆形面目标的中心为其圆心,正方形、长方形、正多边形等规则面目标的中心为其对角线的交点。当面目标的形状不规则时,计算相对较为复杂,中心可表达为

$$o_x = \frac{\sum_{i=1}^{n} x_i}{n} \tag{3-2}$$

$$o_y = \frac{\sum_{i=1}^{n} y_i}{n} \tag{3-3}$$

式中:o_x、o_y 分别为不规则面目标几何中心的横坐标和纵坐标。

对于多个空间目标的空间分布中心的量测,应先确定其分布区域,再将其分布中心的确定转换为单一空间目标中心的确定。

Ⅲ. 栅格数据的长度量测

矢量和栅格数据长度量测的原理与方式有所不同。在栅格数据结构中,线目标的长度是将格网单元数值逐个累加得到全长。例如,已知格网分辨率为 50 m,若有一条水平线占据 10 个格网单元,则该线的全长为 50 m × 10=500 m。若为倾斜线,并且线上的格网单元沿一定角度互相连接,可使用简单的三角法,在格网单元的斜线上计算各单元之间的斜距。斜线穿过一个正方形格网单元时产生一个直角三角形,其直角边等于格网单元分辨率,用勾股定理计算其斜边,即用斜距乘以每个斜向邻接的格网单元的分辨率可得到准确的长度。当计算量大时,还可使用等方向性表面来计算,其明显优于点与点之间距离的简单计算。

在栅格数据结构中,虽然可使用上述简单方法量测长度,但仍存在较大的局限性。例如,在量测高度弯曲的线状目标时,其误差要大于矢量数据结构。以弯曲的河流为例,若使用栅格数据结构表示河流,将会使其长度缩短,产生较大的误差。但在矢量数据结构中,由于存储了每条直线段的坐标对,可通过勾股定理计算出每组坐标对之间的距离,再累加求得相对准确的线长或累计长。线段数量越多,由矢量数据结构所表达的线性对象就越精确,量测得到线的总长也越准确。

Ⅳ. 面积量测

在二维欧氏平面上,面积是指由一组闭合弧段所包围的空间区域。对于简单图形,如圆、三角形、矩形、平行四边形、梯形及可分解成这些简单图形的复合图形,面积量测较为简单。但是,空间目标的形态通常不是简单的复合图形,如形状不规则的湖泊、绵延起伏的山

体等,其面积计算非常复杂。对于不包含孔洞的简单多边形,可采用几何交叉处理法,即过多边形的每个顶点作 x 轴的垂线,然后计算各条边、过该边的两个顶点的垂线及这两条垂线所截得的 x 轴部分所包围的面积,所得到的面积的代数和即为该多边形的面积。假设多边形的边界轮廓由一个点序列 $p_1(x_1, y_1), p_2(x_2, y_2), \cdots, p_n(x_n, y_n)$ 表示,则其面积计算公式为

$$S = \left| \frac{1}{2} \left[\sum_{i=1}^{n-2} (x_i y_{i+1} - x_{i+1} y_i) + (x_n y_1 - x_1 y_n) \right] \right| \tag{3-4}$$

对于包含孔洞或内岛的多边形,可分别计算外多边形与孔洞或内岛的面积,两者的差值即为该多边形面积。

对于栅格数据结构,多边形的面积量测是选择具有相同属性的格网单元并统计这一区域所占据的格网单元个数。在实际操作中,只需将覆盖区域内的数据制成表格,从中读取具有指定属性的格网单元的总数即可获得该区域的面积。对于破碎多边形,可能需要计算某一特定多边形的面积,则需进行再分类,对每个多边形进行分割并赋予单独的属性值,再进行统计。

对于任意三维平面多边形的面积量测,可采用三角形或四边形对其分解后,再求各部分的面积之和;或将其投影到二维平面上,然后采用式(3-4)进行计算,再乘以一个比例因子即可求得三维多边形的面积。该方法忽略三维多边形的某个坐标轴上的值,将其投影到另外两个坐标轴构成的平面上。为了提高计算的稳健性且避免退化,还需检查平面的法线矢量 $\boldsymbol{n}(ax + by + cz + d = 0)$,忽略系数绝对值最大的坐标轴。令 $Proj_e(n)$ 是忽略了坐标 $c = x, y$ 或 z 的投影,则投影后的多边形的面积与原始三维多边形的面积之比为

$$\mathrm{Pr}\, oj_e(n) = \frac{A_{投影后的多边形}}{A_{三维多边形}} = \frac{|n_c|}{n} \quad (c = x, y 或 z) \tag{3-5}$$

式中: $\boldsymbol{n}$ 为原始多边形的法线矢量, $\boldsymbol{n} = (n_x, n_y, n_z)$; n_c 为 n_x 、 n_y 、 n_z 中之一。

Ⅴ.体积量测

体积通常是指空间曲面与一基准平面之间的容积,其计算方法根据空间曲面的不同而不同。量测形状规则的空间实体的体积较为容易,如长方体、圆柱体、圆锥体或能分解成简单形体的空间实体。若空间实体的形状非常复杂,其体积量测也会相当复杂。如复杂山体的体积量测可采用等值线法,将高程值相等的点连接起来组成一维弧段,将多组不同的一维曲面划分为一系列按特定方向展开的剖面,多组剖面可构成对三维曲面的完备描述,其基本步骤如下。

(1)生成等值线图。

(2)量测各条等值线所围成的面积,设为 $f_0, f_1, f_2, \cdots, f_n$。

(3)设等值线间的距离为 h,则体积为

$$V = \frac{1}{3} f_0 h_0 + \frac{1}{2} \sum [f_0 + 2f_1 + \cdots + 2(n-1)f_n] h \tag{3-6}$$

式中: f_0 、 h_0 分别为最上层(或最下层)等高线所围成的面积和相应的高程差。

除了等值线法,还可以结合三维欧氏空间中所表达的空间曲面的高度的均值量测体积。

其基本思想是先求得基本格网的体积,即用基准面积(如三角形或正方形)乘以格网点曲面高度的均值,再将基本格网的体积累加求得总面积。例如,由于陨石的外形均是不规则的,在计算落到地面上的陨石体积时,可先划分基准面,再基于三角形格网或正方形格网计算其体积。

2)线目标形态量测分析

线目标形态是地理空间要素常见的表现形式,可分为绝对线状和非绝对线状。绝对线状表现为面状目标的轮廓线,如行政界线等;非绝对线状表现为小比例尺图幅上的线条形面状目标,如居民地等。线目标在形态上表现为直线和曲线两类,其中对曲线的形态量测更为重要。

通常采用曲率和弯曲度两个参数来描述曲线。曲率反映曲线的局部弯曲特征,线状目标的曲率在数学上定义为曲线切线方向角相对于弧长的转动率。设曲线为 $y = f(x)$,则曲线上任意一点的曲率为

$$K = \frac{y''}{(1+y^2)^{\frac{3}{2}}} \tag{3-7}$$

为了反映曲线的整体弯曲特征,还需计算曲线的平均曲率。曲率的应用不仅限于描述曲线的弯曲程度,还具有工程和管理等方面的意义。例如,河流的弯曲程度会影响河道汛期的通畅状况;修建高速公路需要一定的曲率,且曲率的大小影响汽车的行驶速度和行驶距离。

弯曲度是描述曲线弯曲程度的另一个参数,它是延线长度 L 与曲线两端点线段长度 l 之比,计算公式为

$$T = \frac{L}{l} \tag{3-8}$$

在实际应用中,弯曲度 T 主要用来反映曲线的迂回特性,而不是描述线状物体的弯曲程度。在交通运输中,道路的迂回特性加大了运输成本,降低了运输效率,提高了运输系统的维护难度,是交通运输研究的一个重点。此外,曲线弯曲度的量测对于减少公路急转弯处的事故也具有重要意义。

3)面目标形态量测分析

常见的面目标规则形态有三角形、长方形、四边形、梯形、圆形等,但绝大多数面目标表现为不规则的复杂形态,如城市、湖泊的形状等,需要从多个角度运用多种手段对其进行形态量测。

I.简单的图形概括

采用形状简单的图形可概括描述复杂的面目标,如最大内切圆和最小外接圆等。在栅格数据结构中,最大内切圆的计算要易于在矢量数据结构中的计算。其具体计算方法是先对多边形进行栅格化处理,再通过欧氏距离的变换方法进行多边形变换,具有最大值的栅格为最大内切圆的圆心,该栅格的值即为内切圆的半径。也可通过以单位圆为结构元素的近似运算获得最大内切圆,但由于离散状态下单位圆的定义较困难,计算稍显复杂,且计算结

果不如距离变换方法精确。最大内切圆可应用于空间选址等空间分析决策中,如地图上多边形内点状符号的自动设置定位的关键问题就是要找出该多边形的最大内切圆。最小外接圆可应用于分析平面点集的分布形态。求解最小外接圆既可使用直接计算方法,找出多边形的最小外接圆的圆心;也可基于多边形的外凸壳,计算多边形的紧凑度、紧凑指数、凹度和凸度等指标。

Ⅱ. 空间完整性

若复杂面目标的空间形态是由多个面目标复合而成,如有孔多边形和破碎多边形,则量测此类多边形形态时需要考虑两个方面:一是以孔洞和碎片区域确定空间完整性;二是多边形边界特征的描述问题。

空间完整性是对面目标区域内孔洞数量的度量,最常用的指标是欧拉函数,用于计算多边形的破碎程度和孔洞的个数,其结果称为欧拉数,计算公式为

$$欧拉数 = 孔洞数 - (碎片数 - 1) \tag{3-9}$$

由于面目标的形状是复杂多变的,很难找到一个准确的指标描述多边形的边界特征。最常用的指标包括多边形长短轴之比、周长面积比、面积长度比等,其中绝大多数指标是基于面积和周长的。通常认为圆形目标既非紧凑型也非膨胀型,则可定义其形状系数为

$$r = \frac{C}{2\sqrt{\pi \cdot \sqrt{A}}} \tag{3-10}$$

式中:C为地物周长;A为面积。如果$r=1$为标准圆,则$r<1$为紧凑型,$r>1$为膨胀型。

(二)空间关系计算与分析的概述

"关系"是一个含义非常广泛的词汇,在不同的学科具有不同的定义。在地理信息科学中,由于所描述的空间目标或空间现象带有空间位置特性,关系也称为空间关系,并被用来描述空间目标的几何位置及属性之间的关系。其中,几何位置之间的关系主要包括拓扑关系、方向关系、距离关系等;几何位置和属性相互之间的关系主要包括空间目标分布的统计相关、空间自相关、空间相互作用或依赖等;而属性之间的关系主要包括空间目标之间属性的相似性关系。

空间关系理论的内容非常广泛,就总体而言,目前国际上对空间关系理论的研究主要集中在空间关系的语义问题、空间关系的描述与表达、基于空间关系的查询与分析以及空间推理等方面,尤其是拓扑关系的描述和表达。空间关系已广泛应用于空间数据查询语言、空间数据挖掘、空间数据匹配、遥感影像理解、空间场景相似性评价、地图综合等领域。

二、空间叠置和缓冲区分析

(一)空间叠置和缓冲区分析的概念

空间叠置和缓冲区分析是重要的空间分析方法,也是许多空间分析方法的基础。叠置分析是将同一区域、同一比例尺的两个或多个图层进行叠置,生成一个具有多重属性的新图层的操作。新图层的属性综合了参与叠置的各图层要素的属性,可满足用户的需求和辅助

决策。例如,将降雨专题图和行政区划图叠置,可绘制各行政区内的最大降雨量图或平均降雨量图;将不同时间序列的海岸线图层叠置,可分析海岸线的沉陷、位置偏移等。在叠置分析中,被叠置的图层称为输入图层,对输入图层进行叠置操作的图层称为叠置图层,生成的新图层称为输出图层。根据不同的空间数据结构,空间叠置可分为矢量叠置和栅格叠置两类。矢量叠置在处理空间要素图形时较为复杂,能达到很高的精度;而栅格叠置虽较易实现,但其精度通常不能满足用户的要求。

另一个涉及叠置操作的基本空间分析是缓冲区分析,它是为了识别某个空间目标对其周围环境的影响范围或服务范围,而在其周围建立的具有一定宽度的带状区(缓冲多边形)。例如,在河道、海洋线和水库周围建立缓冲区,可统计缓冲区内的水利设施信息及抢险救灾信息等,估算缓冲区的面积,为抢险救灾决策提供辅助手段。根据空间目标对周围环境的作用不同,缓冲区分析可分为静态缓冲区分析和动态缓冲区分析。在静态缓冲区中,各空间地位相等,其所受影响度并不随空间目标距离的远近而发生改变;而在动态缓冲区中,空间目标对邻近对象的影响度会随着距离变化呈现出不同程度的扩散或衰减。

(二)空间叠置分析

1. 矢量叠置分析

矢量叠置分析是空间叠置分析的主要内容,其研究对象主要是点、线、多边形之间的叠置,可产生六种不同的叠置分析类型,即点与点、点与线、线与线、点与多边形、线与多边形、多边形与多边形叠置。其中,点与点叠置是将不同图层上的点进行叠置,为图层内的点建立新的属性,并对属性进行统计分析;点与线叠置是将一个图层上的点与另一个图层上的线进行叠置,得到图层内点和线的新属性表;线与线叠置是将一个图层上的线与另一个图层的线进行叠置,通过分析线与线之间的关系,建立新的属性关系。相比而言,这三种类型的叠置较为简单,因而下面将主要介绍后三种叠置分析类型。

1)点与多边形叠置

点与多边形叠置是将一个图层上的点与另一个图层上的多边形进行叠置,为图层内的点建立新属性表。新属性表除了包含点图层的原有属性外,还增加了各点所属多边形的标识。如果有多个点分布在一个多边形内,则要附加一些其他信息,如点的个数或各点属性的总和等。该叠置过程实际上是判断点与多边形的拓扑包含关系,以确定每个点落在哪个多边形内,从而得到关于点集的新属性表。

2)线与多边形叠置

线与多边形叠置是将一个图层上的线与另一个图层上的多边形进行叠置,并判断线与多边形的空间关系,确定线是否落在多边形内。不同于点目标,一条线往往跨越多个多边形。因此,需要先计算线与多边形边界的交点,在交点处将线目标分割成多条线段,并对线段重新编号,形成一个新的线目标集合。由该集合可得到线图层的新属性表,其中不仅包含线目标的原有属性信息,还增加了分割后各线段所属多边形的标识,也可以从多边形属性表中提取感兴趣的信息添加到新属性表中。叠置分析后既可确定每条线段位于哪个多边形内,也可查询多边形内指定线段穿过的长度。如果多边形图层为行政分区,线图层为河流,则叠置分析的结果是多边形将穿过它的所有河流分成多个弧段,可查询河流流经行政区内的河流长度,进而计算河流密度等。如果线图层为道路网,则叠置分析的结果可得到各行政区内的道路总长度、道路网密度、内部的交通流量以及查询道路所跨越的行政区。

3)多边形与多边形叠置

多边形与多边形叠置是 GIS 最常用的功能之一,它是将两个或多个多边形图层进行叠置产生一个新多边形图层的操作。首先对两层多边形的边界进行几何求交运算,将原始多边形图层中的边界要素切割成新的弧段,再根据切割后的弧段要素重建拓扑关系,对新生成的多边形图层中的每个目标赋予唯一标识码,同时生成一个与新多边形图层一一对应的新属性表。由于输出多边形中合并了不同多边形的属性,使新属性表中的多边形具有多重属性。

由于多边形叠置通常是同一地区不同类型的数据,即使多边形在位置上可能精确匹配,但考虑到原始数据在采集、处理或存储过程中的差异,使叠置结果可能会出现一些碎屑多边形。针对这种情况,通常可以设定一个模糊容限值或者后处理自动消除。例如,消除宽度小于容限值的所有多边形,将其归并到邻近的多边形中。若精度要求较高,也可通过人机交互方式将小多边形合并到大多边形中。

根据所要保留的空间特征不同,常用 GIS 软件都提供了三种类型的多边形叠置分析操作,即并、叠合和交。

1)并(union)

将输入图层和叠置图层的空间区域联合起来,输入图层的一个多边形被叠置图层中的多边形弧段分割成多个多边形。输出图层的范围是输入图层和叠置图层的范围之和,并保留两个图层的空间要素和属性信息。在实际应用中,该操作的输入图层和叠置图层都必须是多边形图层,而输出图层也必然是多边形图层。

2)叠合(identity)

以输入图层定义的区域范围为界,保留边界内输入图层和叠置图层的所有多边形,输入图层切割后的多边形也被赋予叠加图层的属性。在实际应用中,该操作的输入图层可以是点、线或多边形图层,输出图层的性质与输入图层一样。

3)交(intersect)

只保留输入图层和叠置图层公共部分的空间图形,并综合两个叠加图层的属性。在实际应用中,该操作的输入图层可以是点、线或多边形图层,输出图层的性质与输入图层相同。

2. 栅格叠置分析

采用栅格方式组织存储数据的最大优点是数据结构简单,且不会出现类似于矢量数据在多层叠置后由于精度不一致而导致边缘不吻合的问题。栅格数据来源复杂,如各种航测数据、遥感数据、航空雷达数据,以及通过数字化和网格化的地形图、地质图及其他专业图像数据等。因此,在栅格叠置分析前,首先需要将叠置图层转换为统一的栅格数据格式,且各图层必须具有统一的地理空间,即统一的地理空间参考、统一的比例尺及统一的分辨率(即像元大小）。

栅格叠置分析可分为两种,即非压缩的和压缩的栅格数据叠置分析。对于前者可通过地图代数和逻辑运算实现,后者则需要根据压缩方式进行叠置分析,其差别主要在于算法的复杂度及所占用的计算机内存等。通过栅格叠置分析可实现以下功能。

1）类型叠加

通过对两组或两组以上的栅格数据的叠置分析来获取新的数据文件,如通过叠加植被图与土壤图来分析植被与土壤的关系。

2）数量统计

计算一种要素在另一种要素区域内的数量特征和分布状况,如对行政区划图和土壤类型图进行叠置分析,可以得出某一行政区内的土壤种类及各类土壤的面积。

3）动态分析

对不同时间、同一地区、相同属性的栅格数据进行叠置,可分析其变化趋势,如以1999—2013年为时间轴,进行人口老龄化空间分布形态变迁研究。

4）几何提取

通过与几何图形（如圆、矩形或带状区域）的叠置分析,快速提取该图形范围内的信息,如以不同半径的圆作为搜索区,实现在该圆范围内的信息提取等。

5）非压缩栅格数据的叠置分析

非压缩栅格数据的叠置分析是将不同图幅或不同数据层的栅格数据叠加在一起,在叠置图层的相应位置上生成新属性的分析方法。其中,新属性值的计算可表示为

$$A = f(a, b, c) \tag{3-11}$$

式中：A 为叠置分析后输出图层的属性值；a、b、c 分别为不同专题图层上同一位置处的属性值；$f()$ 取决于叠置分析的具体要求。

新属性可以是由原属性值进行简单的加、减、乘、除等算术运算所得结果,也可以是原属性值的最大值、最小值、平均值（简单算术平均或加权平均）或逻辑运算所得结果,或者通过欧氏距离的运算以及滤波运算等更复杂的方法获得的结果。基于不同的运算方式和叠置形式,栅格像元属性值的运算包括以下几种类型。

Ⅰ. 局部变换

局部变换是基于像元自身的运算,变换后的输出值仅与该像元有关,不考虑与之相邻的其他像元。单层格网的局部变换用输入栅格像元值的数学函数计算输出栅格的每个像元值。其中,将原栅格的像元值乘以常数后即为输出栅格图层中相应格网位置的像元值。单层格网的局部变换并不局限于基本代数运算,指数、对数、三角函数等运算都可用于定义局部变换的函数关系。对于多层局部变换,可用同一地理区域的乘数栅格代替单层局部变换中的常数,输出栅格的像元值可通过多种局部变换运算,由多个输入栅格的像元值得到。最大值、最小值、值域、平均值、中值、标准差等概率统计也可用于栅格像元值的测度。例如,对10个以年降水量数据作为其像元值的输入栅格,用平均值统计量的局部变换运算可以计算得到一个平均降水量格网。

　　局部变换是栅格叠置分析的核心,具有非常广泛的应用,如土壤流失、土壤侵蚀、植被覆盖变化研究等问题都可以应用局部变换进行分析。例如,通用土壤流失方程式为

$$A = f(R, K, L, S, C, P) \tag{3-12}$$

式中:A 为土壤平均流失量;R 为降雨强度因素;K 为土壤侵蚀因素;L 为坡长因素;S 为坡度因素;C 为耕作因素;P 为水土保持措施因素。

　　若以每个环境因素作为输入栅格,通过局部变换即可生成土壤平均流失量的输出栅格。

　　Ⅱ. 邻域变换

　　邻域变换是以某一像元为中心,通过对一定辐射范围内与其相邻的像元值进行简单求和,或求最大值、最小值、平均值等运算,计算输出栅格的像元值。辐射范围通常是规则的正方形格网,或者是任意大小的圆形、环形和楔形。其中,圆形邻域是以中心点像元为圆心,按指定半径延伸扩展;环形邻域则由一个小圆和一个大圆之间的环形区域组成;楔形邻域是以中心点像元为圆心所形成圆的一部分。

　　邻域运算是在单个栅格图层中进行,其过程类似于多层局部变换。但其运算都是使用邻域的像元值,而不是所有输入栅格图层的像元值。为完成单个栅格图层的邻域运算,中心点像元需从一个像元移至另一个像元,直到所有像元均被访问。在进行邻域求和变换时,若定义辐射范围为像元周围的 3×3 个格网,位于边缘处的像元则无法获取相应的像元值,可将辐射范围减少为 2×2 个格网,则输出栅格的像元值就等于它本身与辐射范围内栅格值之和。

　　数据简化是邻域变换的一个重要用途。例如,要减少输入栅格中像元值的波动水平可采用滑动平均法,其输出栅格表示初始单元值的平滑化。该方法通常以 3×3 或 5×5 格网作为辐射范围,计算出邻域内的像元平均值,并赋予该中心点像元。若要表示输出栅格中野生物种或者植被类型的种类,可采用以种类为测度的邻域运算,列出在邻域内有多少不同单元值,并把该数值赋予中心点像元。

　　Ⅲ. 分带变换

　　分带变换是将同一区域内具有相同属性值的像元作为整体进行分析运算。由于属性值相同的像元可能并不相邻,可通过分带栅格图层定义具有相同属性值的栅格。如果输入栅格为单个格网,分带变换可用于描述该地带的几何形状,如周长、面积和矩心等。其中,连续地带的周长为其边界的长度,由分离区域所组成地带的周长为各区域周长之和;面积为该地带内像元总数乘以像元大小;矩心确定了最近似于各个地带的椭圆形的参数,如主轴和次轴。如果输入栅格为多层格网,识别输入栅格中具有相同属性值的像元在分带栅格中的最大值,将该最大值赋予输入栅格中的相应像元,且导出并存储到输出栅格中。

　　分带变换的运算可选取多种概率统计量,如最大值、最小值、总和、平均值、值域、标准差、中值等。

（三）缓冲区分析

1. 缓冲区分析的具体内容

缓冲区可以视为空间目标的一种影响范围或服务范围,如城市规划中街道拓宽后的房屋拆迁范围、洪水淹没范围等。缓冲区分析是 GIS 中使用较多的一种空间分析技术,也是度量空间特征的重要手段。

从空间变换的观点来看,缓冲区分析模型是将点、线、面目标分布图转换为其扩张距离图,而图上每一点的值代表该点与最近的某种地物的距离。从数学的角度来看,缓冲区分析的基本思想是确定一个空间目标或集合的邻域,而邻域的大小由邻域半径 R 决定。邻域半径即为缓冲距离（或宽度）,它是缓冲区分析的主要指标,这个指标可以是常数或者变量。把空间目标 O_i 的缓冲区定义为 $B_i = \{x/d(x, O_i) \leqslant R\}$,即缓冲区 B_i 为与 O_i 距离不超过 R 的全部点的集合, d 通常为最小欧氏距离,也可以为其他类型的距离,如网络距离等。对于空间目标集合 $O = \{O_i | \ i = 1, 2, \cdots, n\}$,其半径为 R 的缓冲区 B 是各空间目标缓冲区 B_i 的并集,即

$$B = \bigcup_{i=1}^{n} B_i \tag{3-13}$$

根据研究对象的影响力,缓冲区具有均质与非均质的特性,可分为静态缓冲区和动态缓冲区。在静态缓冲区内,空间目标对邻近目标的影响度相同,只呈现单一的距离关系,即不随距离空间目标的远近而改变（均质性）,如对一军事禁区建立缓冲区并划定禁区范围为 3 km,则在该范围内任何闲杂人等均不能随意进出;而在动态缓冲区内,空间目标对邻近目标的影响度会随距离的变化而呈现不同强度的扩散或衰减（非均质性）,如某航天发射场对周边环境的噪声影响是随距离的增大而逐渐减弱的。

生成缓冲区的基本算法有矢量方法和栅格方法两种,其中矢量方法使用较广,相对较为成熟;栅格方法以数学形态学的扩张算法为代表,但算法运算量级较大,且距离精度有待提高。

2. 缓冲区分析的分类

1）点目标缓冲区分析

点目标缓冲区是以点目标为圆心,以缓冲距离为半径所绘制的区域,其中包括单点目标形成的缓冲区、多点目标形成的缓冲区和分级点目标形成的缓冲区。此外,还有特殊形态的缓冲区,如三角形、矩形或圆形缓冲区。不同点目标的缓冲半径可以不同。当两个或两个以上点目标相距较近或缓冲距离较大时,其缓冲区可能部分重叠。

点目标缓冲区的生成算法主要采用圆弧拟合法。该方法将圆心角等分为若干份,用等长的弦来代替圆弧,即用均匀步长的直线段逼近圆弧段。

2）面目标缓冲区分析

面目标缓冲区是以面目标的边界线为轴线,以缓冲距离 R 为平移量向边界线外侧或内侧做平行折（曲）线形成的多边形,其中包括单一面目标缓冲区、多个面目标缓冲区和分级面目标缓冲区。

由于面目标是由线目标围绕而成的,因此生成面目标缓冲区的基本思路与线目标缓冲

区基本相同。不同之处在于,面目标缓冲区的边界生成算法是单线问题,即仅在非孔洞多边形的外侧形成缓冲区,在孔洞多边形的内侧形成缓冲区,而在环状多边形的内外侧边界可形成缓冲区。

三、网络分析与地形分析

(一)网络分析的概述

1. 网络分析的含义

现实世界中存在着各种各样的网络,它是现代生活、生产中各种物质、能量和信息流动的通道。通常可将网络分为有形和无形两类。例如,公路网、铁路网、城市管网属于有形网络;无线通信网、航空网络属于无形网络。在 GIS 中,网络分析是依据网络结构的拓扑关系,通过考察网络要素的空间及属性信息,以数学理论模型为基础,对地理网络、城市基础设施网络等网状事物进行地理分析。其根本目的是通过研究网络的形态,模拟和分析网络上资源的流动和分配,以实现网络上资源的优化配置。网络分析在城市交通规划、城市管线设计、服务设施分布选址、最优路线选择等方面都有广泛的应用。

2. 网络中的基本要素

网络是由若干线状实体和点状实体相互连接构成的一个系统。在图论中,一个网络被定义为若干节点和边的集合。构成网络的基本要素主要包括节点、拐角、站点、中心点、障碍点、链。

(1)节点(node):链的两个端点即为网络的节点,是网络中链与链的连接点,体现了网络中的连通关系。

(2)拐角(turn):网络中资源流动可能发生转向的节点,如禁止左拐的路口。

(3)站点(site):在网络路径上资源增加、减少的地方,是分布于网络链上的节点,如公交站点。

(4)中心点(center):网络中具有一定容量,能够从链上获取资源或发送资源的节点,如水库、商业中心、学校等。

(5)障碍点(barrier):网络中阻断资源流动的节点或链,如禁止通行的道路、红灯等。

(6)链(link):网络中两个节点之间的弧,是对现实世界中各种线状地物的抽象,是网络中资源传输的通道。链可以代表有形的也可以代表无形的线路,如道路、管线、河流、航空线路等。

这些网络要素都有自己的属性项,最主要的属性项有三类:阻碍强度、资源需求量和资源容量。其中,阻碍强度用于量测资源在网络中流动的费用或阻碍,可以作为网络链、站点和中心点的属性,通常用时间、成本来衡量,如某站点的停留时间、道路的通行费用等;资源需求量是指网络中可被"运输"的资源数量,如沿街道居住的学生人数、某一站点要被运送的货物等;资源容量是指一个中心可以容纳或可以提供的资源总量,如学校可容纳的总人数、停车场所能提供的停车位等,显然资源容量是中心点的属性。

3. 网络结构分析

1）度与中心度

度是衡量和刻画网络节点特性最简单而又最重要的概念。在图论和网络分析中，节点的度和中心度指标体现了节点在网络中的地位和重要性。

Ⅰ. 度

在一个图 G 中，一个节点 v_i 所连接边的数量称为节点的度，一般简写为 k_i。根据其邻接矩阵，可表达为

$$k_i = \sum_{j \in N} a_{ij} \qquad (3-14)$$

式中：N 为节点的个数；a_{ij} 为邻接矩阵中第 i 行第 j 列的元素。

网络中所有节点度的平均值称为网络的平均度，记为（ k ）。对于有向图而言，根据边的流入和流出方向，节点的度可分为入度和出度。节点的入度（indegree）是指流入节点 v_i 的边数，记作 $k^-(v)$；节点 v_i 的出度是指流出节点 v_i 的边数，记作 $k^+(v)$。节点 v_i 的度为入度和出度之和。

Ⅱ. 中心度

中心度是衡量节点在网络中所处中心地位程度的一个指标。一个节点在网络中的中心地位可从以下几个方面进行描述。

（1）点度中心性。点度中心性是最简单且最直观的一种描述方法，它是通过计算节点的度来度量节点在图中的核心地位程度。但这种度量方法仅考虑了与该节点直接相连的点数，而忽视了间接相连的点数，因此其测量出来的中心性体现的是一种局部中心地位。

（2）近中心性。接近中心性是从距离角度来衡量一个点的中心地位。相对于点度中心性的局限性，接近中心性更体现了一种"整体中心性"，可表达为

$$C_{\mathrm{C}}(i) = \frac{N-1}{\displaystyle\sum_{j=1}^{N} d_{ij}} \qquad (3-15)$$

式中：d_{ij} 为节点 i 到 j 的最短距离；N 为图中节点的个数。

从定义可知，如果一个点 v_0 到网络中其他所有点的总距离最小，其接近中心性的值最大，则可认为该点是整个网络的中心点，即为图的中位点，可表达为

$$C(v_0) = \min_i \left(\sum d_j \right) \qquad (3-16)$$

（3）介数中心度。除了从连接边的数量、距离方面考虑节点的重要性外，还有一种观点认为网络中的"中心点"是信息、物质或能量在网络上传输时负载最重的节点。而信息、物质或能量在网络上传输时大多都优先选择最短路径来传输。在这种情况下，那些经过最短路径条数最多的边和节点则是网络上承载流量最大的边和节点。

介数中心度是从网络中承载流量大小的角度来衡量节点的重要性，可表达为

$$C_{\mathrm{B}}(x) = \frac{2\displaystyle\sum_{j<k} g_{jk}(x)}{(N-1)(N-2)g_{jk}} \qquad (3-17)$$

式中：g_{jk}表示节点j与节点k之间的最短路径数；$g_{jk}(x)$表示节点j与节点k之间经过节点x的最短路径数；N为节点的个数。

2）路径与回路

在一个图形中，从节点v_{start}到v_{end}的一条路径是一组节点序列$\{v_{start},v_1,\cdots,v_{i_{n-1}},v_{end}\}$，其中$v_{start}$和$v_{end}$分别称为路径的起点和终点，该路径上所经过边的数量称为路径长度。因为每个节点可能有多个邻接点，所以一对节点之间的路径可能并不唯一。进而，平均路径长度是衡量一个网络功能的重要指标，它等于所有节点对之间最短路径长度d_{ij}的平均值，该度量也称为图G的特征路径长度，其表达式为

$$L = \frac{2}{N(N-1)}\sum_{i \geqslant j} d_{ij} \qquad (3\text{-}18)$$

式中：N为网络中节点的个数；d_{ij}表示节点i到j的最短路径长度。

在一条路径中，当起点v_{start}与终点v_{end}为同一点时，称为回路。如果在此回路中有且仅有一次通过图中的所有节点，这条回路则被称为哈密尔顿回路。如果在此回路中有且仅有一次经过图中所有边的回路，这条回路则称为欧拉回路。

（二）地形分析的概述

1. 地形分析的内涵

地形图作为地理空间信息的载体和传输工具，使人们能够了解所感兴趣区域的自然、社会及经济等方面的情况，以及可以获取地形图上未表现出来的隐含知识。例如，通过对地形图上某区域内等高线数据的分析和挖掘，可获取该区域的坡度、坡向、流域密度等地貌特征。在地图学领域，通过地图分析而获得相关地理对象及地理现象变化规律、发展趋势等信息的过程称为地图分析。当对地形图进行分析时，则称为地形分析。地形分析是地形环境认知的一种重要手段，传统的地形分析是基于纸质地图进行的，如在地形图上量算距离、方位、面积和体积，利用地形图进行战术研究、路线选线等。地形分析包括地形数据的基本量算和地形特征分析两方面。地形数据的基本量算包括确定点的高程、两点之间的距离和方位以及计算给定区域的面积和体积等；地形特征分析是地形特征识别及地理对象之间相关关系的分析，如通过分析等高线之间的关系识别山脊、山谷等地貌特征。

2. 地形分析的分类

1）数字高程模型

Ⅰ. 数字高程模型的概念

数字地形模型（Digital Terrain Model，DTM）最初是为了高速公路的自动设计提出的，此后被用于各种线路（公路、铁路、输电线）选线设计以及各种工程的面积、体积、坡度计算等。数字地形模型是区域地形表面诸特性的数字表达，是对空间位置特征和地形属性特征的数字描述。高程是地理空间中的第三维坐标，当DTM中的地形属性为高程时称为数字高程模型（Digital Elevation Model，DEM）。在GIS中，DEM是建立DTM的基础数据，坡度、坡向等地形因子可由DEM直接或间接提取得到。

Ⅱ. 数字高程模型的特点

与传统地形图相比,DEM 作为地形表面的一种数字表达具有以下特点。

(1)易于显示地形信息。常规地形图制作完成后,若要改变比例尺或绘制其他形式的地形图,需要人工处理;而地形数据在经过计算机处理后,可产生多种比例尺的地形图、立体图和纵横断面图。

(2)不易损失精度。纸质地形图会因时间推移产生变形,丢失原有的精度,且由人工绘制的各种地形图,精度会有所损失;而采用数字媒介存储的地形数据可保持精度不变,且可以控制由 DEM 直接输出的各类地形图的精度。

(3)易实现自动化和实时化。对常规地形图进行增加和修改的劳动强度大且周期长,不利于对地图进行实时更新;而对 DEM 的增加和修改只需将修改信息直接输入计算机中,经软件处理后即可自动生成各类地形图。

因此,DEM 具有以下显著特点:

(1)便于存储、处理、更新和传播;

(2)具有多尺度特性,如 1 m 分辨率的 DEM 自动涵盖了 10 m 和 100 m 分辨率的DEM;

(3)适合各种定量分析和三维建模,是空间分析的重要基础。

Ⅲ. 数字高程模型的建立

Ⅰ)DEM 数据采集

DEM 建立是将源数据转化为用特定方法表达的 DEM 的过程。数据采集是 DEM 建立的关键,其目的是采集一系列包含空间坐标和高程的三维点数据,例如山脊线、谷底线、山坡转折线、渐崖线等。分布在地形线上的独立高程注记点数据是表示地形转折的控制数据,是数据采集的重要目标。按数据采集的方式可分为选点采集、沿等高线采集、沿断面采集、随机采集等;按数据采集的方法可分为人工采集、半自动采集、自动采集等;按数据来源可分为地面测量、空间传感器遥感、现有地图数字化、数字摄影测量等。

DEM 精度的主要影响因素是原始数据的获取。在一定地形条件下,DEM 的精度与原始数据的精度呈线性关系。使用任何一种内插方法,均不能弥补由于数据采样不当所造成的信息损失。因此,DEM 数据的采集密度和采样点的选择决定了 DEM 精度。但数据点采集密度过大,会增加数据获取和处理的工作量,同时也会增加数据冗余,如在单调坡面上过多地采点并无助于表示地形特征。因此,与采集点密度相关的就是选点问题,一个点对构造地貌形态的贡献大小,由该点不可被置换程度(能否从周围的点派生)决定。该点不可被置换程度越大,表示其在地貌形态构造中的贡献越大。

综上所述,DEM 数据采集应遵循以下原则。

(1)在 DEM 数据采集前,根据 DEM 精度的要求确定合适的采样精度。

(2)在采集 DEM 数据的过程中,根据 DEM 精度的要求确定合理的采样密度。对变化明显的地形应密集采点,尽量采集地形转折处的数据点;对单调地形应均匀采点,密度不必过大;对大片平坦区域,不应出现大的空白区,应保证最低的采样密度。

Ⅱ）DEM 表面建模

DEM 表面建模是根据 DEM 格网及其高程值,利用函数逼近方法,对实际地形表面的数字重建。利用重建的 DEM 表面,可内插计算出任意点的高程值。DEM 表面可描述为

$$Z = f(x, y) \tag{3-19}$$

其中,每一项的图形都有其特征,通过对特定项的使用,可建立具有独特特征的 DEM 表面。在建立实际 DEM 表面时,并不需使用该多项式函数中的所有项,可由系统设计者或实现者决定使用函数中的特定几项。

DEM 表面建模主要有四种方法:基于点的表面建模方法、基于三角形的表面建模方法、基于格网的表面建模方法和混合表面建模方法。

2）视域分析

视域分析又称为可视性分析或通视分析,是指从某一个或多个观察点按指定方向所能看到的范围或与其他点的可视程度。视域分析是地形分析的重要组成部分,具有广泛的应用背景。例如,雷达、广播电视塔、移动电话基站等的布设以及日照分析、景观设计、军事作战等。

视域分析有静态通视和动态通视两种方式。静态通视是预先给定一个观察位置,再将看到的区域全部标出;动态通视是在图中给出任意观测位置,并告知系统将要观测的目标,系统将实时给出通视结果。动态通视适合于局部小范围的通视分析,有助于详细计划的制订。一般而言,视域分析所研究的问题可以概括为以下五类:

（1）已知一个或一组观察点,找出某地形的可视区域;

（2）在观察点个数一定的前提下,所能获得的最大观察区域;

（3）计算能观察到某区域的全部地形表面所需的最少观察点个数;

（4）以最小代价建造全部区域可视的观察塔;

（5）在给定观察塔建造代价的前提下,计算最大可视区域。

根据问题输出维数的不同,视域分析可分为点对点的通视、点对线的通视和点对区域的通视。如设定观察哨所的位置时,应该设在能监视某一感兴趣的区域,且视线不能被地形挡住,这是典型的点对区域的通视问题。

3）流域分析

流域是重要的水文单元,常应用在城市和区域规划、农业和森林管理等领域中。在流域分析中,DEM 用高程格网和栅格数据运算能够获取流域和河网等在水文过程中的重要地形要素。

在 DEM 上进行流域分析一般需要经过 DEM 的洼地填充、水流方向确定以及流域网络提取和分割等步骤。因此,往往需要 3 套栅格数据:已填补高程格网、流向格网和水流累积格网。

Ⅰ. 洼地填充

洼地是一个或多个单元被周围较高海拔所围绕的内排水区域。流域中的洼地既可能是如采石场或冰河壶穴这类真实的洼地,也可能是由于 DEM 表达式的插值误差所造成的洼

地。由于洼地的存在使一些流路终止于洼地,而不会流向流域出口,降低了水系提取的准确性,甚至不能提取到正确的水系。因此,在进行流域自动分割前,必须从高程格网中除去这些洼地,得到不存在洼地的已填补高程格网。

搜索所有洼地的相邻最低点作为洼地的溢出点,以溢出点为起点继续搜索比该点的高程低或相等的邻点(忽略已经搜索的点),判断是否存在比原洼地更低的格网点。如果没有则以该洼地的溢出点为起点,重复上述搜索过程;如果搜索到比原洼地低的格网点,则将洼地和相邻最低点的方向倒转。

Ⅱ. 水流方向确定

水流方向是指水流离开 DEM 格网时的流向,目前进行流向分析最经典的算法为 D8 算法。该算法假设单个格网中的水流只能流入与之相邻的 8 个格网中,且流域单元上的水流总是流向最低的地方,即在 3×3 的 DEM 格网上计算中心格网与相邻 8 个格网间的距离权落差(即格网点落差除以格网点之间的距离),取距离权落差最大的栅格为中心格网的流向。但该算法的局限在于不允许水流分散到多个单元。

四、空间分布模式及插值分析

(一)空间分布模式分析

1. 空间分布模式分析的含义

地理现象可以描述为点、线、面等空间实体对象。例如,疾病、犯罪、地震及居民点等通常采用空间点进行描述;河流、台风轨迹、运动轨迹及城市管线等通常采用空间线实体进行描述;行政单元、大比例尺地图上的建筑物、湖泊及农田等通常采用空间面实体进行描述。空间分布模式旨在依据空间实体的空间位置或属性信息,对空间实体的群体信息进行描述。空间分布模式分析对于研究地理现象的发展、变化规律及预测研究具有重要的应用价值,同时也是空间分析研究的核心内容。不同空间实体具有不同的空间分布特征,并具有不同的空间分布描述参数。下面分别针对空间点实体、线实体及面实体的空间分布模式进行具体阐述,并给出具体的应用实例。

2. 空间点分布模式分析

空间点分布模式分析的研究对象是在一定研究范围内的一系列空间点的集合 $\{P_1 = (x_1, y_1), P_2 = (x_2, y_2), \cdots, P_i = (x_i, y_i), \cdots, P_n = (x_n, y_n)\}$,其中 P_i 表示第 i 个空间点的位置。空间点分布模式的描述参数主要包括分布中心、方向分布(如分布轴线、离散度)及聚集程度。

空间点分布模式分析主要以概略地描述空间点集合的总体分布特征与聚集程度,在区域经济特征分析以及城市、商业及工业中心的位置分析中具有重要的应用价值。空间点分布的中心一般指平均中心、加权平均中心、中位数中心等。

1)平均中心

平均中心($\bar{x}, \bar{y}$)的计算公式为

$$\begin{cases} \bar{x} = \dfrac{\sum\limits_{i=1}^{n} x_i}{n} \\[3mm] \bar{y} = \dfrac{\sum\limits_{i=1}^{n} y_i}{n} \end{cases}$$

（3-20）

式中：x_i、y_i分别为空间点P_i的空间二维坐标；n为空间点的数目。

2）加权平均中心

加权平均中心（$\bar{x}_w, \bar{y}_w$）的计算公式为

$$\begin{cases} \bar{x}_w = \dfrac{\sum\limits_{i=1}^{n}(w_i x_i)}{\sum\limits_{i=1}^{n} w_i} \\[5mm] \bar{y}_w = \dfrac{\sum\limits_{i=1}^{n}(w_i y_i)}{\sum\limits_{i=1}^{n} w_i} \end{cases}$$

（3-21）

式中：w_i为空间点P_i的权重。

3）中位数中心

中位数中心定义为到所有空间点距离之和最小的空间位置，也就是使下式获得最小值的空间位置：

$$\sum_{i=1}^{n} \sqrt{(\bar{x}_m - x_i)^2 + (\bar{y}_m - y_i)^2}$$

（3-22）

式中：距离度量采用了最常使用的欧氏距离表达。

对于一些特殊的情况，其他距离度量准则（如棋盘距离、曼哈顿距离等）同样可以代入式（3-22）中计算得到中位数中心。

3. 空间线分布模式分析

在地理空间中，地质断层、台风轨迹、数据流、管线及道路等通常采用线形方式进行描述。空间线的分布模式主要包括聚集性分析、方向分析及方位分析等三种方式。其中，空间线实体的聚集性分析可以分为两类：一类是网络分析中的聚集性分析；另一类是单纯的空间范围的密度分析。

1）方向与方位分析

空间线实体通常可分为两类：一类是具有方向性的空间线实体，即一条线的两个端点分别为起点和终点，如台风运行轨迹；另一类是没有方向性的空间线实体，即一条线的两个端点不区分起点与终点，如地质断层。具体地，分析一组具有方向性的空间线实体的平均趋势通常称为平均方向分析，而分析一组不具有方向性的空间线实体的平均趋势通常称为平均方位分析。实践中，分析空间线目标的方向或方位趋势趋于研究地理现象的变化趋势，具有重要价值。例如，气象学家通过研究台风的运行轨迹来掌握台风可能的登陆位置与影响范

围,生物学家通过分析动物的迁徙轨迹来掌握物种的分布规律与生活行为习惯。空间线实体的平均方位可以认为是平均方向的退化。

2)方向与方位的变化分析

例如,两个空间线实体的方向分别为 45° 和 135°,其平均方向为 90°,但是并不能说明这两个空间线实体指向非常不同的方向。空间线实体方向与方位的变化分析的目的在于对空间线实体方向的内部变异进行描述。首先,需要计算平均方向(或合成矢量)的长度,具体可以采用下式进行计算:

$$L = \sqrt{\left(\sum_{i=1}^{n} \sin\theta_i\right)^2 + \left(\sum_{i=1}^{n} \cos\theta_i\right)^2} \tag{3-23}$$

然后,计算方向与方位的变化指数,可以采用下式进行计算:

$$S = 1 - \frac{L}{n} \tag{3-24}$$

式中:n 为空间线实体的数目;S 的取值为 0~1,当 $S = 0$ 时,表示所有的空间线实体指向相同方向;当 $S = 1$ 时,表示所有空间线实体指向相反方向。

(二)空间插值分析

1. 空间插值分析的定义

空间连续数据的建模依赖于有限的空间采样点数据,要获得整个研究区域的空间分布模式,通常采用空间插值方法根据已有的采样数据来估算未采样区域的数据值。具体地,空间插值分析主要有三种用途:①采用采样数据估计整个研究区域的空间变量分布;②将某个尺度(分辨率)上的数 TN 化为另一尺度(分辨率);③将一种连续表达的数据形式转化为另一种连续表达形式(如将 TN 转化为格网或将等值线转化为格网)。空间插值分为内插和外推两种情况,利用研究区内的观测样本数据来估算研究区内未采样点的数据值的过程称为内插,而估算研究区外未采样点的数据值的过程称为外推。

2. 空间插值分析方法

1)沃罗诺伊多边形法与德洛内三角网法

沃罗诺伊多边形法是荷兰气象学家泰森(Thiessen)提出的一种根据离散分布的气象站的降雨量来计算平均降雨量的方法,也称为泰森多边形法。它是用泰森多边形内所包含的一个唯一气象站的降雨量来表示这个多边形区域内的降雨量。泰森多边形法是根据样本点所在位置将整个区域分割为 n 个子区域(n 为样本点的个数),每个子区域包含一个样本点,各子区域到其内样本点的距离小于任意到其他样本点的距离,使用各子区域内的样本点进行赋值。

泰森多边形法假设任何未知点的数据均使用离它最近的样本点的数据,因此也称为最邻近插值法。当样本点较多且分布均匀时,泰森多边形法的插值效果较好。该方法简单,效率高,但是对空间因素考虑太少,受样本点的影响较大。如果样本点分布不均匀,很大一块区域使用相同的值,显然是不合理的,容易造成较大的误差。一种改进的方法是采用沃罗诺伊图的对偶图德洛内三角网对空间范围进行分割,其思想是先根据所有的样本点生成德洛内三角网,找出待插值点所在的三角形,以三角形的三个顶点作为样本点,每个样本点的权重系数等于另外两个样本点与待插值点构成的三角形的面积除以三个样本点构成的三角形的面积的值,因此该方法也称为面积插值法。

面积插值法的优点是计算简单,而且不需要人为指定邻域搜索半径或者样本点的个数。待插值点的位置确定后,参与插值的样本点就是待插值点所在的三角形的三个顶点。虽然与沃罗诺伊多边形法相比,德洛内三角网法考虑了更多采样点信息,但是只用三个样本点进行插值,插值精度仍可能会有一定程度的下降。

2)反距离加权法

反距离加权法(Inverse Distance Weighting,IDW)是最常用的空间插值方法之一,以待插值点与实际观测样本点之间的距离为权重的插值方法,离插值点越近的样本点赋予的权重越大,其权重贡献与距离成反比。反距离加权插值的计算方法可表达为

$$Z = \frac{\sum_{i=1}^{m} \frac{Z_i}{d_i^n}}{\sum_{i=1}^{m} \frac{1}{d_i^n}} \qquad (3\text{-}25)$$

式中:Z为待插值点的估算值;Z_i为第i个样本点的实测值;d_i为第i个样本点与待插值点之间的距离;m为参与计算的实测样本点个数;n为幂指数,它控制着权重系数随待插值点与样本点之间距离的增加而下降的程度,当n较大时,较近的样本点被赋予较大的权重;当n较小时,权重比较均匀地分配给各样本点。

当$n=1$时,称为距离反比法,是一种常用且简便的空间插值方法。当$n=2$时,称为距离平方反比法,是实际应用中经常使用的方法。当取值很大,接近于正无穷时,待插值点的估算值等于距离待插值点最近的样本点的值,该方法退化为沃罗诺伊多边形法。当$n=0$时,所有参与计算的样本点权重相等,均为$1/m$,该方法退化为算术平均值法。

反距离加权法的最大优点就是易于计算、便于理解,而且当样本点相对密集且分布均匀时,可以得到较好的插值结果。该方法的不足之处在于没有充分考虑样本点的空间分布,往往会由于样本点的分布不均匀而导致插值结果产生偏差。当待插值点附近的样本点数据值很大或很小时,待插值点的结果容易受到极值点的影响而产生明显的"牛眼"现象。

3)梯度距离平方反比法

梯度距离平方反比法(Gradient Plus Inverse Distance Squared,GIDS)是反距离加权法的一种扩展算法,它考虑了待插值变量与其他变量间的相关性,如气温、降水随经度、纬度和海拔高程发生的梯度变化。国内外许多学者用该方法对研究区的温度或降雨资料进行插值,计算公式为

$$Z = \frac{\sum_{i=1}^{m} \left[Z_i + (X-X_i)C_X + (Y-Y_i)C_Y + (U-U_i)C_U \right]}{\sum_{i=1}^{m} \frac{1}{d_i^2}} \qquad (3\text{-}26)$$

式中:Z为待插值点的估算值;Z_i为第i个样本点的实测值;d_i为第i个样本点与待插值点之间的距离;m为参与计算的实测样本点个数;X、Y、U分别为待插值点的经度、纬度和海拔

高程值；X_i、Y_i、U_i分别为第i个实测样本点的经度、纬度和海拔高程值；C_X、C_Y、C_U分别为站点气象要素值与经度、纬度和海拔高程值的回归系数；梯度距离反比法一般将幂指数设为 2。

　　梯度距离反比法是反距离加权法的一种改进形式，因而具有反距离加权法的优缺点。在采用梯度距离反比法插值之前，需要对气象数据与经度、纬度、海拔高程进行相关性分析，一般当相关系数大于 0.6 时，才可以获得比反距离加权法更好的插值效果。

第二节　空间数据模型的基本概念和组成

一、空间数据模型的基本概念

（一）空间数据模型的定义

　　空间数据模型是关于 GIS 中空间数据组织的概念，反映现实世界中空间实体（spatial entity）及其相互之间的联系，为空间数据组织和空间数据库模式设计提供基本的概念和方法。实践表明，对现有空间数据模型认识和理解的正确与否在很大程度上决定着 GIS 空间数据管理系统研制或应用空间数据库设计的成败，而对空间数据模型的深入研究又直接影响着新一代 GIS 系统的发展。

（二）空间数据模型的类型

　　数据模型设计的目的是将客观事物抽象成计算机可以表示的形式。但是由于地理空间的复杂性，无论哪一种模型都无法反映现实世界的所有方面，因而就无法设计一个通用的数据模型来适用于所有的情况。所以，在 GIS 中存在多种数据模型并存的现象。通过对地理实体从现实世界到计算机内部表示的不断抽象和概括，GIS 数据模型由概念数据模型、逻辑数据模型和物理数据模型三个有机联系的层次组成。

1. 概念数据模型

　　概念数据模型是关于实体及实体间联系的抽象概念集。概念数据模型着重于获得对客观现实的一个正确认识，是面对用户、面向现实世界的数据模型。它主要是描述系统中数据的概念结构，按用户的观点对数据和信息建模，是现实世界到信息世界的第一层抽象。

　　GIS 空间数据模型的概念数据模型是考虑用户需求的共性，用统一的语言描述、综合、集成各用户视图。其基本任务是确定所感兴趣的现象和基本特性，描述实体间的相互联系，从而确定空间数据库的信息内容。目前广泛采用的是基于平面图的点、线、面数据模型和基于连续铺盖（tessellation）的栅格数据模型。

2. 逻辑数据模型

　　逻辑数据模型主要描述系统中数据的结构、对数据的操作以及操作后数据的完整性问题。逻辑数据模型通常有着严格的形式化定义，而且常常会加上一些限制和规定，以便在计算机上实现。逻辑数据模型表达概念数据模型中数据实体（或记录）及空间的关系。空间数据的逻辑数据模型是根据其概念数据模型确定的空间数据库的信息内容（空间实体及相互关系），具体地表达数据项、记录等之间的关系，可以有若干不同的实现方法。

3. 物理数据模型

物理数据模型则是描述数据在计算机中的物理组织、存取路径和数据库结构。逻辑数据模型并不涉及最底层的物理实现细节，但计算机处理的是二进制数据，必须将逻辑数据模型转换为物理数据模型，需要涉及空间数据的物理组织、空间存取方法、数据库总体存储结构等。

在GIS中与空间信息有关的信息模型有三个，即基于对象（要素）（feature）的模型、网络（network）模型以及场（field）模型。基于对象（要素）的模型强调了离散对象，根据它们的边界线以及它们的组成或者与它们相关的其他对象，可以详细地描述离散对象。网络模型表示了特殊对象之间的交互，如水或者交通流。场模型表示了二维或者三维空间中被看作是连续变化的数据。

有很多类型的数据，有时被看作场，有时被看作对象。选择时，主要是考虑数据的测量方式。如果数据来源于卫星影像，其中某一现象的一个值是由区域内某一个位置提供的，如作物类型或者森林类型可以采用一个基于场的观点；如果数据是以测量区域边界线的方式给出，而且区域内部被看成是一致的，就可以采用一个基于要素的观点；如果将分类空间分成粗略的子类，那么一个基于场的模型可以转换成一个基于要素的模型，因为后者更适合于离散面或者线特征的度量和分析。

基于场和基于对象的模型是概念模型的子模型。在基于场的空间数据模型的指导下，引出了栅格数据模型。相对应地，在基于对象的空间数据模型指导下，引出了矢量数据模型。除了上述的各种数据模型外，还有许多应用数据库概念设计的数据模型，如E-R模型（实体关系模型）、统一建模语言（Unified Modeling Language，UML）模型等。这类模型语义表达能力强，能够方便地表达应用中的语义知识，独立于具体的DBMS（数据库管理系统），主要应用于系统设计中。

二、空间数据模型的组成

（一）数据模型

数据模型（data model）是描述数据库的概念集合，是以一定方式组织起来的，有足够的抽象性和概括性，是对客观事物及其联系的描述。这种描述包括数据内容的描述和各类实体数据之间联系的描述。

（二）数据结构

数据结构是指相互之间存在一种或多种特定关系的数据元素的集合，是数据模型和文件格式之间的中间媒介，是数据模型的表达。数据结构是数据模型在特定的数据库中，经数据库的定义语言和数据描述语言精确描述的存储模型。数据结构从两个方面对空间信息进行具体的表达：一是记录信息的数据结构；二是记录数据的操作机制。

数据模型的建立必须通过一定的数据结构来实现,数据模型是数据表达的概念模型,数据结构是数据表达的物理实现。

第三节　空间分析模型的常见类型

一、场模型

(一)场模型的数学表示

对于模拟具有一定空间内连续分布特点的现象来说,基于场的观点是合适的。例如,空气中污染物的集中程度、地表的温度、土壤的湿度水平以及空气与水的流动速度和方向。根据应用的不同,场可以表现为二维场或三维场。一个二维场就是在二维空间中任何已知的地点上,都有一个表现这一现象的值;而一个三维场就是在三维空间中对于任何位置来说都有一个值。一些现象,如空气污染物在空间中本质上是三维的,但是许多情况下可以由一个二维场来表示。

场模型可以表示为如下的数学公式:

$$z: s \to z(s)$$

式中:z 为可度量的函数;s 为空间中的位置。

该式表示了从空间域(甚至包括时间坐标)到某个值域的映射。

(二)场模型的特征

场经常被视为由一系列等值线组成,一个等值线就是地面上所有具有相同属性值的点的有序集合。场模型具有以下特点。

1. 空间结构特征和属性域

在实际应用中,"空间"经常是指可以进行长度和角度测量的欧几里得空间。空间结构可以是规则的或不规则的,空间结构的分辨率和位置误差则十分重要,它们应当与空间结构设计所支持的数据类型和分析相适应。

属性域的数值可以包含以下几种类型:名称、序数、间隔和比率。属性域的另一个特征是支持空值,如果值未知或不确定,则赋予空值。

2. 连续的、可微的、离散的

如果空间域函数连续的话,空间域也就是连续的,即随着空间位置的微小变化,其属性值也将发生微小变化,不会出现像数字高程模型中的悬崖式变化的突变值。只有在空间结构和属性域中恰当地定义"微小变化","连续"的意义才确切。

当空间结构是二维(或更多维)时,坡度或者称为变化率,不仅取决于特殊的位置,而且取决于位置所在区域的方向分布,连续与可微两个概念之间有逻辑关系,每个可微函数一定是连续的,但连续函数不一定可微。

3. 各向同性和各向异性

空间场内部的各种性质是否随方向的变化而发生变化是空间场的一个重要特征。如果一个场中的所有性质都与方向无关，则称为各向同性场（isotropic field）。例如旅行时间，假如从某一个点旅行到另一个点所耗时间只与这两点之间的欧氏几何距离成正比，则从一个固定点出发，旅行一定时间所能到达的点必然在一个等时圆上。如果某一点处有一条高速通道，则利用高速通道与不利用高速通道所产生的旅行时间是不同的。

4. 空间自相关

空间自相关是空间场中的数值聚集程度的一种量度。距离近的事物之间的联系程度强于距离远的事物之间的联系程度。如果一个空间场中类似的数值有聚集的倾向，则该空间场就表现出很强的正空间自相关；如果类似的属性值在空间上有相互排斥的倾向，则表现为负空间自相关。空间自相关描述了某一位置上的属性值与相邻位置上的属性值之间基于场模型来表达地理目标及其相应的拓扑表达三要素（内部、边界和外部）结构，能有效地表示地理现象的空间非匀质性，尤其是土地覆盖这类模糊地理现象。因而，在这种拓扑表达框架下来描述地理目标的空间关系，能有效地顾及地理目标的空间属性变化，这是传统的基于缓冲区操作分析地理目标间的空间关系（包括距离关系、拓扑关系）的方法所难以实现的。

二、要素模型

地理要素是通过地理实体定义的，地理实体是真实世界中不能再被细分为同一类现象的地理现象，地理要素是具有相似属性和行为的真实地理实体的公共属性集合，称这一集合为地理要素的模式，其外延则是所有相似地理实体的集合。在基于地理要素的 GIS 中，地理要素是对空间位置的"地理"属性以及该"位置"的复杂的内部关系及自然和人文特征的描述。区别于面向空间的矢量及栅格数据模型只关注空间特征的表达，基于地理要素的GIS 数据模型是较高抽象层次上的模型，基于地理要素的数据组织方法与传统 GIS 数据管理方式处于同一层次，由于它只对真实地理实体的属性（包括空间属性和地理属性）及关系感兴趣，因此更适于进行地理信息应用系统的开发。

（一）欧氏空间的地物要素

许多地理现象模型建立的基础都是嵌入（embed）在一个坐标空间中，在这种坐标空间中，根据常用的公式就可以测量点之间的距离及方向，这个带坐标的空间模型称为欧氏空间，它把空间特性转换成实数的元组特性，二维的模型称为欧氏平面。欧氏空间中，经常使用的参照系统是笛卡儿坐标系（cartesian coordinates），它是以一个固定的、特殊的点为原点，一对相互垂直且经过原点的线为坐标轴。此外，在某些情况下，也经常采用其他坐标系统，如极坐标系（polar coordinates）。

将地理要素嵌入欧氏空间中，可形成三类地物要素对象，即点对象、线对象和多边形对象。

1. 点对象

点是有特定的位置、维数为零的物体,包括:①点实体(point entity),用来代表一个实体;②注记点,用于定位注记;③内点(label point),用于记录多边形的属性,存在于多边形内;④节点(node),表示线的终点和起点;⑤角点(vertex),表示线段和弧段的内部点。

2. 线对象

线对象是 GIS 中维度为一的空间组分,表示对象和其边界的空间属性,由一系列坐标表示,并有如下特征:①实体长度,即从起点到终点的总长度;②弯曲度,用于表示类似于道路拐弯时弯曲的程度;③方向性,用于表示线对象的方向,例如水流方向是从上游到下游,公路则有单向与双向之分。线状实体包括线段、边界、链、弧段、网络等。

3. 多边形对象

面状实体也称为多边形,是对湖泊、岛屿、地块等一类现象的描述,通常在数据库中由一封闭曲线加内点来表示。面状实体有如下空间特性:①面积范围;②周长;③独立性或与其他的地物相邻,如中国及其周边国家;④内岛或锯齿状外形,如岛屿的海岸线封闭所围成的区域等;⑤重叠性与非重叠性,如报纸的销售领域、学校的分区、菜市场的服务范围等都有可能出现交叉重叠现象。一个城市的各个城区一般来说相邻但不会出现重叠。

(二)要素模型的基本概念

基于要素的空间模型强调了个体现象,该现象以独立的方式或者以与其他现象之间的关系的方式来表示。任何现象,无论大小,都可以被确定为一个对象(object),且假设它可以从概念上与其邻域现象相分离。要素可以由不同的对象组成,而且它们可以与其他的相分离的对象有特殊的关系。在一个与土地和财产的拥有者记录有关的应用中,采用的是基于要素的视点,因为每一个土地块和每一个建筑物必须是不同的,而且必须是唯一标识的,并且可以单个测量。一个基于要素的观点是适合于已经组织好的边界现象的,因此也适合于人工地物,例如建筑物、道路、设施和管理区域。一些自然现象,如湖、河、岛及森林,经常被表现在基于要素的模型中,因为它们为了某些目的可以被看成为离散的现象,但应该记住的是这些现象的边界随着时间在变化,很少是固定的,因此在任何时刻它们的实际位置的定义一般是不精确的。

基于要素的空间信息模型把信息空间分解为对象(object)或实体(entity)。一个实体必须符合三个条件:①可被识别;②重要(与问题相关);③可被描述(有特征)。有关实体的特征可以通过静态属性(如城市名)、动态的行为特征和结构特征来描述。与基于场的模型不同,基于要素的模型把信息空间看作许多对象(城市、集镇、村庄、区)的集合,而这些对象又具有自己的属性(如人口密度、质心和边界等)。基于要素的模型中的实体可采用多种维度来定义属性,包括空间维、时间维、图形维和文本/数字维。

(三)基于要素模型的空间对象

空间对象之所以称为"空间的",是因为它们存在于"空间"之中,即所谓"嵌入式空间"。空间对象的定义取决于嵌入式空间的结构。常用的嵌入式空间类型如下。

（1）欧氏空间：允许在对象之间采用距离和方位量度，欧氏空间中的对象可以用坐标组的集合来表示。

（2）量度空间：允许在对象之间采用距离量度，但不一定有方向。

（3）拓扑空间：允许在对象之间进行拓扑关系的描述，不一定有距离和方向。

（4）面向集合的空间：采用一般的基于集合的关系，如包含、合并及相交等。

连续的二维欧氏平面上的空间对象类型构成了一种对象集的等级图。在连续空间对象中具有最高抽象层次的对象是"空间对象"类，它可以派生为零维的点对象和延伸对象，延伸对象又可以派生为一维和二维的对象类。一维对象的两个子类为弧和环，如果没有相交，则称为简单弧和简单环。在二维空间对象类中，连通的面对象称为面域对象，没有"洞"的简单面域对象称为域单位对象。

欧氏空间的平面因连续而不可计算，必须离散化后才适合于计算。

对象行为是由一些操作定义的。这些操作用于一个或多个对象（运算对象），并产生一个新的对象（结果）。可将作用于空间对象的空间操作分为静态的和动态的两类。静态操作不会导致运算对象发生本质的改变，而动态操作会改变一个或多个运算对象，甚至生成或删除这些对象。

虽然系统的面向对象方法和基于要素的空间数据模型在概念上很相似，但两者之间仍然有着明显的差别。实现基于要素的模型并不一定要求运用面向对象的方法；面向对象的方法既可以作为描述场的空间模型的框架，也可以作为描述基于要素的空间模型的框架。对于基于要素的模型，采用面向对象的描述是合适的；而对于基于场的模型，同样可以用面向对象的方法来构建。

场和对象可以在多种水平上共存，对于空间数据建模来说，基于场的方法和基于要素的方法并不互相排斥。有些应用可以很自然地应用场来建模，但是场模型也并不是适合所有情况。总之，基于场的模型和基于要素的模型各有长处，应该恰当地综合运用这两种方法来建模。在 GIS 应用模型的高层建模中、数据结构设计中及 GIS 应用中，都会遇到这两种模型的集成问题。

（四）基于要素的空间关系

地理要素之间的空间区位关系可抽象为点、线（或弧）、多边形（区域）之间的空间几何关系。

1. 点点关系

点与点的空间关系包括：①重合；②分离；③一点为其他诸点的几何中心；④一点为其他诸点的地理重心。

2. 点线关系

点与线的空间关系包括：①点在线上，可以计算点的性质，如拐点等；②线的端点，即起点和终点（节点）；③线的交点；④点与线分离，可计算点到线的距离。

3. 点面关系

点与面的空间关系包括：①点在区域内，可以计数和统计；②点为区域的几何中心；③点为区域的地理重心；④点在区域的边界上；⑤点在区域外部。

4. 线线关系

线与线的空间关系包括：①重合；②相接，首尾环接或顺序相接；③相交；④相切；⑤并行。

5. 线面关系

线与面的空间关系包括：①区域包含线，可计算区域内线的密度；②线穿过区域；③线环绕区域，对于区域边界，可以搜索其左右区域名称；④线与区域分离。

6. 面面关系

面与面的空间关系包括：①包含，如岛的情形；②相合；③相交，可以划分子区，并计算逻辑与、或、非和异或；④相邻，可以计算相邻边界的性质和长度；⑤分离，可以计算距离、引力等。

近年来，空间关系的理论与应用研究在国内外都非常多。究其原因，一方面是它为 GIS 数据库的有效建立、空间查询、空间分析、辅助决策等提供了最基本的关系；另一方面是将空间关系理论应用于 GIS 查询语言，形成一个标准的 SQL 空间查询语言，可以通过应用程序接口（Application Program Interface，API）进行空间特征的存储、提取、查询和更新等。空间关系包含三种基本类型：拓扑关系、方向关系和度量关系。

三、网络结构模型

（一）网络空间

网络是用于实现资源的运输和信息的交流的相互连接的线性特征。网络模型是对现实世界网络的抽象。在模型中，网络由链（link）、节点（node）、站点（stop）、中心（center）和转向点（turn）组成。网络拓扑系统研究的创始人被公认为是数学家 Leonard Euler，他在 1736 年解决了当时一个著名的问题，叫作 Konigsberg 桥问题。该问题就是找到一个循环的路，该路只穿过其中每个桥一次，最后返回到起点。一些实验表明这项任务是不可能的，可见从认为没有这样的路线到说明它并不是一件容易的事情。

Euler 成功地证明了这是一项不可能的任务，即这个问题是没有解的。为了做这件事，他建立了该桥的一个空间模型，该模型抽象出了所有桥之间的拓扑关系。Euler 证明了不可能从一个节点开始，沿着图形的边界，只遍历每个边界一次，最后到达第一个节点。他所采用的论点是非常简单的，依据的是经过每个节点的边的奇偶性。可以看出，除了开始的节点和末端的节点外，经过一个节点的路径必须是沿着一个边界进入，又沿着另一个边界出去。因此，如果这个问题是有解的，那么每个中间节点相连的边界的数量必须是偶数。

（二）网络模型概述

在网络模型中，地物被抽象为链和节点，同时要关注其间的连通关系。基于网络的空间模型与基于要素的模型在一些方面有共同点,因为它们经常处理离散的地物,但是网络模型需要考虑多个要素之间的影响和交互,通常沿着与它们相连接的通道。相关现象的精确形状并不重要,重要的是具体现象之间的距离或者阻力的度量。网络模型的典型例子就是研究交通,包括陆上、海上及航空线路,以及通过管线与隧道分析水、油及电力的流动。在考虑交通问题时,分析两点之间的直线距离是没有意义的,因为对于交通运输而言,两点之间的传输并不是沿着两点之间的直线进行的,只能是在交通运输网中的特定路径上进行。因此,两点间的距离表现为两点之间路径的长度。由于两点之间的相关路径可能有许多条,因此以最短路径的长度来描述网络上两点之间的距离。

例如,一个电力供应公司对它们的设施管理可能既采用了一个基于要素的视点,同时又采用了一个基于网络的视点,这依赖于他们所关心的问题,如果要分析是否要替换一个特定的管道,一个基于要素的视点可能是合适的;如果要分析重建线路的目的,网络模型可能是合适的。

网络模型的基本特征是节点数据间没有明确的从属关系,一个节点可与其他多个节点建立联系。网状模型将数据组织成有向图结构,节点代表数据记录,连线描述不同节点数据间的关系。有向图(digraph)的形式化定义为

Digraph =(Vertex, {Relation})

其中, Vertex 为图中数据元素(顶点)的有限非空集合; Relation 是两个顶点(Vertex)之间的关系的集合。

有向图结构比树结构具有更大的灵活性和更强的数据建模能力。网状模型可以表示多对多的关系,其数据存储效率高于层次模型,但其结构的复杂性限制了它在空间数据库中的应用。

建立一个好的网络模型的关键是清楚地认识现实网络的各种特性与以网络模型的要素(链、节点、站点、中心、拐点)表示的特性的关系。网络模型反映了现实世界中常见的多对多关系,在一定程度上支持数据的重构,具有一定的数据独立性和共享特性,并且运行效率较高。但它在应用时也存在以下问题:

(1)网状结构复杂,增加了用户查询和定位的困难,它要求用户熟悉数据的逻辑结构,知道自身所处的位置;

(2)网状数据操作命令具有过程式性质;

(3)不直接支持层次结构的表达;

(4)基本不具备演绎功能;

(5)基本不具备操作代数基础。

(三)网络的组成要素

网络的组成要素包括以下几个方面。

1. 链(link)

网络的链构成了网络模型的框架。链代表用于实现运输和交流的相互连接的线性实

体。它可用于表示现实世界网络中运输网络的高速路及铁路、电网中的传输线和水文网络中的河流等。其状态属性包括阻力和需求。

2. 节点(node)

节点指链的终止点。链总是在节点处相交。节点可以用来表示道路网络中的道路交叉点、河网中的河流交汇点等。

3. 站点(stop)

站点指在某个流路上经过的位置。它代表现实世界中邮路系统中的邮件接收点、高速公路网中所经过的城市等。

4. 中心(center)

中心指网络中的一些离散位置,它们可以提供资源。中心可以代表现实世界中的资源分发中心、购物中心、学校、机场等。其状态属性包括资源容量,如总的资源量;阻力限额,如中心与链之间的最大距离或时间限制。

5. 拐点(turn)

拐点代表从一个链到另一个链的过渡。与其他的网络要素不同,拐点在网络模型中并不用于模拟现实世界中的实体,而是代表链与链之间的过渡关系。

（四）常用的网络模型

常用的网络模型包括以下几种类型。

1. 网络跟踪(trace)

网络用于研究网络中资源和信息的流向,这就是网络跟踪的过程。在水文应用中,网络跟踪可用于计算河流中水流的体积,也可以跟踪污染物从污染源开始,沿溪流向下游扩散的过程。在电网应用中,可以根据开关的开关状态,确定电力的流向。网络跟踪中涉及的一个重要概念是“连通性”,这定义了网络中弧段与弧段的连接方式,也决定了资源与信息在网络中流动时的走向。弧段与弧段之间的连通在多数情况下是有向的,网络的流向是通过弧段的流向来决定的。在弧段被数字化时,从（From）节点与到（To 节点）的关系就定义了弧段的流向。

2. 路径选择(path finding)

在远距离送货、物资派发、急救服务和邮递等服务中,经常需要在一次行程中同时访问多个站点（收货方、邮件主人、物资储备站等）,如何寻找到一个最短和最经济的路径,保证访问到所有站点,同时最快、最省地完成一次行程,这是很多机构经常遇到的问题。

在这类分析中,最经济的行车路线隐藏在道路网络中,道路网络的不同弧段（网络模型中的链）有不同的影响物流通过的因素,即网格模型中的阻抗（impedance）。路径选择分析必须充分考虑这些因素,在保证遍历需要访问的站点（在网络模型中的 stop）的同时,为用户寻找出一条最经济（时间或费用最少）的运行路径。

3. 资源分配(allocate)

资源分配反映了现实世界网络中资源的供需关系模型。“供（supply）”代表一定数据的资源或货物,它们位于被称之为"中心"的设施中。"需(demand)"指对资源的利用。分配分析就是在空间中的一个或多个点间分配资源的过程。为了实现供需关系,网络中必然存在资源的运输和流动。资源要么由供方送到需方,要么由需方到供方处索取。

1)资源分配方式

现实世界中描述资源分配包括由"供"到"需"和由"需"到"供"两种情况。

(1)由"供"到"需"。例如,电能是从电站产生,并通过电网传送到客户那里。其中,电站就是网络模型中的"中心",因为它可以提供电力供应;电能的客户沿电网的线路(网络模型中的链)分布,它们产生了"需";资源是通过网络由供方传输到需方来实现资源分配的。

(2)由"需"到"供"。例如,学校与学生的关系构成了一种网络中的供需分配关系。其中,学校是资源提供方,负责提供名额供适龄儿童入学;适龄儿童是资源的需求方,他们要求入学。作为需求方的适龄儿童沿街道网络分布,他们形成了对作为供给方的学校的资源,即学生名额的需求,这种情况下是由适龄儿童前往学校。

2)网络中的"阻抗值"

阻抗值在分配分析中同样起作用。阻抗值说明网络中的要素抵抗资源流动或增加资源运输成本的能力。如果资源在供方与需方间流动时的阻值大于可以承受的范围,可能导致资源无法分配到资源的需方。例如,要求每个学生从家到学校的时间不能超过30分钟,学生与学校之间的分配关系就会发生变化。

3)供方和需方是多对多的关系

供方和需方是多对多的关系,例如可能有多个电站为同一区域的众多客户供电,一个城市的适龄儿童可以到多个学校去上学。有选择就有优选,哪个电站向哪些客户供电,哪些学生到哪个学校去上学,这里都存在优化配置的问题。优选实现的目标包括两个方面。

(1)对于建立了供需关系的双方,供方必须能够提供足够的资源给需方。例如,要求电站能够供给它的客户足够的电能;要求学校有足够的名额供给它所服务的适龄儿童。

(2)对于建立了供需关系的双方,实现供需关系的成本最低。例如,要求在电站输电成本尽可能低的情况下,决定哪个电站为哪些客户供电;要求在学生从家到学校的时间尽可能短的情况下,决定哪些学生到哪个学校去上学。

4.地址编码与匹配

利用人们习惯的地址(街道门牌号)信息确定它在地图上的确切位置的技术称为地址编码和匹配。客户名单、事故报告、报警中所使用的定位信息多数是按人们习惯的街道门牌号等文字形式提供的,需要在地图上迅速定位,例如110接警后需要迅速定位求救地点,然后才能采取进一步措施(如寻求最优路径前往救助)。地址编码和地址匹配就是用于解决此类问题的。

5.选址和分区分析

选址和分区分析是决定一个或多个服务设施的最优位置的过程,它的定位力求保证服务设施可以以最经济有效的方式为它所服务的人群提供服务。在此类分析中,既有定位过程,也有资源分配过程。需要解决的实际问题包括加油站、急救服务设施、救火、医疗急救、学校选址等。

6. 空间相互作用和引力模型

空间相互作用和引力模型用于理解和预测某点发生的活动和人、资源及信息的流动。两点间发生多大程度的相互作用与两点的性质以及发生相互作用的消耗或费用有关。通常情况下,两点间距离越近,发生相互作用的可能性越大。需要解决的实际问题包括:为什么物资总是向沿海地区流动;为什么某一区域的人们总是去特定的商场购物;从家到电影院超过多长时间后,就不会选择去这个电影院看电影。与路径选择不同,该模型除了考虑相互作用的两个对象的距离,还要考虑相互作用时发生的活动的性质。例如,人们不愿意去距离远的商场购物,但可能愿意去找较远地方的名医求医问药。

四、时空数据模型

(一)时空数据模型的定义

遥感图像处理、数据库管理、空间分析等技术的快速发展,以及高性能测量、通信、计算机设备的不断完善,使地理信息系统有了更宽广的应用领域,例如环境监测、交通线路变化管理、海岸线变化管理、水质污染扩散、乡村城市的变化等。这些应用均需要地理信息系统能够同时存储空间、时间、属性数据,同时提供空间、时间和属性数据的分析手段。但是,传统的地理信息系统应用只涉及地理信息的两个方面,即空间维度和属性维度,因此也称为静态 GIS,即 SGIS(Static GIS),而能够同时处理时间维度的 GIS 称为时态 GIS,即 TGIS(Temporal GIS)。这样就可以解决历史数据的丢失问题,实现数据的历史状态重建、时空变化跟踪、发展势态预测等功能。

在 GIS 中,具有时间维度的数据可以分为两类:一类为结构化数据,如一个测站历史数据的积累,它可以通过在属性数据表记录中简单地增加一个时间戳(time stamp)实现其管理;另一类是非结构化数据,最典型的例子是土地利用状况的变化。

空间数据的时间特征建模的研究主要体现在三个方面:一是数据库专家的时态关系数据库研究;二是人工智能专家的时态关系研究;三是 GIS 专家的时空数据建模研究。TGIS 数据模型的特点是语义更丰富,对现实世界的描述更准确,其物理实现的最大困难在于海量数据的组织和存取。TGIS 技术的本质特点是"时空效率"。当前主要的 TGIS 模型包括:空间时间立方体(space-time cube)模型、序列快照(sequent snapshots)模型、基态修正(base state with amendments)模型、空间时间组合体(space-time composite)模型等。其中,序列快照模型和 GIS 分类中的模拟 GIS(analog GIS)一样,只是一种概念上的模型,不具备实用的开发价值,而其他几种模型都有自己的特点和适用范围,如基态修正模型比较适合于栅格模型的 TGIS 开发。

时空数据模型是时空数据库的基础。作为客观现实世界抽象和表示的时空数据模型是 GIS 研究的关键问题。时空数据模型是在时间、空间和属性语义方面更加完整地模拟客观地理世界的数据模型。时空数据模型的数据组织和处理方法与非空间的数据库模型有很大差别,因此非空间的时态数据库模型的研究成果不完全适合于时空数据模型。

(二)TGIS的研究思路

时空数据建模是对地理时空中的时空环境进行表达。在进行时空数据建模时,先假设基本的物质世界有着相似的、简单的抽象结构和操作。由于时空数据模型反映的是现实世界中空间实体相互间的动态联系,因而时空数据组织和时空数据库模式设计就应提供基本的概念和方法。

按照时空应用所涉及的信息类型,时空过程可根据空间位置连续变化、属性连续变化或者两者的连续变化来划分,也可根据空间离散变化和属性离散变化等来划分。例如,火车在移动时,火车的位置在不断变化,但形状和属性没有发生变化;又如,某行政区内人口在不断变化,但行政区相对稳定。由此必须获取到空间对象及其性质和空间分布随时间变化的信息,对时空变化情况进行建模。TGIS海量数据的处理必然导致数学模型的根本变化。TGIS问题的最终解决在于"可与拓扑论相类比"的全新数学思路的出现。目前可以研究TGIS技术,以便在SGIS的框架中用TGIS技术实现TGIS功能。对TGIS模型的研究可以本着两种思路进行平行探索:综合模型和分解模型。首先用分解模型思路针对典型应用领域(如土地利用动态监测工作)进行全面研究,同时不断丰富、充实综合模型,最后得到一个比较完善的综合模型。

(三)时空数据模型设计的原则

地籍变更、海岸线变化、土地城市化、道路改线、环境变化等应用领域,需要保存并有效地管理历史变化数据,以便将来重建历史状态、跟踪变化、预测未来。这就要求有一个组织、管理、操作时空数据的高效时空数据模型。时空数据模型是一种有效组织和管理时态地理数据,属性、空间和时间语义更完整的地理数据模型。

一个合理的时空数据模型必须考虑以下几方面的因素:节省存储空间、加快存取速度、表现时空语义。时空语义包括地理实体的空间结构、有效时间结构、空间关系、时态关系、地理事件和时空关系等。

时空数据模型设计的基本指导思想包括以下几个方面。

(1)根据应用领域的特点(如宏观变化观测与微观变化观测)、客观现实变化规律(如同步变化与异步变化、频繁变化与缓慢变化),折中考虑时空数据的空间/属性内聚性和时态内聚性的强度,选择时间标记的对象。对于属性,有属性数据项时间标记、实体时间标记、数据库时间标记;对于空间,有坐标点时间标记、弧段时间标记、实体时间标记、数据库时间标记等。

(2)同时提供静态(变化不活跃)、动态(变化活跃)数据建模手段(静态、动态数据类型和操作)。当前、历史等不同使用频率的数据分别组织存放,以便存取。一般将当前数据存放在本地计算机磁盘上,而将历史数据存放在远程服务器大容量光盘上。

(3)数据结构中显式表达两种地理事件:地理实体进化事件和地理实体存亡事件。地理事件以事件发生的相关源状态和终止状态表达。构成地理实体存亡事件的源状态由参加事件的实体标识集合表示。时间的本质为事件发生的序列,地理事件序列直接表明地理时间语义。常见的状态变化查询即地理事件查询。

(4)时空拓扑关系一般指地理实体空间拓扑关系的拓扑事件间的时态关系。时空拓扑关系揭示了地理实体在时间和空间上的相关性。为了有效地表达时空拓扑关系,需要存储空间拓扑关系的时变序列。

(四)时空数据模型的主要类型

时空数据模型主要包括以下几种类型:序列快照模型、基态修正模型、时空立方体模型、空间时间组合体模型、面向对象的时空数据模型等。

1. 序列快照模型

快照模型是将一系列时间片段的快照保存起来,各个切片分别对应不同时刻的状态图层,以此来反映地理现象的时空演化过程,根据需要对指定时间片段进行播放,有些 GIS 用该方法来逼近时空特性。该模型的优点:一是可以直接在当前的地理信息系统软件中实现;二是当前的数据库总是处于有效状态。但是,由于快照对空间实体未发生变化的所有特征进行了存储,会产生大量的数据冗余,当应用模型变化频繁,且数据量较大时,系统效率急剧下降,较难处理时空对象间的时空关系。

2. 基态修正模型

为避免快照模型对于每次未发生变化部分的特征重复进行记录,基态修正模型按事先设定的时间间隔进行采样,只存储某个时间数据状态(基态)和相对于基态的变化量。基态修正模型中每个对象只需存储一次,每变化一次,只有很小的数据量需要记录,只将那些发生变化的部分存入系统中。该模型可以在现有的 GIS 软件中很好地实现,以地理特征作为基本对象。因为要通过叠加来表示状态的变化,这对于矢量数据来讲效率较低,而对栅格数据比较合适。但其没有考虑由一种状态转变到另一种状态的过程中可能存在一种"伪变化",因此有人提出需要设计"过程库"来记录表达变化过程。

3. 时空立方体模型

Hagerstrand 最早于 1970 年提出了空间 - 时间立方体模型,这个模型中的三维立方体是由两个空间维度和一个时间维组成,它描述了二维空间沿着第三个时间维演变的过程。任何一个空间实体的演变历史都是空间 - 时间立方体中的一个实体。该模型形象直观地运用了时间维的几何特性,表现了空间实体是一个时空体的概念,对地理变化的描述简单明了、易于接受,该模型具体实现的困难在于三维立方体的表达。

4. 空间时间组合体模型

空间时间组合体模型将空间分隔成具有相同时空过程的最大的公共时空单元,每个时空对象的变化都将在整个空间内产生一个新的对象。对象把在整个空间内的变化部分作为它的空间属性,变化部分的历史作为它的时态属性,时空单元的时空过程可用关系表来表达。若时空单元分裂,用新增的元组来反映新增的空间单元。这种设计保留了随时间变化的空间拓扑关系,所有更新的特征都被加入当前的数据集中,新的特征之间的交互和新的拓扑关系也随之生成。该模型将空间变化和属性变化都映射为空间的变化,是序列快照模型和基态修正模型的折中模型。其最大的缺点在于多边形碎化和对关系数据库的过分依赖。

5.面向对象的时空数据模型

以上所有时空数据模型的缺点是时空目标的空间信息和时间信息联系不够紧密,面向对象的时空数据模型可将时态变化语义嵌入空间实体的描述中,将空间实体视为封装有变化组分的对象,因此可以表现时间因素并表现实体的过去、现在和未来。该模型的核心是以面向对象的基本思想组织地理时空对象。其中,对象是独立封装的具有唯一标识的概念实体。每个地理时空对象中封装了对象的时态性、空间特性、属性特性和相关的行为操作及与其他对象的关系。时间、空间及属性在每个时空对象中具有同等重要的地位,不同的应用中可根据具体重点关心的内容,分别采用基于时间(基于事件)、基于对象(基于矢量)或基于位置(基于栅格)的系统构建方式。

以上时空模型大都是在空间模型的基础上扩展时间维。只能进行基于地理位置与地理对象的简单历史查询,不能进行时间维上的深层分析,如事件因果关系分析。为了克服以上的不足,人们开始考虑从时间的角度进行时空建模。1995年,Peuquet和Duan从时间角度提出了基于事件的时空数据模型,该模型按时间顺序把事件组成一个链。在事件上加上时间标记,在时间序列中展现每次变化,新发生的事件被加到事件系列的尾部。每个事件与一系列描述事件发生地址的事件组元相连。事件组元表示在一个特定时间、特定地点的变化。与基态修正模型相比,在进行时态查询时,基于事件的时空数据模型要方便得多。但当某个时刻变化影响范围过大,涉及的空间目标过多或变化次数过多时,空间拓扑关系不易维护。这种时空数据模型为国内外广大学者所采用,但应用范围主要在地籍、房地产、土地利用等涉及面状地物的领域。

应当指出的是,一个完整的时空GIS应当提供面向地学信息的多种表现方式和时空查询功能,即应当同时提供基于位置、基于对象和基于时间的表现方式和时空查询功能,这些还有待于进一步探索。

第四节　空间分析的建模过程和方法

一、空间分析的建模过程

(一)空间分析过程

空间分析是基于地理对象的位置和形态特征的空间数据分析技术,其目的在于提取和传输空间信息。GIS提供了一系列的空间分析工具,用户通过已有的数据模型,经过一系列的操作序列,求得一个新的模型。这个新模型可展现出数据集内部或数据集之间新的或未曾明确的关系,从而回答用户的问题。好的空间分析过程设计将十分有利于问题的解决。空间分析过程基本步骤如下:

（1）明确分析的目的和评价准则；

（2）准备空间操作的数据；

（3）建立空间分析模型然后执行空间分析操作；

（4）解释和评价结果（如有必要，返回步骤）；

（5）改进分析结果，输出结果（地图、表格和文档）。

空间分析过程实际上是一个地理建模过程，而空间分析依赖于空间分析模型，于是研究空间分析模型以及如何在 GIS 环境中实现建模至关重要。

（二）空间分析模型

模型是人类对事物的一种抽象，人们在正式建造实物前，往往首先建立一个简化的模型，以便抓住问题的要害，剔除与问题无关的非本质的东西，从而使模型比实物更简单明了、易于把握。同样为了解决复杂的空间问题，人们也试图建立一个简化的模型，模拟空间分析过程，这样建成的模型就是空间分析模型。

空间分析模型是对现实世界科学体系问题域抽象的空间概念模型，具有以下特征。

（1）空间定位是空间分析模型特有的特性，构成空间分析模型的空间目标（点、弧段、网络、面域、复杂地物等）的多样性决定了空间分析模型建立的复杂性。

（2）空间关系也是空间分析模型的一个重要特征，空间层次关系、相邻关系以及空间目标的拓扑关系也决定了空间分析模型建立的特殊性。

（3）包括坐标、高程、属性以及时序特征的空间数据极其庞大，大量的空间数据通常用图形的方式来表示，这样由空间数据构成的空间分析模型也具有了可视化的图形特征。

（4）空间分析模型不是一个独立的模型实体，它和广义模型中抽象模型的定义是交叉的。GIS 要求完全精确地表达地理环境间复杂的空间关系，因而常使用数学模型。此外，仿真模型和符号模型也在 GIS 中得到了很好的应用。

对 GIS 中空间分析模型的分类问题，目前研究的很少，在此把它分为以下几类。

（1）空间分布分析模型，用于研究地理对象的空间分布特征。其主要包括：空间分布参数的描述，如分布密度和均值、分布中心、离散度等；空间分布检验，以确定分布类型；空间聚类分析，反映分布的多中心特征并确定这些中心；趋势面分析，反映现象的空间分布趋势；空间聚合与分解，反映空间对比与趋势。

（2）空间关系分析模型，用于研究基于地理对象的位置和属性特征的空间物体之间的关系，包括距离、方向、连通和拓扑等四种空间关系。其中，拓扑关系是研究得较多的关系；距离是内容最丰富的一种关系；连通用于描述基于视线的空间物体之间的通视性；方向反映物体的方位。

（3）空间相关分析模型，用于研究物体位置和属性集成下的关系，尤其是物体群（类）之间的关系。其中，目前研究得最多的是空间统计学范畴的问题。统计上的空间相关、覆盖分析就是考虑物体类之间相关关系的分析。

（4）预测、评价与决策模型，用于研究地理对象的动态发展，根据过去和现在推断未来，根据已知推测未知,运用科学知识和手段估计地理对象的未来发展趋势,并做出判断与评价,形成决策方案,用以指导行动,以获得尽可能好的实践效果。

(三)空间分析模型与 GIS 的集成

GIS 本身缺少强大的空间分析能力,空间分析模型的结果常常需要通过 GIS 来表达,GIS 和空间分析模型在功能上的互补是 GIS 与空间分析模型集成的主要驱动力。它们的有效结合可极大增强 GIS 的空间分析功能,进一步拓宽其应用范围,加深其应用深度,同时GIS 为模型的数据输入和预处理以及模拟结果的直观显示提供了极好的工具。

Bradley O. Park 将 GIS 与空间分析模型结合的必要性归结为以下三点。

(1)在环境问题和社会、经济问题的解决中,空间表达非常重要,而现有的 GIS 软件缺乏解决复杂问题的预测能力和其他相关的分析能力。

(2)空间分析模型工具箱一般缺少足够灵活的类似 GIS 的空间分析环境,因而难以被缺少专业知识的用户所接受。

(3)GIS 与空间分析模型的结合能使双方都变得功能更强大。

GIS 与空间分析模型的结合本质上是由需求驱动的,常用的方式有耦合和嵌入两大类,且有以下四种形式。

(1)松散耦合型,模型与 GIS 相互并行、独立,各自拥有独立的数据结构和用户界面,它们之间通过文本文件等中间文件或相互提供读写标准实现相互数据通信。其优点是模型与GIS 都不受对方约束,可以发挥各自的优势,灵活性较强。其缺点是系统间存在数据冗余,相互之间转换效率低下,缺乏统一界面,而且实时计算的可视化难以实现。

(2)紧密耦合型,以 GIS 为集成平台,用 GIS 提供的二次开发语言,如 MapBasic,Avenue 等宏语言或者脚本语言在 GIS 平台上开发空间分析模型。这种集成方法能够充分利用现有的 GIS 所提供的栅格操作分析功能,而且能为用户提供统一的界面。但是其也存在以下不足:一是 GIS 提供的二次开发语言构造较为复杂的模型的能力比较低;二是系统运行效率普遍较低;三是动态功能实现较为困难,即使实现了,其实时计算的动态效果也不好。

(3)GIS 中嵌入模型,以 GIS 为核心,在其内部嵌入相应的空间分析模型,通常需要由GIS 开发商和模型专家共同完成。目前,各商用 GIS 系统逐渐推出了各种专业的空间分析模块,如 ESRI 推出了专门用于电力、通信等管线系统的 ArcFM,其中就集成了专业的分析模型。在这种方式中,模型与 GIS 的融合是最好的,可以实现真正的"无缝"联结,从而可以充分利用 GIS 的分析功能,模型运行效果和效率可以得到保证。但是目前开发商推出的多是一些简单、常用的分析模型,在高级空间分析模型的集成方面并没有投入太多的力量。

(4)模型中嵌入 GIS 功能,以地理元胞自动机模型为核心,利用 DLL, OCX/ActiveX 技术,借助高级编程语言(如 C/C++, Pascal 等),在模型系统的基础上开发必要的 GIS 功能,支持空间分析模型的运行。这种方式使模型设计者可以自由地设计和调整模型,对于探索高级的分析模型非常有利,而且模型运行效率也较高。但是这种方式工作量非常大,对模型构造者要求很高,而且常常作为建模者进行科学研究的工具,其他用户不易掌握。在目前的模型实现中,更多地采用在模型系统中嵌入必要的 GIS 功能。

二、空间分析的建模方法

(一)空间分析建模的内涵

空间分析建模由于是建立在对图层数据的操作上,又称为"地图建模"(Cartographic Modeling),它是通过组合空间分析命令操作来回答有关空间现象问题的过程。更形式化一些的定义是通过作用于原始数据和派生数据的一组顺序的、交互的空间分析操作命令,对一个空间决策过程进行的模拟。地图建模的结果是得到一个"地图模型",它是对空间分析过程及其数据的一种图形或符号表示,目的是帮助分析人员组织和规划所要完成的分析过程,并逐步指定完成这一分析过程所需的数据。地图模型也可用于研究说明文档,作为分析研究的参考和素材。

地图建模可以是一个空间分析流程的逆过程,即从分析的最终结果开始,反向一步步分析为得到最终结果,哪些数据是必需的,并确定每一步要输入的数据以及这些数据是如何派生而来的。目前,空间分析建模方法一般有以下 5 种方式:

(1)GIS 环境内二次开发语言的空间分析建模法;

(2)基于 GIS 外部松散耦合式的空间分析建模法;

(3)混合型的空间分析建模法;

(4)插件技术的空间分析建模法;

(5)基于面向目标的图形语言建模法。

(二)空间分析建模的具体方法

基于面向目标的图形语言建模法相对其他几种方法来说更加方便和直观,也更容易掌握,而且所有建模过程都在 GIS 系统内部进行,其中所使用的函数、逻辑操作和条件操作等都来源于 GIS 系统,因而有更好的可靠性和逻辑一致性。一些 GIS 软件提供了高级的可视化的地图建模辅助工具,用户只需使用其提供的工具在窗口中绘出模型的流程图,指定流程图的意义、所用的参数,矩阵等即可完成地图模型的设计,而无须书写复杂的命令程序。模型生成器(Model Builder)是 ArcGIS9 提供的构造地理处理工作流和脚本的图形化建模工具。

模型的形成过程实际上就是解决问题的过程,不论是简单的或复杂的模型,都需要经过大致相同的几个步骤。向模型生成器中添加数据和空间分析工具,并将一个个空间模型要素有机地连接起来,就能组成一个完整的空间分析图解模型。

1. 明确问题

分析问题的背景和建模的目的,掌握所分析对象的信息,即明确实际问题的实质所在。

2. 分解问题

找出与实际问题有关的因素,对所研究的问题进行分解、简化,明确模型中需要考虑的因素以及它们在过程中的作用,并准备相关的数据集。

3. 组建模型

运用数学知识和 GIS 空间分析工具描述问题中的变量间的关系。

4. 检验模型结果

运行所得到的模型、解释模型的结果或运行结果与实际观测进行对比。如果基本一致,表明模型符合实际问题;否则,模型与实际不相符,则不能将模型运用到实际问题中。这就需要返回到建模前关于问题的分解,对假设做出修正,重复建模过程,直到模型的结果符合实际为止。

5. 应用分析结果

在对模型的结果满意的前提下,运用模型得到对结果的分析。

GIS 必将向着能够提供丰富、全面的空间分析功能的智能性 GIS 的方向发展,但就目前状况而言,这一点尚难尽如人意。因此,实用系统建设中的二次编程工作量很大。这种基于功能指令的编程尽管是高级编程,但开发者仍不得不深入算法的最细节技术中。理想的状态是找出空间分析的基本算子和对象,以某种运输逻辑积木式组合为复杂的分析模型,这应该是最具有刺激性和挑战性的研究课题。空间分析的算子和对象,即是所有空间分析模型的共性,可以无限重用。这样组合出来的空间分析模型并不只是针对某一个专业领域,而是所有的空间分析模型都可以用这种方式建立。但如何找出空间分析的基本算子和对象,以及如何以某种运算逻辑积木式组合为复杂的分析模型,还未充分引起人们的注意。建模是一个动态的、智能的过程,计算机无法很有效的做到这一点。让用户自主建模,由计算机处理建模过程中的计算工作,也许是一个不错的选择。

第五节　元胞自动机模型的产生及应用

地理空间系统是一个复杂系统,而元胞自动机(Cellular Automata, CA)是一个时空离散的动力学模型,是复杂系统的研究方法之一,而且特别适用于空间复杂系统的动态模拟。本节将在 CA 模型应用评述的基础上,提出一个基于扩展的元胞自动机的概念模型——地理元胞自动机(GeoCA),空间复杂系统的动态模拟的一个初步方案。GeoCA 模型并不是针对某一具体应用的实际模型,而是一个通用的模型框架。在此基础上,可以针对不同应用问题,对其进行适当细化和具体化,以适合各种地理复杂问题的分析研究。

一、元胞自动机模型的产生与发展

CA 模型是一个时空动态模型,具有鲜明的时空耦合特征,特别适于地理空间系统的动态模拟研究。实际上,基于 CA 的空间复杂系统的研究一直是 CA 模型应用的重要组成。

随着复杂系统理论的发展,空间系统复杂性研究逐渐成为地理学研究的一个前沿领域。同时,CA 模型在地理学中的应用也日益受到地理学家的广泛重视。

二、元胞自动机模型的应用

(一)CA 模型在地理学研究中的可应用性

作为具有时空特征的离散动力学模型,元胞自动机不仅可以用来模拟和分析一般的复杂系统,而且对于具有空间特征的地理复杂系统更具优势。以下从几个方面来分析元胞自动机模型在构建复杂系统,尤其是空间复杂系统方面的优势。

1. 元胞自动机"自下而上"的构模方式,符合复杂系统的形成规律及其研究方法

从方法论来看,元胞自动机不是用很繁杂的方程从整体上去描述一个复杂系统,而是由系统构成单元的相互作用来模拟复杂系统的整体行为。元胞自动机采用的是典型的"自下而上"的构模方法,这是大多数复杂系统研究方法所采用的思维方式,是复杂性科学所倡导的复杂性研究方法。复杂系统形成于简单元素的相互作用,所谓"复杂来自简单",因此也只有从系统元素的状态和行为入手,模拟它们的相互作用,才能在根本上解决复杂性问题。这一思维方式突破了传统的基于培根还原论的分解式方法,是进行复杂性研究所遵循的重要原则之一。因此,可以说元胞自动机在方法论上完全符合复杂性研究的基本原则。

2. 元胞自动机强大的复杂性计算能力,适于模拟系统的复杂行为

元胞自动机模型"令人尴尬"的简单性,并没有限制它模拟复杂现象的能力。相反,元胞自动机具有计算的完备性特征,可以模拟非线性复杂系统的突现、混沌等特征,是模拟生态、环境、灾害等多种高度复杂的地理现象的有力工具。具体来讲,它的复杂性计算能力主要包括计算完备性特征和突现计算功能。

1)计算完备性特征

元胞自动机在构造和计算上的简单性,丝毫没有限制元胞自动机模拟复杂现象的能力。相反,元胞自动机作为解决复杂性问题有效的手段之一,备受关注。这里来考虑一下元胞自动机的状态,即构形问题。这是一个典型的组合爆炸问题。元胞自动机的构形取决于元胞自动机的数量、连接方式和每个元胞可取的值。假设一组元胞自动机中每个元胞自动机存在 k 种状态,每个元胞与它周围 n 个元胞(包括它自己)相连,则它的邻域(邻居,Neighbor)存在 k^n 种状态组合。元胞的输出函数,或称元胞自动机的转换函数,要将 k^n 种状态映射为 k 种状态中的一种,则共有 k^{kn} 种状态函数存在。

2)突现计算功能

突现的概念来源于系统论,是系统的核心概念和基本特征,指系统(或整体)在宏观层次上拥有其部分或部分的加和所不具有的性质。突现性可以理解为局部的相互作用可以带来系统整体的表现行为,例如宏观吸引子的产生、信息储存、稳定结构等在时空中的演化等。突现性是系统非线性作用的集中体现,是复杂性的重要体现,而元胞自动机是一种非线性网络动力学模型,其固有特征就是具有突现计算功能。元胞自动机的转换函数是局部的和简单的。然而,元胞自动机却能够在整体上表现出许多周期、混沌、信息传递、自复制等复杂的突现行为和现象,因而它能对生态、环境、灾害等多种高度复杂的地理系统进行高强度仿真,这也正是元胞自动机应用的基础。

3. 元胞自动机模型的时空离散特征和并行计算特征,易于应用计算机构建模型

随着信息时代的到来,计算机已经成为大多数模型的建立与运行平台。而一般的动力学模型表现为一个或一组微分或偏微分方程,这些模型尽管可以精确地表示系统的运动变化,但有相当一部分,尤其是那些用来构建复杂系统的模型,很难在计算机上进行直接计算和精确求解。计算机是建立在离散数学基础上的,连续的动力学模型在计算机上实现时,不得不将时间和空间离散化。这个过程不仅降低了精度,而且费时费力。然而,元胞自动机在时间和空间上都是离散的,很容易完成从概念模型到计算机物理模型的转变。另外,元胞自动机并行计算的特征使得它更适合于在下一代并行计算机上进行建模和计算,这一点对于高度复杂的空间系统的研究非常重要,因此从这个意义上讲元胞自动机模型在复杂地理系统建模方面也更有前途。

4. 元胞自动机模型的灵活性和开放性保证了元胞自动机在各领域的广泛应用

前面提到,元胞自动机模型不是一个确定的数理方程,应当说元胞自动机模型是一种方法框架。一方面,各领域的专家可对模型的各个组成进行灵活的扩展,提出和建立适合模拟各种专题现象的扩展模型,这也正是元胞自动机模型能够广泛应用在社会、经济、环境、地学、生物等几乎所有领域研究的原因;另一方面,元胞自动机模型允许建模者在模型的框架下,用各领域的专业规律来构建转换规则,灵活地集成已有的各种专业模型,这使得元胞自动机模型在应用广泛性的同时,又保证了应用的针对性、可靠性和有效性,即所谓"万能膏药"包治百病,同时又能保证"疗效"。在地学研究中,元胞自动机在模拟土地利用变化、城市扩展、环境变化、生态系统动态演化、交通流变化等方面都有成功应用。

5. 元胞自动机是天然的空间动力学模型,适于模拟具有时空特征的空间复杂系统

从空间复杂系统的特点来看,时空特性是空间复杂系统的基本特征。一切地理事实、地理现象、地理过程、地理表现,既包括空间的性质,又包括时间的性质。只有同时把时间及空间这两大范畴纳入某种统一的基础之中,才能真正认识地理学的基础规律,完整地认识地理学的"复杂性"。因此,对于一个空间复杂系统研究,既不能在模型中忽略空间因素,而失去空间系统的本质;同时,空间系统的发展性、动态性特征,使得应采用一个动力学的模型。因此,空间复杂系统的研究需要一个空间动力学模型,而元胞自动机是一个典型的天然空间动力学系统。元胞自动机的时间是一个离散的无限集,它是时间维上的"永动机",因而元胞自动机不仅能够模拟和预测系统的长期行为,关键它还能够模拟系统的动态行为过程。同时,元胞自动机是建立在元胞空间上的动力学系统,元胞空间可以看作是对现实空间的离散化划分,可以说元胞自动机天生就是一个空间动力学模型。元胞自动机在模拟空间现象时间和空间上的动态变化的直观、生动、简洁、高效、实时等特征是其他模型,如系统动态学所难以媲美的。因此,元胞自动机用于空间复杂系统研究具有其内在的合理性。

6. 元胞自动机具有规则划分的离散空间结构,在空间数据结构上易于与遥感、地理信息系统等地理信息技术集成

元胞自动机模型在二维空间上所采用的离散的格网模型与遥感影像及 GIS 的栅格数

据结构在形式上是一致的。因此,元胞自动机模型在空间复杂系统研究中,在数据方面可以直接利用现有的遥感等空间数据,模型结果也可以直接转入空间数据库中进行进一步分析;在结果显示方面也可以利用 GIS 强大的显示功能,从而完成与遥感、GIS 在数据、分析和显示上的集成。

总之,通过以上分析,可以说元胞自动机模型用于空间复杂系统研究不仅是合理的,而且还有其他模型所不具备的天然优势。

(二)CA 模型在地理学研究中应用的局限性

一个优点非常突出的方法,其缺点往往也很突出,而且某些优点在一定情况下可能会成为缺点,元胞自动机模型就是这样一个优点与缺点都很鲜明的矛盾体。通过对 CA 模型的概念特征及其在地理学中的应用进行分析,可以看出, CA 模型应用于地理复杂系统的研究存在以下问题,限制了 CA 模型在地理学中的应用。

1. 简单性与真实性的矛盾问题

元胞自动机模型是对现实世界的高度抽象和概化,在一定程度上,模型概化的程度,即简单性与真实性是矛盾的、成反比的。元胞自动机确实能够简洁、直观而生动地模拟空间复杂系统的动态演化,但同时,你不得不自问:现实的复杂系统,如城市、生态群落等,真是这样运动的吗?真实性是元胞自动机面临的最大质疑。在地理学应用中,造成元胞自动机真实性受到质疑的主要原因有以下几点。

(1)元胞自动机没有考虑宏观作用因素。系统的自组织等宏观突现来自系统元素间的局部相互作用,但同时系统元素的行为不仅取决于自身及其局部小环境,而且还受到系统大环境的影响。例如,在交通流模拟中,司机的行为不仅取决于现在周围的车辆和交通标志,而且还受到该区域的交通法规等宏观环境的限制。

(2)元胞自动机的因素层过于单一。在 CA 模型中,元胞的状态变化取决于自身及其邻居的状态组合,那么这个状态变量既是自变量又是因变量。而实际上,一个系统元素的行为不仅取决于一个层面的变量,还受到许多因素的影响。例如,在林火扩散中,一个森林单元是否着火,不仅与其周围的单元是否着火有关,而且还取决于森林的湿度、材质、密度以及该区域的地形及风向等因素。

(3)标准元胞自动机的转换规则往往是确定性的,这也影响了其真实性。

实际中,在一定环境下,系统元素的行为并非是确定的,而往往表现为某种倾向性和可能性。例如,在林火扩散中,一定条件下,某个森林单元是否着火只是一种可能性事件。

因此,在实际应用中,往往需要在简单性和真实性之间寻找一个平衡点,避免模型过于简单,而造成模拟结果的不真实;同时,又要防止模型过于繁杂,而失去模型本身的意义和优势。

2. 空间划分问题

元胞自动机是建立在离散、规则的空间划分基础上的,可以说,元胞自动机是面向抽象空间的划分。那么,如何确定合适的空间分辨率就是 CA 在应用中面临的一个难题。尤其是在多种地理实体共存的系统中,不同的实体有着不同的空间尺度,如何确定一个统一的空间分辨率,考察其行为变化,对于 CA 建模就更为困难。例如,在土地利用变化中,居民用地与工业用地在空间尺度上存在差别。居民地单元较小,较为分散、破碎;而工业用地单元则较大,且一般组结成团、连绵成片。在空间划分时,如果分辨率过高,土地单元过小,对于工业用地会失去意义;相反,分辨率过低,土地单元过大,对于反映碎小的居民地分布又不太合适。

另外,在不同的空间分辨率下,地理系统单元所表现出的规律也有所不同,因此如何选定适当的分辨率,并进一步制定合理的模型规则是 CA 建模的一个难题。

3. 时间对应问题

在 CA 模型中,时间是一个抽象的概念,从模型中的 t 时刻到 $t+1$ 时刻到底应当对应于一天、一个月还是一年并不十分明确,从而限制了 CA 模型在实际中的应用。

4. 转换规则定义问题

合理的规则是实现模型效果的关键,在 CA 模型中,规则是针对抽象空间划分单元的,反映了单元间局部的相互作用。这个局部规则与传统的宏观规律,既有联系,又存在差别。

规则的产生有时靠的是直觉和经验,而且找到一个确切的规则难度相当大,这是影响 CA 实用性的一个重要因素。

5. 与 GIS 集成问题

GIS 系统的支撑已经成为地理系统建模研究的必要条件。虽然 CA 模型与栅格型 GIS 在空间数据结构上存在较大的相似性,然而 CA 模型是一个时空动态模型,而 GIS 缺乏时间概念,动态功能较弱,增加了二者集成的难度。如何将二者动态地紧密集成,仍然是一个难题,也是阻碍 CA 模型在地理系统研究中的一个障碍。

三、拓展的 CA 模型:GeoCA

(一)GeoCA 的基本内涵

鉴于元胞自动机在模拟地理复杂现象应用中的特点,针对现有地理现象和过程的特点,在总结前人工作的基础上,扩展现有的元胞自动机,设计提出了一个地理元胞自动机(GeoCA)模型。

地理元胞自动机模型并不是针对某一具体应用的实际模型,而是一个通用的模型框架。在此基础上,可以针对不同应用问题,对其进行适当细化和具体化,以适合各种地理复杂问题的分析研究。

地理元胞自动机模型是在地理复杂系统研究的原则指导下构建的,是空间复杂系统研究中的一个初步的解决方案。其实质是一个扩展的元胞自动机模型,其核心是元胞自动机模型,围绕元胞自动机模型有机集成和结合了包括主体模型、模糊逻辑、概率推理等多种理论方法。借助于 GIS 的有机集成和融合,它能在实时、可视的计算机环境下,生动而形象地模拟多种复杂地理系统的演变和运动。因此,地理元胞自动机可以被视为探索地理复杂现象的一个"虚拟实验室(Virtual Laboratory)",而纳入"数字地球"的研究框架下;同时,地理元胞自动机不仅可以对地理复杂现象进行静态描述,更可以对地理过程进行动态模拟,反演过去,模拟未来,从而在深层次上揭示地理复杂过程的规律性。而陈述彭先生倡导的"地学信息图谱"在本质上是表述区域自然过程与社会经济发展的时态演进和空间分异,因此二者是相通的,地理元胞自动机可以被视为"地学信息图谱"的研究工具。

(二)GeoCA 与 GIS 的集成

1.GeoCA 与 GIS 集成的必要性

GIS 是一个采集、存储、分析和显示地理信息的计算机系统,是处理和分析大量地理数据的通用技术。GIS 萌芽于 20 世纪 60 年代初,加拿大的 R. Tomlinson 和 D. Marble 在不同方面,从不同角度提出了 GIS。随着信息时代的来临,计算机硬件、软件的飞速发展,GIS 已经成为空间相关研究最重要的研究工具。作为一种计算平台,GIS 不仅能够完成数据输入、管理、可视化输出等功能,更重要的是 GIS 具有空间分析功能。空间分析是 GIS 的核心功能,是 GIS 应用的基础,是评价一个 GIS 功能强弱的主要指标,也是 GIS 区别于其他信息系统(如计算机辅助设计与制图、地图数据库等系统)的主要特征。

GIS 的出现极大地推动了地理学的空间分析,但在现阶段,空间分析与 GIS 之间仍缺乏相互沟通。目前已有的商业 GIS 软件的空间分析功能普遍较弱,一般只有空间叠置(Overlay)、缓冲区分析(Buffer)、网络分析(Network)、三维分析(3D Analysis)等常用功能,这些功能显然难以满足 GIS 日益广泛的应用需求。尤其是多数 GIS 系统沉溺于描述和处理静态的空间信息,难以有效地表达时空数据,更谈不上时空分析能力,对于动态的空间信息显得力不从心。而空间复杂系统和现象,如城市及其发展、土地的演化、海岸带的变迁、森林系统中树木的更迭、全球环境的演变等都集中体现为动态时空过程。所有这些地理过程的研究都为 GIS 空间分析功能提出了新的挑战和需求。研究和发展空间分析理论和技术及其 GIS 的相互联系是目前地理学研究的一项重要任务。

其中,发展时空 GIS 和在 GIS 中融合时空动态模型是增强 GIS 空间分析功能的两个主要途径,是当前 GIS 研究的重要课题。而 GeoCA 是一个有效的、典型的动态时空分析模型,因此将 GeoCA 这类动态时空模型与 GIS 有机集成,对提高 GIS 的分析功能和扩大应用范围具有重要意义。

同时,与 GIS 的集成也是 GeoCA 实际应用的需求和必要条件,是 GeoCA 建模和应用的重要构成部分:

(1)GIS 的空间数据输入、转换、管理等功能可以为地理元胞自动机模型提供所需要的特定格式的地理数据;

(2)借助地理信息的强大的可视化功能,可以实现模型计算的可视化和运算结果的输出;

(3)在统一的 GIS 平台上,可以实现 GeoCA 模型与其他应用模型的接口;

(4)与 GIS 集成可以加强模型的可运行性和可操作性,增强模型的实用化性能。

因此，GIS 与 GeoCA 时空动态模型的集成既可以增强 GIS 的空间分析与应用能力，又可以协助模型的构建，提高模型的实用性和可运行性，两者相得益彰。

然而，空间分析模型与 GIS 系统的有机集成仍然是目前困扰 GIS 应用的一个难题。由于专业模型通常都是独立于 GIS 在各自领域发展起来的，其规模和复杂程度可能和 GIS 一样复杂而又庞大。同时，空间数据的复杂性也进一步增加了 GIS 和这些专业模型集成的难度，GIS 的数据模型仍然缺乏环境模拟所需的时空结构，GIS 软件系统也不具有能够同时处理空间和时间数据的结构化可变性以及建立和检验过程模型的算法可变性。

这里，GeoCA 是一个离散空间上的模型系统，其元胞空间与地理数据的栅格数据模型极为接近，在空间数据结构上二者可以很容易地转换或统一。因此，初看起来，GeoCA 与 GIS 集成是一件很容易的工作，但问题在于 GeoCA 作为一个动态模型，它不仅要处理空间信息，更重要的是反映空间现象随时间的动态演化，而这恰恰是目前 GIS 数据模型所缺乏的。另外，GeoCA 模型本身由于规则的扩展等，模型自身变得较为复杂，更增加了其与 GIS 集成的难度。

2.GeoCA 与 GIS 集成的方式

1）松散耦合型

模型系统与 GIS 相互并行、独立，各自拥有独立的数据结构和用户界面。它们之间通过文本文件等中间文件或相互提供读写标准实现相互数据通信。其优点是模型与 GIS 双方都不受到对方的约束，可以拥有各自的数据结构、分析过程和用户界面，因而可以发挥各自的优势，鲁棒性和灵活性较强；而且往往不需要太多的编程等改造工作。其缺点是系统间存在数据冗余，且转换效率较低、容易出错；缺乏统一界面，系统性较差；对于 GeoCA 等动态模型来讲，实时计算的可视化难以实现。Clarke 和 Gaydos 就采用了这种方式，将基于元胞自动机的城市扩展模型系统与 GIS 松散耦合，模拟和预测了美国旧金山和巴尔帝摩地区城市的发展。

2）紧密耦合型

以 GIS 为集成平台，用 GIS 提供的二次开发语言或者脚本语言（Script Language）在 GIS 平台上开发地理元胞自动机模型。对于地理元胞自动机模型来讲，其离散的元胞空间与 GIS 的栅格数据模型非常相近，因而在相当程度上降低了由于模型与 GIS 在数据结构上存在差异所造成的集成困难，因此这种方法对于 GeoCA 与 GIS 的集成有一定的适用性。同时，这种集成方法能够充分利用现有 GIS 所提供的栅格操作分析功能，而且能为用户提供统一的界面。这种方式也有其局限性和不足：一是虽然 GIS 开发商普遍提供了二次开发语言，且功能也愈加强大，但是对于较为复杂的模型的构造能力仍较为有限；二是这种基于二次开发语言开发的集成系统运行效率普遍较低；三是对于 GeoCA 这类动态模型来讲，由于现有 GIS 系统没有动态分析能力，二次开发语言也不提供对内存和缓冲的操作，因此每次循环得到的模拟结果常常要存入磁盘文件，动态功能的实现较为困难，即使实现了，通常其实时计算的动态效果也并不太好，尤其是对于实际应用中的大数据量情况则更是如此。

3）GIS 中嵌入模型

这是一种紧密集成方式，这种方式是以 GIS 为核心，在其内部嵌入相应的空间分析模型，由于要设计 GIS 的底层数据结构，因此通常需要由 GIS 开发商和模型专家共同完成。目前，各商用 GIS 系统逐渐推出了各种专业的空间分析模块，如目前 ESRI 推出了专门用于电力、通信等管线系统的 ArcFM，其中就集成了专业的分析模型。在这种集成方式下，模型系统与 GIS 的融合是最好的，可以实现真正的"无缝"联结，从而可以充分利用 GIS 的分析功能，模型运行效果和效率可以得到保证。但是，由于目前高级模型应用的市场较小，因此开发商推出的大多是一些简单、常用的分析模型，在高级空间分析模型方面的集成并没有投入太多资金和力量。而且，GIS 开发者自身无法单独完成模型的集成，需要由模型专家的参与，这也增加了这种集成方式的实现难度。至于 CA 模型，目前尚无商用 GIS 系统推出相应的分析模型。以科学研究和教育为主要应用领域的栅格型 GIS 软件系统 DRISI，曾在 CA 模型专家的帮助下做了集成 CA 分析模型的尝试，试图提供一个空间复杂系统构模的新方法。

4）模型中嵌入 GIS 功能

这也是一种紧密集成方式，这种方式是以地理元胞自动机模型为核心，利用 DL、OCX/ActiveX 技术，借助高级编程语言如 C/C++、Pascal、Fortran、Basic 等，在模型系统的基础上开发必要的 GIS 功能，支持地理元胞自动机的运行。这种方式使模型设计者拥有极大的自由度去设计和调整模型，尤其对于一些最新发展的高级分析模型的探索非常有利。同时，模型运行效率也较高。但是，这种方式也有其局限性和不足，表现在工作量非常大，对数据管理、模型运算和结果可视化都需由建模者通盘考虑，因此对模型构造者要求很高。对于建模者，不仅要熟悉模型本身，还要熟悉 GIS 技术，尤其是需要有一定的系统设计和实现能力。而且，这类模型系统通常由科研工作者单独完成，因此系统在界面友好性、系统稳定性和易用性等方面都难以与商用系统相媲美，常常作为建模者进行科学研究的工具，其他用户不容易掌握。

在以上四种集成方式中，前两种属于耦合型，模型与 GIS 系统集成相对较为松散，后两种则属于嵌入型，模型与 GIS 系统集成则相对紧密。四种方式各有优缺点，在不同情形下，可选用不同的集成方式。在目前的模型实现中，人们更多地采用第四种方式，即在 GeoCA 模型系统中嵌入必要的 GIS 功能。原因在于，GeoCA 是一个尝试性模型框架，模型本身并不成熟，尚处于理论研究阶段，指望 GIS 开发商在近期开发和集成该类高级分析模型并不现实。而松散耦合虽然在构模方面有较大的自由度，但是由于不能实现模型计算的可视化，而影响模型运行效果。至于紧密耦合方式，由于现有二次开发工具功能较弱、效率不高，对于复杂的 GeoCA 构模则显得力不从心，且模型运行效果得不到保证。因此，较为灵活的第四种方式更加适合于一些新模型的探索。

思考题

1.GIS 空间分析模型有哪些？

2.三维数据存储模型包括哪些？

3.三维数据存储模型分为什么？

4.三维分析工具是什么？

第四章 三维数据的空间分析方法

导读：

三维空间分析是 ArcView 的一个重要扩展模块，可以完成三维点、线、面文件的创建。利用该模块所生成的三维图形文件可完成连续表面模型的生成，还可从透视三维的角度对空间数据进行可视化观察，直观地显示和查询数据，实现对表面模型的分析。本章阐述了三维模型中的空间坐标查询、量算等最为基本的空间分析模型和算法，已在实践中得到了其正确性的检验。

学习目标：

1. 了解数字地面模型和数字高程模型。
2. 熟悉三维地形分析的方法。
3. 重点学习三维数据的查询和量算方法。
4. 掌握三维缓冲区与叠置的位置关系。

第一节 三维地形模型

地形的表达和分析是环境分析和 GIS 应用的重要部分。为了适应计算机的数字化处理，地形分析首先要将地形信息转换为地面点高程的数字形式。下面分别介绍与之相关的数字地面模型和数字高程模型的概念，并对其中的数字高程模型的表示方法进行分析。

一、数字地面模型

数字地面模型（Digital Terrain Model，DTM）是比数字高程模型含义更加广泛的概念。利用数字地面模型可以解决道路工程中的土方估算等问题。

数字地面模型的通用定义是指描述地球表面形态多种信息空间分布的有序数值阵列。从数学的角度来看，可以用式（4-1）的二维函数系列取值的有序集合表示数字地面模型。

$$K_p = f_k(u_p, v_p) \quad k = 1,2,3,\cdots,m; p = 1,2,3,\cdots,n \tag{4-1}$$

式中：K_p 为第 p 号地面点（可以是单一的点，但一般是某点极其微小邻域所划定的一个地表面元）上的第 k 类地面特性信息的取值；(u_p, v_p) 为第 p 号地面点的二维坐标，可以是采用任一地图投影的平面坐标，或者是经纬度和矩阵的行列号等；$m(m \geqslant 1)$ 为地面特性信息类型的数目;n为地面点的个数。

例如,假定将土壤类型作为第i类地面特征信息,则土壤类型的数字地面模型(数字地面模型的第i个组成部分)如下:

$$I_p = f_i(u_p, v_p) \quad p = 1, 2, 3, \cdots, n \tag{4-2}$$

DTM 的概念提出后,相继又出现了其他相似的术语,如德国的 DHM(Digital Height Model)、英国的 DGM(Digital Ground Model)、美国地质测量局的 DTEM(Digital Terrain Elevation Model) 和 DEM(Digital Elevation Model) 等。这些术语在应用上可能有某些限制,但实质上差别很小。相比而言,DTM 的含义比 DEM 和 DHM 更广。

二、数字高程模型

在式(4-1)中,当 $m = 1$ 且 f_1 为地面高程的映射,(u_p, v_p)为矩阵行列号时,式(4-1)表达的数字地面模型就是数字高程模型(Digital Elevation Model,DEM)。

显然, DEM 是 DTM 的一个特例或者子集。从本质来说, DEM 是 DTM 中最基本的部分,它是对地球表面地形地貌的一种离散的数学表达。DEM 是地理空间定位的数字数据集合,凡牵涉地理空间定位的研究,一般都要建立 DEM。

从这个角度来看,建立 DEM 是对地面特性进行空间描述的一种数字方法。DEM 的应用遍及整个地学领域。例如,在测绘中可用于绘制等高线、坡度图、坡向图、立体透视图、立体景观图等,以及制作正射影像图、立体匹配图、立体地形模型及地图修测等;在各种工程应用中可用于体积和面积的计算、各种剖面图的绘制及线路的设计;在军事上可用于导航(包括导弹及飞机的导航)、通信、作战任务的计划等;在遥感中可作为分类的辅助数据;在环境与规划中可用于土地现状的分析、各种规划及洪水险情预报等。

总体来说,DEM 的主要应用可归纳为以下几个方面。

(1)国家地理信息的基础数据:DEM 是国家空间数据基础设施(National Spatial Data Infrastructure, NSDI) 中的框架数据组成部分。我国的 "4D 产品" 建设包括数字线画图(Digital Line Graphic, DLG)、数字高程模型(Digital Elevation Model, DEM)、数字正射影像(Digital Orthophoto Map, DOM)和数字栅格图(Digital Raster Graphic, DRG)。其中,DLG、DEM 和 DOM 是国家空间数据基础设施的框架数据。

(2)土木工程、景观建筑与矿山工程的规划与设计。

(3)军事目的(军事模拟等)的地表三维显示。

(4)景观设计与城市规划。

(5)水流路径分析、可视性分析。

(6)交通路线的规划与大坝的选址。

(7)不同地表的统计分析与比较。

(8)生成坡度图、坡向图、剖面图,辅助地貌分析,估计侵蚀和径流等。

(9)作为背景数据叠加各种专题信息,如土壤、土地利用及植被覆盖数据等,便于显示与分析。

三、DEM 的表示方法

DEM 是 DTM 的最常用方式,也是模拟地表高程变化特征的主要方式。DEM 的表达有多种方法,常用的方法如下。

(一)数学方法

数学方法又可分为整体拟合和局部拟合两种。整体拟合的思想是将区域中所有高程点的数据用傅里叶高次多项式、随机布朗运动函数等统一拟合高程曲面。而局部拟合则是把地面分成若干块(规则区域或者面积大致相等的不规则区域),每一块用一种数学函数,如傅里叶高次多项式、随机布朗运动函数等,以连续的三维函数高平滑度地表示复杂曲面。

(二)图形法

图形法又可分为线模式和点模式两种。线模式是利用离散的地形特征模型表示地形起伏。其中,等高线是最常见的线形式,其他的地形特征线包括山脊线、谷底线、海岸线和坡度变换线等。点模式是利用离散的采样数据点建立 DEM,是最常用的生成 DEM 的方法之一。点数据的采样方式包括规则格网模式和不规则模式,或者根据山峰、洼坑等地形特征点有针对性地采样。其具体包括规则格网模型和不规则格网模型两种。

1. 规则格网模型

规则格网通常是正方形,也可以是矩形、三角形等规则格网。规则格网将区域空间切分为规则的格网单元,每个格网单元对应一个数值,且每一个格网点与相邻格网点之间的拓扑关系都可以从行列号中反映出来。设定对应区域的某个原点坐标,根据格网间距可以用任意格网点的行列号来确定其平面位置。因此,只需要存储一个原点的位置坐标和格网间距就可以推算任意点的坐标。

在数学上,规则格网可以表示为一个矩阵,在计算机存储中则是一个二维数组。每个格网单元或数组的一个元素对应一个高程值。DEM 的规则格网可以表示成高程矩阵:

$$\text{DEM} = \left\{ H_{ij} \right\} \quad i = 1, 2, \cdots, m; j = 1, 2, \cdots, n \tag{4-3}$$

对于每个格网的数值有两种不同的解释:第一种是格网栅格观点,认为该格网单元的数值是其中所有点的高程值,即格网单元对应的地面面积内高程是均一的高度,这种数字高程模型是一个不连续的函数;第二种是点栅格观点,认为该网格单元的数值是网格中心点的高程或该网格单元的平均高程,这样就需要用一种插值方法来计算每个点的高程。

规则格网表示法的优点是结构简单、易于计算机处理,特别是栅格数据结构的 GIS。另外,通过规则格网矩阵可以很容易地计算等高线、坡度、坡向、山坡阴影和自动提取流域地形。这些优点使得规则格网表示法成为 DEM 使用最广泛的格式。许多国家提供的 DEM 数据都是以规则格网的数据矩阵形式提供的。但是,规则格网系统也有缺点,一方面,对于地形简单的地区存在大量冗余数据;另一方面,如不改变格网大小,则无法适用于地形起伏差别较大的地区;且对于某些特殊计算(如视线计算)的格网轴线方向被夸大;如果栅格过于粗略,则不能精确表示地形的关键特征,如山峰、坑洼、山脊、山谷等。

2. 不规则三角网模型

不规则三角网(Triangulated Irregular Network，TIN)是另一种数字高程模型表示方法。它克服了高程矩阵中的数据冗余问题,在一些地形分析中的计算效率优于基于等高线的方法。

TIN 模型的基本思想是将采集的地形特征点根据一定的规则构成覆盖整个区域且不重叠的一系列三角形网。这种方法通过不规则分布的数据点构成的连续三角面来拟合地形起伏面。显然,区域中的任意点与三角面有三种可能的位置关系,即位于三角面的顶点、三角面的边和三角面内。除位于三角面的顶点位置外,其他两种位置关系的点的高程值需要通过对顶点进行线性插值得到。

由于 TIN 可根据地形的复杂程度来确定采样点的密度和位置,能充分表示地形特征点和线,从而减少了地形较平坦地区的数据冗余。TIN 表示法利用所有采样点获得的离散数据,按照优化组合的原则,把这些离散点(各三角形的顶点)连接成相互连续的三角面,在连接时尽可能地确保每个三角形都是锐角三角形或三条边的长度近似相等。

TIN 的特点使得其在显示速度及表示精度方面都明显优于规则格网的方法。同样精度的规则格网数据通过合并和三角形重构可以大大提高显示速度。TIN 是一种变精度表示方法,在相对平坦的地区,TIN 的数据点较少;而在地形起伏大的地区,TIN 数据点的密度较大。这种机制使得 TIN 数据可以用较小的数据量实现较高的表达精度。

TIN 与规则格网方法相比,具有下列特点。

(1)从等高线数据中选取重要的点构成 TIN,并生成规则格网,在两者数据量相同的情况下,TIN 数据具有最小的中误差(RMS)。

(2)在与数字正射影像(DOM)的叠加方面,基于 TIN 的地形图与影像的吻合程度比规则格网的地形图好。

(3)当采样数据点的数量减少时,规则格网模型的质量比 TIN 模型降低的速度快,但随着采样点或数据密度的增加,两者的差别会越来越小。从数据结构占用的数据量来看,在顶点个数相同的情况下,TIN 的数据量要比规则格网的大,一般是其 3~10 倍。

四、DEM 在地图制图学与地学分析中的应用

DEM 在科学研究与生产建设中的应用是多方面的,且是非常广泛的。这里仅以 DEM 在地学分析与制图中有典型意义的几个方面为例来说明其应用的基本思路和方法。

(一)利用 DEM 绘制等高线图

如图 4-1 所示,利用 DEM 绘制等高线图,以格网点高程数据或者将离散的高程数据转换为矢量等值线,生成等高线图。该方法可以适用于所有的利用格网数据绘制等值线图。

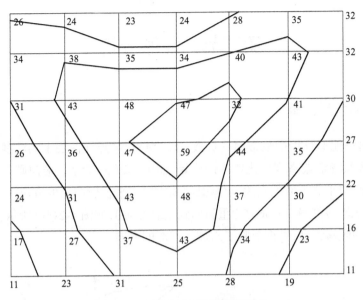

图 4-1　利用 DEM 绘制等高线图

（二）利用 DEM 绘制地面晕渲图

晕渲图是通过模拟实际地面本影与落影的方法反映实际地形起伏特征的重要的地图制图学方法。它是一种采用光线照射使地表产生反射的地面表示方法，是表现地貌地势的一种常见手段，在各种小比例尺地形图、地理图以及各类有关专题地图上得到了广泛的应用。利用 DEM 数据作为信息源，以地面光照通量为依据，计算该栅格所输出的灰度值，由此得到晕渲图的立体效果，逼真程度很好。

自动地貌晕渲图的计算方法如下。

（1）根据 DEM 数据计算坡度和坡向。

（2）将坡向数据与光源方向比较，面向光源的斜坡得到浅色调灰度值，反方向的得到深色调灰度值，两者之间得到中间灰度值，中间灰度值由坡度进一步确定。

晕渲图在描述地表三维状况中很有价值，而且在地形定量分析中的应用不断扩大。如果把其他专题信息与晕渲图叠置组合在一起，将大幅度提高地图的实用价值。例如，运输线路规划图与晕渲图叠加后大大增强了直观感。

（三）基于 DEM 的透视立体图的绘制

立体图是表现物体三维模型最直观形象的图形，它可以生动逼真地描述制图对象在平面和空间上分布的形态特征和构造关系。通过分析立体图，可以了解地理模型表面的平缓起伏，而且可以看出其各个断面的状况，这对研究区域的轮廓形态、变化规律以及内部结构是非常有益的。计算机自动绘制透视立体图的理论基础是透视原理，而 DEM 是其绘制的数据基础。调整视点、视角等各个参数值，可以从不同方位、不同距离绘制形态各不相同的透视图，并制作动画。

第二节　地形分析

一、坡度和坡向计算

坡度、坡向是地形分析中最常用的参数。坡度是指某点在曲面上的法线方向与垂直方向的夹角,是地面特定点高度变化比率的度量,如图 4-2(a)所示。坡向则是法线的正方向在平面上的投影与正北方向的夹角,也就是法线方向水平投影向量的方位角,其取值范围从零方向(正北方向)顺时针到 360°(重新回到正北方向),如图 4-2(b)所示。总体来说,坡度反映了斜坡的倾斜程度,坡向反映了斜坡所面对的方向。

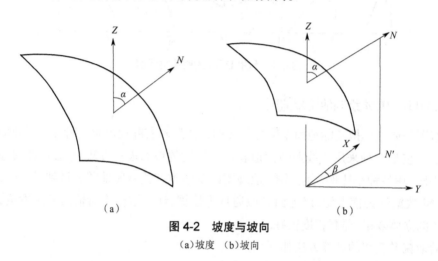

图 4-2　坡度与坡向
(a)坡度　(b)坡向

坡度是地形描述中常用的参数,是一个具有方向与大小的矢量。坡度作为地形的一个特征信息,除了能间接表示地形的起伏形态以外,在交通、规划以及各类工程中有很多用途,如农业土地开发中,坡度大于 25° 的土地一般被认为是不宜开发的;如果打算在山上建造一座房子,必须找比较平坦的地方;而如果建的是滑雪娱乐场,则要选择有不同坡度的区域。

坡向在植被分析、环境评价等领域具有重要意义。例如,生物地理和生态学家知道,生长在朝向北的斜坡上和生长在朝向南的斜坡上的植物一般有明显的差别,这种差别的主要原因在于绿色植物需要得到充分的阳光。为建立风力发电站进行选址时,需要考虑把它们建在面向风的斜坡上。地质学家经常需要了解,断层的主要坡向或者褶皱露头,分析地质变化的过程。植物栽培者也常把果树栽到山坡朝阳的一面,以获得最大的光照量。

坡度、坡向的计算可以用不同的数据源来计算,下面分别介绍基于规则格网、不规则三角网、等高线三种不同数据源的计算方法。

(一)基于规则格网的坡度、坡向计算

以规则格网为数据源计算时,基本思想是由单元标准矢量的倾斜方向和倾斜量,计算每

个单元的坡度和坡向。标准矢量是指垂直于格网单元的有向直线。设标准矢量为 (n_x, n_y, n_z)，则该格网单元的坡度 S 为

$$S = \frac{\sqrt{n_x^2 + n_y^2}}{n_z} \tag{4-4}$$

格网单元的坡向 D 为

$$D = \arctan(n_x/n_y) \tag{4-5}$$

在实际计算时，通常是用 3×3 的移动窗口来计算中心单元的坡度和坡向。

(二)基于不规则三角网的坡度、坡向计算

不规则格网计算坡度、坡向中用的是双向标准矢量，该矢量垂直于三角面。设三角面的三个节点坐标分别为 $E_1(x_1, y_1, z_1)$，$E_2(x_2, y_2, z_2)$ 和 $E_3(x_3, y_3, z_3)$，则标准矢量为矢量 $\vec{E_1E_2} = (x_2 - x_1, y_2 - y_1, z_2 - z_1)$ 和 $\vec{E_1E_3} = (x_3 - x_1, y_3 - y_1, z_3 - z_1)$ 的向量积，标准向量的三个分量为

$$n_x : (y_2 - y_1)(z_3 - z_1) - (y_3 - y_1)(z_2 - z_1) \tag{4-6}$$

$$n_y : (z_2 - z_1)(x_3 - x_1) - (z_3 - z_1)(x_2 - x_1) \tag{4-7}$$

$$n_z : (x_2 - x_1)(y_3 - y_1) - (x_3 - x_1)(y_2 - y_1) \tag{4-8}$$

代入式(4-4)和式(4-5)，可以计算出三角面的坡度 S 和坡向 D。

(三)基于等高线的坡度、坡向计算

基于等高线也可以计算相应的坡度和坡向，具体的方法包括等高线计长法和统计学计算方法。

1. 等高线计长法

该方法定义地表坡度为

$$\tan\alpha = h\frac{\sum l}{p} \tag{4-9}$$

式中：h 为等高距；$\sum l$ 为测区等高线总长度；p 为测区面积。

该方法求出的是一个区域内坡度的均值，其前提是量测区域内的等高距相等。该方法对于测区较大或等高距不等的情况所计算出的坡度有较大误差。

直接利用等高线计算坡度的基本思想是设置一个小窗口，首先计算小窗口内单根矢量等高线的坡向 β_i（等高线法线的倾角），然后利用式(4-10)计算窗口内的最终坡向：

$$\beta = \frac{\sum\limits_i l_i \times \beta_i}{\sum\limits_i l_i} \tag{4-10}$$

式中：β 为窗口内的最终坡向；l_i 为窗口内单根等高线的长度；$\sum\limits_i l_i$ 为窗口内等高线的总长度；窗口内的坡向计算是以单根等高线的长度为权值的。

2. 统计学计算方法

对于测区较大或等高距不等的情况,可以采用基于等高线计长方法的变通方法计算坡度、坡向,即基于统计学的方法。该方法基于地图上地形坡度越大等高线越密、坡度越小等高线越稀这一地形地貌表示的基本逻辑,将所研究的区域划分为 $m \times n$ 个矩形子区域(格网),计算各子区域内等高线的总长度,再根据回归分析方法统计计算出单位面积内等高线长度值与坡度值之间的回归模型,最后将等高线的长度值转换成坡度值。这种方法的最大优点是可操作性强,且不受数据量的限制,能够处理海量数据。

二、剖面分析

剖面分析是以数字地形模型为基础构造某一个方向的剖面,以线代面,概括研究区域的地势、地质和水文特征,包括区域内的地貌形态、轮廓形状、绝对与相对高度、地质构造、斜坡特征、地表切割强度和侵蚀因素等。剖面分析是区域性地学数据处理分析的有效方法。

如果在地形剖面上叠加表示其他地理变量,例如坡度、土壤、岩石抗蚀性、植被覆盖类型、土地利用现状等,可以作为提供土地侵蚀速度研究、农业生产布局的立体背景分析、土地利用规划以及工程决策(如工程选线和位置选择)等的参考依据。

在剖面分析中,生成地形剖面线是基础。地形剖面线是根据所选剖面与数字地形图上地形表面的交点来反映地形的起伏情况。根据所选择的数据源不同,可分为基于规则格网的方法和基于不规则三角网的方法两种。

(一)基于规则格网的剖面线生成方法

具体方法包括以下步骤。

(1)确定剖面线的起止点,起止点位置可由精确的坐标确定,也可以由用户用鼠标在三维场景中选择确定。

(2)计算剖面线与所经过网格的所有交点,内插出各交点的坐标和高程,并将交点按离起始点的距离进行排序。

(3)顺序连接相邻交点,得到剖面线。

(4)选择一定的垂直比例尺和水平比例尺,以距离起始点的距离为横坐标,以各点的高程值为纵坐标绘制剖面图。

(二)基于不规则三角网的剖面线生成方法

基于不规则三角网的剖面线生成方法则是用剖面所在的直线与 TIN 中的三角面的交点得到。为了提高运算速度,可以先利用 TIN 中各三角形构建的拓扑关系快速找到与剖面线相交的三角面,再进行交点高程值的计算,最后以距离起始点的距离为横坐标,以各点的高程值为纵坐标绘制剖面图。

三、谷脊特征分析

基于 DEM 的谷脊分析是地形分析的重要内容,在地学中的水文分析中有重要应用。如地表径流分析,首先要找出该区域的谷脊点。所谓谷脊是两个相对的概念,谷是地势中相对最低点的集合,而脊则是地势相对最高点的集合。

如果基于栅格 DEM 数据来判断谷点和脊点,各点的编号如图 4-3 所示。

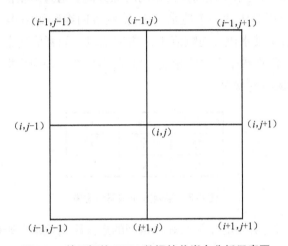

图 4-3　基于栅格 DEM 数据的谷脊点分析示意图

设 h_x 为某点的高程值,则:

(1) 当 $(h_{i,j-1} - h_{i,j}) \times (h_{i,j+1} - h_{i,j}) > 0$ 时,若 $h_{i,j+1} > h_{i,j}$,则 $V_{R(i,j)} = -1$;若 $h_{i,j+1} < h_{i,j}$,则 $V_{R(i,j)} = +1$;

(2) 当 $(h_{i-1,j} - h_{i,j}) \times (h_{i+1,j} - h_{i,j}) > 0$ 时,若 $h_{i-1,j} > h_{i,j}$,则 $V_{R(i,j)} = -1$;若 $h_{i-1,j} < h_{i,j}$,则 $V_{R(i,j)} = +1$;

(3) 其他情况下,$V_{R(i,j)} = 0$。

其中,$V_{R(i,j)} = -1$ 表示该点为谷点;$V_{R(i,j)} = +1$ 表示该点为脊点;$V_{R(i,j)} = 0$ 表示该点为其他点。

这种判定方法只能提供概略的结果。如果需要对谷脊特征做精确分析,须由曲面拟合方程建立地表单元的曲面方程,然后通过确定曲面上各个插值点的极小值和极大值以及当插值点在两个相互垂直的方向上分别为极大值或极小值时,确定出谷点或脊点。

四、水文分析

由 DEM 生成集水流域和水流网络数据是地表水文分析的重要手段。表面水文分析模型用于研究与地表水流有关的各种自然现象,如洪水水位及泛滥情况,划定受污染源影响的地区,以及预测改变某一地区的地貌将对整个地区造成的后果等。水文分析主要包括以下几个方面的内容。

（一）无洼地 DEM 的生成

由于 DEM 数据中存在误差,以及存在一些真实的低洼地形（如喀斯特地貌）,使得 DEM 表面存在一些凹陷区域。在进行水流方向计算时,由于这些区域的存在,往往得到不合理的甚至错误的水流方向。因此,在进行水流方向的计算之前,应该首先对原始 DEM 数据进行洼地填充,得到无洼地的 DEM。

这里的"水流方向"是指水流离开此格网时的方向。通过对格网 X 的 8 个邻域格网进行编码,水流方向便可以其中的一个值来确定,格网方向编码如图 4-3 所示。例如,如果格网 X 的水流流向左边,则其水流方向赋值 32。方向值以 2 的幂值指定是因为存在格网水流方向不能确定的情况,需将数个方向值相加。这样,在后续处理中根据相加结果就可以确定相加时中心格网的邻域格网状况。

64	128	1
32	X	2
16	8	4

图 4-3 格网方向编码示意图

水流的流向是通过计算中心格网与邻域格网的最大距离权落差来确定的。距离权落差是指中心栅格与邻域栅格的高程差除以两栅格间的距离,栅格间的距离与方向有关,如果邻域栅格对中心栅格的方向数为 1、4、16、64,则栅格间的距离为栅格单元边长的倍数,如果方向数为 2、8、32、128,则栅格间的距离就为栅格单元的边长。

（二）汇流累积矩阵的计算

汇流累积数值矩阵表示区域地形每点的流水累积量。在地表径流模拟过程中,汇流累积量是基于水流方向数据计算得到的。汇流累积量计算的基本思想是以规则格网表示的数字地面高程模型的每点都有一个单位水量,按照自然水流从高处往低处流的自然规律,根据区域地形的水流方向数据计算每点处所流过的水量数值,计算得到该区域的汇流累积量。

（三）水流长度的计算

水流长度指地面上一点沿水流方向到其流向起点（或终点）间的最大地面距离在水平面上的投影长度。水流长度直接影响地面径流的速度,进而影响地面土壤的侵蚀力。水流长度的提取和分析在水土保持工作中具有十分重要的意义。

（四）河网的提取

提取地面水流网络是 DEM 水文分析的主要内容之一。河网提取主要采用地表径流漫流模型,具体方法如下。

（1）在无洼地 DEM 上利用最大坡降法计算出每一个栅格的水流方向。

（2）根据自然水流由高处流向低处的自然规律,计算出每一个栅格在水流方向上累积的水量数值,即汇流累积量。

（3）假设每一个栅格携带一份水流,那么栅格的汇流累积量就代表该栅格的水流量。

（4）当汇流量达到一定值的时候,就会产生地表水流,所有汇流量大于临界值的栅格就是潜在的水流路径,由这些水流路径构成的网络就是河网,从而完成河网的提取。

（五）流域的分割

流域又称集水区域,是指流经其中的水流和或其他物质从一个公共的出水口排出,从而形成了一个集中的排水区域。流域显示了每个流域汇水区域的大小。出水口（或出水点）是流域内水流的出口,是整个流域的最低处。流域间的分界线就是分水岭。分水岭包围的区域称为一条河流或水系的流域,流域分水线所包围的区域面积就是流域面积。

基于 DEM 的流域分割的主要思想是水域盆地是由分水岭分割而成的汇水区域,可利用水流方向确定出所有相互连接并处于同一流域盆地的栅格区域,具体步骤如下。

（1）确定分析窗口边缘出水口的位置,所有流域盆地的出水口均处于分析窗口的边缘。

（2）找出所有流入出水口的上游栅格,一直搜索到流域的边界,即得到分水岭的位置,由分水岭构成的区域就是流域。

五、可视性分析

可视性分析又称为视线图分析,由于它描述通视情况,也称为通视分析。可视性分析实质上属于对地形进行最优化处理的范畴,如设置雷达站、电视台发射站、道路选择、航海导航等。有时还可以对不可见区域进行分析,如低空侦察飞机在飞行时,要尽可能避免敌方雷达的捕捉,飞机显然应选择雷达盲区飞行等。因此,可视性分析对军事活动、微波通信网和旅游娱乐点的规划开发都有重要的应用价值。

在进行可视性分析时,一个需要注意的问题是数字高程模型通常描述地面点的高程而不包括地面物体,如森林和建筑物等的高度,因此当地物高度对分析结果有不可忽略的影响时,需要考虑进行地物高度的因子修正,以正确地确定通视情况。

可视性分析包括两点之间的可视性（intervisibility）分析和可视域（viewshed）分析两种。

（一）两点之间的可视性分析

在基于格网 DEM 的通视分析中,为了简化问题,通常将格网点作为计算单位,也就是把点对点的通视问题简化为 DEM 格网与某一地形剖面线（视线）的相交问题,如图 4-4 所示。

如图 4-4 所示,设视点 V 的坐标为 (x_0, y_0, z_0),目标点 P 的坐标为 (x_P, y_P, z_P)。DEM 为二维数组 Z_{mn},则 V 为 $(m_0, n_0, Z[m_0, n_0])$,P 为 $(m_P, n_P, Z[m_P, n_P])$。

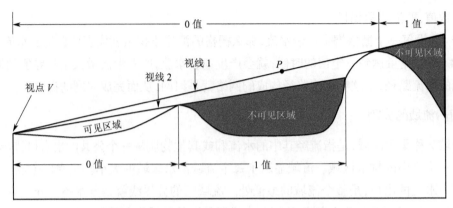

图 4-4 通视分析(黑色区域为不可见区域)

两点之间的可视性分析的计算过程如下。

(1)生成 V、P 的连线到 DEM 的 XY 平面的投影点集 $\{x_k, y_k\}(k = 1, 2, \cdots, N)$,得到投影点集 $\{x_k, y_k\}$ 在 DEM 中对应的高程数据 $\{Z[k]\}$,这样就形成 V 到 P 的 DEM 剖面线。

(2)因为 V 点和 P 点的高程值是已知的,根据三角学原理,内插出 V、P 连线上各点的高程值,计算公式如下:

$$H[k] = Z[m_0][n_0] + \frac{Z[m_k][n_k] - Z[m_0][n_0]}{N} \times k \quad k = 1, 2, \cdots, N \qquad (4\text{-}11)$$

式中:N 为 V 到 P 的投影直线上离散点的数量。

(3)比较数组 $H[k]$ 与数组 $Z[k]$ 中对应元素的值,如果存在 $k, k \in [1, N]$,使得 $Z[k] \geqslant H[k]$,则 V 与 P 不可见;如果存在 $k, k \in [1, N]$,使得 $Z[k] < H[k]$,则 V 与 P 可见。

(二)点对线的可视性分析

点对线的通视,实际上就是求点对线上的每一点的可视性,可以认为是点对点的可视性的扩展。基于格网 DEM 的点对线的可视性分析的算法如下。

(1)设 P 点为一沿着 DEM 数据边缘顺时针移动的点,与计算点对点的通视类似,求出视点到 P 点的投影直线上的点集 $\{x, y\}$,并求出相应的地形剖面 $\{x, y, (x, y)\}$ 。

(2)根据三角学原理,计算视点与 P 点连线上的高程值。

(3)根据类似于点对点的可视性分析同样的方法判断点 P 是否可视。

(4)移动 P 点,重复以上过程,判断目标线上的所有点是否可视,算法结束。

(三)点对区域的可视性分析

点对区域的通视算法是点对点算法的扩展。与点到线通视问题相同,P 点沿目标区域的数据边缘顺时针移动,逐点检查视点至 P 点的直线上的点是否通视。

一个改进的算法思想是考虑到视点到 P 点的视线遮挡点,最有可能是地形剖面线上高程最大的点。因此,可以将剖面线上的点按高程值进行排序,按降序依次检查排序后每个点是否通视,只要有一个点不满足通视条件,其余点就不再检查。

（四）考虑地物高度的可视性计算模型

在可视性分析的实际应用中，有些分析需要考虑地物的高度。这时，可视性的计算就不再是上述所采用的仅关心地形的计算，而应该采用新的计算方法。

如图 4-5 所示，计算图中建筑物 A 的顶层能看到的地面范围。设不可视的部分长度为 S，根据相似三角形的原理得出可视部分长度 S 的计算公式为

$$S = \frac{V \times \left[(h+t) - (O + t_{\mathrm{w}}) \right]}{(H+T) - (h+t)} \tag{4-12}$$

式中：S 为不可视部分的长度；V 为可视部分的长度；H 为建筑物高度；h 为中间障碍物的高度；t 为中间障碍物的地面高度；O、t_{w} 分别为被观察者的身高和所在位置的地面高程。

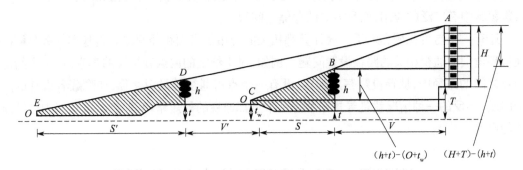

图 4-5　考虑地物高度的可视性计算示意图

可视性分析最基本的用途包括可视查询、可视域计算、水平可视计算等。

可视查询主要是指对于给定的地形环境中的目标对象（或区域），确定从某个观察点观察，该目标对象是全部可视还是部分可视。在可视查询中，与某个目标点相关的可视只需要确定该点是否可视即可。对于非点状目标对象，如线状、面状对象，则需要确定某一部分可视或不可视。也可以将可视查询分为点状目标可视查询、线状目标可视查询和面状目标可视查询。

比较典型的观察点问题是在地形环境中选择数量最少的观察点，使得地形环境中的每一个点，至少有一个观察点与之可视，如配置哨位问题、设置炮兵观察哨、配置雷达站等问题。作为这类问题延伸的一种常见问题，就是对于给定的观察点数据（甚至给定观察点高程），确定地形环境中可视的最大范围。实际上可能出现以下情况。

（1）观察者从某一地点可以看到的范围。

（2）观察者不仅想知道从某点看到的范围，而且也要确定从另一个观察者的视点能看到多少，或者相互能看到多少。

（3）与单个观察点相关的问题，如确定能够通视整个地形环境的高程值最小的观察点问题，或者给定高程而查找能够通视整个地形环境的观察点。这方面的例子如森林火塔的定位、电视塔的定位、旅游塔的定位等。

地形可视结构计算主要是针对环境自身而言，计算对于给定的观察点，地形环境中通视

的区域及不通视的区域。地形环境中基本的可视结构就是可视域,它是构成地形模型中相对于某个观察点的所有通视的点的集合。利用可视域计算,可以将地形表面可视的区域表示出来,从而为可视查询提供丰富的信息。

可视域计算的典型应用例子是视线通信问题。视线通信问题就是对于给定的两个或多个点,找到一个可视网络,使得可视网络中任意两个相邻的点之间可视。例如,对于给定的两个点 A, B,确定在 A, B 之间设计至少多少个点可以保证 A, B 两点之间任意相邻点可视,如通信线路的铺设问题,这种形式一般称为"通视图"问题。这类问题可以应用到微波站、广播电台、数字数据传输站点等网络系统的设计方面。

水平可视计算是指对于地形环境给定的边界范围,确定围绕观察点所有射线方向上距离观察点最远的可视点。水平可视计算是地形可视结构计算的一种特殊形式,但它在一些特殊领域中有广泛的应用,而且需要的存储空间很小。

还有一个与可视域和水平可视计算都相关的应用是表面路径问题。其基本任务是解决地形环境中与通视相关的路径设置问题。例如,对于给定的两点和预设的观察点,求出给定两点之间的路径中,从预设观察点观察,没有一个点可通视的最短路径,如隐蔽者设计的隐蔽路线;相反的一种情况就是寻找一个每一个点都通视的最短路径,如旅游风景点中旅游路线的设置。

第三节   三维空间查询与特征量算

一、三维可视化

三维可视化是三维 GIS 的基本功能。在进行三维分析时,数据的输入和对象的选择都涉及三维对象的可视化。这里介绍三维可视化的原理及建立三维可视化场景的基本步骤。

三维可视化是运用计算机图形学和图像处理技术,将三维空间分布的复杂对象(如地形、模型等)或过程转换为图形或图像在屏幕上显示并进行交互处理的技术和方法。三维可视化的基本流程如图 4-6 所示。在以上流程中,观察坐标系中的三维裁剪和视口变换是非常关键的步骤。

受到人眼视觉的限制,人眼的观察范围是有一定角度和距离范围的。相应地,在计算机实现三维可视化的时候,也有一定的观察范围,可以用视景体(frustum)来表示这个范围。视景体通常用远、近、左、右、上、下等六个平面来确定。另外,根据视景体的性质可以将其分为平行投影视景体和透视投影视景体两大类。

平行投影是指投影中心到投影平面的距离无限远,物体投影后在某一个方向的投影大小与距离视点的远近无关。平行投影能保留物体间的度量关系,常用于工业制造和设计方面,以及城市三维景观中的二维表示(如侧视图)等方面。

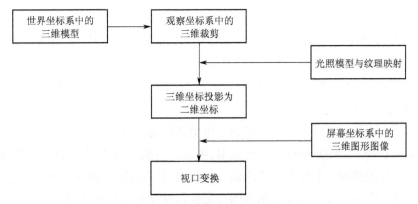

图 4-6　三维可视化的处理流程

透视投影是指距离视点越远的物体投影后越小,反之越大。透视投影的特点贴近人眼的视觉特点,常用于户外三维景观中。

观察空间的三维裁剪是指在三维图形显示过程中,将位于视景体范围外的物体裁剪掉而不显示。通过判断对象与视景体中的六个裁剪面的关系可以确定对象是否位于视景体内部。用户还可以根据需要增加一个附加裁剪面,去掉与场景无关的目标。

视口是指屏幕窗口内指定的区域,而视口变换则是指经过坐标变换、几何裁剪、投影变换后的物体显示到视口区域。这种变换类似指定区域的缩放操作。需要注意的是,视口的长宽比例应与视景体一致,否则会使视口内的投影图像发生变形。

当视角增大时,投影平面的面积增大,视口面积与投影平面面积的比值变小,但由于物体的投影尺寸不变,所以实际显示的物体变小。反之,当视角变小时,显示的物体变大。

三维可视化流程中的这些处理技术都可以用一些图形可视化开发包实现。常用的开发包包括 OpenGL、DirectX、QD3D、VTK、Java3D 等,用户可以利用这些开发包提供的接口实现三维显示中的各种功能。

可以把三维可视化的基本流程进一步细化,得到建立三维可视化场景的技术。三维场景的创建一般包括三维建模、数据预处理、参数设置、投影变换、三维裁剪、视口变换、光照模型、纹理映射和三维场景合成等步骤。

二、三维空间查询

三维数据的空间查询是三维 GIS 的基本功能之一,是其他三维空间分析的基础。三维空间查询的方式包括基于属性数据的查询、基于图形数据的查询、图形属性的混合查询及模糊查询等,其基本方法与二维空间查询的方法类似。下面主要介绍三维查询中的坐标和高程的查询原理。

三维坐标查询是其他三维空间分析的基础。在获取三维坐标的过程中,由于屏幕上的三维模型的像点与三维模型的大地坐标不是一一对应的,因此须将鼠标捕捉到的二维屏幕坐标转换为三维的大地坐标,这实际上是透视投影的逆过程。

设 I^2 是欧氏平面上的整数集,R^3 是欧氏三维空间上的实数集,P 为计算机屏幕空间,T

为地面三维空间，则有 $P \subset I^2$，$T \subset R^3$。

若 P 与 T 之间存在映射关系 $T \to P$，则对于任意元素 $p \in P \subset I^2$，$t \in T \subset R^3$，若满足 $t \to p$，有 $t = \{t_1, t_2, \cdots, t_k\}$，$k \geqslant 2$，则 p 与模型上多个点 (X, Y, Z) 对应。

若有元素 t_m，$t_m \in t$，$t_m = (X_m, Y_m, Z_m)$，使得 $\| t_m - E \| = \min$，则 t_m 为多个点中唯一的可见点，其中 E 为视点位置。

利用以上方法可以实现屏幕二维点到三维坐标点的转换。

在地形分析中，如果使用的是 TIN 数据，可以用内插的方法根据 TIN 中三角网点的高程求出任意一点的高程。TIN 数据的内插一般使用线性内插，只能保证地面的连续性，但无法保证其光滑。内插的过程主要包括格网点定位和高程内插两个过程。

假设待求点的平面坐标为 $P(x, y)$，要求该点的高程 Z。首先判断该点落在哪个三角面中，具体的方法是计算该点到三角网点的距离，找出一个距离最短的点 Q。然后把与点 Q 相关的三角面都取出，判断 P 点落在其中的哪个三角面中。若 P 点不在 Q 点相关联的所有三角面中，则找出与 P 点次最近的三角网点，重复上面的判断，直到找到为止。

假设 P 点所在的三角面为 $\triangle Q_1 Q_2 Q_3$，各顶点对应的坐标为 (x_1, y_1, z_1)，(x_2, y_2, z_2)，(x_3, y_3, z_3)。由其确定的平面方程为

$$\begin{vmatrix} x & y & z & 1 \\ x_1 & y_1 & z_1 & 1 \\ x_2 & y_2 & z_2 & 1 \\ x_3 & y_3 & z_3 & 1 \end{vmatrix} = 0 \tag{4-13}$$

即

$$\begin{vmatrix} x-x_1 & y-y_1 & z-z_1 \\ x_2-x_1 & y_2-y_1 & z_2-z_1 \\ x_3-x_1 & y_3-y_1 & z_3-z_1 \end{vmatrix} = 0 \tag{4-14}$$

令

$$\begin{cases} x_{21} = x_2 - x_1; & x_{31} = x_3 - x_1 \\ y_{21} = y_2 - y_1; & y_{31} = y_3 - y_1 \\ z_{21} = z_2 - z_1; & z_{31} = z_3 - z_1 \end{cases} \tag{4-15}$$

则 P 点的高程为

$$z = z_1 - \frac{(x-x_1)(y_{21}z_{31} - y_{31}z_{21}) + (y-y_1)(z_{21}x_{31} - z_{31}x_{21})}{x_{21}y_{31} - x_{31}y_{21}} \tag{4-16}$$

三、三维空间特征量算

（一）表面积计算

空间曲面表面积的计算与空间曲面拟合的方法以及实际使用的数据结构（规则格网或者不规则三角形格网）有关。对分块曲面拟合，曲面表面积由分块曲面表面积之和给出。问题的关键是要计算出曲面片的表面积。对于全局拟合的曲面，通常也是将计算区域分成

若干规则单元,对每个单元计算出其面积,再累积计算总面积。因此,空间曲面的计算可以归结为三角形格网上表面积的计算和正方形格网上表面积的计算。

1. 三角形格网上表面积的计算

基于三角形格网的曲面插值一般使用一次多项式模型 $Z = a_0 + a_1 X + a_2 Y$,所以计算三角形格网上的曲面片的面积时,首先将其转换成平面片,然后通过计算平面片的面积来计算曲面片的面积。

如图 4-7 所示, $P_1 P_2 P_3$ 为构成的三角形曲面片, $P_1' P_2' P_3'$ 为使用一次多项式模型拟合得到的平面片,计算曲面片的面积其实是计算拟合后的平面片的面积。

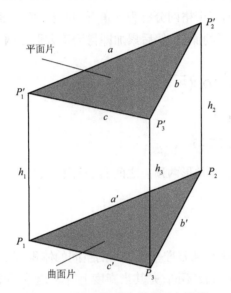

图 4-7 三角形格网上的表面积计算

利用海伦公式计算面积,即

$$\begin{cases} S = [P(P-a)(P-b)(P-c)]^{1/2} \\ P = (a+b+c)/2 \end{cases} \qquad (4\text{-}17)$$

注意, a 、 b 、 c 的长度必须根据数据点 P_1 、 P_2 、 P_3 上的数据值 h_1 、 h_2 、 h_3 以及 $P_1 P_2 P_3$ 边长 a' 、 b' 、 c' 计算,计算公式为

$$\begin{cases} a = \left[a'^2 + (h_1 - h_2)^2 \right]^{1/2} \\ b = \left[b'^2 + (h_2 - h_3)^2 \right]^{1/2} \\ c = \left[c'^2 + (h_3 - h_1)^2 \right]^{1/2} \end{cases} \qquad (4\text{-}18)$$

2. 正方形格网上表面积的计算

正方形格网上表面积的计算方法包括曲面拟合重积分方法和分解为三角形方法两种。

1)曲面拟合重积分方法

正方形格网上的曲面片表面积的计算问题要复杂得多,因为在正方形格网上最简单形式的曲面模型为双线性多项式,其拟合面是一曲面,无法以简单的公式计算其曲面面积。根据数学分析,某定义域 A 上的空间单值曲面 $Z = f(x, y)$ 的面积由以下重积分计算:

$$S = \iint_A (1 + f_x^2 + f_y^2)^{1/2} dxdy \tag{4-19}$$

一般来说,式(4-19)是无法直接计算的,常用的方法是近似计算。积分的近似计算方法很多,有关计算方法的著作对此都有详细全面的讨论。其中比较常用的方法是抛物线求积方法,亦称辛卜生(Simpson)方法。该方法的基本思想是先用二次抛物面逼近面积计算函数,进而将抛物面的表面积计算转换为函数值计算。

2)分解为三角形方法

将正方形格网 DEM 的每个格网分解为三角形,利用三角形表面积的计算公式(海伦公式)分别计算分解的三角形的面积,然后累加即得到正方形格网 DEM 的面积,具体计算公式为

$$S = \sqrt{P(P - D_1)(P - D_2)(P - D_3)} \tag{4-20}$$

$$P = \frac{1}{2}(D_1 + D_2 + D_3) \tag{4-21}$$

$$D_i = \sqrt{\Delta X^2 + \Delta Y^2 + \Delta Z^2} \quad 1 \leqslant i \leqslant 3 \tag{4-22}$$

式中:D_i 表示第 $i(1 \leqslant i \leqslant 3)$ 对三角形两顶点之间的表面距离;S 表示三角形的表面积;P 表示三角形周长的一半。

(二)体积计算

体积通常是指空间曲面与某基准平面之间的空间的体积,在绝大多数情况下,基准平面是一个水平面,基准平面的高度不同,尤其当高度上升时,空间曲面的高度可能低于基准平面,此时出现负的体积。

在对地形数据的处理中,当体积为正时,工程中称之为"挖方";当体积为负时,工程中称之为"填方",如图 4-8 中的阴影部分为"填方"。

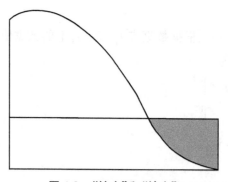

图 4-8 　"挖方"和"填方"

体积的计算通常也是近似方法。由于空间曲面表示方法的差异,近似计算的方法也不一样。以下仅给出基于三角形格网和正方形格网的体积计算方法。其基本思想均是以基底面积(三角形或正方形)乘以格网点曲面高度的均值,区域总体积是这些基本格网体积

之和。

1. 基于三角形格网的体积计算

如图 4-9（a）所示，S_A 是基底格网三角形 A 的面积，三角形格网的基本格网的体积计算公式为

$$V = S_A(h_1 + h_2 + h_3) / 3 \qquad (4-23)$$

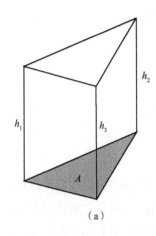 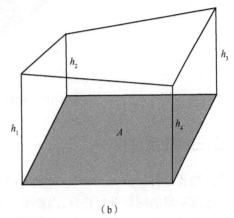

（a）　　　　　　　　　　　　　　　　（b）

图 4-9　体积计算示意图

2. 基于正方形格网的体积计算

如图 4-9（b）所示，正方形格网的基本格网的体积计算公式为

$$V = S_A(h_1 + h_2 + h_3 + h_4) / 4 \qquad (4-24)$$

第四节　三维缓冲区与叠置分析

一、三维缓冲区分析

把二维缓冲区的概念扩展到三维空间，将缓冲区概念用于三维空间中，可以定义三维缓冲区范围。对于三维空间中的点目标而言，其缓冲区就是以该目标为球心，缓冲半径为半径的一个球状区域。对于三维空间中的线目标来说，其缓冲区是以该线目标为内核，缓冲半径为外缘的缆索状区域，如图 4-10 所示。三维空间中的面缓冲区的生成分两个步骤，首先利用二维缓冲区方法生成一个面缓冲区多边形，然后以该多边形为横断面，沿着 Z 轴上下延伸缓冲区半径大小范围，得到一个空间体范围。

利用邻近（proximity）的概念，缓冲把地图分为两个区域：一个是所选地图要素的指定距离（缓冲半径）范围之内；另一个是在这个范围之外。在指定距离之内的区域称为缓冲区。

三维缓冲区分析比二维缓冲区分析的应用更加广泛。点缓冲分析的应用包括空中爆炸物的影响范围的确定；线缓冲区分析在地下管网和水利管道方面有重要的作用；面缓冲区

分析则可以在城市规划中发挥作用。

图 4-10　三维线缓冲区分析示意图

二、三维叠置分析

空间叠置分析(spatial overlay analysis)是指在统一空间参照系统条件下,每次将同一地区两个地理对象的图层进行叠合,以产生空间区域的多重属性特征,或建立地理对象之间的空间对应关系。前者主要实现多重属性的综合,称为合成叠置分析;后者用于提取某个区域内特定专题的数量特征,称为统计叠置分析。

三维叠置分析可将二维要素图层与三维要素图层进行叠置,也可以是三维要素图层与三维要素图层的叠置。例如,二维的规划用地类型图层与城市三维模型图层的叠置,可以得到三维图层中某一建筑物所属的规划用地类型;电线与三维 DEM 数据的三维叠置分析,可以分析电线所穿越的三维目标,为电力选线和日常维护提供基础。

思考题

1. 简述三维数据模型的类型及特点。

2. 简述数字地面模型和数字高程模型的概念。

3. 简述 DEM 的表示方法。

4. 简述 DEM 在地图制图学与地学分析中的应用。

5. 简述三维可视化的基本原理和特点。

6. 简述三维空间查询的原理和方法。

7. 简述表面积计算和体积计算的方法。

8. 简述坡度和坡向的计算方法。

9. 简述剖面分析的原理和方法。

10. 简述水文分析的原理和方法。

11. 简述可视性分析的原理和方法。

12. 简述三维缓冲区分析的原理和方法。

13. 简述三维叠置分析的原理和方法。

第五章　空间数据性质分析

导读：

　　空间数据的特性是空间数据分析与其他数据分析方法区别的本质所在。空间数据的特殊性质使得很多传统的数据分析方法和技术不能直接应用于空间数据分析。大量的基于GIS的空间分析技术与传统的数据统计分析技术有着本质的不同，原因在于这些分析方法和技术是基于空间数据性质的。

学习目标：

1. 了解线性表的存储结构及算法。
2. 掌握堆栈和队列的存储结构及算法。
3. 学习数组的存储方式及算法。
4. 明白字符串的处理算法。

第一节　线性表

一、线性表的概念和基本操作

　　本节将着重讨论线性表的表示方法和基本操作，特别强调数据元素之间的逻辑关系。算法设计的核心也是围绕着数据元素之间的逻辑关系进行设计的，在一定程度上讲，掌握了逻辑关系的含义，也就掌握了算法设计的思路。基本操作所涉及的问题就是针对不同的问题如何操作以改变或保持元素之间的逻辑关系。

（一）线性表的定义

　　线性表是 n 个具有相同特征的数据元素 a_1，a_2，$\cdots$，a_i，$\cdots$，a_n 的一个有限序列。线性表中每个元素 a_i 在表中的位置仅取决于元素本身的序号 i。当 $1<i<n$ 时，a_i 的直接前驱为 a_{i-1}，a_i 的直接后继为 a_{i+1}。也就是说，除表中第一个元素 a_1 与最后一个元素 a_n 之外，其他每个元素 a_i 有且仅有一个直接前驱和一个直接后继。定义 n（$n{\geqslant}0$）是线性表中元素的个数，称为线性表的长度。当 $n=0$ 时，称该线性表为空表。

　　显然，这种结构的特点是数据元素之间存在一对一的关系，即线性表中的元素在位置上是有序的，第 i 个元素 a_i 处在第 $i-1$ 个元素 a_{i-1} 的后面和第 $i+1$ 个元素 a_{i+1} 的前面。通常把具有这种特点的数据结构称为线性结构。反之,任何一个线性结构(其元素具有相同特性)都可以用线性表的形式表示出来,这里只要求按照元素的逻辑关系把它们顺序排列即可。

任意一个线性表可以用一个标识符来命名。例如,用标识符 List 来表示一个线性表,则一般描述为

$$\text{List} =(a_1,a_2,\cdots,a_{n-1},a_n) \tag{5-1}$$

线性表中的数据元素在不同情况下可能有不同的具体含义。

数学中的数列就是一个线性表,如 Series=(19, 25, 18, 32, 7),其数据元素是十进制整数。

英文字母表(A,B,C,$\cdots$,Z)也是一个线性表,其数据元素为单个的英文字母。

在稍微复杂的线性表中,一个数据元素可以由若干个数据项组成。例如,一个数据文件可以是由若干条数据记录组成的线性表,其中的数据元素就是单个的数据记录,而每个数据记录又由若干个数据项组成。

关于线性表数据元素的含义还可以举出不少例子,但有一点是确定的,即同一线性表中的数据元素必定具有相同特性,都属于同一数据元素类型。

综上所述,可以对线性表的逻辑结构做如下形式化的描述,即具有 n 个数据元素的线性表是一个数据结构:

$$\text{Linear\_list}=(D,R) \tag{5-2}$$

其中

$$D =\{a_i\mid a_i \in \text{dataset},1\leqslant i\leqslant n,n\geqslant 0\}$$

$$R =\{\text{ Couple }\}$$

$$\text{Couple} =\{<a_i,a_{i+1}>\mid a_i,a_{i+1}\in D,1\leqslant i\leqslant n-1\}$$

其中,数据元素 a_i 可以是任何一种数据类型(C 语言中合法的数据类型)。

(二)线性表的基本操作

线性表是一种最简单、最常用,并且十分灵活的数据结构。通常情况下,其长度可以根据不同的需要增加或者缩短。对线性表中的各数据元素不仅可以进行访问,还可以进行插入或删除等操作。归纳起来,线性表的基本操作有如下几种。

1)InitList(List)

操作结果:创建一个空的线性表 List。

2)ListLength(List)

初始条件:线性表 List 已存在。

操作结果:返回 List 中数据元素的个数。

3)ListEmpty(List)

初始条件:线性表 List 已存在。

操作结果:若 List 为空表,则返回 TRUE,否则返回 FALSE。

4）GetElement(List,i)

初始条件：线性表 List 已存在，$1 \leqslant i \leqslant \text{ListLength}(\text{List})$。

操作结果：返回 List 中第 i 个数据元素的值。

5）LocateElement(List,x)

初始条件：线性表 List 已存在，给定值 x。

操作结果：若线性表 List 中存在和给定值 x 相等的数据元素，则返回该数据元素在 List 中的位置（位序），否则返回值为 0。

6）PriorElement(List,x)

初始条件：线性表 List 已存在，x 为 List 中的一个数据元素。

操作结果：若 x 不是第一个数据元素，则返回 x 的前驱，否则操作失败。

7）NextElement(List,x)

初始条件：线性表 List 已存在，x 为 List 中的一个数据元素。

操作结果：若 x 不是最后一个数据元素，则返回 x 的后继，否则操作失败。

8）ListInsert(List,i,x)

初始条件：线性表 List 已存在，$1 \leqslant i \leqslant \text{ListLength}(\text{List})+1$。

操作结果：在 List 中第 i 个位置之前插入新的数据元素 x。

9）ListDelete(List,i)

初始条件：线性表 List 已存在且非空，$1 \leqslant i < \text{ListLength}(\text{List})$。

操作结果：删除 List 的第 i 个数据元素。

10）ClearList(List)

初始条件：线性表 List 已存在。

操作结果：将 List 置为空表。

11）ListTraverse(List)

初始条件：线性表 List 已存在。

操作结果：依次对 List 的每个数据元素进行"访问"。

上面的基本操作还可以构成其他较为复杂的操作。例如，通过创建一个空表的操作与反复向表尾插入新的数据元素的操作可以建立一个线性表。同理，通过反复执行删除第 i 个数据元素的操作，可以删除线性表中从某个数据元素开始的连续若干个数据元素。

不难想象，进行上述某些操作（如对线性表进行插入或删除操作）时，在某种存储结构下，会引起一系列数据元素的移动，尤其当线性表的长度很大时，这种移动可能更为显著。因此，线性表的存储结构选择不当，将会使实现这些操作的相应算法的时间、空间效率大大降低。在算法设计时，应避免这种情况的发生。

二、线性表的顺序存储结构

存储线性表中的数据元素有不同的方法。线性表的顺序存储结构是线性表的一种最简单的存储结构，其存储特点是在物理内存中开辟一块连续的存储空间，将线性表的第一个数据元素存放在这个存储空间的第一个单元中,第二个数据元素存放在第二个单元中,依次类推。这样,线性表的逻辑结构和物理存储位置完全一致。简言之,逻辑上相邻,物理上也相邻。

(一)线性表的顺序存储结构的定义

在计算机内部可以采用不同方式来表示一个线性表,其中最简单的方式就是用一组地址连续的存储单元依次存储线性表的数据元素。换言之,将线性表中的数据元素一个挨一个地依次存放在某个存储区域中,这种存储结构称为线性表的顺序存储结构,并称此时的线性表为顺序表,在高级程序设计语言中可用一维数组表示。

假设线性表的每个数据元素占用 k 个存储单元(字节),那么在顺序存储结构中,线性表的第 $i+1$ 个数据元素 a_{i+1} 的存储位置与第 i 个数据元素 a_i 的存储位置之间满足如下关系:

$$\text{Loc}(a_{i+1}) = \text{Loc}(a_i) + k \tag{5-3}$$

式中:$\text{Loc}(a_i)$ 通常被称为寻址函数,表示数据元素 a_i 的存储位置。若 $\text{Loc}(a_1)$ 为线性表的第一个数据元素的存储位置,那么线性表的第 i 个数据元素 a_i 的存储位置为

$$\text{Loc}(a_i) = \text{Loc}(a_1) + (i-1) \times k \tag{5-4}$$

通常称 $\text{Loc}(a_1)$ 为线性表的首地址或基地址。

从线性表的这种机内表示方法可以看到,它是用数据元素在机内物理位置上的相邻关系来表示数据元素之间逻辑上的相邻关系的。每个数据元素的存储位置与线性表的首地址相差一个和数据元素在线性表中的序号成正比的常数。

由此可见,只要确定了首地址,就可以随机存取线性表中的任意数据元素。所以,线性表的顺序存储结构是一种随机存取的存储结构。

由于数据元素之间的逻辑关系可以通过存储位置直接反映出来,顺序存储结构只需存放数据元素自身的信息,因此存储密度大、空间利用率高是顺序存储结构的优点。另外,数据元素的位置可以用一个简单、直观的解析式表示出来。但这给线性表的插入和删除操作带来了不便,对于预先无法知道数据元素的数量,或者对一些长度较大的线性表,必须按最大需要的空间分配存储单元,这是线性表的顺序存储结构的缺点。尽管如此,线性表的顺序存储结构在实际中仍然是一种使用较广泛的基本存储结构。

由于程序设计语言中的一维数组在机内的表示也是顺序结构,本书后面的不少算法中都借用一维数组这种数据类型描述线性表的顺序存储结构,因此线性表的顺序存储结构可以描述如下。

```
/*——————线性表的静态存储结构—————— * /# define MAXSIZE 100
#define MAXSIZE 100/* 线性表允许的最大长度 */
typedef int ElemType;/* 数据元素约定为 ElemType,定义数据类型为 int 类型 */
typedef struct SequenceList{
    ElemType data[_MAXSIZE];/* 共有 MAXSIZE 个存储单元,data[0] 存储第一个
                              数据元素 */
    int length; /* 线性表的当前长度 */
```

}SqList;

对于线性表的静态定义,假定 List 是一个类型为 SqList 的线性表,一般用 List.data[i] 来访问它。静态线性表一旦装满数据,就不能扩充,否则会发生"溢出"。解决"溢出"问题的方法是采用动态分配存储单元的方法。

```
/*————————线性表的动态存储结构————————*/#define MAXSIZE
#define MAXSIZE 100/* 线性表允许的最大长度 */
typedef int ElemType;/* 定义数据类型为 int 类型 */
typedef struct SequenceList {
    ElemType * data;/* data 为数组的基地址 */
    int length;/* 线性表的当前长度 */
    int Listsize;/* 线性表的最大存储单元数 */
}SqList_D;
```

在线性表的动态定义中,存储空间大小采用 malloc( ) 动态申请得到,一旦空间装满数据,可扩充空间的大小,故不会发生"溢出"现象。

(二)顺序存储基本操作的实现

下面介绍线性表在顺序存储结构下操作的算法。对于线性表的插入算法、删除算法,虽然它们都十分简单,但要注意观察数据元素之间逻辑关系的变化会引起物理结构的变化,注意算法中的"位序"和 C 语言的下标从 0 开始的区别。

1.线性表的初始化算法

初始化操作就是在内存中构造一个空表。

1)算法描述

对于新创建的空表,一定要将表的当前长度置零。

2)算法实现

```
void InitList_Sq( SqList * L )
{/* 操作结果:构造一个空表 */
    L->length= 0;/* 空表长度为 0*/
}
```

2.插入算法

如果要在长度为 n 的线性表 data[MAXSIZE] 的第 i 个位置插入一个新的数据元素 new_data,如何实现该操作呢? 下面来分析一下线性表中数据元素之间逻辑关系的变化情况。因为在线性表的第 $i-1$ 个数据元素与第 i 个数据元素之间插入一个新的数据元素,使得长度为 n 的线性表

$$(a_1,a_2,\cdots,a_{i-1},a_i,\cdots,a_{n-1},a_n)$$

变成长度为 $n+1$ 的线性表

$$(a_1,a_2,\cdots,a_{i-1},\text{new\_data},a_i,\cdots,a_{n-1},a_n)$$

因此,在进行具体插入动作之前,需要将线性表的第 i 个到第 n 个数据元素之间的所有数据元素依次向后移动一个位置(共移动 $n-i+1$ 个数据元素),然后再将新的数据元素插入第 i 个位置上,同时修改线性表的长度为 $n+1$。

1)算法描述

(1)检查线性表的存储空间是否已被占满,满则进行"溢出"错误处理。

(2)检查 i 值是否超出所允许的范围($0 \leqslant i \leqslant length$),超出则进行"超出范围"错误处理。

(3)将线性表的第 i 个数据元素和它后面的所有数据元素均后移一个位置。

(4)将新数据元素写入空出的第 i 个位置上。

(5)使线性表的长度增加 1。

2)算法实现

```
void ListInsert_Sq( SqList * L, int i, int new_data )
{/* 将新数据元素 new_data 插入线性表的第 i 个位置上。1≤i≤length+1 */
    int j ;
    if(( i>MAXSIZE )||( i<1 )||( i>L->length+1 )){
    printf("溢出或者插入位置不正确! \n");/* 参数错误 */
    exit( -1 );
    }
    else {
        for( j=L->length-1;j>=i-1;j-- )
            L->data[j+1]=L->data[j];/* 数据元素后移 */
        L->data[j+1]= new_data;/* 进行插入 */
        L->length++;/* 表长增加 1*/
        }
    }
```

3. 删除算法

如果要删除长度为 n 的线性表 data[MAXSIZE] 的第 i 个数据元素,如何实现该操作呢? 因为删除线性表的第 i($1 \leqslant i \leqslant length$)个数据元素,只需将第 $i+1$ 个至第 length 个数据元素(共 length$-i$ 个数据元素)依次向前移动一个位置,然后修改线性表的长度为 length-1 即可。

1)算法描述

(1)检查 i 值是否超出所允许的范围($1 \leqslant i \leqslant length$),超出则进行"超出范围"错误处理。

(2)将线性表第 i 个数据元素后面的所有数据元素均前移一个位置。

(3)使线性表的长度减 1。

2)算法实现

```
ElemType ListDelete_Sq( SqList * L, int i )
{/* 删除线性表的第 i 个位置上的数据元素。1≤i≤length * /
```

```
        int j;
        ElemType elem;
        if((i<1)||(i>L->length)){
        printf("删除的位置不正确! \n");/* 参数错误 */
        exit(-1);
    }
    else {
        elem = L->data[i-1];/* 取出被删数据元素 */
        for(j=i; j<=L->length; j++)
        L->data[j-1]=L->data[j];/* 数据元素前移 */
        L->length--;/* 表长减 1*/
        return elem;
        }
    }
```

4.查找算法

线性表有两种基本的查找操作：给定序号 i，要求查找线性表中的第 i 个数据元素；给定某个值，要求查找线性表中元素值等于给定值的数据元素。前一操作的结果是找到待查元素（当 $1 \leq i \leq n$ 时）。后一操作或是找到待查元素，求得该数据元素在线性表中的序号，或是找不到待查元素，即表中不存在其值等于给定值的数据元素。

在以数组作为存储结构的线性表中，上述第一种查找操作很容易实现，可以直接按序号取得该元素；第二种操作则需要通过"查找"进行。"查找"的方法很多，在此介绍一种最简单的顺序查找的方法。

假设给定值 X，试在线性表 data[MAXSIZE] 中查找值为 X 的元素。最简单的方法是从第一个元素起，依次将元素和给定值 X 比较，若相等，则查找过程结束，找到该元素在线性表中的序号 i；若 X 与表中 length 个元素都不相等，则说明表中不存在值为 X 的元素，返回信息"0"。

算法实现如下。

```
ElemType ListSearch_Sq(SqList * L,ElemType X)
{/* 在线性表中查找具有 X 值的元素，若 data[i]=X,0≤i≤length-1,则找到该元素，
    返回位序值 i+1,否则返回值 0。这里假设如果线性表中有与 X 相等的值，那
    么只有一个。*/
int i= 0;/ * i 为扫描指示器,赋初值为 0 */
/* 顺序扫描线性表,直至找到值为 X 的元素或扫描到表尾 */
while((i<L->length)&&(L->data[i]! =X))
i= i+1;
if(L->data[i]==X)
```

```
    return i+1;/* 返回找到值为 X 的元素的位序 */
  else return 0;/* 不存在值为 X 的元素 */
  }
```

（三）顺序存储操作的时间分析

从上述实现操作的算法容易看出，在顺序存储的线性表中插入和删除元素时，其时间主要消耗在移动元素上。

下面讨论插入算法的平均时间复杂度。此算法的时间复杂度主要由循环语句中的循环次数（即元素向后移动的次数）决定，而循环次数不仅与线性表的长度 length 有关，而且与插入的位置 i 值有关。当 i=length+1 时，元素移动的次数最少，为 0 次；当 i=1 时，元素移动的次数最多，为 length 次。为不失一般性，设 p_i 为插入新元素在线性表第 i 个位置的概率（假定概率都相同），则在长度为 n（n=length）的线性表中插入一个元素需要移动其他元素的平均次数为

$$T_{\text{delete}} = \sum_{i=1}^{n} p_i (n-i) = \frac{1}{n} \sum_{i=1}^{n} (n-i) = \frac{n-1}{2} \tag{5-5}$$

因此，若要执行删除操作，需要将从位置 i 之后的元素开始，逐个向前平移一个单位，这时算法的平均时间复杂度仍然为 $O(n)$。

三、线性表的链式存储结构

由前面的讨论得知，线性表的顺序存储结构具有逻辑上相邻的两个数据元素在物理位置上也相邻的特点。因此，可以随机存取线性表中任意一个数据元素，并且数据元素的存储位置可以用一个简单、直观的解析式表示。但从另一方面来看，这些特点使得线性表的插入和删除操作要移动大量元素，效率比较低。另外，这种存储结构要求占用连续的存储空间，存储分配只能预先进行（静态分配），而且必须按最大空间需求来分配。然而，估计最大需求空间不是一件容易的事情。在操作过程中，当线性表的长度变化较大时，往往造成大量空间的浪费。再有，如果插入操作超出了预先分配的存储范围，那么很难进行存储空间的临时扩充。

为了弥补线性表顺序存储结构带来的不足，下面将讨论线性表的另一种存储结构——链式存储结构，简称线性链表。这种存储结构不要求逻辑上相邻的数据元素在物理位置上也相邻，仅用指针来表示数据元素之间的逻辑关系。链式存储结构不仅可以用来表示线性表，而且还可以用来表示各种非线性的数据结构，如树、图等。

（一）单链表和指针

线性表的链式存储结构用一组任意的存储单元（可以是连续的，也可以是不连续的）来存储线性表的各个数据元素。为了表示每个元素与其直接后继元素之间的逻辑关系，每个元素除了需要存储自身的信息外，还需要存储一个指示其直接后继的信息（即直接后继的存储位置）。这两部分信息组成了一个数据元素的存储结构，称为一个节点（Nod）。注意每

个节点占用的存储单元应该是连续的。这样,每个节点包括两个域:数据域(Data),存储数据元素本身的信息;指针域(Next),存储直接后继节点的存储位置(内存地址),该域内的信息为指针,指向线性表中某一数据元素逻辑上的直接后继元素的存储位置。由于线性表的最后一个数据元素没有后继元素,故相应节点的指针域内容为空。

于是,线性表的 n 个数据元素对应的 n 个节点通过链接方式链接成一个链表,即为线性表的链式存储结构。由于链表每个链节点中只有一个指针域,故又称为线性链表,或者单链表。

具体地说,对于线性表 $(a_1, a_2, a_3, \cdots, a_{n-1}, a_n)$,通常用线性链表直观地表示成用箭头相链接的节点序列。

整个线性链表可以由一个称为头指针的 header 指出,标明线性链表的首地址(第一个链表节点的存储位置)。当链表为空时,有 header==NULL。这样,线性链表可由头指针唯一确定。因为链表中任意节点的存储地址都可以从 header 开始,经过对链表扫描得到。

为了操作的方便性,通过增加一个所谓的头节点,让其指针域指向第一个数据节点,让头指针 header 指向头节点,且头节点的数据域不存放数据。

用线性链表表示线性表时,数据元素之间的逻辑关系是通过链节点中的指针反映出来的。也就是说,指针是数据元素之间逻辑关系的映象,逻辑上相邻的两个数据元素,其物理位置不要求相邻。因此,称这种存储结构为非顺序映象或链式映象。其实,在大多数实际应用中,关心的是线性表中数据元素之间的逻辑关系,而不是每个数据元素在内存储器中的实际存储位置。

高级程序设计语言都是利用语言中的"指针型"数据类型来描述线性链表的。

在用具体的程序设计语言进行程序设计时,通常可以用两种方法产生链节点:一是调用系统中已有的动态存储分配函数(如 C 语言中的 malloc(字节数量)),由系统动态分配节点;二是利用已声明的数组中的数组元素。前一种方法产生的链表称为动态链表,后一种方法产生的链表称为静态链表。本书中主要讨论的是动态链表,简称链表。

下面先介绍有关指针的几个基本操作的含义。

若 p、q、header 均为指针变量,且 p 非空,则表明 p 指向链表中的节点。p->data 表示 p 所指节点中的数据域,p->next 表示所指节点中的指针域,并指向其后继节点。

指针变量只能做同类型的指针赋值与比较操作。

当建立链表需要申请节点空间时,用 C 语言中的 malloc( ) 动态生成节点,并由 p 指向此节点;一旦 p 所指节点不再被使用,可用 free(p)释放此节点空间。

(二)单链表基本操作的实现

在线性表的链式存储结构中,逻辑上相邻的两个元素对应的存储位置是通过指针反映的,不要求物理上相邻。因此,在对线性表进行插入、删除操作时,只需修改相关链节点的指针域即可,既方便又省时。由于每个节点都设有一个指针域,因而在存储空间的开销上比顺序存储结构要付出更大的代价。

下面讨论当线性表采用链式存储结构时,如何实现线性表的基本操作。

1. 查找算法

1)按序号查找

当线性表的元素用单链表存储时,即使已知该元素在线性表中的相对位置(序号),也不能像用数组存储时那样简便地按序号 i 直接存取元素,而只能从链表的第一个节点开始,顺着链一个节点一个节点地搜索,直至第 i 个节点。所以,链表不是随机存储结构。

下面介绍给定元素序号,在链表中查找元素的算法。算法中指针 p 顺链扫描, k 为计数器,在扫描过程中累计节点数。若链表不空,则 p 的初始值为第一个节点, k 的初始值为 1。当 p 指向下一节点时,计数器 k 加 1。由此,当 k 的值等于 i 时,指针 p 所指节点即为线性表中第 i 个节点。

算法实现如下。

```
LinkList ListSearch_Link( LinkList header, int i )
{/* 带头节点的单链表 header * /
int k=1;
LinkList p = header->next; while(( p! =NULL )&&( k<i )){
k++;
p=p->next;
}
if( k==i )
    return p
else
    return NULL;
}
```

算法中 while 语句的终止条件是搜索到表尾或 $k<i$,其频度最多为 i ,它与被查找的位置有关。该算法的平均时间复杂度为 $O(n)$ 。

2)按值查找

假若给定元素值,确定该元素节点在链表中的存储位置。同样,从第一个节点开始,指针每移动一步,就比较元素的值,直至找到相同元素或到链表尾部为止。

算法实现如下。

```
LinkList ListSearch_val_Link( LinkList header, ElemType val )
{/* 带头节点的单链表 header * /
    LinkList p =header->next ;
    while(( p! =NULL )&&( p->data! = val ))
        p=p->next;
if( p->data= =val )
    return p;
```

```
else
    return NULL；
}
```

从上述算法可知，如果链表 header 中有若干个相同的值 val，上述只是找到第一个匹配的值所在的节点。该算法的平均时间复杂度为 $O(n)$。

2. 插入算法

1）后插操作算法

在链表中插入一个元素比在顺序存储结构中插入一个元素要简单，不需要移动元素，仅需要修改指针即可。

假设在 p 指针所指节点之后插入一个元素值为 x 的节点，则首先需建立一个新节点，然后修改指针，简称这种插入为"后插"。

算法实现如下。

```
void ListInsert_after( LinkList header,LinkList p,ElemType x )
{/* 指针 p 指向带头节点单链表的某个节点 */
    LinkList s；
    if( p! -NULL ){
    s=( LNode * )malloc( sizeof( LNode ))；
    s->data= x ；
    s->next=p->next ；
    p->next = s；
    }
}
```

该算法的平均时间复杂度为 $O(1)$。

2）前插操作算法

假设在 p 指针所指节点之前插入一个元素值为 x 的节点，同样需首先建立一个新节点，然后修改相应指针。但是，为了修改 p 的前驱节点的指针域，需要确定其前驱节点的位置 q，一般情况下，可从链表头指针起进行查找。简称这种插入为"前插"。

算法实现如下。

```
void ListInsert_after( LinkList header,LinkListp,ElemType x )
{/* 指针 p 指向带头节点单链表的某个节点 */
    LinkList s.q= header；
    if( p! =NULL ){
    s=( LinkList )malloc( sizeof( LNode ))；
    s->data = x；
    if( q! =p ){
        while( q->next ! = p )
```

```
            q=q->next;
        s->next=q->next;
        q->next - S;
    } else {/* 空链表的情况下 */
      s->next=NULL;
      header->next=S;
      }
    }
  }
```

显然,此算法的时间复杂度与位置 p 有关。由于前插时仍需查找前驱节点,在等概率假设下,算法的平均时间复杂度为 $O(n)$。该算法中根据指针 p 的值分别做了不同的处理,如果 p 指向头节点,即在空链表的情况下也可进行插入操作。

3)指定插入到位序 i 的操作算法

如果将数据元素 x 插入到指定的位序 i,则需要判断 i 的合法性。

对于指定的插入位序 i,需要判断其是否在有效的范围之内,即 i 值只能指定在第一个位置和最后一个节点位序加一之间,否则给定的 i 值无效。插入操作成功,返回 1(TRUE),否则返回 0(FALSE)。

算法实现如下。

```
int ListInsert_Link( LinkList header, int i, ElemType x )
{/* 在带头节点的单链表 header 中第 i 个位置之后插入元素 x, 1≤i≤length+1 */
int j=0;
LinkList p=header, s;
while( p! =NULL && j<i-1 )/* 寻找第 i-1 个节点。前插的思路 */
{
p=p->next;
j++;
}
if( ! p||j>i-1 )/ *i 小于 1 或者大于表长 */
return 0;/* 插入失败 */
s=( LinkList )malloc( sizeof( struct LNode ));/* 生成新节点 */
s->data= x;/* 插入 header 中 */
s->next=p->next;
p->next=s
return 1;/* 插入成功 */

}
```

显然,此算法的时间复杂度与插入的位置 i 有关。最好的情况是 $i=1$,即插入到第一个节点的前面；最坏的情况是 i=length+1，即插入到最后一个节点的后面。在等概率假设下，该算法的平均时间复杂度为 O(n)。

3. 删除算法

在链表中删除一个节点，若已确定被删除节点在链表中的位置，则类似于插入操作，不需要移动元素，仅需要修改指针，同时将被删除节点"释放"即可。如果指定删除位序的节点，则删除过程中指针的变化如下。

算法实现如下。

```
ElemType ListDelete_Link( LinkList header, int i )
{/* 在带头节点的单链表 header 中，删除第 i 个元素，并返回其值 */
int j=0;
LinkList p= header, q;
ElemType val;
while( p->next&&j<i-1 )/* 寻找第 i 个节点，并令 p 指向其前驱 */
{
p=p->next;
j++;
if( ! p->next||j>i-1 )/* 删除位置不合理 */
exit( -1 );/* 退出 */
q=p->next;/* 删除并释放节点 */
p->next=q->next ;
val=q->data;
free( q );
return val;
}
}
```

该算法的平均时间复杂度为 $O(n)$。

（三）创建单链表的实现

线性表的顺序存储结构，在用高级语言编制的程序中，可借用一维数组来实现。那么，链表如何实现，即如何将线性表的元素存放在链表中？下面将讨论链表的动态生成。

假设线性表中节点的数据类型是整型，动态地创建链表有如下两种方法。

1. 正序创建链表算法

所谓正序创建链表，是指链表的逻辑顺序与输入的整数顺序相同。为建立链表，首先要为每个数据元素动态生成一个节点，然后通过指针将这些节点依次相连。假使线性表中前 $i-1$ 个元素已经存放在以 header 为头指针的链表中，并且指针 p 指向该链表中最后一个节点，则读入线性表的第 i 个元素后，首先动态生成一个节点，其数据域存放整型数据，然后插

入到 p 节点之后,并令 p 指向新插入的节点。利用后插操作可以得到一个正序的链表。

算法实现如下。

```
LinkList InitList_Positive_Sequence( LinkList header )
{/* 正序创建一个线性表 header * /
int n;
LinkList s,p;
/* 产生头节点,并使 header 指向此头节点 */
header=( LinkList )malloc( sizeof( LNode ));
if( ! header )/* 分配失败 */
exit( -1 );
header->next=NULL;/* 创建空链表 */
p = header ;
puts("需要创建几个节点?");
scanf("%d",8.n);
while( n ){
s=( LinkList )malloc( sizeof( struct LNode ));
if( ! s )/* 存储分配失败 */
exit( -1 );
puts("输入数据");
scanf(" %d",&s->data );
p->next=S;
p=p->next;
n--;
p->next=NULL;
return header;
}
}
```

该算法的时间复杂度为 $O(n)$。

2. 逆序创建链表算法

所谓逆序创建链表,是指链表的逻辑顺序与输入的整数顺序相反。创建逆序链表是借助前插操作,而最新插入的节点总是插在表头,即头节点的后面,或者说插在当前第一个节点的前面。

算法实现如下。

```
LinkList InitList_Negative_Sequence( LinkList L )
{/* 逆位序(插在表头)输入 n 个元素的值,建立带表头结构的单链表 L*/
int i.n;
```

```
LinkList p;
L=( LinkList )malloc( sizeof( LNode ) );
L->next=NULL;/* 先建立一个带头节点的单链表 */
printf( "输入几个数据？ \n" );
scanf( "%d",&n );
printf( "请输入 %d 个数据 \n",n );
for( i=n;i>0;--i )
{
p=( LinkList )malloc( sizeof( LNode ) );/* 生成新节点 */
scanf( " %d",&p->data );/* 输入元素值 */
p->next=L->next;/* 插入表头 */
L->next=p;
}
return L;
}
```

该算法的时间复杂度为 $O(n)$。

以上两个算法的执行效果相同,只是后者从形式上看更为简洁。在不同的场合常常选用不同的创建链表的方法。例如,在后面章节中介绍的队列用正序创建链队,而堆栈用逆序创建链栈。

第二节　堆栈和队列

一、堆栈的概念及操作

堆栈是一种十分重要的数据结构。对堆栈的操作要求"先进后出"或者"后进先出"。堆栈的操作规则是由线性表某些操作增加了特殊限定条件演化而来的。

（一）堆栈的定义

堆栈（stack）又叫栈,它是一种操作受限制的线性表。其限制是仅允许在表的一端进行插入和删除操作。这一端被称为栈顶,相对的另一端被称为栈底。向一个堆栈插入新的数据元素称为进栈、入栈或压栈,它是把新的数据元素放到栈顶数据元素的上面,使之成为新的栈顶数据元素。从一个堆栈删除数据元素称为出栈或退栈,它是把栈顶数据元素删除,使其相邻的元素成为新的栈顶数据元素。

栈顶数据元素的位置由一个称为栈顶指针的变量（通常用 Top 表示）给出。当栈中没有元素时,即堆栈的长度为零时,称为空栈。根据堆栈的定义,每次删除的总是堆栈中当前的栈顶数据元素,即最后进入堆栈的元素;而在进栈时,最先进入堆栈的元素一定在栈底,最后进栈的元素一定在栈顶。这就是堆栈的操作特点。因为这一特点,堆栈也被称为后进先出表(Last In First Out,简称 LIFO 表)或者先进后出表(First In Last Out,简称 FILO 表)。

在日常生活中,有许多类似堆栈的例子。例如,洗盘子时,把洗干净的盘子一个接一个地向上放(相当于进栈);取用盘子时,则从上面一个接一个地向下拿(相当于出栈)。又如向自动步枪的弹夹装子弹时,子弹被一个接一个地压入(相当于进栈);射击时总是后压入的先射出(相当于出栈)。

(二)堆栈的有关操作

堆栈的基本操作除了在栈顶进行插入和删除外,还有堆栈的初始化、判断空栈以及取栈顶元素等。堆栈的操作比较简单,通常有以下几种基本操作。

1)Push(S,x)

初始条件:堆栈 S 已存在。

操作结果:插入元素 x 为新的栈顶元素。

2)Pop(S)

初始条件:堆栈 S 已存在且非空。

操作结果: 删除 S 的栈顶元素。在实际应用中,被删除的元素往往是有用的,因此在很多情况下,该函数返回栈顶元素,并从堆栈中删除它。

3)StackEmpty(S)

初始条件:堆栈 S 已存在。

操作结果:若栈 S 为空栈,则返回 TRUE,否则返回 FALSE。

4)GetTop(S)

初始条件:堆栈 S 已存在。

操作结果:取得栈 S 的栈顶元素。

要注意区别 Pop(S)和 GetTop(S)操作,Pop(S)要修改栈顶指针,而 GetTop(S)只取得堆栈 S 的栈顶元素而不修改栈顶指针的位置。

5)InitStack(S)

操作结果:构造一个空栈 S。

6)ClearStack(S)

初始条件:堆栈 S 已存在。

操作结果:将堆栈 S 置为空栈。

二、堆栈的顺序存储结构

堆栈属于线性表的范畴,因此线性表的两种存储结构同样也适用于堆栈。最简单的方法就是借助一维数组来描述堆栈的顺序存储结构。

堆栈的顺序存储结构是利用一组地址连续的存储单元依次存放自栈底到栈顶的数据元素。不妨设描述堆栈顺序存储结构的一维数组为 Stack[MAXSIZE]。其中, Stack 为堆栈的名称,数组的上界 MAXSIZE 表示堆栈的最大容量。根据定义,再设置一个整型变量 Top 作为堆栈的栈顶指针,指出某一时刻堆栈栈顶元素的位置。当堆栈不空时,Top 的值就是数组某一元素的下标值;当堆栈为空时,有 Top=-1。这样, Stack[0] 为第一个进入堆栈的元素,Stack[*i*-1] 为第 *i* 个进入堆栈的元素(当没有删除操作时),Stack[Top] 为栈顶元素。

由于堆栈是一个顺序存储结构,因此具有所谓的溢出(overflow)现象。当堆栈中已经有 MAXSIZE 个元素时,如果再做进栈操作则会产生溢出(通常称为上溢)。对空栈进行进出栈操作也会产生溢出(通常称为下溢)。为了避免溢出,在对堆栈进行进栈操作和出栈操作之前,应该分别测试堆栈是否已满或者是否已空。

堆栈的顺序存储结构所使用的数据结构可定义如下。

```
# define MAXSIZE 100/ * 顺序存储空间最大长度 */
typedef int ElemType;/* 数据元素约定为 ElemType,定义它为 int 类型 */
typedef struct SeqStack {
ElemType Stack[MAXSIZE];
int top;/* 栈顶指针,取值范围为 -1,1,…,MAX-1( -1,Max-1 )*/
}SqStack ;
```

根据堆栈的操作和堆栈的顺序存储结构可写出相应的算法。设 S 为具有顺序存储结构的 SqStack 类型的一个堆栈, 1 为具有 ElemType 类型的一个数据元素,则堆栈的各种操作所对应算法如下。

(一)初始化栈算法

1. 算法描述

由于栈空间已经分配,只需要设置栈顶指针 top(顺序存储空间的下标)即可。

2. 算法实现

```
void InitStack( SqStack * S )
{/* 构造一个空栈 S * /
S->top=-1;
}
```

(二)进栈算法

1. 算法描述

(1)检查栈是否已满,栈满则进行"上溢"错误处理。

(2)将栈顶指针上移(加 1)。

(3)将新的数据元素赋给栈顶单元。

2. 算法实现

```
intPush( SqStack n S,ElemType x )
{/* 插入数据元素 x 为新的栈顶元素 */
if( S->≥top== MAXSIZE-1 ){/* 检查栈是否已满 */
```

```
printf( "Overflow" );
return 0;
}
S->top++;
S->Stack[S->top]= x;
return 1;
}
```

（三）出栈算法

1. 算法描述

（1）检查栈是否为空，栈空则进行"下溢"错误处理。

（2）将栈顶元素赋给某个变量 X（若不需要保留，则可省去该步骤）。

（3）将栈顶指针下移（减 1）。

2. 算法实现

```
ElemType Pop( SqStack * S )
{/* 若栈不空,则删除 S 的栈顶元素,用 val 返回其值 */
ElemType val;
if( S->top ==-1 ){/* 检查栈是否为空 */
printf( "Underflow" );
exit( -1 );
}
val = S->Stack[S->top];
S->top--;
return val;
}
```

从该算法可以看出，原栈顶元素仍然存在，只不过栈顶指针不是指向它，而是指向它下面的元素。

（四）取栈顶元素的算法

1. 算法描述

（1）检查栈是否为空，栈空则进行"下溢"错误处理。

（2）返回栈顶元素。

2. 算法实现

```
ElemType GetTop( SqStack * S )
{/* 若栈不空,则返回 S 的栈顶元素 */
if( S->top==-1 ){/* 检查栈是否为空 */
printf( "Underflow" );
```

```
    exit( -1 );
    }
    return S->Stack[S->top];
    }
```

提示:在该算法中栈顶指针 top 保持不变。

(五)清空栈算法

1. 算法描述
此算法很简单,只需将栈顶指针赋值为 -1 即可。

2. 算法实现

```
    void ClearStack( SqStack * S )
    {/* 若栈不空,则将其置空 */
    if( S->top==-1 )/* 检查栈是否已经为空 */
    printf( "Already Empty Stack !" );
    else
    S->top =-1;
    }
```

(六)判断栈是否为空栈的算法

1. 算法描述
只需要判断栈顶指针的值即可。

2. 算法实现

```
    int StackEmpty( SqStack * S )
    {/* 若栈不空,返回错误信息 */
    if( S->top==-1 )/* 检查栈是否为空 */
    return 1;
    else
    return 0;
    }
```

在栈的各种算法中,都不需要进行元素的比较和移动,所以其时间复杂度均为 $O(1)$。

三、堆栈的链式存储结构

堆栈的链式存储结构,有时又称为链接栈或链栈,就是用一个单链表来实现一个堆栈结构。栈中每个元素用一个链节点表示,同时设置一个指针变量(这里不妨仍设为 top)指示当前栈顶元素所在节点的存储位置。当栈为空时,有 top==NULL。

用单链表表示的堆栈,链表中不必设置头节点,链表的第一个节点就是堆栈的栈顶元素所在的节点,最先进栈的元素所在的节点一定是链表的最后一个节点。根据堆栈的定义,在链栈中插入一个新的元素,实际上相当于在该链表的第一个节点之前插入一个新节点。同时,删除链栈的栈顶元素,实际上就是删除链表的第一个节点。因此,只要把单链表的头指针定义为栈顶指针,并且限定只能在链表表头进行插入、删除操作,这个链表就成了链栈。

由于采用了链式存储结构,就不必事先声明一块存储区作为堆栈的存储空间,所以不会有栈满而产生溢出的问题。另外,在一些实际问题中,若不知道或者难以估计将要进栈的元素的最大数量,应该采用链栈。

下面是链栈的插入(进栈)与删除(出栈)算法。

(一)进栈算法

1. 算法描述

(1)申请一个新节点。

(2)将新节点插入到链表的最前面。

2. 算法实现

```
LinkList Push_Link( LinkList Top,ElemType x )
{/* 插入数据元素 x 为新的栈顶元素 */
LinkList p =( LNode * )malloc( sizeof( LNode ));
if( ! p )
return NULL;
p->data = x;
p->next = Top;
Top = p;
return Top;
}
```

(二)出栈算法

1. 算法描述

(1)检查栈是否为空,栈空则进行"下溢"错误处理。

(2)删除栈顶元素,修改 Top 指针。

(3)释放被删节点。

2. 算法实现

```
ElemType Pop_Link( LinkList Top )
{/* 若栈不空,则删除栈顶元素,用 x 返回其值 */
ElemType x;
if( Top==NULL ){/* 检查栈是否为空 */
printf( "Overflow" );
exit( -1 );
}
```

```
else {
p = Top;
x =Top->data;
Top = Top->next;
free( p );
return x;
}
}
```

四、队列的概念及操作

队列是另外一种十分重要的数据结构。队列的操作要求"先进先出",它的操作规则同样也是由线性表某些操作增加了特殊限定条件演化而来的。

(一)队列的定义

数据结构中定义的队列与日常生活中的排队是一致的。例如,在银行排队等待取款,在公共汽车站排队等车等,都是"先来先服务"。新来的成员总是加入队尾,每次离开的成员总是在队头,即入队在队尾进行,而出队在队头进行。

队列（queue）是限定只能在表的一端进行插入操作,而在表的另一端进行删除操作的线性表。其中允许插入的一端称为队尾（rear）,允许删除的一端称为队头（front）。队列的插入操作有时也简称进队或入队,删除操作有时也简称出队。向队列中插入新的元素,则该元素就成为新的队尾元素;从队列中删除元素,其后继元素则成为新的队头元素。由于队列的插入和删除分别在表的两端进行,因此又把队列称为先进先出表（First In First Out,简称FIFO）表。

(二)队列的有关操作

与堆栈类似,队列的操作可以归纳为以下几种。

1)Insert(Q,x)

初始条件:队列 Q 已存在。

操作结果:插入元素 x 为 Q 的新的队尾元素,队尾的位置由 Rear 指出。

2)Delete(Q)

初始条件:队列 Q 已存在且非空。

操作结果:删除 Q 的队头元素,队头的位置由 Front 指出。

3)Empty(Q)

初始条件:队列 Q 已存在。

操作结果:若队列 Q 为空,则返回 TRUE,否则返回 FALSE。

4)GetFront(Q)

初始条件:队列 Q 已存在。

操作结果：取得队列 Q 的队头元素。

要注意区别 Delete(Q)和 GetFront(Q)操作。Delete(Q)要修改队头指针。

5)Create(Q)

操作结果：构造一个空队列 Q。

6)ClearQueue(Q)

初始条件：队列 Q 已存在。

操作结果：将队列 Q 置为空队列。

五、队列的顺序存储结构

由于队列也是一种线性表，因此可以用一维数组来描述队列的顺序存储结构。队列比堆栈的顺序存储结构稍微复杂一点，除了定义一维数组 Queue[MAXSIZE] 来存放队列的元素以外，同时还需要设置两个变量 front 和 rear 分别指出队头元素与队尾元素的位置。为了设计算法的方便以及算法本身的简单，约定队头指针 front 指出实际队头元素所在位置的前一个位置，而队尾指针 rear 指出实际队尾元素所在的位置。

队列的顺序存储结构使用的数据结构定义如下。

```
/* ——————————队列的顺序存储结构—————————— */
# define MAXSIZE 100;/* 队列的最大元素个数 */
typedef int ElemType;/* 数据元素约定为 ElemType,定义它为 int 类型 */
typedef struct SeqQueue {
ElemType Queue[MAXSIZE];
int front,rear; /* 取值范围为 -1,1,…,MAXSIZE-1*/
}SqQueue
```

初始化时，front=rear=-1。测试一个队列是否为空的条件是 front==rear。

设 Q 为一个具有顺序存储结构的 SqQueue 类型的队列，x 为一个具有 ElemType 类型的数据元素，则队列的各种操作所对应的算法如下。

（一）初始化队列算法

算法实现如下。

```
void InitQueue( SqQueue * Q )
{/* 构造一个空队列 Q */
Q->front=Q->rear= -1; )
}
```

（二）进队列（ 插入 ）算法

算法实现如下。

```
int EnQueue( SqQueue * Q,ElemType x )
{ /* 插入数据元素 x 为新的队尾元素 */
```

```
if( Q->rear==MAXSIZE-1 ){/* 检查队列是否已满 */
printf( "Overflow">;
return 0;
}
Q->rear++;
Q->Queue[Q->rear] = x;
return 1
}
```

进队列之前,必须先检测队列是否已满。若队列已满,则需要给出相应的溢出信息;否则,将队尾指针增 1,然后将新的数据元素 1 插入当前队尾指针所指的位置。

(三)出队列(删除)算法

算法实现如下。

```
ElemType DeQueue( SqQueue * Q )
{/* 删除队头数据元素 */
if( Q->front== Q->rear ){/* 检查队列是否为空 */
printf( "Underflow" );
exit( -1 );
}
Q->front++;
return Q->Queue[Q->front] ;
}
```

删除队头元素之前,必须先检测队列是否为空。若队列空,则需要给出相应的处理信息,否则删除队头元素(队头指针增 1)。如果需要,可以把删除的元素作为返回值。应该说明,所谓删除并不是把队头元素从原存储位置上物理删除,只是将队头指针向队尾方向移动一个位置,这样原来的队头元素就不再认为包含在队列中。

在队列的插入算法中,若 Queue[0] 至 Queue[MAXSIZE-1] 均有元素,再进行插入操作就会产生溢出。由于每次删除的总是队头元素,而插入操作又总在队尾进行,队列的动态变化犹如使整个队列向上移动。当队尾指针 rear==MAXSIZE-1 时,再做插入操作就会产生溢出,而实际上这时队列还有许多空的位置。因此,这种溢出称为假溢出。

为了解决假溢出问题,可能的做法是每次删除队头一个元素后,把整个队列往前移动一个位置。这样,删除算法就可以修改为下面的形式。

```
ElemType Delete_Sq( SqQueue * Q )
{/* 删除队头数据元素,将后面的数据元素全部前移一个单元 */
int i;
ElemType x;
```

```
if( Q->rear-1 ){/* 检查队列是否为空 */
printf( "Underflow" );
exit( -1 );
x-Q->Queue[0];
for( i=0; i<=Q->rear-1; i++ )
Q->Queue[i]=Q->Queue[i+1];
rear-- ;
return x;
}
}
```

算法中队头指针就用不着了,因为按这种方法,队头元素的位置总是在队列前端。很显然,该算法似乎不太可取,因为若队列中已有 10 000 个元素,为了删除队头元素,需要移动其他 9 999 个元素,效率太低。

六、循环队列

解决队列假溢出一个巧妙的做法是把队列设想成头尾相连的循环表,使得空间重复使用,问题便得到解决。这种队列通常称为循环队列。当然,这也会带来其他需要加以处理的问题。这时,利用数学中的求模操作(mod),就会使这种循环队列的操作变得简单容易。当队列的第 MAXSIZE-1 个位置被占用以后,只要队列前面还有可用空间,新的元素加入队列时就可以从第 0 个位置开始。

这样,插入算法中修改队尾指针的语句如下。

```
if( Q->rear == MAXSIZE-1 )
Q->rear=0;
else
Q->rear++;
```

修改队尾指针的语句若采用求模操作(%),则可以改成如下赋值语句的形式循环队列。

```
Q->rear=( Q->rear+1 )%MAXSIZE
```

同样,在删除算法中也会有

```
Q->front=( Q->front+1 )%MAXSIZE
```

若修改后的队尾指针满足 Q->rear == Q->front,那么就真的要产生溢出了。

循环队列空和队列满时, front 和 rear 都相同,指向同一个单元。因此,为了解决循环队列空和循环队列满的问题,可以采用少使用一个存储单元的方法。

循环队列空的条件:

```
Q->front == Q->rear
```

循环队列满的条件:

Q->front ==（Q->rear+1）%MAXSIZE

只有当 rear 加 1 以后从"后面"赶上来并等于 front 时才是循环队列满的情况,其余情况下的 front==rear 均表示循环队列空。应该说明的还有一点,满状态下循环队列实际上还有一个空位置(仅一个),但借此能区别"上溢"与"下溢"。当然,循环队列并不是唯一的解决方法。

针对循环队列的基本操作,大致有下列几种操作算法。

(一)循环队列的初始化算法

算法实现如下。

```
int InitQueue（SqQueue * Q）
{/* 构造一个空队列 Q* /
Q->front=Q->rear=0；
}
```

(二)循环队列的清空算法

算法实现如下。

```
void ClearQueue（SqQueue * Q）
{/* 将 Q 清为空队列 */
Q->front=Q->rear=0；
}
```

(三)循环队列的进队列算法

算法实现如下。

```
int EnQueue（SqQueue * Q,ElemType x）
{/* 插入元素 x 为 Q 的新的队尾元素 */
if((Q->rear+1)%MAXSIZE== Q->front)/* 队列满 */
return 0；
Q->Queue[Q->rear]=x；
Q->rear=（Q->rear+1）%MAXSIZE；
return 1；
}
```

(四)循环队列的出队算法

算法实现如下。

```
ElemType DeQueue（SqQueue * Q,ElemType * e）
{/* 若队列不空,则删除 Q 的队头元素,返回其值 */
ElemType x；
```

```
if( Q->front==Q->rear )/* 队列空 */
exit( -1 );
x=Q->Queue[Q->front];
Q->front=( Q->front+1 )%MAXSIZE;
return x;
}
```

(五)循环队列的判断空队列算法

算法实现如下。

```
int QueueEmpty( SqQueue * Q )
{/* 若队列 Q 为空队列,则返回 1,否则返回 0 * /
if( Q->front==Q->rear )/* 队列空的标志 */
return 1;
else
return 0;
}
```

(六)循环队列的求长度算法

算法实现如下。

```
int QueueLength( SqQueue * Q )
{/ * 返回 Q 的元素个数,即队列的长度 */
return( Q->rear - Q->front+ MAXSIZE )%MAXSIZE;
}
```

(七)循环队列的取对头算法

算法实现如下。

```
ElemType GetHead( SqQueue * Q )
{/* 若队列不空,返回 Q 的队头元素 */
if( Q->front==Q->rear )/ * 队列空 */
exit( -1 );
return Q->Queue[Q->front];
}
```

七、队列的链式存储结构

从对链式存储结构的讨论中可以看到,对于在使用过程中数据元素变动较大的数据结构来说,采用链式存储结构比采用顺序存储结构更有利。队列就属于这样一种数据结构。

队列的链式存储结构就是用一个单链表来表示队列,简称链队列。具体来说,把单链表的头指针定义为队头指针 front,在链表最后的节点建立指针 rear 作为队尾指针,并且限定只能在链头 front 端进行出队列(删除)操作,在链尾 rear 端进行进队列(插入)操作,这样这个单链表就构成了一个链队列存储结构。其与顺序存储结构队列不同的另一点是队头指针与队尾指针都是指向实际队列的第一个数据(队头节点)与最后一个数据(队尾节点),即它们分别给出了实际队头元素与实际队尾元素所在链节点的存储地址。

显然,检测链式存储结构下队列是否为空的条件为 front==NULL。实际上,在链队列中插入一个新的数据元素就是在链表的表尾节点后添加一个新节点,而删除一个数据元素就是删除链表的第一个节点。

```
/*————队列的链式存储结构————*/
typedef int ElemType;
typedef struct Node {
ElemType data;
struct Node * next ;
}QNode,* QueuePtr;
typedef struct {
QueuePtr front,rear ;/* 队头、队尾指针 */
}LinkQueue;
```
下面给出链队列的插入与删除操作的算法。

(一)链队列的插入操作(进队)算法

算法实现如下。
```
Insert_Link_Queue( Node front,Node rear, ElemType x )
{/* 插入数据元素 x 为新的队尾元素 */
if( ! ( p=( Node * )malloc( sizeof( Node ))))){/* 检查是否申请成功 */
printf( "No Node" );
exit( );
p->data = x;
p->next = NULL;
if( front==NULL ){
front= p;
rear= p;}/* 插入空队的情况 */
else{
rear->next=p;
rear =p;
}/* 插入非空队的情况 */
return OK;
```

```
      }
```

(二)链队列的删除操作(出队)算法

算法实现如下。

```
Delete_Link_Queue( Node rear , Node front , ElemType x )
{/* 删除链队列的队头元素,并保存在 x 中 */
if( front==NULL ){/* 检查链队列是否为空 */
printf( "Empty !" );
exit( );}
else {
p = front ;
front = front->next ;x= p->data ;
free( p );
}
return OK ;
}
```

第三节　数组

一、数组的定义和操作

人们常把数组定义为"一块连续的存储单元的集合",但是这种说法并未涉及数组的本质。数组应该是下标(index)与值(value)组成的数偶的有序集合。从这个意义上说,就确定了数组的一个下标总有一个相应的数值与之对应。当然,也可以说,数组是有限个同类型数据元素组成的序列。由于这种位置上的有序性是一种线性关系,所以数组的逻辑结构是一种线性结构。从下面讨论有关数组的基本操作中也可以看到,数组是一个定长的线性表。

在 C 语言中,一维数组类型的定义为

　　ElemType array[n];/*ElemType 为 C 语言允许的类型 */

其中, n 是下标,表示 array 中所含值的个数。注意,在 C 语言中,所有的数组都把 0 当作第 1 个元素的下标。

C 语言中允许有多维数组。多维数组最简单的形式是二维数组。二维数组实质上是一个一维数组表。为声明一个大小为 $M \times N$ 的二维数组 tword,应写为

　　ElemType tword[M][N];

一般情况下,数组没有插入、删除操作,因此数组的规模是固定的。

数组的操作有以下几种。

(1)给出一组下标,检索对应数组下标的相应元素。

（2）检索具有某种性质的元素。

（3）给定一组下标,存取或修改相应元素的值。

（4）重新排列数组元素。

二、数组的顺序存储结构

由于对数组不进行插入和删除操作,一旦定义了一个数组,其结构中元素的个数与各个元素之间的相互关系就不再发生变化。因此,数组的存储结构一般都采用顺序分配方式。这样,数组中的元素在位置上是顺序排列的,即第 i 个元素排列在第 $i-1$ 个元素的后面和第 $i+1$ 个元素的前面。因此,元素之间在位置上的排列关系就是一种线性关系,数组的逻辑结构是一种线性结构,可用二元组表示为

$$Array = (A, R)$$

其中

$$A = \{a_i | 0 \leqslant i \leqslant n-1, a_i \in \text{data object} \}$$

$$R = \{\text{row}\}$$

$$\text{row} = \{ <a_i, a_{i+1}> | 0 \leqslant i \leqslant n-2, a_i, a_{i+1} \in A \}$$

数组的存储结构是一种顺序存储结构,即在存储空间上数组的第 $i+1$ 个元素紧接着存储在第 i 个元素存储位置的后面。这样,数组元素之间的线性关系通过顺序存储的方式很自然地反映出来。

由于数组中的每个元素都具有相同的类型,所以在存储空间上都占有相同的字节数（假定为 length）。若第 i 个元素 a_{i-1} 的存储地址（即对应的存储单元中的第一个字节的地址）用 $\text{Loc}(a_{i-1})$ 来表示,则第 $i+1$ 个元素的存储地址为

$$\text{Loc}(a_i) = \text{Loc}(a_{i-1}) + \text{length}$$

若设 base 为数组存储空间的起始地址,即第一个元素 a_0 的存储地址,则数组中任意元素 a_i 的存储地址为

$$\text{Loc}(a_i) = \text{base} + i \times \text{length}$$

这样,只要给出下标 i 就可以立即计算出 a_i 的存储地址,所以可随机地访问数组中的任意元素,并且其访问时间均相同。

在多维数组中,元素之间是有规则的排列。元素的位置一般由下标决定。通常以二维数组作为多维数组的代表来讨论。

数组 a 的逻辑结构是一种嵌套的线性结构,即首先把它看作按行号（第一维下标）排列的具有 m 个元素的线性结构,其中第 i 个元素 a_{i-1} 为对应的第 $i-1$ 行,然后再把 a_{i-1} 看作按列号（第二维下标）排列的具有 n 个元素的线性结构,其中的第 j 个元素为 $a_{i-1,j-1}$。与此对应,数组 a 的存储结构也是嵌套的顺序存储结构,即第 $i+1$ 行元素紧接着存储在第 i 行元素存储位置的后面,而每一行中的所有元素按照列号从小到大的顺序依次存储。假定存储数组 a 的起始地址（即 a_{00} 的地址）用 base 表示,每个元素占用的存储字节数用 length 表示,则任

何一行 a_{i-1} 所占用的存储字节数为 $n \times length$，它的起始地址（该行第一个元素 $a_{i-1,0}$ 的存储地址）为

base+（ i-1 ）$\times n \times$ length

该行中任意元素 $a_{i-1,j-1}$ 的存储地址为

$Loc(a_{i-1,j-1}) = $ base+（ i-1 ）$\times n \times$ length+（ j-1 ）$\times$ length

更高维结构的数组也可以进行类似的分析。例如，对于下面定义的具有三维结构的数组：

ElemType a[s][m][n]

其中，任意元素的存储地址为

$Loc(a_{i-1,j-1,k-1}) = $ base+（ i-1 ）$\times m \times n \times$ length+（ j-1 ）$\times n \times$ length+（ k-1 ）$\times$ length

需要指出的是，有的计算机程序设计语言的数组定义和存储分配与 C 语言不同，如 FORTRAN 语言。C 语言按照一行一行的形式存放数据，称为以行为主序存储；而 FORTRAN.MATLAB 等语言则以列为主序存储数据元素。

三、特殊矩阵的压缩存储

在科学与工程计算问题中常常涉及矩阵运算。一个 m 行 n 列的矩阵共有 $m \times n$ 个矩阵元素。若 $m = n$，则称该矩阵为 n 阶方阵。下面主要介绍矩阵在计算机内的有效存储方法和对应的各种操作。

在程序设计语言中不提供矩阵运算的各种功能。一般情况下，人们在利用程序设计语言编程时，很自然地就会将矩阵的元素存储在一个数组中。由于这种方法可以随机访问每一个元素，因而能够容易地实现矩阵的各种运算。

在对矩阵进行处理时，常出现一些阶数很高的特殊矩阵，其特殊性在于矩阵中往往有许多值相同的元素或者 0 元素。称具有许多相同元素或者 0 元素分布有一定规律的矩阵为特殊矩阵；而称具有较多 0 元素的矩阵为稀疏矩阵。对于特殊矩阵，如果采用前面提到的方法，必然会浪费大量的存储空间来存放实际上不必要的压缩存储元素。为了节省存储空间，可以对这些矩阵进行压缩存储。所谓压缩存储，就是为多个值相同的元素只分配一个存储空间，对 0 元素不分配存储空间。例如，一个 1 000×1 000 的矩阵中有 800 个非 0 元素，只需给这 800 个元素分配存储空间即可，这样可以节省大量的存储空间。

下面分别讨论对称矩阵和对角矩阵的压缩存储方法。

（一）对称矩阵的压缩存储

若一个 n 阶矩阵 A 的元素满足性质

$a_{ij} = a_{ji}$ $0 \leqslant ij \leqslant n-1$

则称该矩阵为对称矩阵。

n 阶对称矩阵中几乎有一半的元素是相同的，因此不必为每个矩阵元素都分配存储单元，只需为每一对对称元素分配一个存储单元。这样，n 阶对称矩阵的 n^2 个元素就压缩到

$n(n+1)/2$ 个元素的存储单元中。为不失一般性,以行序为主序方式存储对称矩阵下三角形(包括主对角线元素)的元素。

设一维数组 $fa[n(n+1)/2]$ 作为 n 阶对称矩阵 A 的存储结构,当 A 中任意一个元素 $a_{i-1,j-1}$ 与 $fa[k]$ 之间存在如下对应关系时,则有 $a_{i-1,j-1}=fa[k]$。

$$k=\begin{cases}\dfrac{i(i+1)}{2}+j & \text{当} i \geqslant j \text{ 时}\\[2mm]\dfrac{j(j+1)}{2}+i & \text{当} i < j \text{ 时}\end{cases} \tag{5-6}$$

也就是说,任意一组下标值 $(i-1,j-1)$ 均可以在 fa 中找到矩阵 A 的元素 $a_{i-1,j-1}$;反之,对所有 $k=0,1,2,\cdots,a[n(n+1)/2]-1$,都能确定 $fa[k]$ 在矩阵 A 中的位置 $(i-1,j-1)$。因此,称 $fa[n(n+1)/2]$ 为 n 阶对称矩阵 A 的压缩存储。

这种压缩存储的方式同样也适用于三角矩阵。

(二)对角矩阵的压缩存储

对角矩阵是指矩阵的所有非 0 元素都集中在以主对角线为中心的带状区域中,即除了主对角线和直接在主对角线上、下方若干条对角线上的元素之外,其余元素均为 0。

也可以按照某个原则(或者以行序为主序,或者以列序为主序,或者按对角线的顺序)将对角矩阵的所有非 0 元素压缩存储到一个一维数组 $fb[3n-2]$ 中。这里不妨仍然以行序为主序对对角矩阵进行压缩存储,当任意一个非 0 元素 $a_{i-1,j-1}$ 与 $fb[k]$ 之间存在如下对应关系 $k=2i+j$,则有 $a_{i-1,j-1}=fb[k]$,称 $fb[3n-2]$ 为对角矩阵的压缩存储。

上面讨论的几种特殊矩阵中,非 0 元素的分布都具有明显的规律,因而都可以被压缩存储到一个一维数组中,并能够确定这些矩阵的每个非 0 元素在一维数组中的存储位置。但是,对于那些非 0 元素在矩阵中的分布没有规律的特殊矩阵(如稀疏矩阵),则需要寻求其他方法来解决压缩存储问题。

四、稀疏矩阵的表示法

在计算机中,存储矩阵的一般方法是采用二维数组,其优点是可以随机地访问每一个元素,因而容易实现矩阵的各种运算。但当一个矩阵中非零元素的个数远远少于零元素的个数时,称之为稀疏矩阵。一般情况下,当非零元素的个数只占矩阵元素总数的 25%~30%,或低于这个百分数时,就可以把这个矩阵看作稀疏矩阵。在存储稀疏矩阵时,为了节省存储单元,压缩存储方法是只存储非零元素。但由于非零元素在矩阵中的分布一般是没有规律的,因此在存储非零元素的同时,还必须存储适当的辅助信息。下面主要介绍采用三元组表示法和十字链表表示法的压缩存储。

(一)三元组表示法

对于稀疏矩阵中的每个非 0 元素,可用它所在的行号、列号以及元素值的三元组 $(i,j,a_{i,j})$ 来表示,若把所有的三元组先按照行号从小到大的顺序,同一行再按照列号从小到大的顺序进行排列,那么就构成一个表示稀疏矩阵的三元组线性表。

(二)三元组顺序存储结构

稀疏矩阵的顺序存储就是对其相应的三元组线性表进行顺序存储。设一个稀疏矩阵具有 m 行和 n 列,其非零元素的个数为 t,并假定非零元素均为整型数,则它的顺序存储结构可以描述如下。

```
/*————————稀疏矩阵的三元组顺序表存储结构——————————*/
# define MAXSIZE 100/* 非零元个数的最大值 */
typedef int ElemType;/* 数据元素类型 */
typedef struct {
int i,j;/* 行下标,列下标 */
ElemType e;/* 非零元素值 */
}Triple;
typedef struct {
Triple data[MAXSIZE+1];/* 非零元三元组表,data[o] 未用 */
int mu,nu,tu;/* 矩阵的行数、列数和非零元个数 */
}TSMatrix;
```

其中,常量 MAXSIZE 应大于或等于稀疏矩阵中非零元素的个数 t,具体值由用户决定。在被定义的三列二维数组空间中,从第一行开始依次存放三元组线性表中的每个元素,使得每行的三个单元分别存放同一个三元组中的行号、列号及元素值,第 0 行的三个单元用来存放稀疏矩阵的行数 m、列数 n 和非零元素的个数 t。

(三)三元组链式存储结构

稀疏矩阵的链式存储就是对其相应的三元组线性表进行链式存储,下面介绍两种链式存储的方法。

1. 带行指针的链式存储

在带行指针的链式存储中,需要把具有相同行号的三元组节点按照列号从小到大的顺序链接成一个单链表,每个三元组节点的类型可定义为

```
typedef struct MatNode {
int row,col;
elemtype val;
struct MatNode * next;
}MatNode;
```

其中,row、col、val 域分别存储三元组中的行号、列号和元素值,next 域存储指向本行下一个节点的指针,当然对本行的最后一个节点来说,其 next 域的值为空。

在这种链式存储中,还需要定义一个行指针数组,该数组中的第一个单元用来存储稀疏矩阵中第 i 行所对应单链表的表头指针。行指针数组的类型可定义为

```
struct MatNode*vectype[MAXCOL];
```

其中,常量 MAXCOL 表示稀疏矩阵中的行数。

2.十字链表存储

十字链表存储就是既带行指针向量又带列指针向量的链式存储。在这种链式存储中,每个三元组节点既处于同一行的单链表中,又处于同一列的单链表中,即处于所在的行单链表和列单链表的交点处。在十字链表存储中,存储结构可以描述如下。

```
/*——————稀疏矩阵的十字链表存储结构——————*/
typedef struct OLNode{
ElemType e;/* 非零元素值 */
int i,j;/* 该非零元的行和列下标 */
struct OLNode * right,* down;/* 该非零元所在行表和列表的后继链域 */
}OLNode,* OLink;
typedef struct {
OLink * rhead,* chead;/* 行和列链表头指针向量基址 */
int mu,nu,tu;/* 稀疏矩阵的行数、列数和非零元个数 */
}CrossList;
```

其中, down 域用来存储指向本列下一个节点的指针, right 域用来存储指向本行下一个节点的指针。

五、稀疏矩阵的运算

(一)稀疏矩阵的转置算法

数组 Bas 中三元组是以稀疏矩阵 N 中元素的行号(对应转置矩阵 M 中的列号)从小到大的顺序排列,若行号相同,再以列号(对应 M 中的行号)从小到大的顺序排列。

下面根据已知数组 A 求 Bas 来讨论进行稀疏矩阵转置运算的两种方法。

第一种方法需要对数组 A 进行 n 次扫描(n 为 M 的列数,即 N 的行数)才能完成。具体来说,第一次扫描把第二列中值等于0(列号为0)所在的三元组(对应 N 中第一行非零元素所构成的三元组)按照从上到下(行号从小到大)的顺序写入到数组 Bas 中,第二次扫描把第二列中值等于1(列号为1)所在的三元组(对应 N 中第二行非零元素所构成的三元组)按照从上到下的顺序接着写入到数组 Bas 中,依次类推。

算法实现如下。

```
int TransposeSMatrix( TSMatrix M,TSMatrix *T )
{/* 求稀疏矩阵 M 的转置矩阵 T*/
int p.q,col;
T->mu= M.nu;
T->nu=M. mu;
```

```
T->tu=M. tu;
if( T->tu ){
q=l;
for( col=1; col<=M.nu;++col )
for( p=l; p<=M.tu;++p )
if( M. data[p].j==col ){
T->data[q].i=M.data[p].j;
T->data[q].j=M.data[p].i;
T->data[q]. e=M.data[p].e;
++q;
}
}
return 1;
}
```

此算法的运行时间主要取决于双重循环,故算法的时间复杂度为 $O(nt)$,即同 M 的列数与非零元素个数的乘积成正比。

第二种方法只需要对数组 A 进行两次扫描,第一次扫描统计出 M 中每一列(对应 N 中每一行)非零元素的个数,由此求出每一列的第一个非零元素(对应 N 中每一行的第一个非零元素)在数组 B 中应有的位置,第二次扫描把数组 A 中的每一个三元组写入数组 B 中确定的位置上。

设 col 表示 M 中的列号(对应 N 中的行号), num 和 pot 均表示具有 n(n 为 M 中的列数,即 N 中的行数)个分量的向量, num 向量的第 col 个分量(即 num[col])用来统计第 col 列中非零元素的个数, pot 向量的第 col 个分量(pot[col])用来指向第 col 列的下一个非零元素在数组 B 中的存储位置(行号),显然 pot 向量的第 col 个分量的初始值(第 col 列的第一个非零元素在数组 B 中的存储位置)应由下式计算:

$$\begin{cases} \text{pot}[0]=1 \\ \text{pot}[coll]=\text{pot}[col-1]+\text{num}[col-1] & (1\leqslant col\leqslant n-1) \end{cases}$$

根据上面的数组 A,得到 num 向量的各分量值和 pot 向量各分量的初始值,见表5-1。

表 5-1 　 num 向量和 pot 向量各分量的初始值

col	0	1	2	3	4	5
num[col]	2	0	3	1	1	0
pot[col]	1	3	3	6	7	8

算法实现如下。
```
int FastTransposeSMatrix( TSMatrix M,TSMatrix * T )
```

```
{/* 快速求稀疏矩阵 M 的转置矩阵 T*/
int p,q,t,col,* num, * cpot;
num=( int * )malloc(( M.nu+1 )* sizeof( int ));/* 生成数组( [0] 不用 )*/
cpot=( int * )malloc(( M.nu+1 )*sizeof( int ));/* 生成数组( [0] 不用 )*/
T->mu=M.nu;
T->nu=M. mu;
T->tu=M. tu;
if( T->tu ){
for( col=l ; col<=M.nu;++col )
num[col]=0;/* 设初值 */
for( t=l; t<=M. tu;++t )/* 求 M 中每一列非零元素个数 */
++num[M.data[t].j];
cpotL[1]=1;
/* 求第 col 列中第一个非零元在 T->data 中的序号 */
for( col=2;col<= M.nu;++col )
cpot[col]= cpot[col-1]+num[col-1];
for( p=1; p<=M.tu;++p ){
col=M.data[p].j;
q=cpot[col];
T->data[q]. i=M.data[p].j;
T->data[q].j=M.data[p].i;
T->data[q].e=M. data[p].e;
++cpotLco;
}
}
free( num );
free( cpot );
return l;
}
```

此算法的运行时间主要取决于四个并列的单循环,算法的时间复杂度为 $O(n+t)$,显然它比第一种算法的时间复杂度要好得多。因此,通常把此算法称作快速转置算法。

(二)稀疏矩阵创建算法

算法实现如下。

```
int CreateSMatrix( TSMatrix * M )
{/* 创建稀疏矩阵 M */
```

```
int i,m,n;
ElemType e;int k;
printf("请输入矩阵的行数、列数、非零元个数:");
scanf("%d,%d,%d",&M->mu,&M->nu,&M->tu);
M->data[0].i=0;/* 为以下比较顺序做准备 */
for(i=1;i<=M->tu; i++){
do {
printf("请按行序顺序输入第 %d 个非零元素所在的行（1~%d）,列（1~%d）,元素
值:",i,M->mu,M->nu);
scanf("%d,%d,%d",&m,&n,&e);
k=0;
if( m<1||m>M->mu||n<1||n>M->nu )/* 行或列超出范围 */
k=1;
/* 行或列的顺序有错 */
if( m<M->data[i-1].i||m==M->data[i-1].i8&&n<=M->data[i-1].j )
k=1;
}while( k );
M->data[i].i=m;
M->data[i].j=n;
M->data[i].e=e;
}
return 1;
}
```

第四节　字符串

一、字符串的概念和基本操作

下面给出的有关字符串的概念以及涉及的有关基本术语是正确掌握和理解字符串的存储结构和一些基本算法的基础。

（一）字符串的定义

字符串(string,或称串)是由 $n(n{\geqslant}0)$ 个字符组成的有限序列,通常记作

$$S = "a_1a_2\cdots a_i\cdots a_n"$$

其中, S 为字符串名(也称串变量); 双引号作为字符串的起止定界符,它不属于字符串本身的字符; 双引号之间的字符序列为串值; $a_i(1{\leqslant}i{\leqslant}n)$ 表示字符串中的第 i 个字符, n 表示字符

串中字符的个数,称为字符串的长度;当 $n=0$ 时,表示一个空串,即串中不含任何字符;当 $n=1$ 时,表示只含一个字符的串,相当于 C 语言中的一个字符型数据;一般的程序设计语言规定,n 最大不允许超过 255。

这里有两点需要说明。

(1)串值必须用一对双引号括起来,但双引号不属于字符串,只是为了避免串值与串名或者数的常量名相混淆而已。

(2)要注意由一个或多个空格符组成的空格串与空串的区别。空串的含义是本身不包含任何字符,即它的长度为 0;而空格串是由空格符组成的非空字符串,其长度是空格符的个数。

另外,还有几个有关字符串的概念,在设计算法时经常用到。把字符串 S 中任意个连续的字符所组成的子序列 T 称为 S 的子串,而把 S 称为 T 的主串。字符在字符序列中的序号称为该字符的位置。而子串在主串中的位置是指在主串中第一次出现的子串的第一个字符在主串中的位置。

两个字符串相等的充分必要条件是参加比较的两个字符串长度相同,而且对应位置上的字符也相同。

(二)字符串的基本操作

从字符串的定义来看,字符串属于数据元素类型为字符的一种线性表,因此对线性表的一切操作都能够对字符串进行。下面给出一些字符串的基本操作。

1)Assign(T,chs)

初始条件:chs 是字符串常量。

操作结果:将 chs 的值赋给 T。

2)Concat(U,S1,S2)

初始条件:S1 和 S2 是两个字符串。

操作结果:S1 和 S2 连接生成新串 U。

3)Length(S)

初始条件:S 是字符串。

操作结果:返回 S 的元素个数,即长度。

4)Substring(Sub,S,pos,len)

初始条件:S 是字符串,$1 \leqslant pos \leqslant Length(S)$ 且 $0 \leqslant len \leqslant Length(S)-pos+1$。

操作结果:用 Sub 返回串 S 的第 pos 个开始长度为 len 的子串。

5)Index(S,T)

初始条件:S 和 T 是字符串,T 是非空串。

操作结果:若主串 S 中存在和串 T 值相同的子串,则返回它在主串 S 中第一次出现的位置;否则函数值为 0。

6）Replace（S,T,V）

初始条件:S、T、V是字符串,T是非空串。

操作结果:用V替换主串S中出现的所有与T相等的子串。

7）Copy（S1,S2）

初始条件:S1和S2是字符串。

操作结果:将S1的值复制到S2。

8）Insert（S,pos,T）

初始条件:S和T是字符串,$1 \leqslant pos \leqslant Length（S）+1$。

操作结果:在S的第pos个位置之前插入T。

9）Delete（S,pos,len）

初始条件:S是字符串,$1 \leqslant pos \leqslant Length（S）-len+1$。

操作结果:从串S中删除第pos个字符起长度为len的子串。

10）Compare（S,T）

初始条件:S和T是字符串。

操作结果:若$S>T$,则返回值大于0;若$S=T$,则返回值等于0;若$S \leqslant T$,则返回值小于0。

在上述的基本操作中,Assign、Compare、Length、Concat和Substring这五种操作是字符串类型的最小操作子集,即这些操作不可能利用其他字符串操作来实现,反之其他字符串操作均可在这个最小操作子集上实现。

利用上面的字符串操作函数,可以完成基本的字符串操作,如对Concat、Substring、Index和Replace函数,可通过下面的例子予以说明。

若S="china",T="in",pos=2,len=3,V="beijing",Sl="intel",S2="microsoft",则

　　Concat（U,S1,S2）="intelmicrosoft"

　　Substring（Sub,S,pos,len）="hin"

　　Index（S,T,pos）=3

　　Replace（S,T,V）="chbeijinga"

二、字符串的存储结构

在大多数非数值处理的程序中,串是一种操作对象。与程序中出现的其他变量一样,可以给串一个变量名,操作时可以通过串变量名访问串值。因此,一些程序设计语言（如C语言）通常将串定义为字符型数组,通过串名可以直接访问到串值。这种情况下,串值的存储分配是在编译时（预先分配存储空间）进行的,即所谓的静态存储分配。另一种情况就是串值的动态存储分配。

另一方面,从串的定义可以看到,串仍然是一种线性结构。因此,线性表的顺序分配方式与动态分配方式对串也是适用的。但是要注意,对串进行某种操作之前,要根据不同情况对串选择合适的存储结构。例如,对串的插入和删除操作,采用顺序存储结构是很不方便的,但采用链式存储结构却十分方便;对于访问串中单个字符,采用链式存储结构较简单,但

要访问一组连续的字符,采用顺序存储结构比采用链式存储结构更方便。

（一）字符串的顺序存储结构

由串的递归定义可知,串仍然是一种线性结构,因此可采用顺序存储结构来存储字符串,即用一组地址连续的存储单元存储串值的字符序列。在串的顺序存储结构中,按照预先定义的大小,为每个定义的串变量分配一个固定长度的存储区,则可用定长数组以如下方式描述顺序存储结构。

/*——————串的定长顺序存储结构——————— * /

define MaxStringLength 255/ * 在 255 以内任意定义最大串长 */

typedef char SString[MaxStringLength+1];/* 0 号单元存放串的长度 */

串的实际长度可在预定义长度的范围内随意取值,超出预定义长度的串值则被舍去,称为"截断"。

对串长有两种表示方法:一种是如上述定义描述的那样,采用固定长度,以下标为 0 的存储单元存放串的实际长度;另一种是设置长度指针,在串值后面增加一个不计入串长的结束标记字符,如在 C 语言中以"\0"表示串值的终结。用这种方法表示时,串长为隐含值,显然不便于进行某些串操作。

下面主要讨论固定长度顺序存储。为了更好地理解一些算法,现给出一个例子以说明有关的概念。假设有:

char str1[12], str2[11];

char strout[8];

若分别通过输入语句把字符串 "China163""E-mail box"和"international"赋给变量 str1、str2 和 strout。

其中,下标为 0 的存储单元存放的是字符串的长度,为括号中的数值。如果字符串的长度大于存储空间的单元个数,则发生"截断"现象。在后面进行算法设计时,如出现该现象,则做"溢出"处理。

（二）字符串的链式存储结构

串值的存储也可以采用链式存储结构,即用不带头节点的线性链表存储。串的链式存储结构是将存储空间分成一系列大小相同的节点,每个节点的构造为

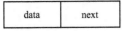

其中, data 域存放字符;next 域存放指向下一个节点的指针。这样,一个串就可以用一个线性链表来表示。在串的链表结构中常常涉及节点的大小,即节点的 data 域存放字符的个数。通常情况下,节点的大小为 4 或 1。当节点的大小为 4 时（有时称这种链表为块链）,串所占用的节点中最后那个节点的 data 域可能没有全部占满,这时不足的位置均补上不属于字符集中的特殊字符,如符号 Φ。

字符串的链式存储结构描述如下。

```
/*——————串的链式存储结构——————*/
#define BlockSize 4/* 用户定义的块大小 */
typedef struct Chunk {
char ch[BlockSize];
struct Chunk * next ;
}Chunk;
```

对采用链式存储结构的串进行插入和删除操作十分方便,只要相应地修改链节点的指针就可以实现。节点大小为 1 的链表,虽然存储开销稍大一些,但形式简单,更便于进行插入和删除操作。有时在链表的最前面设置一个头节点,头节点的数据域中存放串的长度,这样可能会给操作带来一些方便。

在串的链式存储结构中,除了可用节点大小相同的定长节点链表外,还可以采用节点大小不固定的变长节点链表,这要根据问题来确定。其实,串的链式存储结构不如顺序存储结构使用广泛。

三、字符串操作的算法

由于字符串具有多种数据类型的特点,所以字符串的操作非常丰富,下面仅对字符串在顺序存储结构下的一些基本操作进行讨论。

(一)字符串的赋值算法

算法实现如下。

```
int StrAssign( SString T,char * chars )
{/* 生成一个其值等于 chars 的串 T*/
int i;
if( strlen( chars )>MaxStringLength )
return 0;
else {
T[0]=strlen( chars ) ;
for( i=l; i<=T[0];i++ )
T[i]= *( chars+i-1 );
return l;
}
}
```

(二)字符串的比较算法

算法实现如下。

```
int StrCompare( SString s,sString T )
{/* 若 S>T,则返回值大于 0;若 S=T,则返回值等于 0;若 S<T,则返回值小于 0*/
```

```
int i;
for( i=1; i<=S[0]&&i<=T[0];++i )
if( S[i]! =T[i] )
return S[i]-T[i];
return s[0]-T[0];
}
```

（三）求字符串长度算法

算法实现如下。

```
int StrLength( SString s )
{/* 返回串的元素个数 */
return s[0];
}
```

（四）字符串的连接算法

算法实现如下。

```
int Concat( SString T , SString S1 , sString S2 )
{/* 用 T 返回 S1 和 S2 连接而成的新串。若未截断,则返回 1,否则返回 0 */
int i;
if( S1[0]+S2[0]<=MaxStringLength ){
/* 未截断 */
for( i=1; i<=S1[0];i++ )
T[i]=S1[i];
for( i=1; i<=S2[0];i++ )
T[S1[0]+i]=S2[i];
T[0]=S1[0]+S2[0];
return 1;
}else {
/* 截断 S2 */
for( i=1;i<=S1[0]; i++ )
T[i]=S1[i];
for( i=1; i<=MaxStringLength-S1[0]; i++ )
T[S1[0]+i]=S2[i];
T[0]=MaxStringLength;
return 0;
}
}
```

(五)求字符串的子串算法

算法实现如下。

```
int SubString( SString Sub,SString S,int pos ,int len )
{/* 用 Sub 返回串 S 的第 pos 个字符起长度为 len 的子串 */
int i;
if( pos<1||pos>S[0]||len<0||len>S[0]-pos+1 )
return 0;
for( i=1; i<=len; i++ )
Sub[i]=s[pos+i-1];
Sub[0]=len;
return 1;
}
```

(六)删除子串算法

算法实现如下。

```
int StrDelete( SString S,int pos, int len )
{ /* 串 S 存在,1≤pos≤StrLength( S )-len+1 */
/* 操作结果:从串 S 中删除第 pos 个字符起长度为 len 的子串 */
int i;
if( pos<1||pos>S[0]-len+1||len<0 )
return 0;
for( i= pos+len; i<=S[0];i++ )
S[i-len]=S[i];
S[0]-=len;
return 1;
}
```

(七)插入子串算法

算法实现如下。

```
int StrInsert( SString S,int pos , SString T )
{/* 串 S 和 T 存在,1≤pos≤StrLength( S )+1 */
/* 操作结果: 在串 S 的第 pos 个字符之前插入串 T。完全插入返回 1,部分插入返
回 0*/
int i;
if( pos<1||pos>S[0]+1 )
return 0;
```

```
if( S[0]+T[0]<=MaxStringLength ){
/* 完全插入 */
for( i=S[0]; i>=pos; i-- )
S[i+T[0]]=S[i];
for( i=pos; i<pos+T[0]; i++ )
S[i]=T[i-pos+1];
S[0]=S[0]+T[0];
return 1;
}else {
/* 部分插入 */
for( i= MaxStringLength; i<=pos; i-- )
S[i]=S[i-T[0]];
for( i= pos; i<pos+T[0]; i++ )
S[i]=T[i-pos+1];
S[0]=MaxStringLength;
return 0;
}
}
```

（八）字符串的替换算法

算法实现如下。

```
int Replace( SString S,SString T,SString V )
{/* 串 S、T 和 V 存在,T 是非空串 */
/* 操作结果:用 V 替换主串 S 中出现的所有与 T 相等的不重叠子串 */
int i=1;/* 从串 S 的第一个字符起查找串 T*/
if( StrEmpty( T ))/*T 是空串 *,/
return 0;
do {
i=Index(S,T,i);/* 结果 i 为从上一个 i 之后找到的子串 T 的位置 */
If( i ){/* 串 S 中存在串 T*/
StrDelete( S,i,StrLength( T ));/* 删除该串 T*/
StrInsert( S,i, V );/* 在原串 T 的位置插入串 V*/
I+=StrLength( V );/* 在插入的串 V 后面继续查找串 T*/
}
}while( i );
return 1;
}
```

四、串的模式匹配算法

子串在主串中的定位称为模式匹配或串匹配（字符串匹配）。模式匹配成功是指在主串 S（source，长度为 n）中能够找到模式串 T（pattern，长度为 m），否则称模式串 T 在主串 S 中不存在。

模式匹配的应用非常广泛。例如，在文本编辑程序中，经常要查找某一特定单词在文本中出现的位置。显然，解决此问题的有效算法能极大地提高文本编辑程序的响应性能。

模式匹配是一个较为复杂的串操作过程。迄今为止，人们对串的模式匹配提出了许多思想和效率各不相同的算法，下面介绍其中两种主要的算法。

（一）Brute-Force 模式匹配算法

下面讨论的非空字符串假设第一个字符存放在下标为 0 的位置，其余以此类推。设 S 为目标串，T 为模式串，且设

$$S = "s_0 s_1 s_2 \cdots s_{n-1}", T = "t_0 t_1 t_2 \cdots t_{m-1}"$$

串的匹配实际上是对合法的位置 i（$0 \leqslant i \leqslant n-m$）依次将目标串中的子串 $s[i \cdots i+m-1]$ 和模式串 $t[0 \cdots m-1]$ 进行比较。

（1）若 $s[i \cdots i+m-1] = t[0 \cdots m-1]$，则称从位置 i 开始的匹配成功，亦称模式 t 在目标 s 中出现。

（2）若 $s[i \cdots i+m-1] \neq t[0 \cdots m-1]$，那么从 i 开始的匹配失败。

位置 i 称为位移。当 $s[i \cdots i+m-1] = t[0 \cdots m-1]$ 时，i 称为有效位移；当 $s[i \cdots i+m-1] \neq t[0 \cdots m-1]$ 时，i 称为无效位移。

这样，串匹配问题可简化为找出某给定模式 T 在给定目标串 S 中首次出现的有效位移。算法实现如下。

```
/*————字符串的存储结构————*/
# define MAXSIZE 100
typedef struct string {
char str[MAXSIZE];
int length;
}StringType;
int IndexString( StringType s, StringType t, int pos )
{/* 采用顺序存储方式存储主串 s 和模式 t */
/* 若模式 t 在主串 s 中从第 pos 位置开始有匹配的子串,返回位置,否则返回 -1 */
char * p, * q;
int k,j ;
k=pos-1 ;
j=0;
```

```
p=s.str+pos-1;
q=t.str;
/* 初始匹配位置设置 */
/* 顺序存放时第 pos 个位置的下标值为 pos-1 */
while((k<s.length)&&(j<t.length)){
if( * p== *q )
p++;
q++;
k++;
j++;
} else {
k=k-j+1;
j=0;
q=t.str;
p=s.str+k;
}
/* 重新设置匹配位置 */
}
if( j==t.length )
return( k-t. length );/* 匹配,返回位置 */
else return( -1 );　/* 不匹配,返回 -1 */
}
```

该算法简单,易于理解。在一些场合的应用中,如文字处理中的文本编辑,其效率较高。该算法的时间复杂度为 $O(nm)$,其中 n, m 分别是主串和模式串的长度。通常在实际运行过程中,该算法的执行时间近似于 $O(n+m)$。然而,针对一些特殊的字符串,该算法效率很低,因此学者们提出了一些改进的算法。

理解 Brute-Force 算法的关键点。

(1)当第一次 $s_k \neq t_j$ 时,主串要退回到 $k-j+1$ 的位置,而模式串也要退回到第一个字符(即 $j=0$ 的位置)。

(2)比较出现 $s_k \neq t_j$ 时,则应该有 $s_{k-1}=t_{j-1}, \cdots, s_{k-j+1}=t_1, s_{k-j}=t_0$。

(二)模式匹配的一种改进算法 KMP

KMP 算法的改进在于每当一趟匹配过程出现字符不相等,主串指针 i 不用回溯,而是利用已经得到的"部分匹配"结果,将模式串向右"滑动"尽可能远的一段距离后,继续进行比较。

KMP 算法就是一种基于分析模式串 T 蕴含信息的改进算法。

下面来分析如何获取 T 所蕴含的相关信息。不失一般性,设主串 S 的长度为 n,模式串 P 的长度为 m,即主串 "$S = s_1 s_2 \cdots s_n$",模式串 "$P = p_1 p_2 \cdots p_m$"。当 $s_i \neq p_j (1 \leq i \leq n-m,$ $1 \leq j < m, m < n)$ 时,主串 S 的指针 i 不必回溯,而模式串 P 的指针 j 回溯到第 k $(k \leq j)$ 个字符继续比较,则模式串 P 的前 $k-1$ 个字符必须满足式(5-1),而且不可能存在 $k' > k$ 满足式(5-7)。

$$p_1 p_2 \cdots p_{k-1} = s_{i-(k-1)} s_{i-(k-2)} \cdots s_{i-2} s_{i-1} \tag{5-7}$$

而已经得到的"部分匹配"的结果为

$$p_{j-(k-1)} p_{j-(k-2)} \cdots p_{j-1} = s_{i-(k-1)} s_{i-(k-2)} \cdots s_{i-2} s_{i-1} \tag{5-8}$$

由式(5-7)和式(5-8)得

$$p_1 p_2 \cdots p_{k-1} = p_{j-(k-1)} p_{j-(k-2)} \cdots p_{j-1} \tag{5-9}$$

实际上,式(5-9)描述了模式串中存在相互重叠的子串的情况。总之,在主串 S 与模式串 P 的匹配过程中,一旦出现 $s_i \neq p_j$,主串 S 的指针不必回溯,而是直接与模式串的 $p_k(1 \leq k < j-1)$ 进行比较,而 k 的取值与主串 S 无关,只与模式串 P 本身的构成有关,即从模式串 P 可求得 k 值。

设 $k = next[j]$,则 $next[j]$ 表明当模式中的第 j 个字符与主串中相应位置上的字符"不匹配"时,在模式中需要重新和主串中"不匹配"字符比较的位置。

定义 $next[j]$ 函数为

$$next[j] = \left\{ \text{Max} \left\{ k | 1 < k < j, \text{且 } "p_1 p_2 \cdots p_{k-1}" = "p_{j-k+1} p_{j-k+2} \cdots p_{j-1}" \right\} \right.$$

算法实现如下。

```
void next_val( StringType t, int next[] )
{/* 求模式 t 的 next_val 串 t 函数值并保存在 next 数组中 */
int i=0,j=-1;
next[i]=-1;
while( i<t. length-1 ){
if(( j==-1 )||( t. str[i]==t.str[j] )){
i++;
j++;
if( t. strL[i]! =t.str[j] )
next[i]=j;
else next[i]=next[j];
} else j=next[j];
}
}
```

在求得 $next[j]$ 值之后,KMP 算法的思想如下。

设目标串(主串)为 S,模式串为 P,并设 i 指针和 j 指针分别指示目标串和模式串中正待比较的字符,设 i 和 j 的初值均为 0(C 语言下标从 0 开始)。若有 $s_i = s_j$,则 i 和 j 分别加 1,否则,i 不变,j 退回到 $j = $ next[j] 的位置,再比较 s_i 和 p_j,若相等,则 i 和 j 分别加 1;否则,i 不变,j 再次退回到 $j = $ next[j] 的位置。依次类推,直到下列两种可能。

(1)j 退回到某个 next[j] 值时字符比较相等,则指针各自加 1 继续进行匹配。

(2)j 退回到 -1,将 i 和 j 分别加 1,即从主串的下一个字符 s_{i+1} 模式串的 P 重新开始匹配。

KMP 算法实现如下。

```
int KMP_index( StringType s, StringType t )
{/* 用 KMP 算法进行模式匹配,匹配返回位置,否则返回 -1 */
int k=0 ,j=0 ;/* 初始匹配位置设置 */
while (( k<s.length ).&.( j<t.length )){
if(( j==-1 )||( s.str[k]==t.str[j] )){
k++ ;
j++ ;
}else j=next[j] ;
}
if( j>= t. length )
return( k-t. length );
else
return( -1 );
}
```

思考题

1. 空间数据的存储结构是什么?
2. 空间数据的算法包括哪些?

第六章　空间数据库查询与设计

导读：

空间数据库管理系统运行,明确空间数据处理以 Client/Server 为设计运行体系,利用 JDBC 连接空间数据库,采用 Java 技术在 TCP/IP 环境下实现查询端以及服务器端两部分程序（Client 以及 Server）的链接。运行程序对查询端发来的查询端讯息开展匹配、读取以及转发,然后查询端模块可以实现点到点的空间数据处理。基于双向通信数据转换连接空间数据库管理系统运行,明确空间数据处理设计具有开放性、多语言交错等特点,方便查询端基群网上讯息传递。

学习目标：

1. 了解数据库相关知识。
2. 掌握空间数据库基础。
3. 强化空间数据库查询知识。
4. 学习空间数据库的设计。

第一节　数据库相关知识

一、数据库的产生和发展

自计算机诞生之日起,人们就需要同数据打交道。随着计算机软硬件的发展,数据库产生并发展,为日益庞大的数据提供了管理的工具和手段。

（一）几个基本概念

1. 数据库

一般认为,数据库是指长期存储在计算机内,有组织、可共享的大量数据的集合。数据库中的数据按一定的数据模型组织、描述和存储,具有较小的冗余度、较高的数据独立性和易扩展性,并可为各种用户所共享。

2. 数据库管理系统

数据库管理系统（Database Management System, DBMS）是位于用户和操作系统之间的一层数据管理软件,其主要任务是科学有效地组织和存储数据、高效地获取和管理数据、接受和完成用户提出的访问数据的各种请求。

3. 数据库系统

数据库系统（database system）是指拥有数据库技术支持的计算机系统，一般由数据库、数据库管理系统及其开发工具、应用系统、数据库管理员和用户构成如图 6-1 所示。数据库系统可以实现有组织地、动态地存储大量相关数据，提供数据处理和信息资源共享服务。数据库管理系统是数据库系统的核心软件。

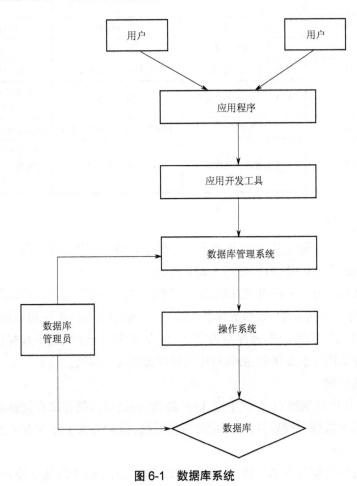

图 6-1　数据库系统

（二）数据库的发展阶段

数据库技术是应数据管理任务的需要而产生的。数据管理是指对数据进行分类、组织、编码、存储、检索和维护，它是数据处理的中心问题。

在应用需求的推动下，随着计算机软硬件的发展，数据管理技术经历了人工管理、文件系统和数据库系统三个阶段，这三个阶段的特点及比较见表 6-1。

表 6-1   数据管理发展的三个阶段

		人工管理阶段	文件系统阶段	数据库系统阶段
背景	应用背景	科学计算	科学计算、管理	大规模管理
	硬件背景	无直接存取存储设备	磁盘、磁鼓	大容量磁盘
	软件背景	没有操作系统	有文件系统	有数据库管理系统
	处理方式	批处理	联机实时处理、批处理	联机实时处理、分布处理、批处理
特点	数据管理者	用户（程序员）	文件系统	数据库管理系统
	数据面向对象	某一应用程序	某一应用	现实世界
	数据共享程度	无共享，冗余度极大	共享性差，冗余度大	共享性高，冗余度小
	数据独立性	不独立，完全依赖于程序	独立性差	具有高度的物理独立性和一定的逻辑独立性
	数据结构化	无结构	记录内有结构，整体无结构	整体结构化，用数据模型描述
	数据控制能力	应用程序自己控制	应用程序自己控制	由数据库管理系统提供数据安全性、完整性、并发控制和恢复能力

1. 人工管理阶段

20 世纪 50 年代中期以前，计算机主要用于科学计算，外存只有纸带、卡片、磁带，没有磁盘等直接存取的存储设备，数据处理方式是批处理。

人工管理数据具有如下特点：数据不保存，用完就撤走；数据需要由应用程序自己设计、定义和管理，程序员负担很重；数据不共享，数据是面向应用程序的，一组数据只能对应一个程序，无法互相利用、互相参照，程序与程序之间有大量的冗余；数据不具有独立性，数据的逻辑结构或物理结构发生变化后，必须对应用程序做相应的修改。

2. 文件系统阶段

20 世纪 50 年代后期到 60 年代中期，随着磁盘、磁鼓等直接存取存储设备的出现，操作系统中有了专门的数据管理软件，一般称为文件系统，处理方式上不仅有了批处理，而且能够进行联机实时处理。

文件系统管理数据具有如下特点：数据可以长期保存；由专门的文件系统进行数据管理，程序与数据之间由文件系统提供存取方法进行转换，应用程序与数据之间有了一定的独立性。但是文件系统依然存在以下缺点。

（1）数据共享性差，冗余度大。在文件系统中，一个文件基本对应于一个应用程序，即文件依然是面向应用的。当不同的应用程序具有部分相同的数据时，也必须建立各自的文件，而不能共享相同的数据，同时由于相同数据的重复存储、各自管理，易造成数据的不一致性，给数据的修改和维护带来困难。

（2）数据的独立性差。文件系统中的文件是为某一特定应用服务的，文件的逻辑结构对该应用来说是优化的，因此要想对现有的数据再增加一些新的应用会很困难，系统不易扩充。一旦数据的逻辑结构改变，则必须修改应用程序，修改文件结构的定义。应用程序的改变,也将引起文件数据结构的改变。因此,数据与程序之间缺乏独立性。

这些文件系统存在的缺点,也就成了数据库产生的技术原因。

3. 数据库系统阶段

20世纪60年代后期以来,随着计算机管理对象的规模越来越大,应用范围也越来越广,数据量急剧增长,同时多种应用、多种语言之间互相覆盖地共享数据集合的要求越来越强烈,为了解决多用户、多应用共享数据的需求,使数据为尽可能多的应用服务,数据库技术便应运而生,出现了统一管理数据的专门软件系统——数据库管理系统。

与人工管理和文件系统相比,数据库系统主要有以下特点。

(1)数据结构化。数据库系统实现了整体数据的结构化,这是数据库的主要特征之一,也是数据库系统与文件系统的本质区别。

(2)数据的共享性高,冗余度低,易于扩充。数据库系统从整体角度看待和描述数据,数据不再面向某个应用,而是面向整个系统,因此数据可以被多个用户、多个应用共享使用。数据共享可以大大减少数据冗余,节约存储空间,还能避免数据之间的不相容性与不一致性。

(3)数据独立性高。数据独立性包括数据的物理独立性和数据的逻辑独立性。物理独立性是指用户的应用程序与存储在磁盘中的数据是相互独立的,用户程序不需要了解数据是怎样存储的,只需要处理数据的逻辑结构,当数据的物理存储改变时,应用程序不用改变;逻辑独立性是指用户的应用程序与数据库的逻辑结构是相互独立的,即数据的逻辑结构改变时,用户程序也可以不变。

数据与程序的独立是由于把数据的定义从程序中分离出来,并且存取数据的方法由数据库管理系统提供,从而简化了应用程序的编制,大大减少了应用程序的维护和修改。

(4)数据由DBMS统一管理和控制。DBMS提供以下几方面的数据控制功能。

①数据的安全性(security)保护,即保护数据,以防不合法的用户造成的数据泄密和破坏,使每个用户只能按规定对某些数据以某些方式进行使用和处理。

②数据的完整性(integrity)检查,即数据的正确性、有效性和相容性。完整性检查将数据控制在有效的范围内,或保证数据之间满足一定的关系。

③并发(concurrency)控制,当多个用户的并发进程同时存取、修改数据库时,可能会发生相互干扰而得到错误的结果或使数据库的完整性遭到破坏,因此必须对多用户的并发操作加以控制和协调。

④数据库恢复(recovery),计算机系统的软硬件故障、操作员的失误及故意的破坏,都会影响数据库中数据的正确性,甚至造成数据库数据部分或全部丢失,DBMS必须具有将数据库从错误状态恢复到某一已知的正确状态(也称为完整状态或一致状态)的功能。

二、数据库的数据模型

数据库是一个结构化的数据集合,这个结构是根据现实世界中的事物及其联系来确定的。在用计算机处理现实世界的信息时,必须抽取局部范围的主要特征,模拟和抽象出一个能反映局部世界中实体与实体之间联系的模型,即数据模型。

（一）数据模型

数据模型是描述数据内容与数据之间联系的工具,它是衡量数据库能力强弱的主要标志之一,也是数据库系统的核心和基础。数据模型是一组描述数据库的概念,这些概念精确地描述数据、数据之间的关系、数据的语义和完整性约束。很多数据模型还包括一个操作集合,这些操作用来说明对数据库的存取和更新。数据模型应满足三方面要求:一是能真实地模拟现实世界;二是容易被人们理解;三是便于在计算机上实现。数据库设计的核心问题之一就是设计一个好的数据模型,数据模型的具体形成过程如图 6-2 所示。

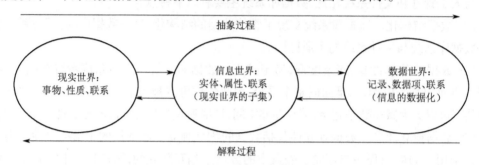

图 6-2　数据模型的形成过程

数据模型的抽象要经历从现实世界到人为理解,再从人为理解到计算机实现的过程。因此,根据抽象阶段的不同目的,数据模型可以分为概念模型、逻辑模型、物理模型三个层次模式来构建。

概念模型(conceptual model)也称信息模型,用于现实世界的建模,按用户的观点对数据和信息建模,是现实世界到信息世界的第一层抽象。概念模型主要用于数据库设计,常用的建模方法为 E-R 图(Entity Relationship Diagram)、统一建模语言(Unified Modeling Language,UML)。

逻辑模型是用户眼中看到的数据范围,能用某种语言描述,能被 DBMS 支持的数据视图。先后出现过的逻辑模型有层次模型(hierarchical model)、网络模型(network model)、关系模型(relational model)、面向对象模型(object oriented model)和对象关系模型(object relational model)。逻辑模型是按计算机系统的观点对数据建模,主要用于 DBMS 的实现。

物理模型是对数据最底层的抽象,描述数据在系统内部的表示方式和存取方法,在磁盘或磁带上的存储方式和存取方法,是面向计算机系统的。物理模型的具体实现是 DBMS 的任务,数据库设计人员要了解和选择物理模型,一般用户则不必考虑物理模型的细节。

（二）概念模型

1. 基本概念

概念模型用于信息世界的建模,是现实世界到信息世界的第一层抽象。在信息世界中,用于描述现实世界的基本概念主要如下。

(1)实体(entity):客观存在并可相互区别的事物。实体可以是具体的人、事、物,也可以是抽象的概念或联系。例如,一个学生、一门课程、学生与课程、学生与班级的关系等都是实体。

（2）属性（attribute）：实体所具有的某一特性。一个实体可以由若干属性来刻画。例如，学生实体可以由学号、姓名、性别、出生年月、所在院系、入学时间等属性来描述。

（3）码（key）：唯一标识实体的属性集。例如，学号就是学生实体的码。

（4）域（domain）：某种属性的取值范围。例如，性别的域为（男，女）。

（5）实体型（entity type）：具有相同属性的实体必然具有共同的特征和性质，用实体名及其属性名集合来抽象和刻画同类实体。例如，学生（学号、姓名、性别、出生年月、所在院系、入学时间）就是一个实体型。

（6）实体集（entity set）：同一类型实体的集合。例如，全体学生就是一个实体集。

（7）联系（relationship）：在现实世界中，事物内部及事物之间是有联系的，这些联系在信息世界中反映为实体（型）内部的联系与实体（型）之间的联系。实体内部的联系通常是指实体集内部的不同实体之间的联系。实体间的联系通常是指不同实体之间的联系，可以分为一对一（$1:1$）、一对多（$1:n$）、多对多（$m:n$）三种。例如，一个班级只有一个正班长，则班级与班长之间具有一对一的联系；一个班级中有若干名学生，则班级与学生之间具有一对多的联系；一门课程同时有多名学生选修，一个学生也可以同时选修多门课程，则课程与学生之间具有多对多的联系。实体内的联系通常是指组成实体的各属性之间的联系，也可以存在一对一、一对多、多对多的联系。

2. 实体 - 联系方法

概念模型的表示方法很多，其中最为著名也最为常用的是实体 - 联系方法（Entity Relationship Approach），该方法用 E-R 图来描述现实世界的概念模型。

E-R 图提供了表示实体型、属性和联系的方法。

（1）实体型：用矩形表示，矩形框内写明实体名。

（2）属性：用椭圆形表示，并用无向边将其与相应的实体型连接起来。

（3）联系：用菱形表示，菱形框内写明联系名，并用无向边分别与有关实体型连接起来，同时在无向边旁标上联系的类型（$1:1,1:n,m:n$）。

例如，学生、课程、班级的实体及其之间的联系可以用图 6-3 表示。其中，学生实体具有学号、姓名、性别、籍贯等属性，课程实体具有课程号、课程名称、授课教师等属性，班级实体具有班级号、班级名称、班主任等属性。

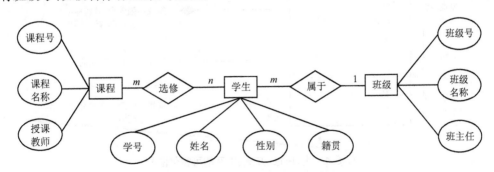

图 6-3　学生、课程，班级 E-R 图示例

由此可见，E-R图是数据库应用系统设计人员和普通非计算机专业用户进行数据建模和沟通与交流的有力工具，使用起来直观易懂、简单易行。用E-R图表示的概念模型独立于具体的DBMS所支持的数据模型，它是各种数据模型的共同基础，因而比数据模型更一般、更抽象、更接近现实世界。

3. 统一建模语言

统一建模语言是1997年对象管理组织（Object Management Group，OMG）发布的一种面向对象的综合语言，用于在概念层对结构化模式和动态行为进行建模。其类图主要用于显示模型的静态结构，特别是模型中存在的类、类的内部结构及它们与其他类的关系等。ArcGIS中的对象模型图（Object Model Diagram，OMD）就是基于UML。同时，ArcGIS也提供了ArcGIS Case Tools软件与Office Visio结合，利用UML进行地理数据库的建模。

（1）类（class）：应用中具有相同特征的对象的描述，等价于E-R模型中的实体。一般来讲，对象的基本特征可以归纳为两类，即对象的属性和行为。

（2）属性（attribute）：用于描述类的对象及E-R图中的属性类型。在面向对象系统中，所有对象都有一个系统生成的唯一标识属性。属性还有一个与之关联的作用域或可见性，其作用域有三个级别：①共有（public），属性可以被任意类访问和操纵，其前用"+"标识；②私有（private），只有属性所在的类才可以访问该属性，其前用"-"标识；③受保护（protect），从父类派生的类可以访问该属性，其前用"#"标识。

（3）方法（method）：一些函数是类定义的一部分，用来修改类的行为或状态。类的状态由属性的当前值体现。在面向对象的设计中，属性只能通过方法来访问。

（4）关系（relationship）：将一个类与另一个类或它自己相联系，类似于E-R模型中的联系。对于数据库建模，主要有关联、泛化、依赖关系。

UML类图中的类、属性、方法、关系的可视化图符如图6-4所示，下面重点介绍UML类图中的各类关系。

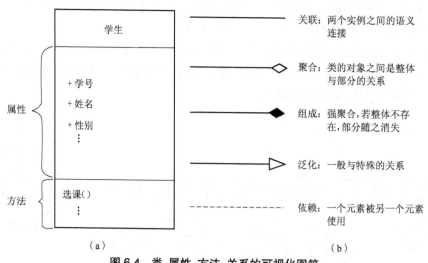

图6-4　类、属性、方法、关系的可视化图符

(a)学生类及其属性和方法　(b)各类关系

（1）关联（association）：用于表示类的对象间的关系。在两端的类中可以定义其多重属性。关联有聚合（aggregation）和组成（composition）两种特殊形式。如图 6-5 所示，两个对象是松散的关联关系，一个地主能拥有多块土地，一个地块可能被多个所有者拥有。

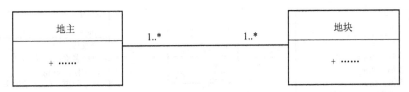

图6-5　两个对象之间的关联关系

（2）聚合（aggregation）：一种不对称的关联方式，用于表示类的对象之间是整体与部分的关系。图 6-6 给出了多边形与点之间的聚合关系，即多边形包含一个有序的点集，通过对多边形进行编辑，这些点也会发生变化，所以使用聚合。

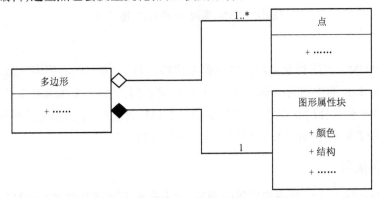

图6-6　多边形和点、图形属性块之间的关系

（3）组成（composition）：一种强聚合，强调整体拥有各部分，部分与整体共存。如果整体不存在，部分也会随之消失。图 6-6 给出了多边形与图形属性块之间的组成关系。图形属性块是一个包含各种图形属性（如颜色、结构等）的对象。将它与多边形分开是因为其他图形元素也可以使用这个描述图形基本属性的类。多边形与图形属性块之间的组成关系表明，在创建或删除一个多边形类的对象的同时，图形属性块的类也要一并创建或删除，并且该图形属性块附属对象不能用其他对象来创建，也不能被其他对象所共享。

（4）泛化（generalization）：定义类间的一般与特殊的关系，也称继承关系。由一个类泛化出来的类，拥有其超类的属性和方法，同时也有自身的属性和方法。

（5）依赖（dependent）：若有两个类元素 X、Y，修改 X 的定义可能引起对元素 Y 的定义的修改，则称 Y 元素依赖于 X 元素。

以上文的学生示例为原型，稍作改变，其 UML 类图可以用图 6-7 的形式表达。其中，课程类由图 6-3 中的课程实体演变而来，学生类由图 6-3 中的学生实体演变而来，但增加了"课程列表"属性，并通过"选课"的方法来修改"课程列表"属性，从而体现了学生与课程之间多对多的关系；班级类由图 6-3 中的班级实体演变而来，但增加了"学生列表"属性，以此体现班级是由零到多个学生聚合而成的。此外,该图还从学生类派生出班长类,班长类除了继承学生类所有的属性和方法外,还具有"班长编号"的特殊属性,同时具有"考勤"方法,对全班同学的出勤情况进行考核。

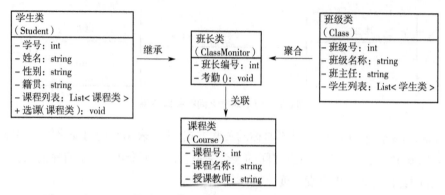

图 6-7　学生、课程、班级 UML 图示例

4. 小结

E-R 图和 UML 类图都是常用的概念模型建模工具,二者之间有很多相似之处,也有一些差异。例如,E-R 图中的实体概念与 UML 中的类相似,实体和类也都有属性,并且都参与到诸如继承和聚合这样的联系中。但是,类除了有属性外还包括方法,方法是封装了逻辑和计算代码的过程或函数,而 E-R 模型的实体不包括方法。

(三)逻辑模型

概念模型反映了人们对现实世界的理解,接下来则需要将其映射为计算机或数据库系统能够理解的模型,即逻辑模型。

数据库领域中先后出现过的逻辑模型有层次模型(hierarchical model)、网络模型(network model)、关系模型(relational model)、面向对象模型(object oriented model)、对象关系模型(object relational model)。其中,层次模型和网络模型统称为非关系模型,在 20 世纪 70 年代非常流行,而后则逐步被关系模型、对象关系模型所取代。面向对象模型目前还不成熟,进入使用阶段的系统较少。因此,下面重点介绍关系模型和对象关系模型。

1. 关系模型

关系模型是目前最重要的数据模型之一。采用关系模型作为逻辑组织的数据库被称为关系型数据库。20 世纪 80 年代以来,计算机厂商新推出的数据库管理系统大都支持关系模型。关系模型是建立在严格的数学概念的基础上的。从用户的观点来看,关系模型由一组关系组成,每个关系的数据结构是一张规范化的二维表。

(1)关系(relation):一个关系对应通常所说的一张表,如表 6-2 所示的学生登记表。

(2)元组(tuple):表中的一行即为一个元组。

(3)属性(attribute):表中的一列即为一个属性,给每个属性起一个名称即属性名,如表 6-2 有六列,对应六个属性(学号、姓名、年龄、性别、系别、年级)。

（4）码（key）：也称为码键，表中的某个属性组，它可以唯一确定一个元组，如表 6-2 中的学号可以唯一确定一个学生，也就成为本关系的码。

（5）域（domain）：属性的取值范围，如性别的域一般是（男，女）。

（6）分量：元组中的一个属性值。

（7）关系模式：对关系的描述，一般表示为关系名（属性 1，属性 2，…，属性 n），如表 6-2 中的关系可以描述为学生（学号、姓名、年龄、性别、系别、年级）。

表 6-2 学生登记表

学号	姓名	年龄	性别	系别	年级
2018004	王小明	19	女	社会学	2018
2018006	黄大鹏	20	男	商学	2018
2018008	张文斌	18	男	法律	2018
⋮	⋮	⋮	⋮	⋮	⋮

此外，关系型数据库中的关系具有以下性质。

（1）不允许存在重复元组。这个特性表明关系一定存在主码。

（2）元组无序，即元组之间不存在固定的先后顺序，元组在表中的物理位置是随机的，但这并不排除数据库管理系统可以按照用户的指令对元组进行各种排序。

（3）属性无序，即整个表格中各属性之间不存在固定的先后顺序。元组无序和属性无序两个特征意味着用户可以对表格进行任意的插入或删除，只要输入正确的数据，不必考虑其物理位置的插入或删除。

（4）每个元组的各属性值是原子的，即二维表格的所有行和列的格子中间都是单一数值，不允许存放两个或更多的数值。非结构化、不定长的空间数据难以满足该项约束，正是由于该原因，空间数据不能用传统的关系型数据库来管理。

2. 对象关系模型

对象关系模型是关系数据库技术与面向对象程序设计方法相结合的产物。它既保持了关系数据系统的非过程化数据存取方式和数据独立性，继承了关系数据库系统已有技术，支持原有的数据管理，又支持面向对象模型和对象管理。

对象关系型数据库一般具有如下功能。

（1）扩展数据类型，如可以定义数组、向量、矩阵、集合等数据类型以及可作用于这些数据类型上的操作。

（2）支持复杂对象，即由多种基本数据类型或用户自定义的数据类型构成的对象。

（3）支持继承的概念。

（4）提供通用的规则系统，大大增强对象关系型数据库的功能，使之具有主动数据库和知识库的特性。

对象关系模型中的扩展数据类型为空间数据的定义和操作提供了重要的技术支撑，通过它可以实现对空间对象及其操作的封装,使用户对空间数据的描述和操作的理解更加自然、更加容易,以图 6-7 所示的 UML 类图为例,在对象关系模型中,可以将学生类定义为数据库的一个扩展数据类型,并创建相应的表。

创建名为"Student"的数据类型:

Create Type Student

As Object(

Public S_No INTEGER,

Public S_Name VARCHAR,

)

NOT FINAL—(The NOT FINAL clause indicates that object can be inherited from when defining another type)

创建具有"Student"数据类型的表:

Create Table StuOfRedSchool(

GeneralInfoStudent,

AliasCHAR(IO)

三、关系代数

关系代数是一种抽象的查询语言,由对关系的运算来表达关系操作。

任何一种运算都是一定的运算符作用于一定的运算对象,得到预期的运算结果,因此运算符、运算对象、运算结果是运算的三大要素。

关系代数的运算对象是关系,运算结果也是关系。关系运算用到的关系运算符包括四类:集合运算符、专门的关系运算符、算术比较运算符和逻辑运算符。

关系代数的运算按运算符的不同可分为传统的集合运算和专门的关系运算两类。其中,传统的集合运算将关系看成元组的集合,其运算时从关系的"水平"方向即行的角度来进行;而专门的关系运算符不仅涉及行而且涉及列。算术比较运算符和逻辑运算符通过辅助专门的关系运算符来进行操作。

(一)传统的集合运算

传统的集合运算是二目运算,包括并、差、交、笛卡儿积四种运算,如图 6-8 所示。

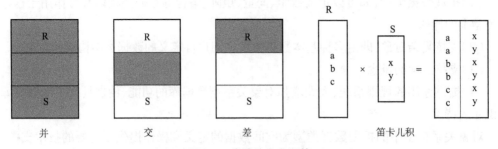

图 6-8　传统的集合运算

　　设关系 R 和关系 S 具有相同的目 n（两个关系都具有 n 个属性），且相应的属性取自同一个域，t 是元组变量，$t \in R$ 表示 t 是 R 的一个元组。可以定义并、差、交、笛卡儿积运算如下。

　　（1）并（union）。关系 R 与关系 S 的并记作

$$R \cup S = \{t| \ t \in R \vee t \in S\}$$

其结果仍为 n 目关系，由属于 R 或属于 S 的元组组成。

　　（2）差（difference）。关系 R 与关系 S 的差记作

$$R - S = \{t| \ t \in R \wedge t \notin S\}$$

其结果仍为 n 目关系，由属于 R 而不属于 S 的所有元组组成。

　　（3）交（intersection）。关系 R 与关系 S 的交记作

$$R \cap S = \{t| \ t \in R \wedge t \in S\}$$

其结果仍为 n 目关系，由既属于 R 又属于 S 的元组组成。

　　（4）笛卡儿积（Cartesian product），两个分别为 n 目和 m 目的关系 R 和 S 的笛卡儿积是一个 $n+m$ 列的元组的集合。元组的前 n 列是关系 R 的一个元组，后 m 列是关系 S 的一个元组。若 R 有 k_1 个元组，S 有 k_2 个元组，则关系 R 和关系 S 的笛卡儿积有 $k_1 \times k_2$ 个元组。

（二）专门的关系运算

专门的关系运算包括选择、投影、连接、除运算等。

　　（1）选择（selection）：又称限制（restriction），在关系 R 中选择满足给定条件的诸元组，记作

$$\sigma_F(R) = \{t| \ t \in R \wedge F(t) = \text{真}\}$$

其中，F 表示选择条件，它是一个逻辑表达式，取逻辑值"真"或"假"。

　　逻辑表达式 F 的基本形式为

$$X_1 \theta Y_1$$

其中，θ 表示比较运算符，它可以是 >、≥、<、≤、= 或 <>；X_1 和 Y_1 是属性名，或为常量，或为简单函数；属性名也可以用它的序号来代替。在基本的选择条件上可以进一步进行逻辑运算，即进行求非（￢）、与（∧）、或（∨）运算。

　　选择运算实际上是从关系 R 中选取使逻辑表达式 F 为真的元组。这是从行的角度进行的运算。

　　（2）投影（projection）：关系 R 上的投影是从 R 中选择出若干属性列组成新的关系，记作

$$\pi_A(R) = \{t[A]| \ t \in R\}$$

其中，A 为 R 中的属性列。

　　投影操作是从列的角度进行的运算。

　　（3）连接（join）：连接也称为 θ 连接，它是从两个关系的笛卡儿积中选取属性间满足一定条件的元组，记作

$$R_{A\theta B}^{\bowtie} S = \{\widehat{t, t}| \ t_r \in R \wedge t_s \in S \wedge t_r[A] \theta t_r[B]\}$$

其中，A 和 B 分别为 R 和 S 上度数相等且可比的属性组；θ 是比较运算符。

连接运算从 R 和 S 的笛卡儿积 $R \times S$ 中选取 R 关系在 A 属性组上的值与 S 关系在 B 属性组上的值满足比较关系 θ 的元组。

（4）除（division）：给定关系 $R(X,Y)$ 和 $S(Y,Z)$，其中 X、Y、Z 为属性组，R 中的 Y 与 S 中的 Y 可以有不同的属性名，但是必须出自相同的域集。通过 R 和 S 的除运算得到一个新的关系 $P(X)$，P 是 R 中满足下列条件的元组在 X 属性上的投影：元组在 X 上分量值 x 的象集 Y_x 包含 S 在 Y 上的投影的集合，记作

$$R \div S = \left\{ t_r[X] \| \ t_r \in R \wedge \pi_Y(S) \subseteq Y_x \right\}$$

其中，Y_x 为 x 在 R 中的象集，$x = t[X]$。

四、结构化查询语言

结构化查询语言（Structured Query Language，SQL）是关系型数据库的标准语言。随着数据库技术的不断发展，SQL 标准也得到不断的丰富和完善，国际标准化组织在 1992 年发布的 SQL92 为大多 DBMS 生产厂商所接受。目前，SQL 已经成为数据库领域的主流语言，使不同数据库系统之间的互操作有了共同的基础。

（一）SQL 的特点

SQL 之所以能够为用户和业界所接受，并成为国际标准，是因为它是一个综合的、功能极强，同时又简洁易学的语言。SQL 的主要特点如下。

（1）综合统一。SQL 集数据定义语言（DDL）、数据操纵语言（DML）、数据控制语言（DCL）的功能于一体，语言风格统一，而且独立完成数据库生命周期中的全部活动，如定义关系模式、插入数据、建立数据库、对数据库中的数据进行查询和更新、数据库重构和维护、数据库安全性和完整性控制等一系列操作要求。

（2）高度非过程化。SQL 进行数据操作，只要提出"做什么"，而无须指明"怎么做"，存取路径的选择及 SQL 的操作过程由系统自动完成，这不但大大减轻了用户负担，而且有利于提高数据独立性。

（3）面向集合的操作方式。SQL 采用集合操作方式，不仅操作对象、查找结果可以是元组的集合，而且一次插入、删除、更新操作的对象也可以是元组的集合。

（4）以同一语法结构提供多种使用方式。SQL 既是独立的语言，又是嵌入式语言。作为独立的语言，SQL 能够独立用于联机交互的使用方式，用户可以在终端键盘上直接输入 SQL 命令对数据库进行操作；作为嵌入式语言，SQL 语句能够嵌入高级语言（如 C++,Java）程序中，供程序员设计程序使用。而在两种不同的使用方式下，SQL 语句的语法结构基本上是一致的。这种以同一语法结构提供多种不同使用方式的做法，为用户提供了极大的灵活性与方便性。

（5）语言简洁，易学易用。SQL 功能极强，但由于设计巧妙，语言十分简洁，完成核心功能只用了九个动词。SQL 接近英语自然语言，因此易学易用。

(二)SQL 的三级模式结构

支持 SQL 的关系数据库管理系统（Relational Database Management System，RDBMS）同样支持关系数据库模式、外模式和内模式的三级模式结构。所谓模式，是数据库中全体数据的逻辑结构和特征的描述，是所有用户的公共数据视图。所谓外模式，是数据用户（包括应用程序员和最终用户）能够看见和使用的对局部数据的逻辑结构和特征的描述，是数据库用户的数据视图，是与某一应用有关的数据的逻辑表示。所谓内模式，是对数据物理结构和存储方式的描述，是数据在数据库内部的表示方式。

SQL 的三级模式中，外模式对应于视图（view）和部分基本表（base table），模式对应于基本表，内模式对应于存储文件。

用户可以用 SQL 对基本表和视图进行查询或其他操作，基本表与视图一样，都是关系。

基本表是独立存在的表，在 SQL 中一个关系就对应一个基本表。一个（或多个）基本表对应一个存储文件，一个表可以带若干索引，索引也存放在存储文件中，用于提高基本表的检索速度。

存储文件的逻辑结构组成了关系数据库的内模式。存储文件的物理结构是任意的，对用户是透明的。

视图是从一个或几个基本表导出的表。它本身不独立存储在数据库中，即数据库中只存放视图的定义而不存放视图对应的数据，这些数据仍存放在导出视图的基本表中，因此视图是一个虚表。视图在概念上与基本表等同，用户可以在视图上再定义视图。

(三)SQL 的功能

SQL 的功能可以分为三类，即数据定义功能、数据操纵功能、数据控制功能。

1. 数据定义功能

SQL 的数据定义功能通过数据定义语言（Data Definition Language，DDL）实现，它用来定义数据库的逻辑结构，包括定义基本表、视图和索引。基本的 DDL 包括三类，即定义、修改和删除。

SQL 通常不提供修改模式定义、修改视图定义和修改索引定义的操作。用户如果想修改这些对象，只能先删除它们，然后再重建。

2. 数据操纵功能

SQL 的数据操纵功能通过数据操纵语言（Data Manipulation Language，DML）实现，它包括数据查询和数据更新两大类操作。其中，数据查询指对数据库中的数据进行查询、统计、分组、排序、检索等操作；数据更新包括插入、删除和修改三种操作。

3. 数据控制功能

数据库的控制指数据库的安全性和完整性控制。SQL 的数据控制功能通过数据控制语言（Data Control Language，DCL）实现，它包括对基本表和视图的授权、完整性规则的描述以及事务开始和结束等控制语句。SQL 通过对数据库用户的授权和取消授权命令来实现相关数据的存取控制，以保证数据库的安全性。另外，SQL 还提供了数据完整性约束条件的定义和检查机制,来保证数据的完整性。

第二节　空间数据库基础

一、地图空间数据的基本组成

空间数据,也叫地理空间数据,是指以地球表面空间位置为参照的自然、社会和人文经济景观数据。空间实体是地图数据的首要组成部分,此外地图数据还包括发生在不同时间与地点的地理事物与现象。因此,地图数据包括三个主要信息范畴:空间数据、非空间数据和时间因素。

(一)空间数据

根据空间数据的几何特点,地图数据可分为点数据、线数据、面数据和混合性数据四种类型。其中,混合性数据是由点状、线状与面状物体组成的更为复杂的地理构体或地理单元。

空间数据的一个重要特点是它含有拓扑关系,即网结构元素中节点、弧段和面域之间的邻接、关联与包括等关系。拓扑关系是地理实体之间的重要空间关系,它从质的方面或总体方面反映了地理实体之间的结构关系。

综上所述,空间数据包括以下主要内容。

(1)空间定位,能确定在什么地方有什么事物或发生什么事情。

(2)空间量度,能计算如物体的长度、面积、物体之间的距离和相对方位等。

(3)空间结构,能获得物体之间的相互关系。对于空间数据处理来说,物体本身的信息固然重要,而物体之间的关系信息(如分布关系、拓扑关系等)都是空间数据处理中特别关心的事情,因为它涉及全面问题的解决。

(4)空间聚合,空间数据与各种专题信息相结合,实现多介质的图、数和文字信息的集成处理,为应用部门、区域规划和决策部门提供综合性的依据。

(二)非空间数据

非空间数据又称非图形数据,主要包括专题属性数据和质量描述数据等,它表示地理物体的本质特性,是地理实体相互区别的质量准绳,如土地利用、土壤类型等专题数据和地物要素分类信息等。

地图数据中的空间数据表示地理物体的位置和与其他物体之间的空间关系;而地图数据中的非空间数据,则对地理物体进行语义定义,表明该物体"是什么"。除了这两方面的主要信息外,地图数据中还可包含一些补充性的质量、数量等描述信息,有些物体还有地理名称信息。这些信息的总和,能从本质上对地理物体做相当全面的描述,可看作地理物体多元信息的抽象,是地理物体的静态信息模型。

（三）时间因素

地理要素的空间与时间规律是地理信息系统的中心研究内容,但是空间和时间是客观事物存在的形式,二者之间是互相联系而不能分割的。因此,需要分析地理要素的时序变化,阐明地理现象发展的过程和规律。时间因素为地理信息增加了动态性质。在物体所处的二维平面上定义第三维专题属性,得到的是在给定时刻的地理信息。在不同时刻,按照同一信息采集模型,得到不同时刻的地理信息序列。

若把时间看作第四维信息,可对地理现象做如下划分:①超短期的,如地震、台风、森林火灾等;②短期的,如江河洪水、作物长势等;③中期的,如土地利用、作物估产等;④长期的,如水土流失、城市化等;⑤超长期的,如火山爆发、地壳形变等。

地理信息的这种动态变化特征,一方面要求信息及时获取并定期更新,另一方面要求重视自然历史过程的积累和对未来的预测和预报,以免使用过时的信息而导致决策的失误,或者缺乏可靠的动态数据而不能对变化中的地理事件或现象做出合乎逻辑的预测和科学论证。

二、空间数据及其模型

目前,普遍的共识是 GIS 数据可以分为矢量数据模型和栅格数据模型两类。

（一）矢量数据模型

矢量数据是通过坐标值和点、线、面等简单几何对象来表征地理实体的,基于矢量的要素作为空间不连续的几何对象来看待,故矢量数据模型通常也被称为离散数据模型。

地理空间实体对象可以根据其维数和性质抽象为点、线、面等简单几何对象。点对象被称为零维对象,它只有位置,点可以代表现实世界中的电线杆、控制点、水井等;线对象是一维对象,具有长度属性,可以表示现实世界中的道路、河流、境界线等;面对象则是二维对象,具有面积、周长等属性,可以表示现实世界中的湖泊、绿地等。

各地图图形元素在二维平面上的矢量表示方法如下。

（1）点,用一对坐标 (x,y) 表示,只记录点坐标和属性代码。

（2）线,用一列有序的 (x,y) 坐标对表示,记录两个或一系列采样点的坐标及属性代码。

（3）面,用一列有序的且首尾坐标相同的 (x,y) 坐标对来表示其轮廓范围,记录边界上一系列采样点的坐标,由于多边形封闭,边界为闭合环,加面域属性代码。

矢量数据除了能够表征空间对象的位置和属性外,还具有拓扑关系。拓扑研究的是几何对象在弯曲或拉伸变换下仍保持不变的性质。二维上可以用一块理想橡皮板通过拉伸压缩来进行拓扑变换,故拓扑性质也称为橡皮板空间特性。拓扑关系表现的是两个及以上的空间对象之间的拓扑性质。

(二)栅格数据模型

1. 栅格数据

栅格数据用一个规则格网来描述与每一格网单元位置相对应的空间现象特征的位置和取值,矢量数据以对象为基础来进行描述,而栅格数据则以域为基础来进行描述。

栅格数据用单个格网单元代表点,用一系列相邻格网单元代表线,用邻接格网的集合代表面。格网中每个单元都以一定的数值表示如土地利用类型、环境变化等地理现象。

在算法上,栅格数据可以被视为具有行和列的矩阵,其像元值可以存储为二维数值。由于所有常用的编程语言都能够容易地处理数组变量,因此栅格数据更容易进行数据的操作、集合和分析。

栅格数据结构表示的是不连续的、量化的和近似离散的数据,代表像素的网格通常为正方形,有时也采用矩形、等边三角形和六边形等。采用栅格数据表示地理实体时,网格边长决定了栅格数据的精度。

用栅格数据表示点、线和面等各种基本图形元素的标准格式如下。

(1)点状要素表示为一个像元,用其中心点所处的单个像元来表示。

(2)线状要素表示为在一定方向上连接成串的相邻像元的集合,用其中轴线上的像元集合来表示。中轴线的宽度仅为一个像元,即仅有一条途径可以从轴上的一个像元到达相邻的另一个像元。这种线划数据称细化了的栅格数据。

(3)面状要素表示为聚集在一起的相邻像元的集合,用其所覆盖的像元集合来表示。

在栅格数据的表示中,地表被分割为相互邻接、规则排列的地块,每个地块与一个像元相对应。因此,栅格数据的比例尺就是像元的大小与地表相应单元的大小之比,又称空间分辨率。像元对应的地表面积越小,其空间分辨率或比例尺就越大,精度也就越高。每个像元的属性是地表相应区域内地理数据的近似值,因而对属性的描述存在一定程度的偏差。

2. 栅格数据的管理

目前,栅格数据管理的实现主要存在以下两个方面的争议。

1)栅格数据是存储在数据库中,还是文件中

早期的空间数据库将栅格数据以文件的形式存储在磁盘中,数据库中每条栅格元组记录了其栅格文件的文件路径。其后, ArcSDE 将栅格数据按二进制大对象(Binary Large Object, BLOB)的形式存储在数据库中, GeoRaster 按扩展数据类型的方式管理栅格数据,而 PostGIS 的 WKT Raster 既支持数据库存储模式,也支持文件型存储模式。

"栅格数据是存储在数据库中,还是文件中"一直以来都是业界争议的问题。栅格数据模型覆盖的数据种类很多,因此目前应结合栅格数据更新和操作的特点来选择合适的存储方式。对于数据量小、更新频率较高或涉及较复杂空间分析操作的栅格数据,可能采用数据库管理的方式更好。因为这样可以充分利用数据库的并发编辑功能和空间分析功能,有时甚至可以与矢量数据一起进行一体化的处理和分析。此外,由于其具有数据量较小的特点,也不会影响数据库的访问速度。

然而,对于数据量大、基本无须更新、查询操作简单的遥感影像数据,可能采用文件管理的方式更好。这主要是因为数据库无须负担海量影像的并发控制、安全管理、灾难恢复等工作,而且直接采用文件的方式读取具有较高的响应速度,如 Google Earth 就是采用文件系统管理其海量的影像数据。

2)栅格数据是否严格按分块、分波段的方式管理

空间数据库通常也提供了分块、分波段的栅格数据组织方式,但在应用中要根据实际情况选择合适的管理模式。在实际应用中,若某波段（层）的数据量较大,则可以采用分块的方式管理;若数据量较小,则可以将其作为一块统一管理。

此外,在一个栅格数据块内,有时没必要严格地将块内的波段拆分成独立的记录存储。如果应用根本不需要提取其中的某个波段数据,则最好将波段数据存储在一个字段中,否则会给波段数据提取带来很多麻烦。GeoRaster 和 WKT Raster 都支持分波段、混合波段两种存储模式,而 ArcSDE 则严格地分波段存放。这点 GeoRaster 和 WKT Raster 要比 ArcSDE 灵活。

三、空间数据的特征及作用

（一）空间数据的特征

1. 时空特征

地理空间数据是对地球系统中自然、经济、人文等诸多要素的空间位置、空间形态、空间分布、空间关系、空间趋势、运动方式等状态和过程的描述。空间和时间是地理空间数据的基本要素,时空特征是地理空间数据区别于其他数据的根本性标志。一个 GIS 中的数据源既有同一时间、不同空间的数据系列,也有同一空间、不同时间序列的数据。地理系统具有时空的统一性,时空可以相互转化,故地理信息的时空特征也是相对的,在一定条件下可以实现相互转换。

空间定位特征是空间数据最主要的特征,它描述了空间物体的位置和形态及空间关系,包括空间实体的位置、大小、形状和分布状况等。通常用地理坐标的经纬度、空间直角坐标、平面直角坐标和极坐标等方式来表示地理空间实体在一定的坐标参考系中的空间位置或几何定位。

时间是现实世界的第四维。地球系统的发展具有阶段性与周期性、顺序性与不可逆性,因此地理空间数据必然具有时间特征。空间数据的时间性是指地理空间实体随时间变化的特性,地理空间实体的空间位置和属性可以同时随时间变化,也可以分别随时间变化,如在不同时间,空间位置不变而属性类型可能发生变化。时间性反映了空间数据的动态性。时态是空间对象和地理现象本身固有的一个基本特征,是反映空间对象的状态和演变过程的重要组成部分。如何组织和管理空间对象随时间变化的信息（即时空信息）是空间数据库面临的挑战。

2. 空间关系特征

空间关系是地理空间实体之间存在的一些具有空间特性的关系,如拓扑关系、方向关系和度量关系等。空间性导致空间实体的位置和形态以及空间相互关系的分析处理是空间分析的重要依据和前提。空间数据除在空间坐标中隐含了空间分布关系外,空间数据中也记录了拓扑数据结构表达的多种空间关系,这一方面方便了空间数据的查询和空间分析,另一方面也导致空间数据的一致性和完整性维护变得更加复杂。

3. 多尺度与多态性

地球系统是由各种不同级别子系统组成的复杂巨系统,各个级别的子系统在空间规模和时间长短方面存在很大差异,而且由于空间认知水平、精度和比例尺等不同,地理实体的表现形式也不相同,因此多尺度性成为地理空间数据的重要特征。在空间数据中多尺度特征包括空间多尺度和时间多尺度两个方面。空间多尺度是指空间范围大小或地球系统中各部分规模的大小,可分为不同的层次;时间多尺度是指地学过程或地理特征有一定的自然节律性,其时间周期长短不一。空间多尺度特征表现在数据综合上,数据综合类似于数据抽象或制图概括,是指数据根据其表达内容的规律性、相关性和数据自身规则,可以由相同的数据源形成并再现不同尺度规律的数据,它包括空间特征和属性的相应变化。多尺度的地理空间数据反映了地球空间现象及实体在不同时间和空间尺度下具有的不同形态、结构和细节层次,应用于宏观、中观和微观各层次的空间建模和分析应用。

地理空间数据描述各种尺度的地理特征和地学过程,不同尺度上所表达的信息密度差距很大。一般来说,尺度变大,信息密度变小,但这种变化不是等比例的。在事先不了解尺度变化所带来的影响的情况下,改变数据比例尺将使显示的结果与最初愿望大不相同。为了在某种尺度状态下对某种地学现象及其变化过程进行描述,必须了解该现象的变化特征是如何随着尺度的变化而发生的。在集成应用地球空间数据并进行综合分析时,大量不同来源的数据通常是不同比例尺的,必须解决好尺度的问题,才能避免在解决相关问题时因错误地处理或理解尺度而做出错误的判断和推理。

不同观察尺度具有不同的比例尺和精度,这也会导致同一地物在不同情况下有形态差异。例如,城市是在地理空间占据一定范围的区域,一般被视为面状对象;但在较小比例尺数据库中,城市则会被作为点状空间对象来处理。

4. 海量数据特征

地理空间数据的数据量极大,它既有空间特征(地学过程或现象的位置与相互关系),又有属性特征(地学过程或现象的特征)。地理空间数据不仅数据源丰富多样(如航天航空遥感、基础与专业地图和经济社会统计数据),而且更新快,空间分辨率也不断提高。随着对地球观测计划的不断发展,每天可以获得上万亿兆的关于地球资源、环境特征的数据,空间数据量是巨大的。如果考虑影像数据的存储,一个城市的空间数据库将会轻松达到 TB级。正因为空间数据的海量特征,所以需要在二维空间上划分块或者图幅,在垂直方向上划分层来进行组织。海量空间数据组织和存储是空间数据库亟待解决的问题之一。

（二）空间数据库的作用

顾名思义，空间数据库是存储空间数据的数据库。数据库是按照数据结构来组织、存储和管理数据的仓库。正是由于空间数据有其自身特点，导致传统的数据库应用于空间数据的管理有诸多不足之处，具体如下。

（1）传统数据库管理的是不连续的、相关性较小的数字或者字符；而空间数据是连续的，并且有很强的空间相关性。

（2）传统数据库管理的实体类型较少，且实体之间只有简单的、固定的空间关系；而空间数据库管理的实体类型繁多，且实体之间存在复杂的空间关系。

（3）传统数据库中存储的数据通常为等长记录的数据；而空间数据的目标坐标长度不定，具有变长记录，并且数据项可能很多、很复杂。

（4）传统数据库只操作和查询数字和文字信息；而空间数据库需要大量的空间数据的查询和操作。

这些不足之处正是空间数据库产生的根源。

因为空间数据有其不同于传统数据的特征，所以空间数据库除具备传统数据库的功能外，还有不同于传统数据库的作用，具体如下。

（1）空间数据处理与更新。地理信息数据一般时效性很强，需要对数据库不断地进行更新。一般数据更新是通过利用现势性强的数据或变更数据来更新非现势性的数据，以达到保持现状数据库中空间信息的现势性和准确性或提高数据精度。同时，被更新的数据需要存入历史数据库，以供查询检索、时间分析、历史状态恢复等。其中涉及数据的整体更新、局部更新、采集途径、时效性等多方面问题。

（2）海量数据的存储和管理。正如前文所述，空间数据具有海量特征，其数据量一般远大于一般数据库的数据量。空间数据库的布局和存取能力对 GIS 功能的实现和工作效率影响极大。空间数据库为空间数据的管理提供了便利，解决了数据冗余问题，大大加快了访问速度，防止了数据量过大而引起的系统"瘫痪"等。

（3）空间分析与决策。空间分析一般被视为 GIS 区别于其他信息系统的标识之一。因此，空间数据库除了存取空间数据之外，还能支持空间数据的结构化查询和分析，如对空间数据进行属性数据查询、地理空间目标查询、缓冲区分析、坐标变换、区域变换、叠置分析、趋势面分析等多种分析功能。

（4）空间信息交换和共享。计算机网络技术的发展，使空间数据库系统能够支持网络功能，空间信息的交流和共享变得更加便捷，较好地解决了海量地理信息存储的不便，大大扩展了地理空间信息的共享范围，也使空间信息产业的开发与应用突飞猛进。借助于空间数据库系统，空间信息的应用范围更加广泛，实效性更能得到保障，准确性得到提高，信息的共享程度也得到加强。

四、空间数据库的发展

空间数据管理技术经历了多年的发展和演变,大体经历了文件系统、文件与关系数据库混合管理系统、空间数据库引擎、对象关系型空间数据库管理系统四个发展阶段。伴随每次空间数据管理方式的变革,GIS 软件的体系结构也发生着革命性的变化。

(一)文件系统

20 世纪 50 年代后期,计算机已经有了磁盘、磁鼓等直接存储设备以及专门用于数据管理的操作系统软件(文件系统)。此时,随着数字化仪、绘图机等计算机外围设备的出现,极大地开拓了计算机在空间数据管理领域的应用。加拿大政府从 20 世纪 60 年代中期开始,历经十年时间,研发了世界上第一个地理信息系统——加拿大地理信息系统。

这一阶段(20 世纪 50 年代后期至 70 年代中期)的空间数据主要采用文件系统管理,即将空间数据存储在自定义的不同格式文件中。在这种管理方式下,文件管理系统依然是操作系统的一部分,其是通用的文件管理,而不是专门的数据管理软件。空间数据依然保留着自身的文件格式,GIS 平台负责响应不同文件格式的空间数据请求,对于流行的空间数据格式,GIS 平台都能支持。

这种基于文件系统的空间数据管理模式和应用系统,被称为"第一代空间应用系统"。它通过专有的 GIS 工具或数据引擎访问固定格式的数据文件,并在专有的 GIS 工具或数据引擎提供的 GIS 应用程序接口(API)基础上开发相关的应用程序。

(二)文件与关系数据库混合管理系统

20 世纪 80 年代,关系数据库管理技术迅速发展并成熟,广泛应用于文本、数值等结构化的数据管理中。与此同时,人们开始尝试利用关系数据库管理空间数据,即将空间数据的点、线、面分别进行存储管理。点可以进行结构化管理,线和面用相邻两点进行结构化管理,这样能够完成对空间数据的数据库管理。但是由于非结构化的空间数据具有关系复杂、数量庞大等特殊性,常常导致效率低下,不利于管理和共享。

这一阶段空间数据主要利用文件与关系数据库混合管理的模式,即利用文件系统管理几何图形数据,利用商用关系数据库系统管理属性数据,它们之间的联系通过目标标识或内部链接码进行连接。在这种管理模式下,几何图形数据和属性数据除它们的对象标识符(Object Identifier,OID)作为连接关键字段外,二者几乎是独立的组织、管理和检索。这种文件系统和关系数据库混合管理的模式在应用系统中取得了巨大的成功,被称为"第二代空间应用系统"。其中,图形数据用专有 GIS 的 API 访问,属性数据则用标准 SQL 访问。至今这种文件与关系数据库混合管理的模式依然存在于某些 GIS 应用中。

这种文件与关系数据库混合管理的模式,并不是建立了真正意义上的空间数据库管理系统,因为文件管理系统的功能较弱,特别是在数据的安全性、一致性、完整性、并发控制及数据损坏后的恢复方面缺少基本的功能。多用户操作的并发控制能力比商用数据库管理系统要逊色很多。

（三）空间数据库引擎

针对空间数据以文件方式管理的不足，人们开始重新考虑把空间数据和属性数据一同存入关系数据库中，实现空间属性数据的一体化存储和管理。

随着对非结构化数据的关注，关系数据库开始支持用于管理多媒体数据或可变长文本字符的二进制大对象（BLOB）。1996 年，Esri 与数据库巨头 Oracle 合作，开发了空间数据库引擎（Spatial Database Engine，SDE），后更名为 ArcSDE。该方案是把图形坐标数据当作一个二进制数据类型，交由关系数据库系统进行存储；而空间数据库引擎则提供一组空间数据的操作函数，这些函数可以很好地完成空间数据的转换以及数据的索引调度和空间数据的存储管理。因此，关系数据库仅仅是存放空间数据的容器，而空间数据库引擎则是空间数据进出数据库的转换通道。

空间数据库引擎的实质是在用户和异种空间数据库的数据之间提供了一个开放的接口，它是一种处于应用程序和数据库管理系统之间的中间件技术。使用不同厂商提供的 GIS 的用户可以通过空间数据库引擎将自身的数据提交给大型关系型 DBMS，由 DBMS 统一管理；同样，用户也可以通过空间数据库引擎从关系型 DBMS 中获取其他类型 GIS 的数据，并转化为用户可以使用的方式。这种基于空间数据库引擎的应用系统被称为"第三代空间应用系统"。

空间数据库引擎是由 GIS 厂商提出的一种中间件的解决方案，因此具有支持通用关系数据库管理系统、可跨数据库平台、与特定 GIS 平台联系紧密的优点。但是，由于其独立于数据库内核，故难以充分利用关系数据库中各种成熟的数据管理、访问技术，不支持空间结构化查询语言（Spatial Structured Query Language，SSQL）等成为其进一步发展的致命弱点。此外，由于不同数据库厂商对空间二进制数据的格式定义不同，故不易实现空间数据共享与互操作。

（四）对象关系型空间数据库管理系统

随着面向对象技术对计算机软件设计领域、应用领域和工程领域的不断渗透，各大数据库厂商开始考虑对传统关系数据库加以扩展，增加面向对象的特性，把面向对象技术和关系数据库结合起来，建立对象关系型数据库管理系统（Object-Relational Database Management System，ORDBMS），这种系统既支持已经广泛使用的 SQL，具有良好的通用性，又具有面向对象特性，支持复杂对象和复杂行为，是面向对象技术和传统关系数据库技术的最佳融合。1997 年，对象关系型数据库的出现和发展应该算是数据库技术的一次革命，面向对象技术和关系技术珠联璧合的优点，吸引了全球数据库厂商进行研究开发。

基于对象关系型数据库管理技术被许多数据库厂商纷纷在数据库管理系统中进行扩展，使之能直接存储和管理结构化的空间数据，如 Oracle 的 Oracle Spatial，IBM 的 DB2 Spatial Extender，Microsoft 的 SQL Server Spatial，开源的 PoslGIS 等。它们都是利用对象关系型数据库所提供的对类（class）、继承（inheritance）、用户自定义类型（user defined type）、用户自定义函数（user defined function）、用户自定义索引（user defined indexes）和规则（rules）等的支持，对各种空间对象、操作函数及其索引进行预先定义，形成不同的空间数据类型，支持空间数据的存储、管理和分析。

这种基于对象关系型空间数据库管理的应用系统被称为"第四代空间应用系统"。在这种结构下，数据库端提供对空间数据类型、空间数据函数、空间索引等的支持，应用程序通过 SSQL 访问空间数据，可以在 GIS 工具的支持下开发 GIS 应用程序，也可以联合协同数据库、数据仓库在通用 DBMS 用户接口的基础上开发空间应用。因此，对象关系型空间数据库管理系统将有利于促进客户端空间应用系统的搭建。

（五）空间数据库引擎和对象关系型空间数据库管理系统的对比

尽管空间数据管理经历了上述四个发展阶段，但由于对象关系型空间数据库管理系统还比较年轻，故空间数据库引擎的解决方案仍然存在于某些 GIS 的应用中。目前，空间数据库引擎和对象关系型空间数据库管理系统两种方案各有其优缺点，具体情况见表 6-3。

表 6-3　空间数据库引擎和对象关系型空间数据库管理系统的对比

项目		空间数据库引擎（寄生模式）	对象关系型空间数据库管理系统（融合模式）
技术特点		中间件技术	数据库技术
代表产品		ArcSDE、SuperMap SDX+、MapGISSDE、Terralib（开源）	Oracle Spatial、DB2 Spatial Extender、PostGIS（开源）
对比分析	优点	1. 支持通用的 RDBMS，可跨数据平台； 2. 与特定 GIS 平台结合紧密，有较高的空间处理效率	1. 可以充分利用 RDBMS 的内核技术，获得较好的存取效率； 2. 支持扩展 SQL； 3. 较易实现数据共享与互操作
	缺点	1. 难以利用 DBMS 的内核技术； 2. 难以支持扩展 SQL； 3. 难以实现数据共享与互操作	面向"层"的空间处理性能与空间数据引擎尚存在一定差距

空间数据库引擎的实质是由 GIS 提供商研发的一种寄生在数据库管理系统上的中间件产品，故它们支持通用的 RDBMS，可跨数据库平台应用。另外，它们通常与 GIS 结合紧密，有较高的空间处理效率。由于空间数据库引擎游离在数据库管理系统之外，故其难以利用 DBMS 的一些内核技术（如查询优化），也不支持扩展 SQL 的访问。为了对用户提供扩展 SQL 的支持，GIS 提供商往往不得不再研发相应的扩展 SQL 解析器。此外，由各 GIS 提供商研发的引擎通常仅对自有格式的数据支持得比较好，难以实现数据的共享和互操作。

对象关系型空间数据库管理系统的实质是由数据库提供商研发的一种与数据库内核绑定的数据库管理系统产品，故可以充分利用 RDBMS 的内核技术，获得较好的存取效率，支持扩展 SQL。此外，这种模式数据格式公开，较易实现数据共享与互操作。融合模式是以面向对象的方式组织处理数据，在面向"层"的空间处理操作中（如两图层的叠加），它通常将其转化为层间对象之间的操作，由此大大降低了处理速度，而空间数据库引擎则可以将两层的数据导出，在引擎中按 GIS 的常规图层方式进行处理，从而有较好的处理性能。

随着数据库厂商对空间数据的不断重视及对空间数据库核心问题研究的不断深入,对象关系型数据库管理系统必将成为今后空间数据管理的主流技术体系。

第三节　空间数据库查询

由于空间对象的表达形式复杂且数据量大,其各种空间操作不仅计算量巨大,而且涉及复杂、高代价的几何操作。通常对点查询这类普通查询操作,如顺序搜索、检查对象集合中的每个对象是否包含目标点,需要大量的磁盘存取过程和重复的高代价谓词评价。如果能在进行各种空间操作之前对操作对象做基本筛选,则可以大大减少参加空间操作的空间对象数量,从而缩短计算时间,提高查询效率,空间索引就是为此而设计的。空间数据的查询一般都是基于某种空间索引机制。

一、空间索引

传统的关系数据库为了提高检索效率,一般都建立一系列的索引机制,如 B+ 树。但是这些都是一维索引,无法处理空间数据库中的二维和多维的空间数据,所以必须为空间数据库另外建立专门的索引机制——空间索引。

空间索引也称空间访问方法(Spatial Access Method, SAM),是指依据空间对象的位置和形状或空间对象之间的空间关系按一定的顺序排列的一种数据结构,其中包含空间对象的概要信息,如对象的标识、外接矩形及指向空间对象实体的指针。作为一种辅助的空间数据结构,空间索引介于空间操作算法与空间对象之间,通过筛选作用,排除大量与特定空间操作无关的空间对象,从而提高空间操作的速度和效率。

空间索引一般是自顶向下、逐级划分空间的数据结构,可以是规则划分或半规则划分,也可以是基于对象的划分。空间索引的目的是在 GIS 中快速定位所选中的空间要素,从而提高空间操作的速度和效率。空间索引的技术和方法是 GIS 的关键技术之一,是快速、高效地查询、检索和显示地理空间数据的重要指标,其优劣直接影响空间数据库和 GIS 的整体性能。

(一)格网索引

格网索引思路比较简单,其基本思想是将研究区域用横和竖划分为大小相等或不等的网格,记录每一个网格所包含的空间要素。当用户进行空间查询时,首先计算出要查询空间要素所在的网格,然后通过该网格快速定位到所选择的空间要素。

以图 6-9(a) 的三个空间要素为例,对其进行 $m \times n$ 的网格划分。若将空间区域划分为 2×2 的 4 个网格(A , B , C , D),则要素落入网格 A 、B 、C 、D 的情形如图 6-9(b)的索引 1 所示;若将空间区域划分为 4×4 的 16 个网格,则要素落入网格 1~16 的情形如图 6-9(b)的索引 2 所示。若需查找与某一矩形框相交的空间对象,首先根据空间网格的划分方法可以快速地计算出与该矩形相交的网格,然后从索引表中找到与这些网格相交的空间对象,再读取这些空间对象的空间坐标,与空间查询区域做精确的空间相交判断,从而得到最终的查询结果。

格网索引最大的优点就是简单,易于实现,其次是具有良好的可扩展性。网格化可以通过网格编号向正负方向上不断延展以反映整个二维空间的情况。可以看出,格网索引在追加新要素记录时,无论在扩展网格范围还是增加网格记录上都有很好的可扩展性。网格范围的可扩展性是四叉树索引不可比拟的。

在格网索引中,有些二维对象(如线状要素、面状要素)往往不会真正被网格分割,它们常落入多个网格中。如图6-9(a)中的要素1,它同时落入索引1中的A和C网格,也同时落入索引2中的2、5、6、9、10、13网格。此外,索引中的每个网格内也可能包含多个要素,如网格A中包含要素1、2和3。若一个要素落入多个网格中,则会增加索引的记录数;若一个网格包含多个要素,则会导致其中的一些记录是非原子的,这会加大检索的复杂度。因此,网格大小是影响格网索引检索性能的重要因素。一般来说,理想的网格大小能使格网索引记录不至于过多,同时每个网格内的要素个数的均值与最大值尽可能少。为了获得较好的网格划分,可以根据用户的多次试验来获取经验最佳值,也可以通过建立地理要素的大小和空间分布等特征值,定量地确定网格大小。

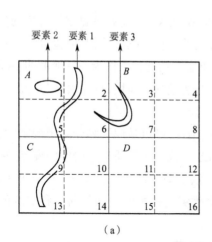

索引2	
网格号	要素号
1	2
2	1
3	3
5	1
6	1,3
7	3
9	1
10	1
13	1

索引1	
网格号	要素号
A	1,2,3
B	3
C	1

(a)   (b)

图6-9 空间数据的格网索引

(a)空间数据及网格划分   (b)两个不同级别的格网索引

(二)四叉树索引

四叉树索引的基本原理是将已知的空间范围划分成四个相等的子空间,将每个或其中几个子空间继续按照一分为四的原则划分下去,直到子空间的大小满足给定的要求为止,这样就形成了一个基于四叉树的空间划分。

在基于固定网格空间划分的四叉树空间索引机制中,二维空间范围被划分为一系列大小相等的棋盘状矩形,即将地理空间的长和宽在X和Y方向上进行2N等分,形成2N×2N个网格,并以此建立N级四叉树。如图6-10所示,面空间要素R_1的外包络矩形同时覆盖5、

6、7、8四个兄弟子空间,根据以上规则,只需在它们的父节点——1号节点的面空间要素索引节点表中记录 R_1 的标识;面空间要素 R_2 的标识则记录在叶节点 10 和 12 的面空间要素索引节点表中;线空间要素 L_1 的标识符记录在 13、14、15、16 的父节点——3 号节点的线空间要素索引节点表中;点空间要素 P_1 的标识符记录在叶节点 17 的点空间要素索引节点表中。

基于网格划分的四叉树索引的构成方式与格网索引有些类似,都是多对多的形式,即一个网格可以对应多个空间要素,同时一个空间要素也可以对应多个网格。但与一般格网索引不同的是它有效地减少了大的空间要素(跨越多个网格)在节点中的重复记录。并且这种索引机制下空间要素的插入和删除都较简单,只需在其覆盖的叶节点和按照上面的规则得到的父节点和祖先节点中记录或删除其标识即可,没有像 R 树一样的复杂耗时的分裂和重新插入操作。同时,其查询方式也比较简单,例如要检索某一多边形内和与其边相交的空间要素,只需先检索出查询多边形所覆盖的叶节点和其父节点及祖先节点中所有的空间要素,然后再进行必要的空间运算,从中检索出满足要求的空间要素。

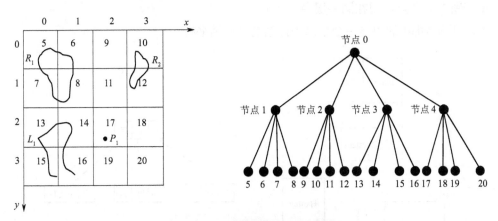

图 6-10 空间数据的四叉树索引

四叉树索引在一定程度上实现了地理要素真正被网格分割,保证了每个网格内的要素不超过某一个量,提高了检索效率。但是,对于海量空间数据,四叉树索引的性能可能不够理想。因为当空间数据量较大时,四叉树的深度往往很深,这无疑会影响查询效率;但是如果压缩四叉树深度,又会导致划分到同一个区域的对象数过多,从而影响检索性能。此外,四叉树的可扩展性不如格网索引。若扩大空间区域,则必须重新划分空间区域,重建四叉树;若增加(删除)一个空间对象,可能会导致树的深度增加(减少)一层或多层,相关的叶节点都必须重新定位。

(三)R 树索引

R 树最早由 Guttman 在 1984 年提出,随后产生了许多变体,构成了由 R 树、R+树、Hibert R 树、SR 树等组成的 R 系列树空间索引。R 系列树都是平衡树的结构,R 树的每个节点不存放空间要素的值。叶节点中存储该节点对应的空间要素的外包络矩形和空间要素标识,这个外包络矩形是一个广义上的概念,二维上是矩形,三维空间上就是长方体,以此类推到高维空间。非叶节点（叶节点的父节点、祖先节点）存放其子节点集合的整体外包络矩形和指向其子节点的指针。注意，空间要素相关的信息只存在叶节点上。

图 6-11 是二维空间中一个 R 树示意图，其中表示了三组多边形（实线矩形）及对应于这三组多边形的 R 树中节点的外包络矩形（虚线）树绘制在右边。

设 M 和 m（$m \leqslant M$）为 R 树节点中单元个数的上限和下限，R 树具有如下特点。

（1）除了根节点之外，每个叶节点包含 $m \sim M$ 条索引记录（其中 $m \leqslant M/2$）。

（2）每个叶节点上记录了空间对象的最小外接矩形（Minimum Bounding Rectangle，MBR）和元组标识符。

（3）除了根节点外，每个中间节点至多有 M 个子节点，至少有 m 个子节点。

（4）每个非叶节点上记录了（MBR，子节点指针），其中 MBR 为空间上包含其子节点中矩形的最小外接矩形。

（5）若根节点不是叶节点，则至少包含两个子节点。

（6）所有叶节点出现在同一层中。

（7）所有 MBR 的边与一个全局坐标系的坐标轴平行。

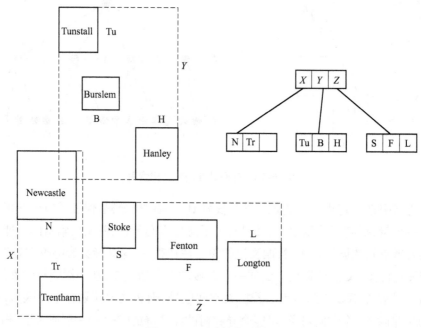

图 6-11　R 树索引示意图

为了找到与查询区域相交的所有空间对象，查找必须从根节点开始。首先判断根节点的 MBR 与查询区域是否相交，若相交则遍历其子节点，否则停止。在遍历子节点时，若子节点为非叶节点，则重复上述操作；若为叶节点，则检测其 MBR 与查询区域是否相交。若相交，则将其视为查询候选集，再根据元组标识符提取其精确的几何信息，进行精练步骤的运算。查询方式利用了 R 树的结构特征，减小了检索的范围，提高了检索的效率。

当新空间要素的插入使叶节点中的单元个数超过 M 时，需要进行节点的分裂操作。分裂操作是将溢出的节点按照一定的规则分为若干部分。在其父节点删除原来对应的单元，并加入由分裂产生的相应的单元。如果这样引起父节点的溢出，则继续对父节点进行分裂操作。分裂操作也是一个递归过程，它保证了空间要素插入后 R 树仍能保持平衡。

从 R 树中删除一个空间要素与插入类似。首先进行 R 树的查找，查找到该空间要素所在的叶节点后，删除其对应的单元。如果删除后该叶节点单元数少于 m，需要进行 R 树的压缩操作，将单元数过少的节点删除，如果父节点因此单元数也少于 m，则继续对父节点重复进行该操作。最后将因进行节点调整而被删除的空间要素重新插入 R 树中。这就是 R 树的压缩操作，它使 R 树的每个节点单元数不低于 m 这个下限，从而保证了 R 树节点的平衡和利用率。

R 树是采用空间聚集的方法对数据进行分区，提高了空间分区节点的利用效率；同时 R 树作为一棵平衡树，也降低了树的深度，提高了 R 树的检索效率。它按数据来组织索引结构，这使其具有很强的灵活性和可调节性，用户无须预知整个空间要素所在空间范围，就能建立空间索引；由于其具有与 B 树相似的结构和特性，故能很好地与传统的关系型数据库相融合，更好地支持数据库的事务、回滚和并发等功能。这是许多空间数据库选择 R 树作为空间索引的一个主要原因。

但是，R 树非叶节点的 MBR 允许重叠，这会导致同一空间查询出现多条查询路径的情况。因此，要想得到一棵高效的 R 树，需要尽量符合以下几点。

（1）非叶节点 MBR 的面积尽可能小，其中不被其下级节点覆盖的面积尽可能小。这样，查找分支的决策可以在树的更高层进行，从而改进查询性能。

（2）非叶节点 MBR 的重叠尽可能小，这样可以减少查找路径的数目。

（3）非叶节点 MBR 的周长尽可能小。在面积一定的情况下，周长最小的形状是方形，而方形可以减少上一层节点的覆盖范围，从而改善树的结构。

（4）尽可能提高每个节点的子节点的数目，提高空间利用率，降低树的深度。

遗憾的是，这几条优化准则往往以非常复杂的方式相互影响，优化其中某一因素往往会影响其他因素，从而导致整体性能的下降。

从 R 树的结构可以看出，让空间上靠近的空间要素拥有尽可能近的共同祖先，能提高 R 树的查询效率。在构造 R 树的时候，尽可能让空间要素的空间位置的远近体现在其最近的共同祖先的远近上，形象地说就是让聚集在一起的空间要素尽可能早地组合在一起。插入操作中选择子树的标准、分裂和插入操作中选择子树的标准、分裂操作中的分裂算法，都是为了体现这一目标。但是，用什么样的规则来衡量空间要素的聚集是一个非常复杂的问题。由于衡量的方法不同，故产生了众多的 R 树的变体。

R 树的变体大多保持了 R 树的基本结构，而主要对节点分裂算法进行改进，即通过应用不同的优化参数和准则来确定近似分裂轴和数据分布。R 树的主要改进过程如下。

（1）为了避免 R 树由于兄弟节点的重叠而产生的多路径查询的问题，Sellis 等设计了 R+ 树，以提高其检索性能。R+ 树采用对象分割技术，避免了兄弟节点的重叠，要求跨越子空间的对象必须分割为两个或多个 MBR，即一个特定的对象可能包含在多个节点之中。R+

树解决了 R 树查询中的多路径搜索问题,但同时也带来了其他问题,如冗余存储增加了树的高度,降低了查询的性能;在构造 R⁺ 树的过程中,节点 MBR 的增大会引起向上和向下的分裂,导致一系列复杂的连锁更新操作,在不利的情况下可能造成死锁。图 6-11 的几何对象用 R⁺ 树表示如图 6-12 所示,其中三组多边形的 R 树中节点的外接矩形用虚线画出,R 树绘制在右边。可以看到,几何对象 N 同时出现在节点 X 和 Y 中。

(2)Beckmann 等设计了 R^* 树,指出区域重叠并不意味着更坏的数据检索性能,而插入过程才是提高索引性能的关键。Beckmann 等通过对大量不同分布数据的试验研究,找到了一系列相互影响的决定检索性能的参数,提出了一系列节点分裂优化准则,设计了节点强制重插技术。这些研究成果提高了 R 树的空间利用率,减少了节点分裂次数,使目录矩形(某路径所有矩形的最小边界矩形)更近似于正方形,从而极大地改善了树结构,显著提高了树的查询性能,但同时也增加了 CPU 的计算代价。

(3)Mamel 等提出了 Hilbert R 树,以提高节点存储利用率,优化 R 树结构。其主要思想是利用 Hilbert 分形曲线对 k 维空间数据进行一维线性排序,进而对树节点进行排序,以获得面积、周长最小化的树节点。此外,对于通过排序后得到的组织良好的兄弟节点集,实施类似于 B⁺ 树的滞后分裂算法,从而获得较高的节点存储利用率。

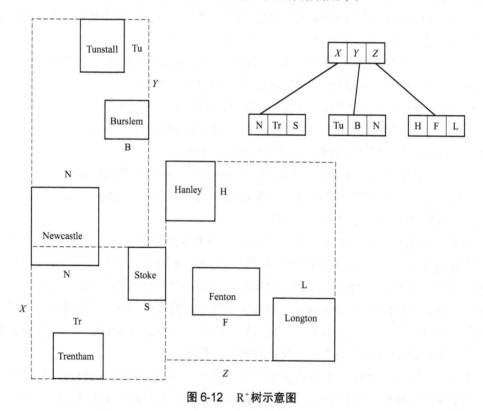

图 6-12   R⁺ 树示意图

有关 R 树的变体还有很多,如在空间对象近似表达方面,有利用最小外接矩形的球树(sphere tree)、最小外接凸多边形的 CP 树、最小外接多边形的 cell 树、P 树、DR 树,均是适合主存索引的变体,而位图 R 树则借鉴了位图索引的思想等。

（四）GisT 索引

通用搜索树（Generalized Search Tree，GisT）是由美国威斯康星大学的 Hellerstein 于 1995 年在超大型数据库（Very Large Data Bases，VLDB）会议上首次提出的。GisT 抽象出树索引结构的基本特征,并为插入、删除和搜索提供"模板"算法,使得高级数据库用户更容易实现特定的索引结构（如 R 树及其变体）,而不需要对任何系统代码做改动,实现扩充比实现全新的索引算法花费要少很多。

许多特殊的搜索树都可以通过 GisT 实现。可以说,GisT 统一了所有不同的树结构,它是特殊搜索树的模板。GisT 向用户提供了一组函数接口,这些接口需要用户来实现,然后再注册到数据库系统中。这组函数既反映了用户自定义类型的结构和特点,也反映了对以用户自定义类型为索引关键字的 GisT 的基本操作。

GisT 是一棵平衡树,它提供了一些模板算法用于周游、删除、修改、分裂、合并。与其他搜索树类似,叶节点存储（key, ptr）对中,key 是索引关键字,ptr 是指针,指向包含记录的数据块在磁盘上的地址;内部节点包含（p, ptr）对,p 是一个逻辑谓词,描述用户要查找的数据是否在指针所指向的子树中。GisT 的所有叶节点用链表连接起来。GisT 结构如图 6-13 所示。

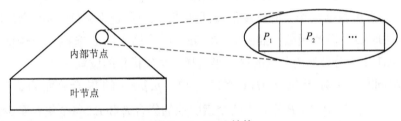

图 6-13 GisT 结构

GisT 具有如下特性。

（1）根节点至少有两个子女。

（2）每个内部节点包含的子女数记为 $N, kM \leqslant N \leqslant M$,其中 k 为最小填充因子,满足 $M/2 \leqslant k \leqslant 1/2$，$M$ 为一个节点可以容纳索引项的最大数目。

实际上,每个 GisT 节点包含 N 个（p, ptr）对,p 是一个逻辑谓词,ptr 是指针,指向一棵子树,子树的叶节点中包含符合谓词 p 的记录。称（p, ptr）是一个入口（entry）,简记为 E。规定在 GisT 中所有节点大小相同,最多包含 M 个入口。如果节点中含有少于 M 个入口,则其余的位置空缺,以便其他的入口插入 GisT 中。

（3）对于叶节点上的每个入口,$E = (key, ptr)$,key 中存放记录的关键字,ptr 指向真实的记录。

（4）所有的叶节点都处在同一层。叶节点所处的这一层规定为 0 层,叶节点的父亲所处的层为 1 层,以此类推,子女所处的层数等于父亲所处的层数减 1。

GisT 本身提供了一系列操作算法,如插入算法（insert）、分裂算法（split）、删除算法（delete）、搜索算法（search）。GisT 的平衡特性由它的插入算法、分裂算法、删除算法保证;

搜索算法是输入一个谓词 q ,然后对树进行搜索,返回满足谓词 q 的所有记录。插入算法是在 GisT 中选择一个合适的位置,将(key , ptr)插入到 GisT 中。删除算法是将(key , ptr)从 GisT 中删除。为实现上述操作,类型的定义者和开发者还必须向数据库系统注册并且实现如下方法。

(1)Consistem(E,q):对于给定的索引项 $E=(p,ptr)$ 和查询谓词 q ,判断索引是否与查询谓词 q 匹配,若不能匹配,则返回 FALSE,否则返回 TRUE。系统调用 GisT 的搜索算法时需要调用此函数,用来查询用户的谓词 q 的记录是否在 ptr 所指向的子树中。

(2)Union(P):输入一个 E 的集合 $P=\{E_i|\ E_i=(p_i,ptr_i),i=1,2,\cdots,n\}$,返回谓词 r ,使得索引项组中各个索引项子树中所有的元组均满足 r ,即 $r=p_1 \vee p_2 \vee \cdots \vee p_n$ 。系统调用 GisT 的分裂和合并算法时要调用此函数,进行内节点之间的合并。

(3)Compress(E):对于给定的索引项 $E=(p,ptr)$,返回 (a,ptr) , a 为 p 的压缩形式。将谓词原封不动地存储在磁盘上可能会浪费空间,此函数的作用是将 GisT 中的谓词压缩后存储在磁盘上。

(4)Decompress(E):对于索引项 $E'=(a,ptr)$, $a=$ Compress (p) ,返回(r,ptr),使 p 指向 r 。此函数的作用是将压缩的 GisT 在内存中解压缩。

(5)Penalty(E_1,E_2):对于索引项 $E_1=(p_1,ptr_1)$ 和 $E_2=(p_2,ptr_2)$,当把 E_2 插入 E_1 的子树时,返回一个与索引数据域相关的测度值或惩罚值,惩罚值越小越好。系统调用 GisT 的分裂和插入算法时要调用此函数。插入时,在 GisT 中为插入的 E 选择一个较优化的位置。分裂时,在 GisT 中为分裂的内节点的另一半选择一个较优化的位置。

(6)PickSplit(P):对于包含 $M+1$ 个索引项(p,ptr)的集合 P 而言, $P=\{E_i|\ E_i=(p_i,ptr_i),i=1,2,\cdots,M+1\}$,将 P 分裂为两个索引项的集合 P_1 和 P_2 ,每个集合至少包含 kM 个索引项。系统的分裂算法将调用此函数,用来分裂一个 E 数目大于 M 的内节点。

二、空间查询处理步骤

空间对象和空间操作的复杂性使空间数据库中的空间操作既是 I/O 密集型又是 CPU 密集型。因此,充分利用空间索引有效地进行空间检索是空间数据库一项非常重要的技术。空间查询处理会涉及复杂的空间数据类型和大量的空间数据,如一个国家的边界可能需要数千个点来精确表示。为了更好地进行空间查询,空间查询处理一般需要进行过滤和精练两个步骤的操作。

(1)过滤步骤,将充分利用空间索引结构,排除不满足查询条件的数据对象以缩小查询的范围。排除数据量的大小不仅与该空间索引结构中采用的空间数据表示方法密切相关,也与索引结构本身密切相关。在此步骤中能排除的数据集越大,说明这种索引结构越有效。经过此步骤以后所得到的结果是结果集的超集。

(2)精练步骤,检查候选集中每个元素的精确集中的几何信息和精确的空间谓词,通常需要使用 CPU 密集型算法。由于精练过程是一个相当复杂的过程,并且需要很大的时间开销,因此在做查询优化时应尽量推迟这一步骤。

以上是空间查询操作的两个处理步骤。若空间运算操作不经过过滤步骤，而直接进行精练步骤，在大多数情况下其效率会极低。因为空间数据的数据量大，空间对象在二维坐标下是"无序"的，获取空间对象将需要耗费大量时间和占用较多的内存空间。同时，空间运算的时间复杂度高，增加空间运算的频度会导致时间开销增大。

实际的查询条件应尽可能地减少这样的对象进入精练步骤，从而避免不必要的几何计算，这是提高查询效率的途径之一。此外，改进几何算法、改进查询执行速度也是可行途径。

经过过滤步骤后的候选集越小，精练步骤的几何计算量就越小。尽可能多地去除不满足查询条件的对象、尽可能减少候选集是提高查询速度的一个有效途径。

三、空间查询语言

查询属于数据库的范畴，一般定义为作用在库体上的函数返回满足条件的内容。查询是用户和数据库交流的过程，查询和检索是地理空间数据库中使用最频繁的功能之一，用户提出的很大一部分问题均可以查询的方式解决。查询的方法和查询的范围在很大程度上决定了空间数据库管理系统的应用程度和应用水平。

结构化查询语言（SQL）在前文已经介绍过，它是关系数据库的标准语言。SQL 是一个通用的、功能极强的关系数据库语言，其功能并不仅限于查询。当前几乎所有的关系数据库管理系统软件都支持 SQL。空间数据库是一种特殊的数据库，它以空间（地理）目标作为存储集，其与一般数据库最大的不同是包含"空间"（或几何）的概念。因此，理解空间概念是空间数据库查询语言的前提。显然，标准的 SQL 并不支持空间概念（如空间关系）。

要实现空间数据库的查询，必须增加空间或几何概念。空间结构化查询语言（SSQL）是基于 SQL9 提供的面向对象的扩展机制扩充的一种用于实现空间数据的存储、管理、查询、更新与维护的结构化查询语言。由于空间数据常常与地理位置密切相关，故也有人将其称为地理结构化查询语言（Geographical Structured Query Language，GSQL）。

SSQL 通常是基于某种空间数据模型，对标准 SQL 进行了扩展。其主要的扩展包括：①对空间数据类型的基本操作；②描述空间对象间拓扑关系的函数；③空间分析与处理的一般操作。

（一）空间数据类型与算子操作

相对于一般 SQL，空间扩展 SQL 主要增加了空间数据类型和空间操作算子，以满足空间特征的查询。空间特征包括空间属性和非空间数据，空间属性由特定的"geometry"字段表示。

空间数据类型除具有一般的整型、实型、字符型、数字型外，还具有点类型（Point）、线类型（Linestring）、弧段类型（Arc）、多边形类型（Polygon）、多点类型（MultiPoint）、多线类型（MultiLinestring）、多多边形类型（MultiPolygon）、集合对象集（Geometry Collection）等。

空间操作算子是带有参数的函数。通常它以空间特征为参数，返回空间特征或数值。空间操作算子主要分为两类：一元空间操作算子和二元空间操作算子。

一元空间操作算子指只有一个操作对象的算子,它与 SQL 中的聚集函数 (如 SUMO, COUNT 等函数) 相似。一元空间操作算子的主要功能是提取边界、计算长度和面积等,一般包括以下几种。

（1）XC(Point)、YC(Point):取点的 X 和 Y 坐标。

（2）SP(Linestring /Arc),EP(Linestring /Arc:取线或弧段的起始点和终止点。

（3）ARCS(Polygon):取多边形的弧段。

（4）CENTROID(Polygon): 取多边形的中心点。

（5）LENGTH(Linestring Polygon):计算线或多边形的长度。

（6）AREA(Polygon):计算多边形的面积。

（7）VORONOI(Point):生成一组点的沃罗诺伊(Voronoi)图。

（8）BUFFER(Geometry): 生成点、线或多边形的缓冲区。

（9）FUSION(Geometry): 融合某些具有相同属性值的相邻多边形。

二元空间操作算子指具有两个操作对象的算子,它主要分为二元几何算子、二元拓扑算子和二元创建算子三种类型。

（1）二元几何算子主要指距离算子,距离可以是点点之间、点线之间(点与最近线段)的距离,即 DISTANCE(Point,Point)和 DISTANCE(Point,Linestring)。

（2）二元拓扑算子指判断两个地理空间实体间基本拓扑关系的算子,一般包括以下几种。

①DISJOINT(Geometry,Geometry):相离关系。

②OVERLAP(Geometry,Geometry):相交关系。

③NEIGHBOUR(Geometry,Geometry):相邻关系。

④TOUCH(Geometry,Geometry):相接关系。

⑤CONTAIN(Geometry,Geometry):包含关系。

⑥EQUAL(Geometry,Geometry):相等关系。

（3）二元创建算子指从已有的两个空间特征通过运算得到新的特征及属性的算子。如果两个空间特征不满足一定的拓扑关系,则操作的结果为空。例如,若两个特征不相交,则交叠置结果为空。二元创建算子主要有以下几种。

①UNION(Polygon,Polygon):并叠置。

②DIFFERENCE(Polygon,Polygon):差叠置。

③INTERSECTION(Polygon,Polygon):交叠置。

（二）OGC 标准的 SQL 扩展

开放地理空间信息联盟（ Open Geospatial Consortium，OGC ）是一个非营利的、国际化的、自愿协商的标准化组织,它的主要目的是制定空间信息和基于位置服务的相关标准,使不同产品、不同厂商之间可以通过统一的接口进行数据互操作。在地理信息领域, OGC 已经是一个类似于"官方"的标准化机构,它不但吸纳了 Esri、Google、Oracle 等业界主要企业作为其成员,同时还与万维网联盟(W3C)、国际标准化组织(ISO)、电气和电子工程师协会(IEEE)等组织结成合作伙伴关系。因此,OGC 的标准虽然没有强制性,但是因为其背景和历史的原因,它制定的标准具有一定的权威性。OGC 的空间数据模型可以嵌入到各种编程语言中,如 C、Java、SQL 等。

OGC 标准的空间几何体 SQL 对象模型如图 6-14 所示。该模型有一个基类"几何体",这个基类规定了一个可以适用于其子类的空间参照系。在这个参照系中,有四个类由基类派生出来,分别是"点""曲线""面""几何集",每个类都可以关联一组操作,这种操作则作用于这些类的实例。

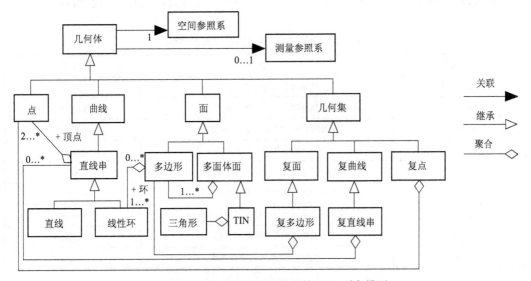

图 6-14　OGC 标准的空间几何体 SQL 对象模型

在以 OGC 标准为基础的 SQL 扩展中,可以进行的操作分为以下三类。

1. 用于几何类型的操作

例如,返回目标对象几何体采用的基础坐标系统,参照系统除可以使用人们最常用的经纬度外,还可以使用通用横轴墨卡托(Universal Transverse Mercator,UTM)投影。表 6-4 为OGC 标准定义的基本函数。

表 6-4　OGC 标准定义的基本函数

函数名称	含义	返回值
Dimension( )	返回目标几何体的维数	Integer
GeometryType( )	返回目标几何体的类型名称	String
SR1D( )	返回目标几何体的空间参考标识符	Integer
Envelope( )	返回目标几何体的最小外接矩形	Geometry
AsText( )	返回目标几何体几何信息的文本形式	String
AsBinary( )	返回目标几何体几何信息的二进制形式	Binary
IsEmpty( )	判断目标几何体是否为空集	Integer

函数名称	含义	返回值
IsSimple( )	判断目标几何体是否自相交	Integer
Boundary( )	返回目标几何体的边界	Geometry
SpatialReference( )	返回目标几何体的空间参考系统	String
Export( )	返回以其他形式表示的目标几何体	Geometry

2. 用于判断空间对象间的拓扑关系

例如,判断两个空间对象是否相交。表 6-5 为 OGC 标准定义的拓扑关系函数。

表 6-5　OGC 标准定义的拓扑关系函数

函数名称	含义	返回值
Equals( )	判断两个几何体是否相等	Integer
Disjoint( )	判断两个几何体是否相离	Integer
Intersects( )	判断两个几何体是否相交(有交点)	Integer
Touches( )	判断两个几何体是否相接	Integer
Crosses( )	判断两个几何体是否相交(相交穿过)	Integer
Within( )	判断一个几何体是否在另一个几何体里	Integer
Contains( )	判断一个几何体是否包含另一个几何体	Integer
Overlaps( )	判断两个几何体是否交叠	Integer
Relate( )	判断两个几何体是否有关系	Integer

3. 用于对空间分析的操作

例如,返回两个空间对象之间的距离。表 6-6 为 OGC 标准定义的空间分析函数。

表 6-6　OGC 标准定义的空间分析函数

函数名称	含义	返回值
Distance( )	返回两个几何体之间的最小距离	Double
Buffer( )	返回几何体给定范围的缓冲区	Geometry
ConvexHull( )	返回几何体的最小凸壳	Geometry
Intersection( )	返回几何体的交集构成的几何体	Geometry
Union( )	返回几何体的并集构成的几何体	Geometry
Difference( )	返回几何体与给定几何体不相交的部分	Geometry
SymDifference( )	返回两个几何体与对方互不相交的部分	Geometry

(三)空间数据库查询语言待研究的问题

对于空间数据库的查询而言,应具有两个基本功能:①选取用户所需要的子集;②以有意义的形式将查询结果呈现给用户。

　　根据一般数据库查询语言的特点及空间数据的特征,空间数据库查询语言应满足 11 项具体要求:①抽象数据类型"空间";②查询语言的图形表示;③查询的组合;④带上下文的图形表示;⑤多种查询组合的内容;⑥扩展的对话方式;⑦可修改显示方式;⑧描述性的图例;⑨适当的注记;⑩现实比例尺;⑪区域的限定。

　　从空间数据库与一般数据库的关系及空间数据描述实际地理现象的特点来看,空间数据库查询语言的特征可以概括为三条:①查询语言能理解"空间概念";②查询语言能描述查询结果的表达方式;③查询描述的非过程化。

　　查询语言的目的是使语言环境能尽可能地满足各种用户的要求。对空间数据库而言,查询语言不仅能描述有关空间位置的查询,还应能表达数据间空间关系的查询以及数据的空间操作结果。然而,数据的空间特性很复杂,空间数据库的建立总是基于某一比例尺,数据的尺度性也属于空间特征,目前的空间数据模型还没有有效的工具来表示空间目标的尺度性。空间数据库查询的结果是空间数据,它代表了现实世界中某一空间现象或空间现象的分布规律,也在某种程度上反映了人们的认知水平。空间数据的不同表示会给人们不同的感受,从而形成不同的概念(或观念),因此结果的表示是查询语言不可缺少的部分。若没有适当的表示,即使查询到所需结果,如果用户不能理解或者理解错误,那么查询也将失去意义。目前,空间数据库查询语言的研究主要集中在以下三个方面。

　　(1)扩展 SQL,关系数据库用户占主导地位。SQL 已成为工业标准,扩展 SQL 可以得到用户的认可和接受,但受其关系模型的限制,表达空间查询的能力有限。

　　(2)可视化查询语言。语言本身具有空间特征,表达某些空间查询简单明了,但查询能力有限,很难为语言建立形式化的基础。

　　(3)基于自然语言的查询。用户使用简单、自如,没有学习查询表达的负担,但数据库查询中的概念与语义背景有关,仅限于专业数据库查询。

　　由此可知,空间数据库查询语言至今还没有达到完善的程度,还有许多工作要做,其中最主要的方面有:①如何完善空间数据模型,达到支持"完备"的空间概念;②拓展查询模型,使得查询空间尽可能地与空间数据表述的现实空间接近。

第四节　空间数据库设计

　　空间数据库设计是将一定范围内的地理现象表示为空间数据模型和数据结构的过程,也就是将一定范围内的地理现实抽象为计算机能够处理的数据模型的过程。空间数据库的设计过程基本遵循数据库设计的过程。

一、数据库设计

(一)数据库设计的基本步骤

数据库设计是指对于给定的应用环境,构造(设计)优化的数据库逻辑模式和物理结构,并据此建立数据库及其应用系统,使之能有效地存储和管理数据,满足各种用户的应用需求,包括信息管理需求和数据操作需求。信息管理需求是指在数据库中应该存储和管理哪些数据对象;数据操作需求是指对数据对象需要进行哪些操作,如查询、增加、删除、修改、统计等操作。

数据库设计存在的主要问题包括:同时具备数据库与应用业务知识的人很少;应用业务的数据库系统的目标是什么在一开始往往不能明确;缺乏完善的设计工具和设计方法;用户的需求往往并不能一开始就完全说清楚;应用业务系统千差万别,很难找到一种适合所有应用业务的工具和方法等。

数据库设计的目标是为用户和各种应用系统提供一个信息基础设施和高效率的运行环境。高效率的运行环境包括数据库数据的存取效率高、数据库存储空间的利用率高、数据库系统运行管理的效率高等。

成功的数据库系统通常具有如下特点:功能强大;能准确地表示业务数据;容易使用和维护;对最终用户操作的响应时间合理;便于数据库结构的改进;便于数据的检索和修改;较少的数据库维护工作;有效的安全机制能确保数据安全;冗余数据最少或不存在;便于数据的备份和恢复;数据库结构对最终用户透明等。

按照规范设计的方法,考虑数据库及其应用系统开发全过程,将数据库设计分为以下五个阶段:①需求分析;②概念结构设计;③逻辑结构设计;④物理结构设计;⑤数据库实施和维护。

(二)需求分析

在数据库需求分析阶段之前,可以先进行数据库的规划,主要是进行数据库建立的必要性和可行性分析,确定数据库系统在组织和管理信息中的地位以及各个数据库之间的关系。在这个阶段要分析基于数据库系统的基本功能,在确定数据库的支持范围时,最好建立若干个范围不同的公用或专用数据库,然后逐步完成整个大型信息系统的建设。另外,还要对数据库与模型库、方法库或信息系统中其他成分的关系进行明确的规定。

在数据库规划工作完成后,应编制详尽的可行性分析报告及数据库规划纲要,内容包括信息范围、信息来源、人力资源、设备资源、软件及支持工具、开发成本及进度安排等。

接下来进行需求分析。进行数据库设计必须准确了解和分析用户需求。需求分析是整个数据库设计过程中较为费时、复杂,同时也是很重要的一步,它是整个空间数据库设计与建立的基础。需求分析主要收集数据库所有用户的信息内容和处理要求,并对其进行规格化和分析。在分析用户需求时,要确保用户目标的一致性。

需求分析阶段主要进行以下工作。

（1）调查用户需求，了解用户特点，取得设计者与用户对需求的一致看法。

（2）需求数据的收集和分析，包括信息需求（信息内容、特征、需要存储的数据）、信息加工处理需求（如响应时间）、完整性与安全性需求等。

（3）编制用户需求说明书，包括需求分析的目标、任务、具体需求说明、系统功能与性能、运行环境等，它是需求分析的最终成果。

（三）概念结构设计

概念结构设计是整个数据库设计的关键，它通过对用户需求进行综合、归纳与抽象，形成一个独立于具体的数据库管理系统（DBMS）的概念模型。概念结构设计以需求分析为基础，将需求转换为通用的信息结构模型。这个抽象的信息系统模型被称为概念模型。概念模型不依赖于计算机系统和具体的 DBMS。

概念模型的主要特点包括：能真实、充分地反映现实世界，包括事物之间的联系；能满足用户对数据的处理要求，是对现实世界的一个真实模型；易于理解，从而可以用它与不熟悉计算机的用户交换意见，用户的积极参与是数据库设计成功的关键；易于更改，当应用环境和应用要求改变时，容易对概念模型进行修改和扩充；易于向关系、网状、层次等各种数据模型转换。

概念模型是各种数据模型的共同基础，它比数据模型更独立于机器、更抽象，从而更加稳定。E-R 模型是描述概念模型的有力工具。

概念模型一般有如下的设计策略。

（1）自底向上：先定义各局部应用的概念结构，然后按一定的规则把它们集成起来，从而得到全局概念模型。

（2）自顶向下：先定义全局概念模型，然后再逐步细化。

（3）由里向外：先定义最重要的核心结构，然后再逐步向外扩展。

（4）混合策略：将自顶向下策略和自底向上策略结合起来，用自顶向下策略设计一个全局概念结构框架，以它为骨架集成自底向上策略中涉及的各局部概念结构。其通常分为两步。

第一步：数据抽象与局部视图设计。

概念结构是对现实世界的一种抽象。所谓抽象，是对实际的人、物、事和概念进行人为处理，抽取所关心的共同特性，忽略非本质细节，并把这些特性用各种概念准确地加以描述，这些概念组成了某种模型。一般有三种抽象方法：分类、概括和聚集。

分类：定义某一类概念作为现实世界中一组对象的类型。这些对象具有某些共同的特性和行为。它抽象了对象值和型之间的"is a member of"的语义。在 E-R 模型中，实体型就是这种抽象。

概括：定义类型之间的一种子集联系。它抽象了类型之间的"is a subset of"的语义。例如，学生是一个实体型，本科生、研究生也是实体型，本科生、研究生均是学生的子集。把学生称为超类(superclass),本科生、研究生称为学生的子类(subclass)。概括有一个很重要的性质,即继承性。子类继承超类上定义的所有抽象。这样,本科生、研究生继承了学生类型的属性。

第二步:局部视图集成,得到全局的概念结构。

将局部 E-R 图集成为全局 E-R 图,一般分以下两步。

(1)合并:解决分 E-R 图之间的冲突,将分 E-R 图合并起来生成初步 E-R 图。

(2)修改和重构:消除不必要的冗余,生成基本 E-R 图。

解决冲突是合并 E-R 图的主要工作和关键所在。分 E-R 图合并时产生的冲突主要有三类:属性冲突、命名冲突和结构冲突。

属性冲突:属性域冲突,即属性值的类型、取值范围或取值集合不同;属性取值单位冲突。

命名冲突:同名异义,即不同意义的对象在不同的局部应用中具有相同的名字;异名同义,即同一意义的对象在不同的局部应用中具有不同的名字。命名冲突可能发生在实体、联系一级上,也可能发生在属性一级上。

结构冲突:同一对象在不同应用中具有不同的抽象或同一实体在不同的局部 E-R 图中所包含的属性个数和属性的排列次序不完全相同,

在解决分 E-R 图之间的冲突和将分 E-R 图合并起来生成初步 E-R 图的过程中,可能存在一些冗余的数据和实体间冗余的联系。冗余的数据是指可以由基本数据导出的数据,冗余的联系是指可由其他联系导出的联系。冗余数据和冗余联系容易破坏数据库的完整性,给数据库维护增加困难,应当予以消除。但并不是所有的冗余数据与冗余联系都必须加以消除。有时候为了提高效率,不得不以冗余信息作为代价,以空间换时间。因此,在设计数据库概念结构时,哪些冗余信息必须消除,哪些允许存在,需要根据用户的整体需求来确定。如果人为地保留了一些冗余数据,则应把数据字典中数据关联的说明作为完整性约束条件。

(四)逻辑结构设计

逻辑设计又称"实现设计",其目的是从概念结构中(如 E-R 图)导出特定 DBMS 可处理的数据库的逻辑结构(数据库模式和外模式),这些模式在功能、性能、完整性和一致性约束以及数据库的可扩充性等方面均应满足用户的各种要求。

逻辑结构设计一般分三步进行。

(1)将概念结构转换为一般的关系、网状、层次模型。

(2)将转换来的关系、网状、层次模型向特定 DBMS 支持下的数据模型转换。

(3)对数据模型进行优化。

E-R 图向关系模型的转换要解决的问题是如何将实体型和实体间的联系转换为关系模式,如何确定这些关系模式的属性和码。

关系模型的逻辑结构是一组关系模式的集合,E-R 图则是由实体型、实体的属性和实体型之间的联系三个要素组成的。所以,将 E-R 图转换为关系模型实际上就是将实体型、实体的属性和实体型之间的联系转换为关系模式。转换一般遵循以下原则：一个实体型转换为一个关系模式，实体的属性就是关系的属性，实体的码就是关系的码。

对于实体型之间的联系有以下不同的情况。

（1）一个 1：1 联系可以转换为一个独立的关系模式，也可以与任意一端对应的关系模式合并。如果转换为一个独立的关系模式，则与该联系相连的各实体的码及联系本身的属性均转换为关系的属性，每个实体的码均是该关系的候选码。如果与某一端实体对应的关系模式合并，则需要在该关系模式的属性中加入另一个关系模式的码和联系本身的属性。

（2）一个 1：n 联系可以转换为一个独立的关系模式，也可以与某一端对应的关系模式合并。如果转换为一个独立的关系模式，则与该联系相连的各实体的码及联系本身的属性均转换为关系的属性，而关系的码为某一端实体的码。

（3）一个 m：n 联系转换为一个关系模式，与该联系相连的各实体的码及联系本身的属性均转换为关系的属性，各实体的码组成关系的码或关系码的一部分。

（4）三个或三个以上的实体间的一个多元联系可以转换为一个关系模式，与该多元联系相连的各实体的码及联系本身的属性均转换为关系的属性，各实体的码组成关系的码或关系码的一部分。

（5）具有相同码的关系模式可合并。

接下来是根据应用需要进行适当的修改，调整数据模型的结构，即数据模型的优化。关系数据模型的优化通常以规范化理论为指导，并考虑系统的性能，具体方法如下。

（1）确定各属性间的数据依赖。

（2）消除冗余的联系。

（3）确定最合适的范式。

（4）确定是否要对某些模式进行分解或合并。

（5）对关系模式进行必要的分解，以提高数据的操作效率和存储空间的利用率。

将概念模型转换为全局逻辑模型后，还应该根据局部应用需求，结合具体 DBMS 的特点，设计用户的外模式。

定义数据库全局模式主要是从系统的时间效率、空间效率、易维护等角度出发。由于用户外模式与模式是相对独立的，因此在定义用户外模式时可以注重考虑用户的习惯与操作的方便，包括：①使用更符合用户习惯的别名；②对不同级别的用户定义不同的视图，以保证系统的安全性；③简化用户对系统的使用。

（五）物理结构设计

数据库在物理设备上的存储结构与存取方法称为数据库的物理结构，它依赖于选定的 DBMS。对已确定的逻辑结构，利用 DBMS 提供的方法和技术、良好的存储结构和数据存取路径、合理的数据存储位置及存储分配，设计出一个高效的、可实现的物理数据库结构，即为数据库的物理设计。

数据库的物理设计通常分为两步：①确定数据库的物理结构；②对物理结构进行时间和

空间效率的评价。

对于数据查询,需要得到如下信息:①查询所涉及的关系;②查询条件所涉及的属性;③连接条件所涉及的属性;④查询列表中涉及的属性。

对于更新数据的事务,需要得到如下信息:①更新所涉及的关系;②每个关系上的更新条件所涉及的属性;③更新操作所涉及的属性。

关系数据库物理设计主要包括如下内容。

(1)为关系模式选取存取方法。存取方法是快速存取数据库中数据的技术。数据库管理系统一般都提供多种存取方法。常用的存取方法有三类:索引方法、聚簇(cluster)方法和HASH方法。

(2)设计关系、索引等数据库文件的物理存储结构。此设计内容主要确定数据的存放位置和存储结构,包括确定关系、索引、聚簇、日志、备份等的存储安排和存储结构,确定系统配置等。确定数据的存放位置和存储结构要综合考虑存储器时间、存储空间利用率和维护代价三个方面的因素,需要在这三个方面进行权衡,选择一个折中方案。

(3)进行物理结构设计的评价。评价物理结构设计的方法完全依赖于具体的 DBMS,主要考虑的是操作开销,即用户获得及时、准确的数据所需的开销和计算机的资源开销,具体包括:①查询和响应时间;②更新事务的开销;③生成报告的开销;④主存储空间的开销;⑤辅助存储空间的开销。

(六)数据库实施和维护

1. 数据加载

在数据库系统中,一般数据量都很大,各应用环境差异也很大。为了保证数据库中的数据正确、无误,必须十分重视数据的校验工作。在将数据输入系统进行数据转换的过程中,应该进行多次校验。对于重要数据的校验更应重复多次,确认无误后再进入数据库中。

2. 数据库的试运行

在有一部分数据加载到数据库之后,就可以开始对数据库系统进行联合调试,这个过程又称为数据库试运行。这一阶段要实际运行数据库应用程序,执行对数据库的各种操作,测试应用程序的功能是否满足设计要求。如果不满足,则要对应用程序进行修改、调整,直至达到设计要求为止。在数据库试运行阶段,还要对系统的性能指标进行测试,分析其是否达到设计目标。

3. 数据库的运行和维护

数据库投入运行标志着开发工作的基本完成和维护工作的开始,数据库只要存在一天,就需要不断地对它进行评价、调整和维护。

在数据库运行阶段,数据库的经常性维护工作主要由数据库系统管理员完成,其主要工作包括:①数据库的备份和恢复;②数据库的安全性和完整性控制;③监视、分析、调整数据库性能;④数据库的重组。

二、空间数据库设计

在进行空间数据库的设计时,需要对空间数据进行分析,分析其特性,从而建立空间概念模型;然后再进一步分析空间实体类别、属性及空间实体间的逻辑关系等;最终将建立的模型实例化,提供相关接口完成空间数据库的设计。与常规数据表格相比,空间数据种类繁多、结构复杂、视觉丰富,这些特征也必然使空间数据库的设计具有其自身特色。

(一)空间数据库设计原则

空间数据库设计时要遵循以下原则。

(1)按照各项指标进行设计。空间数据库的设计应与应用系统的设计结合起来,也就是整个系统的设计结果要将数据库的结构设计和数据处理过程的规范结合起来,这也是空间数据库设计的最主要原则。

(2)数据独立性原则。数据的独立性可以分为两种,即数据的物理独立和数据的逻辑独立。数据的物理独立是指不需要因数据的存取结构和存取方法的改变而改变应用程序,这是数据共享的基本要求之一。数据的逻辑独立是指数据的组织和处理与数据的逻辑结构分离,通过建立对数据逻辑结构即数据之间联系关系的描述文件、应用程序服务等方法实现,这样可以保证当全局数据逻辑结构改变时,不用修改程序,程序对数据使用的改变也不需要修改程序,使得深层次的数据共享成为可能。

(3)共享度高、冗余度低。在设计数据库系统时,要始终遵循"数据库系统是一个整体"的原则,即数据不是面向某一个特定的应用,而是面向整个系统。同一个数据可以被不同用户、不同应用使用。合理的数据共享可以大大减少数据冗余,节约存储空间,这对 GIS 非常重要。空间数据的数据量非常庞大,数据的冗余不仅会浪费大量存储空间,还会造成数据不一致现象。

(4)用户与系统的接口简单性原则。用户与系统的接口简单表现在尽量简化交互界面的同时,能够帮助用户完成访问空间数据的需求,并能高效完整地提供用户所需的空间数据查询结果。同时,能方便用户使用,易于理解学习,使其能够有效地通过易于理解的方式完成 SQL 语句的功能。

(5)系统并发性、安全性与完整性原则。空间数据库设计的这三个原则可以统称为空间数据库的保护原则。并发性原则是指当多个用户并发存取同一个数据块时应对并行操作进行必要的控制,从而保持数据库数据的一致性,避免脏数据的产生。安全性原则是指通过检查登录权限对不同级别的数据库用户进行数据访问与存取控制以保障数据库的安全与机密。完整性原则是指通过实时监控数据库事务的执行,保证数据项之间的结构不受破坏,使存储在数据库中的数据正确、有效,以及在不同副本中确保数据一致、协调。

(6)系统具有可重新组织、可修改与可扩充原则。可重新组织表示系统可以为了适应新的数据库需求或者更高的数据访问率,提高系统性能,改善数据组织的结构,即改变数据库的逻辑结构和物理结构,这种改变称为数据库的重新组织。可修改和可扩充意味着当有新的需求或变化时,可以对现有数据库结构进行扩展或修改,以适应新的情况。这表示数据库并不是一次性建立起来的,而是分批次建立起来的。同时,在对数据库不断扩展和修改的同时,也要遵循数据独立性原则,避免将来系统变化时不得不对整个系统推倒重做。

(二)空间数据库的设计步骤

类似于传统数据库的设计,空间数据库的设计工作通常也是分阶段进行的,不同的阶段完成不同的设计内容,且每个阶段都应具有相应的成果。这种设计不仅体现在设计的时间阶段性上,还体现在体结构的层次上。与传统数据库设计类似,空间数据库的设计也可以分为五个阶段,包括需求分析、概念设计、逻辑设计、物理设计和实施维护,如图6-15所示。

1. 需求分析阶段

准确了解并分析用户对系统的功能需求和基本要求,了解系统最终要达到的目标和需要实现的功能,这是整个空间数据库设计过程中最基础、最困难、最耗时的一步。

需求分析的设计目标:明白要处理的对象及相互关系;清除原有系统的概况和发展前景;明确用户对本系统的各种需求;得到系统的基础数据及处理方法;确定新系统的功能和边界。

需求分析调查的内容主要有三方面:数据库中的信息内容,数据库中需存储哪些数据,包括用户将从数据库中直接获得或间接导出的信息的内容和性质;数据处理内容,用户要完成什么数据处理功能,用户对数据处理响应时间的要求,数据处理的工作方式;数据安全性和完整性要求,数据的保护措施和存取控制要求,数据自身的或数据之间的约束限制。

一般来讲,空间数据库的需求分析就是对目标空间数据库系统提出一个完整的、准确的、清晰的、具体的要求,在这个阶段需要描述拟设计的空间数据库的目的、范围、定义、功能和所需要做的所有工作。这些工作包括用户和设计人员对系统所要设计的内容(数据)和功能(行为)的整理和描述。这个阶段的工作都是以用户的角度来认识系统,需要详细了解所要建立的空间数据库的各项需求,只有在确定了这些需求后,才能分析和寻求新系统的解决方法。如果这个阶段的工作没有做好,则以它为基础的整个空间数据库的设计将成为一件毫无意义的工作,会给以后的工作带来困难,影响整个项目的工期,在人力、物力等方面造成浪费。因此,需求分析是空间数据库设计人员感觉最烦琐和困难的工作。

空间数据库的需求分析和一般的信息系统需求分析类似,但仍有其特殊性。其在需求分析阶段所要收集的信息要详细很多,不仅要收集数据的型(包括数据名称、数据类型、字节长度),还要收集与数据库运行效率、安全性、完整性相关的信息,包括数据库使用的频率、数据间的联系及对数据操纵是否保密的要求等。

2. 概念设计阶段

概念结构设计是将系统需求分析阶段得到的用户需求抽象为信息结构的过程,概念结构设计的结果是数据库的概念模型。概念结构能转化为现实世界中的数据模型,并用DBMS等类似软件实现这些需求,这是数据库设计的关键。

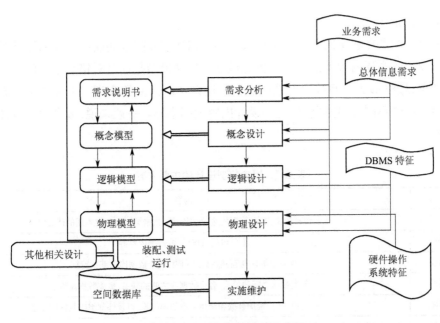

图 6-15　空间数据库设计示意图

E-R 图是传统的数据库概念设计的有力工具,但在描述空间概念时则显得不足,因此需要对传统 E-R 图进行扩展,利用具有空间扩展的 E-R 图进行空间数据库的概念结构设计。

空间扩展 E-R 图是用具有空间含义的象形图(pictogram)来注释和扩展 E-R 图的方法,以弥补传统 E-R 图在进行空间数据的概念结构设计时的不足。象形图主要包括实体象形图和联系象形图。

1)实体象形图

实体象形图是在代表实体的方框中插入的一种用于描述空间实体的几何特征的微缩图,这些微缩形状主要包括以下几类。

(1)基本形状,包括点、线、面。在一般的应用中,大多数空间实体都可以用这些基本形状表示。例如,在设施实体的左上角插入点的微缩图,则表示该设施是零维的几何实体;在河流或道路实体中插入线的微缩图,则表示该河道或道路是一维几何实体;在森林实体中插入面的微缩图,则表示该森林是二维几何实体。

(2)复合形状,定义一组聚合的形状,并用基数来量化这些复合形状,用于表示那些不能用某个形状表示的对象。其中,复合形状中的基数可有"0, 1""1""1, n""0, n""n"多种形式。

(3)导出形状,若某一对象的形状是由其他对象的形状导出的,那么就用斜体形式来表示。

(4)备选形状,用于表示某种条件下的同一个对象。备选形状的元素可以属于其他的几类形状。例如,在不同比例尺下,一座房屋可以表示为一个多边形,也可以表示为一个点。

(5)任意形状,对于形状的组合,可以用通配符表示,它表示各种形状。

(6)自定义形状,除了点、线、面这些基本形状外,用户还可以定义自己的形状。

2）联系象形图

联系象形图是在联系的菱形框中插入的用于描述实体间空间联系特征的缩微图。

概念设计的主要内容就是设计出概念模型。概念模型是通过对错综复杂的现实世界的认识与抽象,最终形成空间数据库系统及其应用系统所需要的模型。不同的空间数据库设计可能会有一些不同,但是概念模型的设计内容大同小异。一般来说,概念模型设计的内容见表6-7。

表 6-7　概念模型设计的主要内容

组成部分	内容
数据需求	主要包括数据内容、数据用途、数据特征、数据类型及各类数据的优先级
数据特征	主要包括数据结构、数据内容等
数据组织	现有数据库与新建数据库列表,各个数据库的基本特征
数据关系	各类数据之间的关系、各个数据库之间的联系、概要数据流程
关系矩阵	产生数据的部门、维护数据和使用数据的部门等,以及外部组织数据的交换
流程设计	主要包括数据采集、数字化、数据采购、格式转换、质量标准、质量评定和数据产品入库等一系列流程的设计

3.逻辑设计阶段

逻辑结构设计是指将概念结构转换为某个 DBMS 所支持的数据模型,并进行性能优化。逻辑结构设计的一般步骤如下:

（1）将概念模型转换为一般的数据模型;

（2）将一般的数据模型转换为特定 DBMS 所支持的数据模型;

（3）通过优化方法将其转化为优化的数据模型。

空间数据库作为数据库的一个特例,其设计过程与传统的数据库逻辑设计大致相同。但是,相对于传统的数据库逻辑设计,空间数据库具有更强的语义表达能力。空间数据库的逻辑设计包括如下内容。

（1）准备工作:整理收集需求分析阶段和概念设计阶段的文档,进一步确认数据库的设计目的、范围描述,确定设计目标,并制定相关的设计规划,包括时间规划、任务规划、流程规划、进度安排等,形成相关文献报表。

（2）定义实体:从准备工作阶段收集的原材料中抽出并归纳各类实体,描述各类实体的特征和属性,并对属性进行命名,制定实体标识格式,最终通过讨论、评审、优化形成初步实体表。

（3）定义联系:在定义实体阶段形成的实体表的基础上,结合实际业务的需求和相关规则,定义实体与实体之间的联系,即实体关系,并对实体关系进行命名和说明,形成实体关系表。

（4）定义关键字段:标识实体的关键字段,给实体一个唯一标识符,以便标识实体。在此阶段,设计人员需要从每个实体类型的字段属性中抽选出一个方便标识的字段作为关键字段。

（5）定义属性：从元数据表中抽取说明性的名词组成属性表，确定属性的所有者，定义传递依赖规则，保证一个非主关键字段属性必须依赖主关键字段。

（6）定义规则：让用户按照规则进行操作，这样不仅能够规范操作，而且能防止不规范操作引起的数据库性能下降。定义规则主要是定义各类实体属性的数据类型、长度、精度、是否非空、默认值及约束规则等。除此之外，还要定义视图、触发器、角色、同义词、存储过程等。

在逻辑设计过程中，要充分考虑概念设计阶段的空间数据模型要求、空间数据类型、空间数据格式、空间数据发布方式、空间数据更新、空间数据共享需求、数据总量、用户数目与使用数据频率、拟采用的 GIS 软件、DBMS 配置与性能等。经过逻辑设计获得以下成果：地理实体、图层、属性定义，数据表主键、外键定义，实体关系模型，数据字典，元数据，业务、数据流程，表单与报表设计，数据安全性设计，数据域与使用规则。

4. 物理设计阶段

物理设计的主要内容是选择存取方法和存储结构，包括确定关系、索引、聚簇、日志、备份等的存储安排和存储结构以及系统配置等。数据库的物理设计可以分两步进行：①确定数据的物理结构，即确定数据库的存取方法和存储结构；②对物理结构进行评价。

与传统的数据库设计类似，空间数据库的物理设计是在具体的数据库关系系统的条件下，将逻辑设计阶段的数据库逻辑设计模型具体化到具体的空间数据库中，并落实数据库概念设计中的数据采集、数据转化、建库、共享与维护等。

无论是主流的 Oracle Spatial 空间数据库，还是 ArcGIS 空间数据库，或者是其他的空间数据库，其物理模型设计一般包含以下内容。

（1）详细的空间数据库结构设计，包括空间要素的结构设计和组织设计、空间图层图像的结构设计和组织设计（栅格图层、矢量图层）、地理实体属性表设计（表格字段的基本属性、别名）以及空间索引方法的选择、组织、设计。

（2）空间数据库详细方案设计，包括地图数字化方案、数据整理与编辑方案、数据格式转化方案、数据更新处理方案、地图投影方案、坐标转换方案等。

（3）数据库安全保密设计，说明在数据库设计中，如何通过区别不同的访问者、不同的访问类型和不同的数据对象进行分别对待，而保证数据库安全保密。

（4）数据库性能评价，包括时间评价和资源利用评价。时间评价包括：空间数据导入、导出的时间，数据库管理系统完全恢复的时间，数据库关系系统增量备份、恢复时间，索引创建时间，故障切换时间，数据库管理系统连接时间。资源利用评价主要是指在一定约束条件下，测试数据库管理系统所能承受的数据库系统连接，对数据库服务器的内存泄漏情况、CPU 使用率、可通过内存数等性能的衰减情况进行评测。

物理模型设计完成后，需要撰写设计文档。设计文档不仅要作为设计底案保存起来，还将指导后续的数据库实施工作。在设计文档中，设计人员应对数据字典进行详细说明。数据字典是对数据库中涉及的各项内容进行的详细描述，包括地理要素、空间图像图层、实体属性表格、各类字段描述、关键字描述、标识符描述、结构描述及其他相关信息。

具体的空间数据库关系系统影响着空间数据库的物理模型设计。在具体的项目实践中,首先都是先确定具体的数据库管理系统,然后根据数据库关系系统提供的解决方案设计物理模型,实现空间数据的存储和管理。目前,两大空间数据库系统 Oracle Spatial 和 ArcGIS 都拥有自己的空间数据库解决方案。Oracle Spatial 提供了用户级和企业级两种空间数据库数据管理方案,ArcGIS 提供了基于 Geodatabase 的数据管理方案。

5. 实施维护阶段

运用数据操作语言和宿主语言,根据数据库的逻辑结构和物理设计的结果建立数据库、编制与调试应用程序、组织数据入库并进行系统试运行。

在这个阶段,需要收集并整理空间数据库需求分析、概念设计、逻辑设计和物理设计各个阶段的成果,根据最后的结果在计算机上创建用户可以体验使用的实际的空间数据库。创建空间数据库后,装载实际的空间数据,对已搭建的空间数据库进行系统测试。根据上述描述,该阶段的任务按照执行时间的先后顺序分别是:设计实际的空间数据库结构,并将其在已经确定的空间数据库管理系统条件下,在具体的计算机上创建空间数据库;向已建成的空间数据库中导入真实的空间数据,并对其进行测试,分析测试结果并判定是否满足之前所确定的功能需求和性能需求;根据上一步测试分析判定结果,对空间数据库提出改进建议并实施,确保搭建的空间数据库能够满足用户的功能需求和性能需求,最终为用户提供一个安全可靠的空间数据库系统。

需要注意,空间数据库的设计还包括一些其他设计,包括前述的数据库的安全性设计、完整性控制,以保证一致性、可恢复性等。这些设计均有一个缺点,就是会牺牲部分数据库效率。所以,设计人员应想办法尽可能减少这种牺牲带来的影响,并且在数据库性能和数据库功能之间进行深入探究,以便达到一个最合理的平衡点。该阶段设计过程包括如下内容。

(1)空间数据库的再组织设计。在数据库系统设计时提供再组织设计非常有必要。当系统使用环境的需求或功能方面的需求发生变化时,有必要对系统进行再组织。一般认为,再组织就是对空间数据库的概念、逻辑和物理结构进行改变,其中概念模型或逻辑模型的改变称为再构造,物理结构的改变称为再格式化。

(2)故障恢复方案设计。故障恢复是当系统软件或者硬件出现故障时,用户避免或者减少损失的重要途径之一。在空间数据库设计中考虑的故障恢复方案,一般是数据库管理系统提供的故障恢复手段。通常存在两种情况:一种情况是在数据库管理系统提供了故障恢复手段的条件下,设计人员只需要为用户提供一个可以获取登录系统时的物理参数的接口,有了这个接口,一旦系统发生故障,用户通过获取登录时的物理参数便可以恢复登录时的数据;另一种情况是数据库管理系统未提供故障恢复手段,此时就必须设计一个可供用户使用的人工备份方案。

(3)安全性考虑。与传统数据库的安全策略一样,数据记录提供多种存取权限,通过限制用户对数据的访问,确保数据的安全。除这种方案外,用户还可以在实际应用中对用户进行权限分级,并为其设置密码,以确保数据的安全。

(4)事务控制。为了确保数据的完整性和一致性,特别是在多用户环境下,多个用户并发访问同一个数据块,事务控制就显得越发重要。事务控制使用最多的就是封锁,即对数据块实施封锁,防止多个数据库用户修改同一个数据块（称为封锁对象）。这里重点提一下封锁粒度,封锁粒度就是封锁对象的大小,封锁粒度越高,并发性能就相对很差,而数据完整性和一致性就更能得到保证;反之,则性能相对有所提高,但完整性和一致性将面临危险。

当空间数据库正式交付用户使用、投入生产时,空间数据库的设计也就结束了,其维护也就开始了。整个阶段的工作包括以下两个方面。

（1）进一步测试数据库系统功能和性能,重点是数据库的性能,分析评估数据库的资源利用率、响应时间,这时可能需要对数据库进行再组织。

（2）收集用户反馈的信息,解决用户反馈的问题,对数据块进行升级优化。如有必要,增加数据库的新功能。

思考题

1.数据库的管理系统包括哪些?
2.空间数据库基础是什么?
3.空间数据库查询包括哪些工具?
4.空间数据库设计应该注意些什么?

第七章　空间杆系结构的三阶共失效分析

导读：

由于实际应用的需求精度较低，所以系统的失效概率一般都是在单个失效模式的失效概率的基础上进行估值。其计算虽然简单，但其失效概率及上、下界的间隔通常非常大，因此随着精度要求的提高，其应用也受到了极大的限制。后来，Tendinitis 提出了二阶界限法，该方法依靠所有的单阶失效模式的失效概率和任意两个失效模式同时失效的二阶共失效概率计算出系统的失效概率及上、下界，极好地解决了当时的应用需求。本章将利用串联系统三阶界限的上、下界公式，并参考二阶、三阶共失效概率的研究成果，利用 MATLAB 编制相关计算程序，对空间杆系结构的三阶共失效理论展开研究。

学习目标：

1. 了解三阶共失效理论。
2. 掌握星型穹顶结构的三阶共失效概率。
3. 学习应力变化率法的重要性系数。

第一节　三阶共失效理论

一、三阶可靠性界限方法

若一个串联结构系统有 n 个失效模式，则该结构系统的失效事件可以表示为

$$E = E_1 \cup E_2 \cup \cdots \cup E_n \tag{7-1}$$

式中：E 为结构系统失效事件；E_i 为第 i 个失效模式的发生，$i = 1,2,3,\cdots,n$。

为了推导方便，把结构系统失效事件 E 表示为互斥事件的交集，即

$$E = E_1 \cup E_2\overline{E_1} \cup E_3\overline{E_2E_1} \cup \cdots \cup E_n\overline{E_{n-1}\cdots E_2E_1} \tag{7-2}$$

显然

$$\overline{E_{i-2}\cdots E_2E_1} = \overline{E_1 \cup E_2 \cup \cdots \cup E_{i-2}} \tag{7-3}$$

所以

$$E_i\overline{E_{i-1}\cdots E_2E_1} = E_i\overline{E_{i-1}}\left(\overline{E_1 \cup E_2 \cup \cdots \cup E_{i-2}}\right) \tag{7-4}$$

又有

$$E_i \overline{E_{i-1}} \left(\overline{E_1 \cup E_2 \cup \cdots \cup E_{i-2}} \right) \cup E_i \overline{E_{i-1}} \left(E_1 \cup E_2 \cup \cdots \cup E_{i-2} \right) = E_i \overline{E_{i-1}} \tag{7-5}$$

所以失效概率可以表示为

$$P\left(E_i \overline{E_1 E_2} \cdots \overline{E_{i-1}}\right) = P\left(E_i \overline{E_{i-1}}\right) - P\left(E_i \overline{E_{i-1}} E_1 \cup E_i \overline{E_{i-1}} E_2 \cup \cdots \cup E_i \overline{E_{i-1}} E_{i-2}\right) \tag{7-6}$$

又因为

$$P\left(E_i \overline{E_{i-1}} E_1 \cup E_i \overline{E_{i-1}} E_2 \cup \cdots \cup E_i \overline{E_{i-1}} E_{i-2}\right) \leqslant P\left(E_i \overline{E_{i-1}} E_1\right) + P\left(E_i \overline{E_{i-1}} E_2\right) + \cdots +$$
$$P\left(E_i \overline{E_{i-1}} E_{i-2}\right) \tag{7-7}$$

$$P\left(E_i \overline{E_{i-1}} E_j\right) = P\left(E_i E_j\right) - P\left(E_i E_{i-1} E_j\right) \tag{7-8}$$

式中：$j = 1, 2, \cdots, i-2$。

$$P\left(E_i \overline{E_{i-1}}\right) = P\left(E_i\right) - P\left(E_i E_{i-1}\right) \tag{7-9}$$

由式（7-6）、式（7-7）、式（7-8）和式（7-9）可以得到

$$P\left(E_i \overline{E_1 E_2} \cdots \overline{E_{i-1}}\right) \geqslant P\left(E_i\right) - \sum_{j=1}^{i-1} P\left(E_i E_j\right) + \sum_{j=2}^{i-2} P\left(E_i E_{i-1} E_j\right) \tag{7-10}$$

也可以表示为

$$P\left(E_i \overline{E_1 E_2} \cdots \overline{E_{i-1}}\right) \geqslant P\left(E_i\right) - \sum_{j=1}^{i-1} P\left(E_i E_j\right) + \sum_{j=2}^{i-1} P\left(E_i E_j E_j\right) \tag{7-11}$$

因为概率值为非负数，所以有

$$P\left(E_i \overline{E_1 E_2} \cdots \overline{E_{i-1}}\right) \geqslant \max\left\{ P\left(E_i\right) - \sum_{j=1}^{i-1} P\left(E_i E_j\right) + \max_{r \in (1,2,\cdots,i-2)} \sum_{j=2}^{i-1} P\left(E_i E_r E_j\right); 0 \right\} \tag{7-12}$$

由式（7-2）和式（7-12）可以得到系统失效概率的下限值为

$$P(E) \geqslant P\left(E_1\right) + P\left(E_2\right) - P\left(E_1 E_2\right) +$$
$$\sum_{i=3}^{n} \max\left\{ P\left(E_i\right) - \sum_{j=1}^{i-1} P\left(E_i E_j\right) + \max_{r \in (1,2,\cdots,i-1)} \sum_{j=1}^{i-1} P\left(E_i E_r E_j\right); 0 \right\} \tag{7-13}$$

另一方面

$$P\left(E_i \overline{E_1 E_2} \cdots \overline{E_{i-1}}\right) \leqslant P\left(E_i \overline{E_j E_r}\right) \tag{7-14}$$

由式（7-8）、式（7-9）及式（7-14）可得

$$P\left(E_i \overline{E_1 E_2} \cdots \overline{E_{i-1}}\right) \leqslant P\left(E_i\right) - \max_{r \in (2,3,\cdots,i-1)}\left\{ P\left(E_i E_r\right) + P\left(E_i E_j\right) - P\left(E_i E_r E_j\right) \right\} \tag{7-15}$$

再结合式（7-2），可得结构系统的失效概率上限值为

$$P(E) \leqslant P\left(E_1\right) + P\left(E_2\right) - P\left(E_1 E_2\right) + P\left(E_i\right) - \max_{r \in (2,3,\cdots,i-1)}\left\{ P\left(E_i E_r\right) + P\left(E_i E_j\right) - P\left(E_i E_r E_j\right) \right\}$$
$$\tag{7-16}$$

式（7-13）和式（7-16）就是串联系统的三阶失效概率的界限。

二、多阶共失效概率

式（7-12）和式（7-16）表示了单个构件可靠度和其结构体系失效概率一一对应的关系，对于有几个失效模式的结构体系，把任意两个不同的失效模式 i 和 j 同时发生的概率称为二

阶共失效概率,用P_{ij}表示。显然有

$$P_{ij} = P\left(E_i E_j\right) \tag{7-17}$$

同理,把任意三个不同的失效模式i,j,k同时发生的概率称为三阶共失效概率,用P_{ijk}表示。同理有

$$P_{ijk} = P\left(E_i E_j E_k\right) \tag{7-18}$$

若结构体系每个失效模式对应的随机变量均符合正态分布,则其任意一个二阶共失效概率和三阶共失效概率的计算公式如下:

$$P_{ij} = \int_{-\infty}^{-\beta_i} \varPhi\left(\frac{-\beta_j - \rho t}{\sqrt{1-\rho^2}}\right) \mathrm{d}t \tag{7-19}$$

$$P_{123} = \int_{-\infty}^{\infty} \varphi(t) \prod_{i=1}^{3} \varPhi\left(-\frac{m_i - \lambda_i t}{\sqrt{1-\lambda_i^2}}\right) \mathrm{d}t \tag{7-20}$$

式中:β_i为第i个失效模式对应的可靠度;β_j为第j个失效模式对应的可靠度;ρ为两个失效模式随机变量的相关性系数;λ_i为对应的第i个失效模式的重要性系数。

且$\rho_{ij} = \lambda_i \lambda_j$,此处$\lambda_i$是为求解上述共失效概率而引入的近似值。

三、算例分析

算例1:已知具有4种失效模式的结构系统,条件见表7-1。

计算各阶失效概率如下。

(1)单阶失效概率:

$$P_1 = 0.158\,7, P_2 = 0.115\,1, P_3 = 0.080\,8, P_4 = 0.054\,8$$

(2)二阶共失效概率:

$$P_{12} = 0.070\,0, P_{13} = 0.046\,8, P_{14} = 0.029\,7, P_{23} = 0.034\,2, P_{24} = 0.021\,9, P_{34} = 0.015\,1$$

(3)三阶共失效概率:

$$P_{123} = 0.027\,7, P_{124} = 0.017\,6, P_{134} = 0.012\,2, P_{234} = 0.009\,6$$

根据式(7-13)计算出失效概率下界,即

$$P_f \geqslant P_1 + P_4 - P_{12} + \max\left\{P_4 - P_{31} - P_{32} + P_{123}; 0\right\} + $$
$$\max\left\{P_4 - P_{41} - P_{42} - P_{43} + \max\left(P_{124} + P_{134}, P_{124} + P_{234}, P_{134} + P_{234}\right); 0\right\} = 0.249\,2$$

根据式(7-16)计算出失效概率上界,即

$$P_f \leqslant P_1 + P_4 - P_{12} + P_4 - \left(P_{31} + P_{34} - P_{123}\right) + P_4 - $$
$$\max\left(P_{42} + P_{41} - P_{421}, P_{43} + P_{41} - P_{431}, P_{43} + P_{44} - P_{432}\right) = 0.252\,1$$

$$0.249\,2 \leqslant P_f \leqslant 0.252\,1$$

算例2:对于如图7-1所示的平面结构体系,图7-1(a)表示静定结构,共有5根杆件,分布变化;图7-1(b)表示超静定结构,是在图7-1(a)的基础上加一根杆件所构成的。由于此超静定结构比静定结构冗余度增加,故可以直接得出其结构体系可靠度比后者要高,即结构

体系失效概率值较低。为了利用三阶共失效概率计算增加杆件前后的结构体系失效概率，需要假定一些初始参数值。为了简化计算结果，假设增加杆件前后各类杆件的可靠度不变，重要性系数不变。表 7-2 列出了算例 2 的已知初始条件。

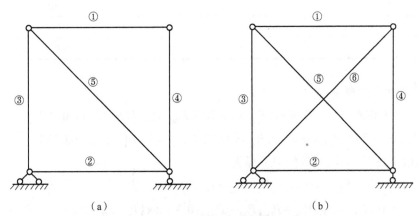

图 7-1　算例 2 平面结构体系示意图

（a）静定结构图　（b）超静定结构图

表 7-1　算例 1 的已知条件

序号	可靠度	重要性系数
1	1.0	0.9
2	1.2	0.8
3	1.4	0.7
4	1.6	0.6

把每个杆件的失效作为一个失效模式，则静定结构共有 5 个失效模式，超静定结构共有 6 个失效模式。利用式（7-13）、式（7-19）、式（7-20）和式（7-16）可以计算出增加杆件前后结构体系的失效概率界限。

对于静定结构，根据式（7-13）、式（7-19）和式（7-20）计算结果如下。

（1）单阶共失效概率：

$P_1 = 0.1151, P_2 = 0.1151, P_3 = 0.1587, P_4 = 0.1587, P_5 = 0.2119$

（2）二阶共失效概率：

$P_{12} = 0.0810, P_{13} = 0.0870, P_{14} = 0.0870, P_{15} = 0.0916, P_{23} = 0.0870$

$P_{24} = 0.0870, P_{25} = 0.0916, P_{34} = 0.0992, P_{35} = 0.1093, P_{45} = 0.1093$

表 7-2　算例 2 的已知条件

杆件编号	可靠度	重要性系数
1	1.2	0.95
2	1.2	0.95

杆件编号	可靠度	重要性系数
3	1.0	0.90
4	1.0	0.90
5	0.8	0.85
6	0.8	0.85

（3）三阶共失效概率：

$$P_{123} = 0.068\,8, P_{124} = 0.068\,8, P_{125} = 0.070\,3, P_{234} = 0.071\,5, P_{235} = 0.073\,7$$

$$P_{345} = 0.079\,9, P_{134} = 0.071\,5, P_{145} = 0.073\,7, P_{245} = 0.073\,7, P_{135} = 0.073\,7$$

根据式（7-13）计算出失效概率下界为

$$P_f \geqslant P_1 + P_5 - P_{12} + \max\{P_5 - P_{31} - P_{32} + P_{123}; 0\} + \max\{P_5 - P_{41} - P_{45} - P_{43} +$$
$$\max(P_{124} + P_{134}, P_{124} + P_{234}, P_{134} + P_{234}); 0\} + \max\{P_5 - P_{51} - P_{52} - P_{53} - P_{54} +$$
$$\max(P_{125} + P_{135} + P_{145}; P_{125} + P_{235} + P_{245}; P_{135} + P_{235} + P_{345}; P_{145} + P_{245} + P_{345}); 0\}$$
$$= 0.268\,6$$

根据式（7-16）计算出失效概率上界为

$$P_f \leqslant P_1 + P_5 - P_{12} + P_5 - (P_{31} + P_{35} - P_{123}) + P_4 -$$
$$\max(P_{42} + P_{41} - P_{421}, P_{43} + P_{41} - P_{431}, P_{43} + P_{45} - P_{432}) + P_5 -$$
$$\max(P_{45} + P_{35} - P_{345}; P_{45} + P_{25} - P_{245}; P_{45} + P_{15} - P_{145};$$
$$P_{35} + P_{15} - P_{135}; P_{35} + P_{25} - P_{125}; P_{25} + P_{15} - P_{125})$$
$$= 0.276\,4$$

故

$$0.268\,6 \leqslant P_f \leqslant 0.276\,4$$

对于超静定结构，在原有静定结构的基础上，只需计算下列共失效概率：

$$P_6 = 0.211\,9, P_{16} = 0.091\,6, P_{26} = 0.091\,6, P_{36} = 0.109\,3, P_{46} = 0.109\,3$$

$$P_{56} = 0.125\,2, P_{126} = 0.070\,3, P_{136} = 0.073\,7, P_{146} = 0.073\,7, P_{156} = 0.076\,3$$

$$P_{236} = 0.073\,7, P_{246} = 0.073\,7, P_{256} = 0.076\,3, P_{346} = 0.079\,9, P_{356} = 0.084\,7$$

$$P_{456} = 0.084\,7$$

根据式（7-13）计算出失效概率下界为

$$P_f \geqslant P_1 + P_6 - P_{12} + \max(P_6 - P_{31} - P_{32} + P_{123}; 0) +$$
$$\max\{P_6 - P_{41} - P_{46} - P_{43} + \max(P_{124} + P_{134}, P_{124} + P_{234}, P_{134} + P_{234}); 0\} +$$
$$\max\{P_6 - P_{51} - P_{56} - P_{56} - P_{54} + \max(P_{125} + P_{135} + P_{145}; P_{125} + P_{235} + P_{245}$$
$$P_{135} + P_{235} + P_{345}; P_{145} + P_{245} + P_{345}); 0\} + \max\{P_6 - P_{61} - P_{66} - P_{66} - P_{66} - P_{65} +$$
$$\max(P_{612} + P_{613} + P_{614} + P_{615}; P_{621} + P_{623} + P_{624} + P_{625}; P_{631} + P_{632} + P_{634} + P_{635};$$
$$P_{641} + P_{642} + P_{643} + P_{645}; P_{651} + P_{652} + P_{653} + P_{654}); 0\}$$
$$= 0.275\,5$$

根据式(7-16)计算出失效概率上界为

$$P_f \leqslant P_1 + P_6 - P_{12} + P_6 - (P_{31} + P_{36} - P_{123}) + P_4 -$$

$$\max(P_{42} + P_{41} - P_{421}, P_{43} + P_{41} - P_{431}, P_{43} + P_{46} - P_{432}) + P_5 -$$

$$\max(P_{45} + P_{36} - P_{345}; P_{45} + P_{26} - P_{245}; P_{45} + P_{16} - P_{145}; P_{35} + P_{16} - P_{135};$$

$$P_{35} + P_{26} - P_{125}; P_{25} + P_{16} - P_{125}) + P_6 - \max(P_{65} + P_{61} - P_{651}; P_{65} + P_{66} - P_{652};$$

$$P_{65} + P_{66} - P_{653}; P_{65} + P_{66} - P_{645}; P_{61} + P_{66} - P_{641}; P_{64} + P_{66} - P_{621}; P_{64} + P_{66} - P_{634};$$

$$P_{63} + P_{61} - P_{136}; P_{63} + P_{66} - P_{236}; P_{62} + P_{61} - P_{126})$$

$$= 0.278\,3$$

故

$$0.275\,5 \leqslant P_f \leqslant 0.278\,3$$

对于图 7-1,在静定结构中,除 1 号杆件外,其余任意一根杆件失效都能导致该静定结构体系在某种工况下不能正常地起到支持作用;在超静定结构中,任意一根杆件的失效都不会导致结构体系失效。

算例 3:对于如图 7-2 所示的平面结构。

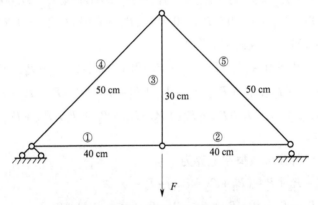

图 7-2　算例 3 平面结构体系示意图

当 F=100 N 时,计算得到各杆件的内力如下:

$$F_1 = 66.67\text{N}, F_2 = 66.67\text{N}, F_3 = 100\text{N}, F_4 = -83.33\text{N}, F_5 = -83.33\text{N}$$

正负号按照结构力学中相关规定取舍。为了定量地考察结构体系每根杆件的可靠度,在此引入参数 k,k 表示每根杆件在荷载作用下应力与长细比之比。假设该结构体系杆件横截面面积相同,则有 $k_i = F_i / l_i$,l_i 是每根杆件的长度值。仅考虑该结构体系在图示荷载下结构体系的可靠性分析,则可以认为每根杆件的可靠度与其 k 值成正比。假设各类已知条件见表 7-3。

表 7-3　算例 3 的已知条件

杆件编号	k 值	可靠度	重要性系数
1	1.67	0.835	0.85

杆件编号	k 值	可靠度	重要性系数
2	1.67	0.835	0.85
3	3.33	1.665	0.95
4	1.67	0.835	0.90
5	1.67	0.835	0.90

根据式（7-13）、式（7-19）和式（7-20）计算结果如下。

（1）单阶共失效概率：

$$P_1 = 0.047\,5, P_2 = 0.047, P_3 = 0.000\,4, P_4 = 0.047\,5, P_5 = 0.047\,5$$

（2）二阶共失效概率：

$$P_{12} = 0.019\,4, P_{13} = 0.000\,4, P_{14} = 0.021\,4, P_{15} = 0.021\,4, P_{23} = 0.000\,4$$
$$P_{24} = 0.021\,4, P_{25} = 0.021\,4, P_{34} = 0.000\,4, P_{35} = 0.000\,4, P_{45} = 0.023\,9$$

（3）三阶共失效概率：

$$P_{123} = 0.000\,4, P_{124} = 0.013\,0, P_{125} = 0.013\,0, P_{234} = 0.000\,4, P_{235} = 0.000\,4$$
$$P_{345} = 0.000\,4, P_{134} = 0.000\,4, P_{145} = 0.014\,6, P_{245} = 0.014\,6, P_{135} = 0.000\,4$$

根据式（7-13）计算出失效概率下界为

$$\begin{aligned}
P_{\mathrm{f}} \geqslant & P_1 + P_5 - P_{12} + \max\{P_5 - P_{31} - P_{32} + P_{123}; 0\} + \max\{P_5 - P_{41} - P_{45} - P_{43} + \\
& \max(P_{124} + P_{134}, P_{124} + P_{234}, P_{134} + P_{234}); 0\} + \max\{P_5 - P_{51} - P_{52} - P_{53} - P_{54} + \\
& \max(P_{125} + P_{135} + P_{145}; P_{125} + P_{235} + P_{245}; P_{135} + P_{235} + P_{345}; P_{145} + P_{245} + P_{345}); 0\} \\
= & 0.097\,4
\end{aligned}$$

根据式（7-16）计算出失效概率上界为

$$\begin{aligned}
P_{\mathrm{f}} \leqslant & P_1 + P_5 - P_{12} + P_5 - (P_{31} + P_{35} - P_{123}) + P_4 - \\
& \max(P_{42} + P_{41} - P_{421}, P_{43} + P_{41} - P_{431}, P_{43} + P_{45} - P_{432}) + P_5 - \\
& \max(P_{45} + P_{35} - P_{345}; P_{45} + P_{25} - P_{245}; P_{45} + P_{15} - P_{145}; P_{35} + P_{15} - P_{135}; \\
& P_{35} + P_{25} - P_{125}; P_{25} + P_{15} - P_{125}) \\
= & 0.118\,7
\end{aligned}$$

故

$$0.097\,4 \leqslant P_{\mathrm{f}} \leqslant 0.118\,7$$

此时，若将所有杆件可靠度降低一半，即 1~5 号杆件可靠度分别为 0.835、0.835、1.67、0.835 和 0.835，则根据式（7-13）、式（7-19）和式（7-20）计算结果如下。

（1）单阶共失效概率：

$$P_1 = 0.201\,9, P_2 = 0.201\,9, P_3 = 0.047\,5, P_4 = 0.201\,9, P_5 = 0.201\,9$$

（2）二阶共失效概率：

$$P_{12} = 0.117\,7, P_{13} = 0.042\,9, P_{14} = 0.124\,5, P_{15} = 0.124\,5, P_{23} = 0.042\,9$$
$$P_{24} = 0.124\,5, P_{25} = 0.124\,5, P_{34} = 0.045\,0, P_{35} = 0.045\,0, P_{45} = 0.132\,4$$

（3）三阶共失效概率：

$$P_{123}=0.039\,3, P_{124}=0.091\,1, P_{125}=0.091\,1, P_{234}=0.041\,0, P_{235}=0.041\,0$$
$$P_{345}=0.042\,9, P_{134}=0.041\,0, P_{145}=0.097\,3, P_{245}=0.097\,3, P_{135}=0.041\,0$$

根据式（7-13）计算出失效概率下界为

$$P_f \geqslant P_1 + P_5 - P_{12} + \max\left\{P_5 - P_{31} - P_{32} + P_{123}; 0\right\} + \max\left\{P_5 - P_{41} - P_{45} - P_{43} + \right.$$
$$\max\left(P_{124}+P_{134}, P_{124}+P_{234}, P_{134}+P_{234}\right); 0\right\} + \max\left\{P_5 - P_{51} - P_{52} - P_{53} - P_{54} + \right.$$
$$\max\left(P_{125}+P_{135}+P_{145}; P_{125}+P_{235}+P_{245}; P_{135}+P_{235}+P_{345}; P_{145}+P_{245}+P_{345}\right); 0\right\}$$
$$=0.340\,1$$

根据式（7-16）计算出失效概率上界为

$$P_f \leqslant P_1 + P_5 - P_{12} + P_5 - \left(P_{31}+P_{35}-P_{123}\right) + P_4 - $$
$$\max\left(P_{42}+P_{41}-P_{421}, P_{43}+P_{41}-P_{431}, P_{43}+P_{45}-P_{432}\right) + P_5 - $$
$$\max\left(P_{45}+P_{35}-P_{345}; P_{45}+P_{25}-P_{245}; P_{45}+P_{15}-P_{145}; P_{35}+P_{15}-P_{135}\right.$$
$$\left. P_{35}+P_{25}-P_{125}; P_{25}+P_{15}-P_{125}\right)$$
$$=0.347\,8$$

故

$$0.340\,1 \leqslant P_f \leqslant 0.347\,8$$

通过不同可靠度的验算，可以明显看出结构体系中杆件可靠度越高，则结构体系失效概率越低。在算例中，引入了系数 k 可以定义为杆件可靠度系数，在计算结构体系失效概率界限时，可参考该系数确定各杆件可靠度。

算例4：对于如图 7-3 所示的平面桁架结构，本静定结构有 25 根杆件，每根杆件失效都将导致结构系统失效。为了研究结构系统失效概率与每根杆件可靠度的关系，在此可以假设每根杆件可靠度按一定规律逐渐增加，通过计算对应结构系统的失效概率界限来分析结构系统失效概率的变化。

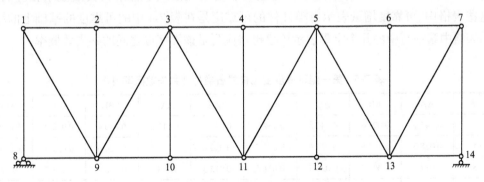

图 7-3　算例 4 平面结构体系示意图

为了简化，可以将该结构系统的杆件分为三类，上弦杆记为 A 类，腹杆记为 B 类，下弦杆记为 C 类。在计算结构系统的失效概率界限时，主要未知量有两个：杆件的可靠度和杆件的重要性系数。本算例中主要是研究杆件可靠度与结构系统失效概率界限的关系，且考虑到在设计桁架结构时可以通过增加杆件的横截面面积等人为地控制每根杆件的可靠度,故在计算杆件的可靠度时可以任意地取值。至于杆件的重要性系数,由于现有研究的局限,可以先在不同重要性系数下计算每根杆件可靠度变化后结构系统失效概率界限的变化,再通过比较来排除杆件重要性系数的影响。各类杆件可靠度及重要性系数见表7-4。

表 7-4 算例 4 各类杆件可靠度及重要性系数 1

杆件类别	可靠度	重要性系数
A	1.4	0.9
B	1.2	0.8
C	1.0	0.7

为了研究可靠度变化导致的结构系统变化规律,所有杆件可靠度共有七种变化模式,具体如下:

(1)A 类杆件可靠度变化,其余杆件可靠度不变;

(2)B 类杆件可靠度变化,其余杆件可靠度不变:

(3)C 类杆件可靠度变化,其余杆件可靠度不变;

(4)A 类和 B 类杆件可靠度同时变化,其余杆件可靠度不变;

(5)A 类和 C 类杆件可靠度同时变化,其余杆件可靠度不变;

(6)B 类和 C 类杆件可靠度同时变化,其余杆件可靠度不变;

(7)A 类、B 类和 C 类杆件可靠度同时变化。

上述七种变化模式分别记为第一组至第七组,分别利用式(7-13)、式(7-19)和式(7-20)计算共失效概率,再利用式(7-13)和式(7-16)计算结构系统失效概率界限。考虑到单阶失效概率计算较简单,故在以下表格中将仅列出二阶共失效概率和三阶共失效概率界限的值。表 7-5 至表 7-15 分别列出了七组可靠度变化模式下各个共失效概率相应的值。在这些表格中,可靠度增量表示每类杆件的可靠度是在表 7-4 中的可靠度的基础上的增加量。表格中第一行中的几个字母表示该字母对应列是该类字母之间的共失效概率。

表 7-5 第一组可靠度变化模式各类杆件共失效概率值 1

增量	AA	AB	AC	AAA	AAB	AAC	ABB	ACC	ABC
0.2	0.044 6	0.004 6	0.046 8	0.032 1	0.035 1	0.017 2	0.030 4	0.030 0	0.030 1
0.4	0.028 3	0.003 5	0.034 6	0.019 7	0.023 8	0.012 6	0.024 6	0.023 6	0.024 0
0.6	0.017 2	0.002 5	0.024 5	0.011 6	0.015 3	0.008 7	0.018 9	0.017 7	0.018 3
0.8	0.010 1	0.001 7	0.016 6	0.006 6	0.009 3	0.005 8	0.013 7	0.012 7	0.013 2
1.0	0.005 7	0.001 1	0.010 8	0.003 6	0.005 4	0.003 6	0.009 4	0.008 6	0.009 0

表 7-6 第二组可靠度变化模式各类杆件共失效概率值 1

增量	BB	AB	BC	BBB	AAB	ABB	BBC	BCC	ABC
0.2	0.050 5	0.004 6	0.054 4	0.030 6	0.031 0	0.030 4	0.030 9	0.031 5	0.030 1
0.4	0.031 8	0.003 7	0.041 7	0.018 2	0.026 4	0.021 8	0.021 1	0.025 5	0.025 2
0.6	0.019 2	0.002 9	0.030 8	0.010 3	0.021 4	0.014 7	0.013 7	0.019 9	0.020 1
0.8	0.011 1	0.002 1	0.021 8	0.005 6	0.016 5	0.009 2	0.008 5	0.014 8	0.015 4
1.0	0.006 2	0.001 5	0.014 8	0.002 9	0.012 2	0.005 5	0.005 0	0.010 6	0.011 2

表 7-7 第三组可靠度变化模式各类杆件共失效概率值 1

增量	CC	AC	BC	CCC	CCA	CCB	CAA	CBB	ABC
0.2	0.061 6	0.004 7	0.054 5	0.032 9	0.030 0	0.031 5	0.030 4	0.030 9	0.034 6
0.4	0.038 9	0.003 9	0.044 0	0.019 1	0.021 8	0.022 3	0.026 1	0.026 1	0.029 3
0.6	0.023 5	0.003 1	0.034 2	0.010 5	0.014 9	0.014 9	0.021 7	0.021 2	0.024 0
0.8	0.013 6	0.002 4	0.025 7	0.005 5	0.009 6	0.009 4	0.017 2	0.016 6	0.018 8
1.0	0.007 5	0.001 8	0.014 8	0.002 8	0.005 8	0.005 6	0.013 2	0.012 5	0.014 2

表 7-8 第四组可靠度变化模式各类杆件三阶共失效概率值 1

增量	AAA	BBB	ACC	AAC	BCC	BBC	AAB	ABB	ABC
0.2	0.032 1	0.030 6	0.030 0	0.017 2	0.031 5	0.030 9	0.031 0	0.030 4	0.030 1
0.4	0.019 7	0.018 2	0.023 6	0.012 6	0.025 5	0.021 1	0.018 8	0.018 2	0.017 9
0.6	0.011 6	0.010 3	0.017 7	0.087 0	0.019 9	0.013 7	0.010 9	0.010 5	0.010 1
0.8	0.006 6	0.005 6	0.012 7	0.005 8	0.014 8	0.008 5	0.006 1	0.005 8	0.005 5
1.0	0.003 6	0.002 9	0.008 6	0.003 6	0.010 6	0.005 0	0.003 3	0.003 0	0.002 9

表 7-9 第四组可靠度变化模式各类杆件二阶共失效概率值 1

增量	AA	BB	AB	AC	BC
0.2	0.061 6	0.004 7	0.054 5	0.032 9	0.030 0
0.4	0.038 9	0.003 9	0.044 0	0.019 1	0.021 8
0.6	0.023 5	0.003 1	0.034 2	0.010 5	0.014 9
0.8	0.013 6	0.002 4	0.025 7	0.005 5	0.009 6
1.0	0.007 5	0.001 8	0.014 8	0.002 8	0.005 8

表 7-10 第五组可靠度变化模式各类杆件三阶共失效概率值 1

增量	AAA	AAB	AAC	ABB	CCC	ACC	CBB	CCB	ABC
0.2	0.032 1	0.035 1	0.030 4	0.030 4	0.032 9	0.030 0	0.030 9	0.031 5	0.030 1
0.4	0.019 7	0.023 8	0.018 2	0.024 6	0.019 1	0.017 6	0.026 1	0.022 3	0.020 8
0.6	0.011 6	0.015 3	0.010 5	0.018 9	0.010 5	0.009 9	0.021 2	0.014 9	0.013 6

增量	AAA	AAB	AAC	ABB	CCC	ACC	CBB	CCB	ABC
0.8	0.006 6	0.009 3	0.005 8	0.013 7	0.005 5	0.005 3	0.016 6	0.009 4	0.008 4
1.0	0.003 6	0.005 4	0.003 0	0.009 4	0.002 8	0.002 7	0.003 3	0.005 6	0.004 9

表 7-11　第五组可靠度变化模式各类杆件二阶共失效概率值 1

增量	AA	CC	AC	AB	BC
0.2	0.044 6	0.061 6	0.046 8	0.004 6	0.054 5
0.4	0.028 3	0.038 9	0.029 3	0.003 5	0.044 0
0.6	0.017 2	0.023 5	0.017 6	0.002 5	0.034 2
0.8	0.010 1	0.013 6	0.010 2	0.001 7	0.025 7
1.0	0.005 7	0.007 5	0.005 6	0.001 1	0.018 5

表 7-12　第六组可靠度变化模式各类杆件三阶共失效概率值 1

增量	CCC	BBB	BBC	BCC	ABB	AAB	AAC	ACC	ABC
0.2	0.032 9	0.030 6	0.030 9	0.031 5	0.030 4	0.031 0	0.030 4	0.030 0	0.030 1
0.4	0.019 1	0.018 2	0.018 2	0.018 4	0.021 8	0.026 4	0.026 1	0.021 8	0.017 9
0.6	0.010 5	0.010 3	0.010 2	0.010 3	0.014 7	0.021 4	0.021 7	0.014 9	0.010 1
0.8	0.005 5	0.005 6	0.005 5	0.005 4	0.009 2	0.016 5	0.006 1	0.009 6	0.005 5
1.0	0.002 8	0.002 9	0.002 8	0.002 7	0.005 5	0.012 2	0.013 2	0.005 8	0.002 9

表 7-13　第六组可靠度变化模式各类杆件二阶共失效概率值 1

增量	BB	CC	BC	AB	AC
0.2	0.050 5	0.061 6	0.054 4	0.004 6	0.004 7
0.4	0.031 8	0.038 9	0.034 2	0.003 7	0.003 9
0.6	0.019 2	0.023 5	0.020 6	0.002 9	0.003 1
0.8	0.011 1	0.013 6	0.011 9	0.002 1	0.002 4
1.0	0.006 2	0.007 5	0.006 6	0.001 5	0.001 8

表 7-14　第七组可靠度变化模式各类杆件三阶共失效概率值 1

增量	AAA	BBB	CCC	AAB	AAC	ABB	ACC	BBC	ABC
0.2	0.032 1	0.030 6	0.032 9	0.031 0	0.030 4	0.030 4	0.030 0	0.030 9	0.030 1
0.4	0.019 7	0.018 2	0.019 1	0.018 8	0.018 2	0.018 2	0.017 6	0.018 2	0.017 9
0.6	0.011 6	0.010 3	0.010 5	0.010 9	0.010 5	0.010 5	0.009 9	0.010 2	0.010 1
0.8	0.006 6	0.005 6	0.005 5	0.006 1	0.005 8	0.005 8	0.005 3	0.005 5	0.005 5
1.0	0.003 6	0.002 9	0.002 8	0.003 3	0.003 0	0.003 0	0.002 7	0.002 8	0.002 9

表 7-15　第七组可靠度变化模式各类杆件二阶共失效概率值 1

增量	AA	BB	CC	AB	AC	BC
0.2	0.044 6	0.050 5	0.061 6	0.004 6	0.032 9	0.054 4
0.4	0.028 3	0.031 8	0.038 9	0.002 9	0.019 1	0.034 2
0.6	0.017 2	0.019 2	0.023 5	0.001 7	0.010 5	0.020 6
0.8	0.010 1	0.011 1	0.013 6	0.001 0	0.005 5	0.011 9
1.0	0.005 7	0.006 2	0.007 5	0.000 6	0.002 8	0.006 6

表 7-16 和表 7-17 是按照式（7-13）和式（7-16）计算的结构体系失效概率界限结果。

表 7-16　各组可靠度变化模式下各结构系统失效概率下界值 1

增量	第一组	第二组	第三组	第四组	第五组	第六组	第七组
0.2	0.374 1	0.379 8	0.387 5	0.355 3	0.350 5	0.361 3	0.345 3
0.4	0.340 2	0.345 7	0.353 1	0.322 1	0.317 4	0.327 8	0.312 4
0.6	0.307 5	0.312 8	0.319 9	0.290 1	0.285 7	0.295 7	0.281 0
0.8	0.276 3	0.281 3	0.288 1	0.259 8	0.255 6	0.265 0	0.251 1
1.0	0.246 7	0.251 4	0.257 9	0.231 2	0.227 2	0.236 1	0.223 0

表 7-17　各组可靠度变化模式下各结构系统失效概率上界值 1

增量	第一组	第二组	第三组	第四组	第五组	第六组	第七组
0.2	0.828 5	0.834 2	0.847 2	0.838 3	0.842 1	0.833 3	0.818 9
0.4	0.805 8	0.810 5	0.824 6	0.816 4	0.819 9	0.811 9	0.798 8
0.6	0.785 0	0.788 9	0.803 9	0.796 5	0.799 7	0.792 4	0.780 7
0.8	0.766 2	0.769 3	0.785 3	0.778 6	0.781 4	0.774 9	0.764 4
1.0	0.749 4	0.751 6	0.768 5	0.762 6	0.765 1	0.759 3	0.750 0

通过计算，可以看出结构系统失效概率界限随可靠度的增加而降低，在不同可靠度变化模式下结构系统失效概率降低值没有明显的差别。杆件可靠度及重要性系数见表 7-18。

表 7-18　算例 4 各类杆件可靠度及重要性系数 2

杆件类别	可靠度	重要性系数
A	1.4	0.85
B	1.2	0.75
C	1.0	0.65

可靠度变化模式仍然按照前文所述七种变化模式变化。利用式（7-13）、式（7-19）和式（7-20），通过计算在表 7-19 至表 7-29 分别列出了七组可靠度变化模式下各个共失效概率

相应的值,表格中各项含义与上文相同。

表 7-19　第一组可靠度变化模式各类杆件共失效概率值 2

增量	AA	AB	AC	AAA	AAB	AAC	ABB	ACC	ABC
0.2	0.037 4	0.003 9	0.041 2	0.024 0	0.027 1	0.023 4	0.023 6	0.023 9	0.023 7
0.4	0.023 1	0.003 0	0.030 4	0.014 2	0.018 0	0.015 6	0.019 0	0.018 7	0.018 8
0.6	0.013 8	0.002 1	0.021 5	0.008 0	0.011 4	0.009 9	0.014 6	0.014 0	0.014 2
0.8	0.007 9	0.001 7	0.014 6	0.004 3	0.006 8	0.006 0	0.010 7	0.010 0	0.010 3
1.0	0.004 3	0.001 0	0.009 5	0.002 3	0.003 9	0.003 5	0.007 4	0.006 9	0.007 1

表 7-20　第二组可靠度变化模式各类杆件共失效概率值 2

增量	BB	AB	BC	BBB	AAB	ABB	BBC	BCC	ABC
0.2	0.044 2	0.003 9	0.048 4	0.024 2	0.023 6	0.024 6	0.023 7	0.025 5	0.023 7
0.4	0.027 2	0.003 2	0.036 9	0.013 8	0.016 5	0.016 5	0.019 9	0.020 4	0.019 6
0.6	0.016 1	0.002 4	0.027 1	0.007 6	0.010 9	0.010 5	0.016 0	0.015 8	0.015 5
0.8	0.009 1	0.001 8	0.019 1	0.003 9	0.006 8	0.006 3	0.012 4	0.011 7	0.011 8
1.0	0.004 9	0.001 3	0.013 0	0.002 0	0.004 0	0.003 6	0.009 1	0.008 3	0.008 6

表 7-21　第三组可靠度变化模式各类杆件共失效概率值 2

增量	CC	AC	BC	CCC	CCA	CCB	CAA	CBB	ABC
0.2	0.055 6	0.004 1	0.048 4	0.026 9	0.023 9	0.025 5	0.023 4	0.024 6	0.027 6
0.4	0.034 4	0.003 4	0.038 7	0.015 1	0.016 9	0.017 6	0.019 9	0.020 6	0.023 2
0.6	0.020 3	0.002 7	0.029 9	0.008 0	0.011 3	0.011 5	0.016 4	0.016 6	0.018 8
0.8	0.011 5	0.002 0	0.022 2	0.004 0	0.007 1	0.007 1	0.012 9	0.012 9	0.014 6
1.0	0.006 2	0.001 5	0.015 9	0.001 9	0.004 2	0.004 1	0.009 8	0.009 6	0.011 0

表 7-22　第四组可靠度变化模式各类杆件三阶共失效概率值 2

增量	AAA	BBB	ACC	AAC	BCC	BBC	AAB	ABB	ABC
0.2	0.024 0	0.024 2	0.023 9	0.023	0.025 5	0.024 6	0.023 6	0.023	0.023 7
0.4	0.014 2	0.013 8	0.018 7	0.015 6	0.020 4	0.016 5	0.013 7	0.013 8	0.013 5
0.6	0.008 0	0.007 6	0.014 0	0.009 9	0.015 8	0.010 5	0.007 5	0.007 7	0.007 4
0.8	0.004 3	0.003 9	0.010 0	0.006 0	0.011 7	0.006 3	0.004 0	0.004 1	0.003 8
1.0	0.002 3	0.002 0	0.006 9	0.003 5	0.008 3	0.003 6	0.002 0	0.002 1	0.001 9

表 7-23　第四组可靠度变化模式各类杆件二阶共失效概率值 2

增量	AA	BB	AB	AC	BC
0.2	0.037 4	0.044 2	0.003 9	0.041 2	0.048 4

增量	AA	BB	AB	AC	BC
0.4	0.023 1	0.027 2	0.002 4	0.030 4	0.036 9
0.6	0.007 9	0.016 1	0.001 4	0.021 5	0.027 1
0.8	0.007 9	0.009 1	0.000 8	0.014 6	0.019 1
1.0	0.004 3	0.004 9	0.000 4	0.009 5	0.013 0

表 7-24 第五组可靠度变化模式各类杆件三阶共失效概率值 2

增量	AAA	AAB	AAC	ABB	CCC	ACC	CBB	CCB	ABC
0.2	0.024 0	0.027 1	0.023 4	0.023 6	0.026 9	0.023 9	0.024 6	0.025 5	0.023 7
0.4	0.014 2	0.018 0	0.013 5	0.019 0	0.015 1	0.013 6	0.020 6	0.017 6	0.016 0
0.6	0.008 0	0.011 4	0.007 5	0.014 6	0.008 0	0.007 3	0.016 6	0.011 5	0.010 3
0.8	0.004 3	0.006 8	0.003 9	0.010 7	0.004 0	0.003 8	0.012 9	0.007 1	0.006 2
1.0	0.002 3	0.003 9	0.002 0	0.007 4	0.001 9	0.001 8	0.009 6	0.004 1	0.003 6

表 7-25 第五组可靠度变化模式各类杆件二阶共失效概率值 2

增量	AA	CC	AC	AB	BC
0.2	0.037 0	0.055 6	0.041 2	0.003 9	0.048 4
0.4	0.023 1	0.034 4	0.025 3	0.003 0	0.038 7
0.6	0.013 8	0.020 3	0.014 9	0.002 1	0.029 9
0.8	0.007 9	0.011 5	0.008 4	0.001 5	0.022 2
1.0	0.004 3	0.006 2	0.004 5	0.001 0	0.015 9

表 7-26 第六组可靠度变化模式各类杆件三阶共失效概率值 2

增量	CCC	BBB	BBC	BCC	ABB	AAB	AAC	ACC	ABC
0.2	0.026 9	0.024 2	0.024 6	0.025 5	0.023 6	0.023 7	0.023 4	0.023 9	0.023 7
0.4	0.015 1	0.013 8	0.014 0	0.014 4	0.016 5	0.019 9	0.019 9	0.016 9	0.016 6
0.6	0.008 0	0.007 6	0.007 6	0.007 7	0.010 9	0.016 0	0.016 4	0.011 3	0.011 0
0.8	0.004 0	0.003 9	0.003 9	0.003 9	0.006 8	0.012 4	0.012 9	0.007 1	0.006 9
1.0	0.001 9	0.002 0	0.001 9	0.001 9	0.004 0	0.009 1	0.009 8	0.004 2	0.004 0

表 7-27 第六组可靠度变化模式各类杆件二阶共失效概率值 2

增量	BB	CC	BC	AB	AC
0.2	0.044 2	0.055 6	0.048 4	0.003 9	0.004 1
0.4	0.027 2	0.034 4	0.029 9	0.003 2	0.003 4
0.6	0.016 1	0.020 3	0.017 6	0.002 4	0.002 7
0.8	0.009 1	0.011 5	0.009 9	0.001 8	0.002 0

增量	BB	CC	BC	AB	AC
1.0	0.004 9	0.006 2	0.005 3	0.001 3	0.001 5

表 7-28　第七组可靠度变化模式各类杆件三阶共失效概率值 2

增量	AAA	BBB	CCC	AAB	AAC	ABB	ACC	BBC	ABC
0.2	0.024 0	0.024 2	0.026 9	0.027 1	0.023 7	0.023 6	0.023 9	0.024 6	0.023 7
0.4	0.014 2	0.013 8	0.015 1	0.018 0	0.019 9	0.016 5	0.016 9	0.016 5	0.013 5
0.6	0.008 0	0.007 6	0.008 0	0.011 4	0.016 0	0.010 9	0.011 3	0.010 5	0.007 4
0.8	0.004 3	0.003 9	0.004 0	0.006 8	0.012 4	0.006 8	0.007 1	0.006 3	0.003 8
1.0	0.002 3	0.002 0	0.001 9	0.003 9	0.009 1	0.004 0	0.004 2	0.003 6	0.001 9

表 7-29　第七组可靠度变化模式各类杆件二阶共失效概率值 2

增量	AA	BB	CC	AB	AC	BC
0.2	0.037 4	0.044 2	0.055 6	0.048 4	0.041 2	0.004 1
0.4	0.023 1	0.027 2	0.034 4	0.038 7	0.025 3	0.003 4
0.6	0.013 8	0.016 1	0.020 3	0.029 9	0.014 9	0.002 7
0.8	0.007 9	0.009 1	0.011 5	0.022 2	0.008 4	0.002 0
1.0	0.004 3	0.004 9	0.006 2	0.015 9	0.004 5	0.001 5

表 7-30 和表 7-31 是按照式（7-13）和式（7-16）计算的结构体系失效概率界限结果。

表 7-30　各组可靠度变化模式下各结构系统失效概率下界值 2

增量	第一组	第二组	第三组	第四组	第五组	第六组	第七组
0.2	0.400 2	0.406 3	0.402 1	0.408 7	0.407 1	0.410 6	0.412 4
0.4	0.368 5	0.374 5	0.370 3	0.376 8	0.375 3	0.378 7	0.380 2
0.6	0.337 6	0.343 5	0.339 5	0.345 7	0.344 2	0.347 5	0.349 0
0.8	0.307 9	0.313 5	0.309 6	0.315 6	0.314 2	0.317 4	0.318 8
1.0	0.279 3	0.284 7	0.281 0	0.286 7	0.285 4	0.288 4	0.289 8

表 7-31　各组可靠度变化模式下各结构系统失效概率上界值 2

增量	第一组	第二组	第三组	第四组	第五组	第六组	第七组
0.2	0.836 9	0.843 5	0.841 0	0.862 1	0.848 0	0.844 9	0.842 5
0.4	0.815 1	0.821 2	0.818 9	0.838 5	0.825 4	0.822 5	0.820 2
0.6	0.794 9	0.800 5	0.798 4	0.816 6	0.804 4	0.801 7	0.799 6
0.8	0.776 4	0.781 6	0.779 6	0.796 3	0.785 1	0.782 6	0.780 7
1.0	0.759 5	0.764 2	0.762 4	0.777 7'	0.767 4	0.765 2	0.763 5

三类杆件重要性系数同时减小 0.05 时,结构系统失效概率界限变化规律与未变化重要性系数时无显著差异;从数值上考虑,杆件重要性系数减小,结构系统失效概率界限略微增加。

再次变化杆件重要性系数,各类杆件可靠度及重要性系数见表 7-32。

表 7-32　算例 4 各类杆件可靠度及重要性系数 3

杆件类别	可靠度	重要性系数
A	1.4	0.8
B	1.2	0.7
C	1.0	0.6

可靠度变化模式还是按照前文所述七种变化模式变化。利用式(7-13)、式(7-19)和式(7-20),通过计算在表 7-33 至表 7-43 分别列出了七组可靠度变化模式下各个共失效概率相应的值,表格中各项含义与上文相同。

表 7-33　第一组可靠度变化模式各类杆件共失效概率值 3

增量	AA	AB	AC	AAA	AAB	AAC	ABB	ACC	ABC
0.2	0.031 8	0.003 4	0.036 4	0.018 2	0.021 1	0.018 2	0.018 4	0.019 0	0.018 6
0.4	0.019 2	0.002 6	0.026 7	0.010 3	0.013 7	0.011 8	0.014 7	0.014 8	0.014 7
0.6	0.011 1	0.001 8	0.018 8	0.005 6	0.008 5	0.007 4	0.011 2	0.011 0	0.011 1
0.8	0.006 2	0.001 3	0.012 8	0.002 9	0.005 0	0.004 4	0.008 2	0.007 9	0.008 0
1.0	0.003 3	0.000 8	0.008 3	0.001 0	0.002 8	0.002 5	0.005 7	0.005 4	0.005 5

表 7-34　第二组可靠度变化模式各类杆件共失效概率值 3

增量	BB	AB	BC	BBB	AAB	ABB	BBC	BCC	ABC
0.2	0.038 9	0.003 4	0.043 3	0.019 1	0.018 4	0.019 7	0.018 2	0.020 6	0.018 6
0.4	0.023 5	0.002 7	0.032 7	0.010 5	0.012 6	0.012 9	0.015 1	0.016 3	0.015 2
0.6	0.013 6	0.002 1	0.023 9	0.005 5	0.008 1	0.008 0	0.012 1	0.012 5	0.012 0
0.8	0.007 5	0.001 5	0.016 8	0.002 8	0.004 9	0.004 7	0.009 3	0.009 2	0.009 1
1.0	0.003 9	0.001 1	0.011 3	0.001 3	0.002 8	0.002 6	0.006 8	0.006 5	0.006 6

表 7-35　第三组可靠度变化模式各类杆件共失效概率值 3

增量	CC	AC	BC	CCC	CCA	CCB	CAA	CBB	ABC
0.2	0.050 3	0.003 6	0.043 3	0.022 0	0.019 0	0.020 0	0.018 2	0.019 7	0.022 0
0.4	0.030 6	0.002 9	0.034 2	0.011 9	0.013 1	0.013 8	0.015 3	0.016 2	0.018 3
0.6	0.017 7	0.002 3	0.026 2	0.006 1	0.008 6	0.008 8	0.012 4	0.012 9	0.014 7
0.8	0.009 7	0.001 7	0.019 3	0.002 9	0.005 3	0.005 3	0.009 7	0.010 0	0.011 3

增量	CC	AC	BC	CCC	CCA	CCB	CAA	CBB	ABC
1.0	0.005 1	0.001 3	0.013 7	0.001 3	0.003 1	0.003 0	0.007 3	0.007 4	0.008 4

表 7-36　第四组可靠度变化模式各类杆件三阶共失效概率值 3

增量	AAA	BBB	ACC	AAC	BCC	BBC	AAB	ABB	ABC
0.2	0.018 2	0.019 1	0.019 0	0.018 2	0.020 6	0.019 0	0.018 4	0.018 2	0.018 6
0.4	0.010 3	0.010 5	0.014 8	0.011 8	0.016 3	0.012 9	0.010 3	0.010 2	0.012 1
0.6	0.005 6	0.005 5	0.011 0	0.007 4	0.012 5	0.008 0	0.005 4	0.005 5	0.007 5
0.8	0.002 9	0.002 8	0.007 9	0.004 4	0.009 2	0.004 7	0.002 7	0.002 8	0.004 4
1.0	0.001 0	0.001 3	0.005 4	0.002 5	0.006 5	0.002 6	0.001 3	0.001 4	0.002 5

表 7-37　第四组可靠度变化模式各类杆件二阶共失效概率值 3

增量	AA	BB	AB	AC	BC
0.2	0.031 8	0.038 9	0.003 4	0.036 4	0.043 3
0.4	0.019 2	0.023 5	0.002 1	0.026 7	0.032 7
0.6	0.011 1	0.013 6	0.001 2	0.018 8	0.023 9
0.8	0.006 2	0.007 5	0.000 7	0.012 8	0.016 8
1.0	0.003 3	0.003 9	0.000 3	0.008 3	0.011 3

表 7-38　第五组可靠度变化模式各类杆件三阶共失效概率值 3

增量	AAA	AAB	AAC	ABB	CCC	ACC	CBB	CCB	ABC
0.2	0.018 2	0.021 1	0.018 2	0.018 4	0.018 4	0.019 0	0.019 7	0.020 6	0.018 6
0.4	0.010 3	0.013 7	0.010 1	0.014 7	0.014 7	0.010 4	0.016 2	0.013 8	0.012 3
0.6	0.005 6	0.008 5	0.005 4	0.011 2	0.011 2	0.005 4	0.012 9	0.008 8	0.007 7
0.8	0.002 9	0.005 0	0.002 7	0.008 2	0.008 2	0.002 7	0.010 0	0.005 3	0.004 6
1.0	0.001 0	0.002 8	0.001 3	0.005 7	0.005 7	0.001 2	0.007 4	0.003 0	0.002 6

表 7-39　第五组可靠度变化模式各类杆件二阶共失效概率值 3

增量	AA	CC	AC	AB	BC
0.2	0.031 8	0.050 3	0.036 4	0.003 4	0.043 3
0.4	0.019 2	0.030 6	0.021 9	0.002 6	0.032 7
0.6	0.011 1	0.017 7	0.012 6	0.001 8	0.023 9
0.8	0.006 2	0.009 7	0.006 9	0.001 3	0.016 8
1.0	0.003 3	0.005 1	0.003 6	0.000 8	0.011 3

表 7-40　第六组可靠度变化模式各类杆件三阶共失效概率值 3

增量	CCC	BBB	BBC	BCC	ABB	AAB	AAC	ACC	ABC
0.2	0.022 0	0.019 1	0.019 7	0.020 6	0.018 4	0.019 7	0.018 2	0.019 0	0.018 6
0.4	0.011 9	0.010 5	0.010 8	0.011 2	0.012 6	0.012 9	0.015 3	0.013 1	0.012 8
0.6	0.006 1	0.005 5	0.005 6	0.005 7	0.008 1	0.008 0	0.012 4	0.008 6	0.012 8
0.8	0.002 9	0.002 8	0.002 7	0.002 8	0.004 9	0.004 7	0.009 7	0.005 3	0.008 3
1.0	0.001 3	0.001 3	0.001 3	0.001 3	0.002 8	0.002 6	0.007 3	0.003 1	0.005 1

表 7-41　第六组可靠度变化模式各类杆件二阶共失效概率值 3

增量	BB	CC	BC	AB	AC
0.2	0.038 9	0.050 3	0.043 3	0.003 4	0.003 6
0.4	0.023 5	0.030 6	0.026 2	0.002 7	0.002 9
0.6	0.013 6	0.017 7	0.015 1	0.002 1	0.002 3
0.8	0.007 5	0.009 7	0.008 3	0.001 5	0.001 7
1.0	0.003 9	0.005 1	0.004 3	0.001 1	0.001 3

表 7-42　第七组可靠度变化模式各类杆件三阶共失效概率值 3

增量	AAA	BBB	CCC	AAB	AAC	ABB	ACC	BBC	ABC
0.2	0.018 2	0.019 1	0.022 0	0.018 4	0.018 2	0.018 2	0.019 0	0.019 7	0.016 3
0.4	0.010 3	0.010 5	0.011 9	0.010 3	0.010 1	0.010 2	0.010 4	0.010 8	0.010 3
0.6	0.005 6	0.005 5	0.006 1	0.005 4	0.005 4	0.005 5	0.005 4	0.005 6	0.005 4
0.8	0.002 9	0.002 8	0.002 9	0.002 7	0.002 7	0.002 8	0.002 7	0.002 7	0.002 7
1.0	0.001 0	0.001 3	0.001 3	0.001 3	0.001 3	0.001 4	0.001 2	0.001 3	0.001 3

表 7-43　第七组可靠度变化模式各类杆件二阶共失效概率值 3

增量	AA	BB	CC	AB	AC	BC
0.2	0.031 8	0.038 9	0.050 3	0.003 4	0.003 6	0.043 3
0.4	0.019 2	0.023 5	0.030 6	0.002 1	0.002 9	0.026 2
0.6	0.011 1	0.013 6	0.017 7	0.001 2	0.002 3	0.015 1
0.8	0.006 2	0.007 5	0.009 7	0.000 7	0.001 7	0.008 3
1.0	0.003 3	0.003 9	0.005 1	0.000 3	0.001 3	0.004 3

将表 7-33 至表 7-43 中的共失效概率代入式（7-13）和式（7-16），计算出的结构系统失效概率界限见表 7-44 和表 7-45。

表 7-44　各组可靠度变化模式下各结构系统失效概率下界值 3

增量	第一组	第二组	第三组	第四组	第五组	第六组	第七组
0.2	0.422 7	0.427 0	0.428 6	0.432 1	0.425 8	0.429	0.433 7
0.4	0.385 2	0.389 4	0.390 9	0.394 4	0.388 2	0.392 1	0.395 9
0.6	0.348 7	0.352 7	0.354 2	0.357 6	0.351 6	0.355 3	0.359 1
0.8	0.313 5	0.317 4	0.318 8	0.322 1	0.316 3	0.319 9	0.323 5
1.0	0.280 0	0.283 7	0.285 0	0.288 1	0.282 7	0.286 1	0.289 5

表 7-45　各组可靠度变化模式下各结构系统失效概率上界值 3

增量	第一组	第二组	第三组	第四组	第五组	第六组	第七组
0.2	0.858 4	0.849 5	0.855 0	0.852 5	0.857 8	0.854 7	0.851 6
0.4	0.829 3	0.821 0	0.826 1	0.823 8	0.828 7	0.825 8	0.823 0
0.6	0.802 3	0.794 7	0.799 4	0.797 3	0.801 8	0.799 2	0.796 5
0.8	0.777 6	0.770 7	0.775 0	0.773 1	0.777 2	0.774 7	0.772 4
1.0	0.755 2	0.748 9	0.752 8	0.751 1	0.754 8	0.752 6	0.750 4

从计算结果来看,结构系统失效概率界限与没改变杆件重要性系数之前相比仍然没有太大变化。

再次变化杆件重要性系数,各类杆件可靠度及重要性系数见表 7-46。

表 7-46　算例 4 各类杆件可靠度及重要性系数 4

杆件类别	可靠度	重要性系数
A	1.4	0.75
B	1.2	0.65
C	1.0	0.55

可靠度变化模式还是按照前文所述七种变化模式变化。利用式(7-13)、式(7-19)和式(7-20),通过计算在表 7-47 至表 7-57 分别列出了七组可靠度变化模式下各个共失效概率相应的值,表格中各项含义与前文相同。

表 7-47　第一组可靠度变化模式各类杆件共失效概率值 4

增量	AA	AB	AC	AAA	AAB	AAC	ABB	ACC	ABC
0.2	0.027 2	0.003 0	0.032 3	0.013 8	0.016 5	0.014 1	0.014 4	0.015 2	0.014 7
0.4	0.016 1	0.002 2	0.023 5	0.007 6	0.010 5	0.009 0	0.011 3	0.011 7	0.011 4
0.6	0.009 1	0.001 6	0.016 5	0.003 9	0.006 3	0.005 4	0.008 6	0.008 6	0.008 6
0.8	0.004 9	0.001 1	0.011 2	0.002 0	0.003 6	0.003 1	0.006 2	0.006 1	0.006 2
1.0	0.002 5	0.000 7	0.007 3	0.000 9	0.002 0	0.001 7	0.004 4	0.004 2	0.004 3

表 7-48　第二组可靠度变化模式各类杆件共失效概率值 4

增量	BB	AB	BC	BBB	AAB	ABB	BBC	BCC	ABC
0.2	0.034 4	0.003 0	0.038 8	0.015 1	0.014 0	0.014 4	0.015 7	0.016 6	0.014 7
0.4	0.020 3	0.002 3	0.029 1	0.008 0	0.011 5	0.009 6	0.010 0	0.013 0	0.011 8
0.6	0.011 5	0.001 8	0.021 1	0.004 0	0.009 1	0.006 0	0.006 1	0.009 9	0.009 2
0.8	0.006 2	0.001 3	0.014 7	0.001 9	0.006 9	0.003 6	0.003 5	0.007 2	0.006 9
1.0	0.003 2	0.000 9	0.009 9	0.000 9	0.005 1	0.002 0	0.001 0	0.005 1	0.005 0

表 7-49　第三组可靠度变化模式各类杆件共失效概率值 4

增量	CC	AC	BC	CCC	CCA	CCB	CAA	CBB	ABC
0.2	0.045 7	0.003 2	0.038 8	0.018 0	0.015 2	0.016 6	0.014 1	0.015 7	0.017 6
0.4	0.027 3	0.002 6	0.030 4	0.009 4	0.010 2	0.010 9	0.011 7	0.012 8	0.014 4
0.6	0.015 5	0.002 0	0.023 0	0.004 6	0.006 5	0.006 8	0.009 4	0.010 1	0.011 4
0.8	0.008 3	0.001 5	0.016 8	0.002 1	0.003 9	0.004 0	0.007 3	0.007 7	0.008 8
1.0	0.004 3	0.001 1	0.011 9	0.000 9	0.002 2	0.002 2	0.005 5	0.005 7	0.006 5

表 7-50　第四组可靠度变化模式各类杆件三阶共失效概率值 4

增量	AAA	BBB	ACC	AAC	BCC	BBC	AAB	ABB	ABC
0.2	0.013 8	0.015 1	0.015 2	0.014 1	0.016 6	0.015 7	0.014 0	0.014 4	0.014 7
0.4	0.007 6	0.008 0	0.011 7	0.009 0	0.013 0	0.010 0	0.007 6	0.007 7	0.009 3
0.6	0.003 9	0.004 0	0.008 6	0.005 4	0.009 9	0.006 1	0.003 9	0.003 9	0.005 6
0.8	0.002 0	0.001 9	0.006 1	0.003 1	0.007 2	0.003 5	0.001 9	0.001 9	0.003 2
1.0	0.000 9	0.000 9	0.004 2	0.001 7	0.005 1	0.001 0	0.000 9	0.000 9	0.001 8

表 7-51　第四组可靠度变化模式各类杆件二阶共失效概率值 4

增量	AA	BB	AB	AC	BC
0.2	0.027 2	0.034 4	0.003 0	0.032 3	0.038 8
0.4	0.016 1	0.020 3	0.001 8	0.023 5	0.029 1
0.6	0.009 1	0.011 5	0.001 0	0.016 5	0.021 1
0.8	0.004 9	0.006 2	0.000 5	0.011 2	0.014 7
1.0	0.002 5	0.003 2	0.000 3	0.007 3	0.009 9

表 7-52　第五组可靠度变化模式各类杆件三阶共失效概率值 4

增量	AAA	AAB	AAC	ABB	CCC	ACC	CBB	CCB	ABC
0.2	0.013 8	0.016 5	0.014 1	0.014 4	0.018 0	0.015 2	0.015 7	0.016 6	0.014 7
0.4	0.007 6	0.010 5	0.007 6	0.011 3	0.009 4	0.008 0	0.012 8	0.013 0	0.009 5
0.6	0.003 9	0.006 3	0.003 8	0.008 6	0.004 6	0.004 0	0.010 1	0.009 9	0.005 8

增量	AAA	AAB	AAC	ABB	CCC	ACC	CBB	CCB	ABC
0.8	0.002 0	0.003 6	0.001 8	0.006 2	0.002 1	0.001 9	0.007 7	0.007 2	0.003 4
1.0	0.000 9	0.002 0	0.000 8	0.004 4	0.000 9	0.000 8	0.005 7	0.005 1	0.001 9

表 7-53　第五组可靠度变化模式各类杆件二阶共失效概率值 4

增量	AA	CC	AC	AB	BC
0.2	0.027 2	0.045 7	0.036 9	0.003 0	0.038 8
0.4	0.016 1	0.027 3	0.022 2	0.002 2	0.030 4
0.6	0.009 1	0.015 5	0.012 8	0.001 6	0.023 0
0.8	0.004 9	0.008 3	0.007 0	0.001 1	0.016 8
1.0	0.002 5	0.004 3	0.003 7	0.000 7	0.011 9

表 7-54　第六组可靠度变化模式各类杆件三阶共失效概率值 4

增量	CCC	BBB	BBC	BCC	ABB	AAB	AAC	ACC	ABC
0.2	0.018 0	0.015 1	0.015 7	0.016 6	0.014 4	0.014 0	0.014 1	0.015 2	0.014 7
0.4	0.009 4	0.008 0	0.008 3	0.008 7	0.009 6	0.011 5	0.011 7	0.010 2	0.009 8
0.6	0.004 6	0.004 0	0.004 1	0.004 3	0.006 0	0.009 1	0.009 4	0.006 5	0.006 2
0.8	0.002 1	0.001 9	0.001 9	0.002 0	0.003 6	0.006 9	0.007 3	0.003 9	0.003 7
1.0	0.000 9	0.000 9	0.000 9	0.000 9	0.002 0	0.005 1	0.005 5	0.002 2	0.002 1

表 7-55　第六组可靠度变化模式各类杆件二阶共失效概率值 4

增量	BB	CC	BC	AB	AC
0.2	0.034 4	0.045 7	0.038 8	0.003 0	0.003 2
0.4	0.020 3	0.027 3	0.023 0	0.002 3	0.002 6
0.6	0.011 5	0.015 5	0.013 0	0.001 8	0.002 0
0.8	0.006 2	0.008 3	0.007 0	0.001 3	0.001 5
1.0	0.003 2	0.004 3	0.003 6	0.000 9	0.001 1

表 7-56　第七组可靠度变化模式各类杆件三阶共失效概率值 4

增量	AAA	BBB	CCC	AAB	AAC	ABB	ACC	BBC	ABC
0.2	0.013 8	0.015 1	0.018 0	0.014 0	0.014 1	0.014 4	0.015 2	0.015 7	0.014 7
0.4	0.007 6	0.008 0	0.009 4	0.007 6	0.007 6	0.007 7	0.008 0	0.008 3	0.007 8
0.6	0.003 9	0.004 0	0.004 6	0.003 9	0.003 8	0.003 9	0.004 0	0.004 1	0.003 9
0.8	0.002 0	0.001 9	0.002 1	0.001 9	0.001 8	0.001 9	0.001 9	0.001 9	0.001 9
1.0	0.000 9	0.000 9	0.000 9	0.000 9	0.000 8	0.000 9	0.000 8	0.000 9	0.000 8

表 7-57 第七组可靠度变化模式各类杆件二阶共失效概率值 4

增量	AA	BB	CC	AB	AC	BC
0.2	0.027 2	0.034 4	0.045 7	0.003 0	0.036 9	0.038 8
0.4	0.016 1	0.020 3	0.027 3	0.001 8	0.022 2	0.023 0
0.6	0.009 1	0.011 5	0.015 5	0.001 0	0.012 8	0.013 0
0.8	0.004 9	0.006 2	0.008 3	0.000 5	0.007 0	0.007 0
1.0	0.002 5	0.003 2	0.004 3	0.000 3	0.003 7	0.003 6

表 7-58 和表 7-59 是按照式（7-13）和式（7-16）计算的结构体系失效概率界限结果。

表 7-58 各组可靠度变化模式下各结构系统失效概率下界值 4

增量	第一组	第二组	第三组	第四组	第五组	第六组	第七组
0.2	0.338 7	0.353 1	0.339 5	0.322 1	0.324 9	0.317 4	0.315 3
0.4	0.300 2	0.321 3	0.308 2	0.291 5	0.294 3	0.287 1	0.285 0
0.6	0.270 6	0.290 8	0.278 3	0.262 4	0.265 0	0.258 2	0.256 2
0.8	0.242 6	0.261 8	0.249 9	0.234 9	0.237 3	0.230 9	0.229 1
1.0	0.216 2	0.234 2	0.223 0	0.209 0	0.211 3	0.205 3	0.203 6

表 7-59 各组可靠度变化模式下各结构系统失效概率上界值 4

增量	第一组	第二组	第三组	第四组	第五组	第六组	第七组
0.2	0.844 1	0.853 9	0.860 2	0.867 4	0.858 7	0.863 7	0.861 5
0.4	0.820 2	0.829 3	0.835 1	0.841 8	0.833 7	0.838 5	0.836 8
0.6	0.798 1	0.806 5	0.811 9	0.818 1	0.810 6	0.815 0	0.813 4
0.8	0.777 9	0.785 6	0.790 5	0.796 2	0.789 3	0.793 3	0.791 9
1.0	0.759 4	0.766 4	0.770 9	0.776 1	0.769 8	0.773 5	0.772 2

从计算结果来看,失效概率界限变化趋势明显随可靠度增加而减小,变化趋势图接近直线。

本书计算了四组不同杆件重要性系数条件下结构系统失效概率的界限值,从所得失效概率界限上界和下界可以发现,结构系统失效概率界限随杆件可靠度的增加而减小。

第二节 星型穹顶结构的三阶共失效概率

对于图 7-4 所示的星型穹顶结构,1~13 为节点编号,其中 8~13 是支座节点。考虑该结构的对称性,将该结构杆件分为三类:中心径向杆件为 A 类,共 6 根;环向杆件为 B 类,共 6 根;支座处径向杆为 C 类,共 12 根。

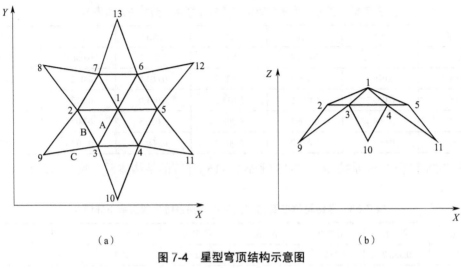

图 7-4　星型穹顶结构示意图

(a)俯视图　(b)侧视图

　　对于该星型穹顶结构,将任意一根杆件失效作为一个失效模式,则该结构体系共有 24 个失效模式。对于不同类别杆件赋予不同重要性系数 X 值;考虑到该穹顶结构设计制作时可以人为控制每根杆件的可靠度,在计算结构系统可失效概率时保持某两类杆件可靠度不变,剩余杆件可靠度逐步增加,根据式(7-13)、式(7-16)、式(7-19)和式(7-20)计算结构系统失效概率上限和下限,以此来研究不同杆件可靠度对结构系统失效概率的影响。在计算结构系统的可靠度界限时,分别变化不同杆件的可靠度和重要性系数。其中,某类杆件可靠度变化时,均从 0.2 依次增加 0.2 到 1.0,即变化的可靠度有五组不同的取值;重要性系数变化时,每类杆件在原有初始重要性系数的基础上依次减少 0.10,每类杆件重要性系数减少两次。按照这一规则,各组不同杆件重要性系数见表 7-60。

表 7-60　各组不同杆件重要性系数

组别	A 类杆件	B 类杆件	C 类杆件	组别	A 类杆件	B 类杆件	C 类杆件
第一组	0.90	0.85	0.95	第九组	0.70	0.65	0.95
第二组	0.80	0.85	0.95	第十组、	0.80	0.85	0.85
第三组	0.70	0.85	0.95	第十一组	0.70	0.85	0.75
第四组	0.90	0.75	0.95	第十二组	0.90	0.75	0.85
第五组	0.90	0.65	0.95	第十三组	0.90	0.65	0.75
第六组	0.90	0.85	0.85	第十四组	0.80	0.75	0.85
第七组	0.90	0.85	0.75	第十五组	0.70	0.65	0.75
第八组	0.80	0.75	0.95				

　　在每一组相同重要性系数的基础上,每次保证两类杆件可靠度不变,剩余一类杆件可靠度变化,以此来研究杆件可靠度变化对结构系统失效概率的影响。通过不同组别之间计算结果的比较来分析不同重要性系数对计算结果的影响。

第三节　基于应力变化率法的重要性系数研究

一、应力变化率准则

首先,假定结构时程中任意时刻 t 的总应变能为 π,可用下式表示为

$$\pi = \iiint_v \mu dv \tag{7-21}$$

式中: μ 为应变能密度, $\mu = \sigma_{ij}\varepsilon_{ij}/2$ 。

假设结构处于弹性状态时, $\sigma_{ij} = C_{ij}\varepsilon_{ij}$, C_{ij} 为弹性模量矩阵分量,那么对总应变能进行微分可以得到

$$d\pi = \frac{1}{C_{ij}} \iiint_v \sigma_{ij} d\sigma_{ij} dv \tag{7-22}$$

对杆系结构应用有限元法划分单元后,可以算出每个单元之间的总和,总应变能可写成

$$d\pi = \sum_{i=1}^{m} \frac{1}{C_{ij}} \int_v \sigma d\sigma dv \tag{7-23}$$

当结构发生动力失稳时,总应变能发生突变,总应变能的时间微分,即总应变能随时间的变化率 $d\pi$ 会突然跳跃到一个相对大值,而应力向量 s 是一个有界向量,只有当应力变化率 $d\sigma$ 突然跳跃到一个相对大值时才能取得。因此,可得到判定杆系结构动力失稳的应力变化率准则:应力变化率突然跳跃到一个相对很大值时,结构发生动力失稳。

二、重要性系数分析

相关试验研究结论表明,从微观的角度,由于空间杆系结构在受到荷载作用时,杆件内部之间的应力会发生变化,这个变化在杆件被破坏前后和荷载变化前后是有区别的,通过观察和研究结构各杆件的应力变化率,可以从杆件微小的应力变化中及时发现和判断结构的安全状况,从而保证结构的安全使用。同时,作为结构体系的关键杆件,荷载变化越大,其应力响应会越明显,可以通过结构应力变化率判断关键杆件,并确定杆件的重要性系数。所以,在杆件应力变化率的基础之上确定杆件的重要性系数是合理可行的。

思考题

1. 星型穹顶结构中的三阶共失效如何发生?
2. 如何计算星型穹顶结构的三阶共失效概率?
3. 应力变化率法如何用于确定重要性系数?
4. 三阶共失效理论在结构设计中的应用?

第八章 空间态势二维可视化技术

导读：

虽然三维绘制技术得到长足发展，应用日益广泛，但是基于地图或影像的二维可视化方式在应用中仍不可或缺。二维空间态势是以电子地图或遥感影像等为载体，采用图标、军队标号、二维动画等各种技术，表现人员与装备部署、行动计划、能力范围、态势分析结果等各种与地理位置有关或无关的信息。本章首先阐述地图及地图符号、作战标图、二维可视化数据模型等基本概念；然后探讨点、线、面符号的绘制方法；再分析符号库系统，包括符号、图元等的数据结构与数学模型及关键技术；最后介绍基于上述技术并在数据分块基础上实现的二维态势系统，包括数据分割、入库直到加载并绘制的全过程。

学习目标：

1. 了解地图相关基础知识。
2. 掌握符号的绘制方法。
3. 熟悉符号库及其图元。
4. 学习矢量图的拼接。

第一节 二维可视化概述

一、地图与地图符号

地图不仅能以其特有的图形符号直观地展现整个地球，而且能根据需要表示地球任一部分的细节；不仅能表示地球的大气圈、水圈、岩石圈和生物圈的时空现象，而且能反映地球上人类的政治、经济、文化和历史各个方面的情况。因此，地图在军事上有着非常重要的应用价值。

20世纪中叶以前，人们将地图说成是"地图在平面上的缩写"，这个定义不确切、不全面，也不科学。随着地图使用范围的扩大和科学价值的提高，人们逐渐认识并归纳出一些反映地图本质的特性。

（一）地图的特点

1. 由特殊的数学法则产生的可量测性

地图按照严格的数学法则编制，具有地图投影、比例尺和定向等数学基础，从而可以在地图上量测位置、长度、面积、体积等数据，使地图具有可量测性。

2. 由使用地图符号表达事物产生的直观性

地图符号称为地图的语言，按照世界通用的法则设计，是同地面物体对应的经过抽象的符号和文字标记。

（1）地面物体往往具有复杂的外貌轮廓，地图符号由于进行了抽象概括，按性质归类，使图形大大简化，即使比例尺缩小，也可以得到非常清晰的图形。

（2）实地上形体小而又非常重要的物体，如控制点、路标、灯塔等，在相片上不能辨认或根本没有影像，在地图上可根据需要用非比例符号表示，不受比例尺限制。

（3）事物的数量和质量特征不能在影像上确切显示，如水质、温度、深度、土壤性质、路面材料、人口数等，在地图上可以通过专门的符号和注记表达出来。

（4）地面上一些被遮盖的物体，在相片上无法表示，在地图上则可以通过专门的符号显示，如等高线表示的地貌形态可以不受植被覆盖的影响。

（5）许多无形的自然和社会现象，如行政区划界、经纬线、磁力线、太阳辐射等，在相片上都没有影像，在地图上则可以表达。

3. 由于制图综合产生的一览性

制图综合是在缩小比例尺制图时的第二次抽象，用概括和选取的手段突出地理事物的规律性和重要目标，在扩大阅读者视野的同时，能使地理事物一览无余。

（二）地图的定义

根据上述地图具有的 3 个特性，为地图下一个比较科学的定义：地图是按照一定的数学法则，使用地图语言，通过制图综合，表示地面上地理事物的空间分布、联系及在时间中发展变化状态的图形。

随着科学技术的进步，地图的定义也在不断地发展变化。如将地图看成"反映自然和社会现象的形象、符号模型""空间信息的图形表达""空间信息载体""空间信息的传递通道"等。

（三）地图的分类

地图有各种分类方式，而并非所有的地图都具有军事价值，因此在阐述地图主要分类的基础上，进一步明确各类地图的军事应用。

地图分类的标志很多，主要有地图的内容、比例尺、制图区域范围、地图用途、使用方式及其他各种标志。

（1）地图按其所表示的内容可分为普通地图和专题地图两类。

（2）地图按比例尺通常可分为大比例尺地图、中比例尺地图和小比例尺地图三类。由于地图比例尺并不能直接决定地图特点,而只是在其他类型之下的二级分类标志,所以其大、中、小也是相对的。

（3）地图按用途可分为通用地图和专用地图两类。通用地图是没有设定专门用图对象的地图,适用于广大读者做一般参考或科学参考;专用地图是针对专门用途制作的地图,如教学地图、航空图、航海图等。地图按用途也可分为军用地图、民用地图等。

（4）地图按使用方式可分为桌面用图、挂图、野外用图、屏幕地图等。

（四）地图符号

地图符号是地图的语言,是实现二维态势可视化最关键、最基础的要素。

地图符号用来代指抽象的概念,并且这种代指以约定关系为基础。地图符号的形成过程实际上是一种约定过程,在某种程度上具有"法定"的意义。地图符号中,尤其是以表现地球表面为对象的普通地图,某些符号经过多个世纪的考验,由约定而达俗成的程度,为广大读者所普遍熟悉和认可。

地图符号的类型包括以下三种。

（1）点状符号,即地图符号所代指的概念可认为是位于空间的点,符号的大小与地图比例尺无关且具有定位特征,例如控制点、居民地、矿产地等符号。

（2）线状符号,即地图符号所代指的概念可认为是位于空间的线,符号沿着某个方向延伸且长度与地图比例尺发生关系,例如河流、渠道、道路、航线等符号。而有一些等值线符号（如等人口密度线）是一种特殊的线状符号,尽管几何特征是线状的,但它表达的却是连续分布的面。

（3）面状符号,即地图符号所代指的概念可认为是位于空间的面,符号所处的范围与地图比例尺发生关系,例如水部范围、区域划分范围等。色彩对于地图上的面状符号的表现有着极大的意义。

二、地图的军事应用

（一）总体情况

地图始终同社会的需要紧密联系在一起,地图在国民经济建设、科学文化研究、宣传教育等各个方面都有着广泛的应用,在军事上更是必不可少的要素。

地图是现代战争的重要工具之一。现代战争,各军兵种协同作战,战场范围广阔,战争的突然性和破坏性增大,情况复杂多变,组织指挥复杂,对地图的依赖性更大,地图成为军队组织指挥作战必不可少的工具。经验证明,指挥员如能正确地利用地图,就能顺利完成战斗任务;如不能正确地利用地图,就可能在战争中遭受挫折。

军队使用地图的情况十分复杂,概括起来主要有以下几个方面。

（1）用于各种国防工程的规划、设计和施工,各种规划图通常比例尺较小,而施工图通常采用较大比例尺。

（2）用于各种军事训练和演习,需要许多不同类型、不同比例尺的地图。

（3）用于各种战术作业,如研究战区敌我双方的地形,选择阵地、观察所、遮蔽地和接近地,工事构筑的设计和施工,确定兵器的布置,计算射击死角、判定方位,准备射击,确定进攻方向和行军路线,空军的飞行、投弹,海军的作战、登陆等,都需要依靠地图,而且往往是比例尺较大的地形图或特定的专题地图。

（4）用于作战指挥,诸军兵种作战的协调,往往比例尺较小,包括较大区域的地图。

（5）用于战略研究,如研究地形态势、交通条件、自然资源、供应条件等,作为战略部署的参考资料,这类地图通常是小比例尺、比较概括的地图。

（6）现代化的军事手段,如导弹飞行、卫星侦察等,几乎任何一项都和地图有关。

（二）地形图及其军事应用

地形图是按一定的比例尺表示地物、地貌平面位置和高程的正射投影图。我国规定大于1:1 000 000的普通地图统称为地形图。其中, 1:5 000、1:10 000、1:25 000、1:50 000、1:100 000、1:250 000、1:500 000 、1:1 000 000作为我国基本比例尺地图。

在这个基本比例尺地图系列中,还可以进一步划分:1:50 000及更大比例尺称为大比例尺地形图;1:100 000、1:250 000比例尺称为中比例尺地形图;1:500 000、1:1 000 000称为小比例尺地形图。其中,小比例尺地图内容较为概况,精度亦相应降低,因此称为"地形地理图"或"地形一览图"。

地形图的内容主要包括测量控制点、居民地、独立地物、管线及垣栅、道路、水系、地貌及土质、植被、注记、图外整饰等。随着比例尺的缩小,表示的内容也逐渐减少和概括。

不同的比例尺,对应于不同的精度和详细程度,因而有不同的用途。

（1）大于1:10 000的地形图,在军事上主要用于军事基地、要塞等国防工程建设等。

（2）1:25 000~1:100 000的地形图,在军事上称为战术用图,分别供团、师指挥机关研究地形、部署兵力、指挥作战以及各兵种战场作业使用。

（3）1:250 000的地形图,在军事上作为战役用图,供机械化部队作为道路图或军师以上指挥机关协同指挥和合成作战使用。

（4）1:500 000的地形图,在军事上主要供统帅部及方面军等高级机关使用。由于其包括范围较大,在合成军队协同作战中应用较多。

（5）1:1 000 000的地形图,在军事上是一种战略用图,供统帅部解决战略、战役任务,航空兵飞行等使用。

（三）海图及其军事应用

海图以海洋为主要表示对象,包括海岸、海底地质、与航行有关的要素及海洋水文、海洋化学、海洋生物等各项内容。

海图分为航行图、专用海图、海洋地理图和海洋地图集等四类。其中,专用海图是为解决某种专门任务编制的海图,如无线电导航、卫星导航等;海洋地理图是以研究海洋自然地理为目的编制的地图;海洋地图集是以海洋学、海洋地理为研究目的的地图集。

下面重点介绍航行图。航行图是供舰船航行使用的地图,是海图中最重要的一类,详细表示与航行有关的一切细节,确保航行安全,可细分为4类。

（1）港湾图：供舰船驶入港湾、狭水道、港口及停泊场服务,可用于海军的作战、训练,比例尺较大,一般为1∶5 000~1∶50 000。

（2）海岸图：详细表示海岸地带及导航标志,供近岸航行及海军作战使用,以1∶100 000,1∶250 000为常用比例尺。

（3）航海图：供近海及远洋航行使用的地图,可用于海军作战训练,以1∶500 000,1∶1 000 000为常用比例尺。

（4）海洋总图：供远洋航行使用,比例尺一般小于1∶1 000 000。

为了航行方便,海图通常都采用墨卡托投影,它的最大特点是保持等角航线成直线。两极地区采用方位投影,小比例尺海洋地理图多采用球心投影,目的是将大圆航线投影成直线。海湾图与陆地地图一致,采用高斯－克吕格投影或圆锥投影。

（四）航空图及其军事应用

航空图是空中领航、地面导航和空中寻找目标的工具。可以利用航空图拟定飞行计划、确定航线、研究飞行区域,并通过量算获得所需的数据。在飞行过程中通过地面目标确定飞行位置和方向,并记录航线,确定飞行高度。

航空图按用途可分为普通航空图和专用航空图。普通航空图是以地形图为基础加上飞行要素构成的,往往覆盖一个较大的区域,比例尺较小,最常用的为1∶1 000 000。

专用航空图针对专门任务编制,包括:①航线图,沿固定航线编制的带状地图;②基地图,以航空基地或重要目标为中心,以飞机最大航程为半径编制的地图;③着陆图,详细表示机场设施及机场附近地形地物,引导飞机起降;④目标图,对于预定的目标区域编制的地图,供执行特定任务接近搜索目标;⑤领航图,为无线电领航编制的地图,通过无线电设备判定飞机位置和航向。

航空图的比例尺取决于航行速度和特定用途,航速在200~500 km/h时通常使用1∶1 000 000地图;航速较慢使用较大比例尺地图;航速较高使用较小比例尺地图。着陆图、目标图等通常用更大的比例尺。

航空图的内容包括地理要素和航空要素。航空图的地理要素与普通地图一致,但其选取和显示的着眼点有所区别。居民点主要选择有特殊位置、在空中容易辨认的居民点、河流交叉点、交通枢纽等;道路包括铁路、公路等,强调交叉、急转弯等特征;水是昼夜航行均容易发现的地面目标,要明确表示;地貌上主要强调山顶的高度、形状、轮廓等;独立地物既有作为地表确定方位的作用,又对航行安全影响有警示作用,如高烟囱、水塔、油气井等。航空要素包括:机场,表示机场的类别、位置、跑道长度、方向、标高等;助航标志,表示机场控制塔、导航设备、无线电频率等;空中特区,表示空中禁区、危险区、限制区、飞行通道等;地磁资料,表示等磁差线、磁力异常区、磁差年变率等。

三、作战标图

（一）作战标图的概念

军事标图是指在地图等载有地形信息的载体上，用规定的符号和文字标绘有关军事情况的工作。军事标图可分为作战标图和非作战标图两类。作战标图按军种可分为陆军作战标图、海军作战标图、空军作战标图等；按层次可分为战斗作战标图、战役作战标图和战略作战标图。

作战标图是在地形图、地形略图、遥感图像、数字地图等载有地形信息的载体上，用军队标号和文字标绘作战情况的工作。

在载有地形信息的载体上标绘有作战情况的图统称为作战要图，简称要图。作战要图根据标绘内容和用途的不同可分为 4 种类型：①情况图，指标绘有敌我双方态势、部署以及指挥员定下决心所需情报信息的图；②指挥图，指标绘有指挥员决心、指示和部队行动计划等内容的图；③战况图，指标绘有部队作战进展情况的图；④工作图，指指挥员和机关工作人员在遂行作战指挥任务的过程中，随时标注与本职工作有关情况的图。

作战要图具有简明、直观、形象等特点。与文字表述形式相比，要图使作战情况坐落于一定的地理空间，从而使标示的作战情况更直观、更形象。标绘要图是记录作战情况、拟制作战文书、组织指挥作战、总结作战经验的一种比较科学的方法。

（二）军队标号

军队标号是军事标图的依据，由简单的线段、圆弧等称之为图元的基本单位组成，并根据实际需要标注在军用地形图和其他形式的地图上，形成表示敌我双方的作战态势、战斗队形、首长决心、部队武器装备布局等一系列与军事相关活动的态势图。军队标号是拟制军用文书、表达首长决心、记录战场情况、反映战场态势、组织指挥作战、总结作战经验的重要手段。军队标号是队标和队号的统称，队标是标示部队、机构、武器装备、设施和军队行动的图形符号，队号是用于注明队标的阿拉伯数字、代号汉字。

军队标号是传输军事信息不可缺少的媒介，自身成为一套完整的符号系统，它不失一般符号的共性，也有其自身的特点：①军队标号的颜色有其特定的意义；②军队标号的大小、方向、线划结构通常也有相应的适用原则；③军队标号不仅包含图形、颜色、形状等信息，还包含代字（汉字）和数字；④每一军队标号不仅有其所代表的属性信息，同时还应有精确的定位点以确定每一个标号的具体位置；⑤常规军标可分为规则军标和不规则军标，规则军标比较简单，用简单图元即可表示，不规则军标无法用一定的标准化数据来描述。

军队标号与地图符号有很多共通之处，计算机实现技术也可互相借鉴。地图符号可以分解为点、线、面三种基本图形元素，军队标号也可按此区分。但由于军队标号的特殊性，其实现难度要大于一般的地图符号。

四、二维可视化数据模型

不论是二维态势还是三维态势,绘制的基础都是地理数据,数据也是影响效率的重要因素。在二维绘制时,电子地图绘制的数据主要是矢量数据模型,而二维影像绘制则可采用四叉树及其物理存储方式来管理 DOM 数据。

(一)矢量数据模型

无论地图图形多复杂,都可分解为点、线、面和混合型四种数据类型,其中混合型数据是由点状、线状和面状三种基本要素组成的更为复杂的地理实体或地理单元。而这几种基本的地理要素均可用矢量数据模型来表示。

1. 基本概念

矢量数据是最常见的图形数据结构,也是一种面向目标的数据组织方式。在矢量数据模型中,地理现象或事物被抽象为点、线、面三种基本图形元素,并将它们放在特定空间坐标系下进行采样记录。因此,矢量数据就是代表地图图形的各离散点平面坐标的有序集合。

各图形元素的表示方法:点用一对(x,y)坐标表示,记录点坐标;线用一系列有序的(x,y)坐标对表示,记录 2 个或一系列采样点的坐标;面用一列有序的且首尾相同(或相连)的(x,y)坐标对表示其轮廓范围,记录边界上一系列采样点的坐标。这样的表示方式也就是通常所说的数字线画图(Digital Line Graphic,DLG)。

2. 无拓扑关系的矢量数据模型

无拓扑关系的矢量数据模型又称面条数据模型,指在表达和组织空间数据时,只记录空间对象的位置信息和属性信息,不记录其拓扑关系的数据组织方式。使用无拓扑关系矢量数据的优点是能比拓扑数据更快速地进行显示。

目前,无拓扑数据格式已成为标准格式之一,并在 ArcGIS、Mapinfo 等软件中得到应用。例如,对等高线、等值线、等势线等各种抽象数据的表达和组织,应用无拓扑数据格式更为理想。

无拓扑关系的矢量数据模型有两种实现方法:①用点、线、面对象分别记录其坐标对;②用一个文件记录点对坐标(称为坐标文件),而线、面由点索引号组成。

按第一种方法,简单易行,每个空间对象的坐标均独立存储,不顾及相邻的点、线和面状对象。但是除边界线以外的所有公共边均需存储 2 次,所有公共节点存储 2 次以上,因此这种方法会造成数据冗余,并产生数据裂缝、数据重合和点位不重合等问题。按第二种方法,由于所有的点号及其点位坐标均在坐标数据文件内记录并且仅记录一次,而线、面对象仅记录组成它的点号序列。因此,既避免了数据冗余,也不会引起数据裂缝和重叠,更没有点位不重合的问题,但是实现复杂,有些情况下效率略低。

3. 有拓扑关系的矢量数据模型

拓扑关系是一种对空间结构关系进行明确定义的数学方法,指图形在保持连续状态下变形,但图形关系不变的性质。点(节点)、线(链、弧段、边)、面(多边形)是表示空间拓扑关系最基本的拓扑元素。能够表达拓扑关系的矢量数据结构就是拓扑数据结构。拓扑数据对于空间分析、地图综合等空间运算都不可或缺。

常用的拓扑关系有拓扑关联、拓扑邻接、拓扑包含和拓扑相邻,其中关联拓扑关系是GIS中应用最广而且最容易记录的关系。至于其他关系,一般可以从关联拓扑关系中导出,或通过空间运算得到。关联拓扑关系通常有两种表达方式,即全显式表达和半隐含表达。

全显式表达是指节点、弧段、面块之间的所有关联拓扑关系都用关系表显式地表达出来。如果仅使用全显式表达中的部分表格,则称为半隐含表达。

(二)栅格数据模型

栅格数据结构实际就是像元阵列,每个像元由行列号确定其位置,且具有表示实体属性的类型或值的编码值。点实体在栅格数据结构中表示为一个像元;线实体则表示为在一定方向上连接成串的相邻像元集合;面实体由聚集在一起的相邻像元集合表示。这种数据结构很适用于计算机处理,因为行列像元阵列非常容易存储、维护和显示。栅格数据是二维表面上地理数据的离散化值。

栅格数据结构假设地理空间可以用平面笛卡儿坐标系来描述,每个笛卡儿平面中的像元只能有一个属性数据,同一像元需要表示多种属性时则需多个笛卡儿平面。每个笛卡儿平面表示一种地理属性或同一属性的不同特征,这种平面称为"层"。

组织数据有如下方式:①以像元为记录的序列,不同层上同一像元位置上的各属性值表示为一个列数组;②以层为基础,每一层又以像元为序记录其坐标和属性值,一层记录完后再记录第二层,这种方法需要的存储空间较大;③以层为基础,但每一层以多边形为序记录多边形的属性值和充满多边形的各像元的空间坐标。

空间数据的栅格结构和矢量结构是GIS中记录空间数据的两种重要方法。栅格结构和矢量结构各有其优点和缺点,具体比较见表8-1。

表 8-1　矢量结构与栅格结构的比较

数据结构特点	优点	缺点
矢量数据	1. 表示地理数据的精度较高; 2. 数据结构严谨,数据量小; 3. 能够完整描述拓扑关系; 4. 图形输出美观; 5. 能够实现图形数据的恢复、更新和综合	1. 数据结构复杂; 2. 叠加分析与栅格图组合难; 3. 数学模拟比较困难; 4. 空间分析技术比较复杂
栅格数据	1. 数据结构简单; 2. 空间数据的叠置和组合方便; 3. 便于实现各种空间分析; 4. 数学模拟方便; 5. 技术开发费用低	1. 数据量大; 2. 降低分辨率时,信息损失严重; 3. 地图输出不够精美; 4. 难以建立网络连接关系; 5. 投影转换较为费时

第二节　符号化方法

地图符号是地图的语言,是用来表示自然或人文现象的各种图形,是表达地理现象与发展的基本手段。地图符号实际上是空间点集在一个二维平面上的投影,它们都可分解为点、线、面三种基本图形元素。其中,点是最基本的图形元素,一组有序的点可以连成线,线可以围成面,面域内则由各种线划符号、点符号或文字表示其属性。

现实世界从几何角度可分为点状地物、线状地物和面状地物,因而表达地物的符号也可以相应地划分为点状符号、线状符号和面状符号。注记作为一种直接的地理信息描述手段,在地图中起着非常重要的作用,因此有时也将注记视为一种特殊的符号。

一、符号化方法概述

地图符号绘制的实质是将符号坐标系中图形元素点的坐标变换到地图坐标系并按给定顺序绘制。目前,计算机制图中符号绘制(符号化)方法有两种,即编程法和信息法。

(一)编程法

编程法是由绘图子程序按符号图形参数计算绘图矢量并操作绘图仪绘制地图符号。每一地图符号或同一类的一组地图符号可以编制一个绘图子程序,这些子程序就组成一个程序库。在绘图时按符号的编码调用相应的绘图子程序,并输入适当的参数,该程序便根据已知数据和参数计算绘图矢量并产生绘图指令,从而完成地图符号的绘制。其逻辑可以简要描述如下。

```
01    void DrawSymbol( int id, CPoint2D pos ){
02    switch( id ):{
03    case 1:
04    drawSymbolA( );break;
05    case 2:
06    drawSymbolB( );break;
07    ……}}
```

如图 8-1(a)所示,地图符号"火山口"可采用 2 个圆和多条线进行绘制;如图 8-1(b)所示,军标符号"指挥所"可采用线、矩形和文字进行绘制。

编程法的优点是实现简单,适用于那些能用数学表达式描述的地图符号;缺点是增加、修改符号不方便,通用性差,即使增加或修改一个符号,或者修改符号的一点形状、颜色等信息都要重新编写代码,重新对程序库进行编译,用户没有自主权,因而很难作为商业软件进行流通。

但这种方法对于实现二维态势仍非常重要。如对于军标绘制而言,点状军标虽可利用后面介绍的信息法加以实现,但线状军标、面状军标以及象形军标,信息法很难支持,必须运用编程法或者各种组合绘制技术来完成。

（a）　　　　　　　　　　　　　　　　　　（b）

图 8-1　符号示例

（a）"火山口"地图符号　（b）"指挥所"军标符号

（二）信息法

信息法也称为符号库方法，绘图时只要通过程序处理存储在符号库中的信息块，即可完成符号绘制。信息块即为描述符号的参数集。信息法又可进一步分为直接信息法和间接信息法。

直接信息法存储符号图形点的坐标（矢量形式）或具有足够分辨率的点阵（栅格数据），直接表示图形的每个细部点。对于图 8-1（b）中的"指挥所"符号，按矢量形式可存储矩形的 4 个顶点和旗杆的定位点，但对于文字难以表示；对于图 8-1（a）中的"火山口"符号，圆的表示相对困难，只能存储离散后的点坐标。

直接信息法获得符号信息较困难，占用存储空间大，当符号精度要求较高时尤为突出，对符号放大时容易变形。但是这种方法面向图形特征点，而与图形形状无关，因此可使绘图统一算法。

间接信息法存放的是图形的几何参数，如图形的长、宽、间隔、半径等信息，其余数据都由绘图程序在绘制符号时按相应算法计算出来。对于图 8-1（a）中的"火山口"符号，可以存储 2 个圆（圆心、半径、线宽、是否填充）和多条线段（2 个端点、线宽），以上图元的位置都定义在局部坐标系。

间接信息法占用存储空间小，能表达复杂的图形，绘图精度高，可无级缩放，符号的图形参数可方便地利用符号库编辑系统输入得到。但是这种方法程序量大，算法复杂，编程工作难度大。

目前，绝大多数 GIS 软件都采用间接信息法来绘制符号，并提供相应的符号设计模块。

二、点状符号绘制方法

点状符号绘制相对简单，主要侧重于工程实现。

（一）直接信息法和间接信息法结合的设计思想

采用直接信息法和间接信息法结合的思想：在编辑系统中提供各种图元供用户设计符号，在库文件中存储图元的几何信息；在符号绘制和驱动算法设计中，将几何图形离散为基本图形，应用直接信息。

对曲线和曲面进行离散是计算机图形学中的一项常用技术，如对于一个圆，可以采用多条线段来表示，当线段足够密集的时候，绘制的结果就是圆。

离散后的图元主要是线集和多边形两类，前者指系列的首尾相连的线段（可以闭合或不闭合），后者指实心填充的简单多边形。对于线状符号和面状符号，只有这两类图元；对于点状符号，除这两类图元外，还包括文字图元。

以上设计的优点：①用户基于图元进行输入，方便易用；②符号绘制以一致的接口进行，便于修改扩充，分别设计实现了基于图形设备接口（Graphics Device Library，GDI）和OpenGL的符号绘制驱动算法；③线状符号和面状符号的绘制需要实现相应驱动算法，以上设计可以一致地驱动算法绘制所有图元。

如果完全应用间接信息法，则各种图元的绘制固化，加入新的驱动或算法需要的工作量巨大，并且各种显示接口对图元的支持并不完全（如 Hermite 曲线等），只能显示实时运算计算图元，效率低。

（二）三坐标系架构

在地图制图的国家标准中，对于每个符号的大小、符号中的线宽等都有具体的规定，以毫米为单位定义。在计算机屏幕上，基于像素进行显示。一些符号库基于像素进行设计，无法兼顾打印和计算机屏幕显示，无法同时产生理想的显示效果。因此，设计了三坐标系架构来解决此问题。

符号坐标系是二维笛卡儿坐标系，是符号定义所在坐标系，符号编辑系统中所用坐标系即为符号坐标系。符号坐标系的基本单位为毫米，在符号坐标系中需定义图元的控制点坐标（相对于符号坐标系的原点）、颜色、有宽度线的线宽、符号的定位点等，其中的几何信息都以毫米为单位定义。

屏幕坐标系也称窗口坐标系，即显示窗口所描述的矩形区域。屏幕坐标系的单位是像素，以窗口左下角为原点，水平向右为 x 轴方向，垂直向上为 y 轴方向，这种方式与 OpenGL 下的视口坐标描述一致，GDI 需在垂直方向进行反转。需要指出的是，Windows 操作系统的 GDI 本身也支持其他的不以像素为单位的坐标系，在地图绘制时可能比基于像素的坐标系更简单易用。但考虑到需同时支持 OpenGL 驱动，还是采用以像素为单位的定义方式。

地图坐标系也是二维笛卡儿坐标系，定义要绘制的地图的范围，可以是整个地球表面范围或地球范围中的一部分。地图坐标系的基本单位不固定，如是经纬度投影方式，地图坐标系的基本单位是度；如是某种地图投影方式，基本单位往往是米。

图 8-2（a）为地图坐标系，经纬度方式的范围是（-180°，-90°）~（180°，90°）。

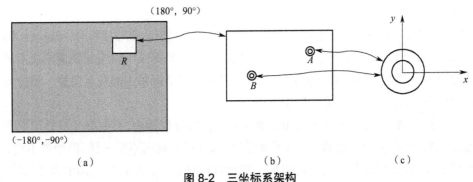

图 8-2　三坐标系架构

(a)地图坐标系　(b)屏幕坐标系　(c)符号坐标系

图 8-2（b）为屏幕坐标系,在当前的视口参数下,将地图坐标系中 R 范围映射到整个窗口中。可以看出,屏幕坐标系与地图坐标系之间所存在的关系主要是比例和平移关系,地图中的某个区域经过比例变换和平移变换,映射到屏幕坐标系中。

如果 R 区域的经纬度范围是 $(L_0, B_0) \sim (L_1, B_1)$,窗口范围是 (w, h),则地图中点到窗口中点坐标的变换关系为

$$\begin{cases} x' = (x - L_0) \times \dfrac{w}{L_1 - L_0} \\ y' = (y - B_0) \times \dfrac{w}{L_1 - L_0} \end{cases} \tag{8-1}$$

式中:(x, y)为地图坐标系下坐标;(x', y')为窗口坐标系下坐标;$\dfrac{w}{L_1 - L_0}$ 为变换比例,水平和垂直方向应该等比,即该值与 $\dfrac{h}{B_1 - B_0}$ 相同。该变换也可采用 3×3 矩阵和二维齐次坐标表示。

图 8-2（c）为符号坐标系,由于地图符号标准是根据打印制图确定的,多以毫米为基本单位。以像素为基本单位的适用性较弱,因此采用毫米为基本单位。其中在符号坐标系下定义了由 2 个圆所构成的"县级市"符号,定位点为符号坐标系的原点。

图 8-2（b）中 A、B 两点,均需显示"县级市"符号,涉及地图坐标系与符号坐标系的关系。地图坐标系与符号坐标系之间通过比例关系建立关联,即指定每个像素映射的符号坐标系中的毫米数。在计算机屏幕显示时,仅依据显示器的每英寸点数(Dots Per Pixel,DPI)计算比例关系得到的显示效果并不理想,需要提供可调整的参数;在打印时,依据打印参数中的 DPI 来计算比例关系。根据上述比例关系,对符号坐标系中的数据进行位置的缩放、线宽的设置。

（三）基于符号实例的封装与绘制

构造符号实例数据结构来表示显示和存储所用的点对象,其实质是符号参数的集合。

符号实例数据结构中包括以下内容。

（1）符号 ID。符号实例通过符号的 ID 与符号库中存储的符号数据建立映射关系,绘

制算法根据该 ID 查找对应的符号几何数据。

（2）定位点。符号可以支持无级缩放或固定大小。对于无级缩放符号，Corner 为角点；对于固定大小符号，Corner 的第 1 个点为定位点。符号坐标系中将映射到地图点对象窗口坐标的位置，可以为符号坐标系的原点，也可设置为符号坐标系中的任意位置。该位置既是符号绘制的中心点，也是符号旋转的中心点。

（3）颜色，严格来说是外加颜色和背景颜色。在实际应用中，有些符号只是用到其中图形信息，而颜色信息需要动态设置，如军事标绘中，红军和蓝军军标一样，但颜色不同；或者符号本身五颜六色，但在某一场合需以单一颜色进行显示。如果符号实例中需外加颜色，则符号图元颜色不再起作用，而统一以外加颜色绘制所有的图元。背景颜色则是用于填充符号绘制范围的颜色。

（4）角点。无级缩放的符号，其大小和位置由地图上的 4 个点控制，称为角点，在地图放大、缩小时，符号大小也随之改变。严格来说，点状符号并不需无级缩放，主要是为了支持一些类似于点状符号的军标符号，这种技术更适用于面状符号。

（5）外加文字。外加文字是针对军标中的代字所设计的，如图 8-1（b）中的"指挥所"军标，其中文字既可是 "ZHS"，也可能是其他文字，即对于不同的符号实例可以设置不同值。如果采用编程法而非信息法实现，这自然很简单；而采用信息法实现，就需要将代字的值封装在符号实例中，而在符号中专门提供图元来处理，这就是外加文字。

（6）比例系数与旋转角度。固定大小符号，位置由地图上 1 个点确定，符号大小由符号几何数据和符号坐标系与屏幕坐标系的映射关系确定，随着地图放大和缩小，大小和位置都不发生改变，但如果该映射关系发生变化，则所有固定大小的符号大小都会发生改变。

（7）控制字。符号实例本质上是符号属性集合，属性可具有各种组合形式。控制字决定了属性的组合，控制字按位定义，见表 8-2。

表 8-2 符号实例控制字的含义

控制字位	含义	默认值
0	是否为无级缩放，为 1 表示无级缩放，为 0 表示固定大小符号	0
1	是否外加颜色，为 1 表示外加颜色，为 0 表示使用图元自身颜色	0
2	是否设置背景颜色，为 1 表示设置背景色，为 0 表示透明方式	0
3	是否有外加文字，为 1 表示有外加文字，为 0 表示没有外加文字	0
4	如具外加颜色，则本位起作用，为 1 表示外加颜色为颜色表中的颜色，为 0 表示外加颜色为 RGB 值	0
5	如具背景颜色，则本位起作用，为 1 表示背景颜色为颜色表中的颜色，为 0 表示背景颜色为 RGB 值	0
其他	保留	0

在此定义的基础上，信息法点状符号绘制算法如下。

算法 8-1：信息法点状符号绘制算法。

```
01    CSymbolInstance：：DrawByGL（ ）{
02    if（ 无级缩放 ）
03    根据 4 个角点，计算比例、旋转和平移参数；
04    else（ 固定大小 ）{
05    根据三坐标系关系计算比例系数，根据定位点计算平移参数；
06    从实例中直接得到旋转参数；}
07    if（ 符号实例具有外加文字 ）
08    设置符号中的外加文字图元的文字；
09    glTranslated（ ）；
10    glRotated（ ）；
11    glScaled（ ）；
12    if（ 绘制背景色 ）
13    无级缩放以 4 个角点、固定大小以符号范围，绘制四边形；
14    基于平衡树结构的显示列表进行绘制；}
```

（四）基于显示列表的绘制算法优化与线宽的处理

在上述算法的第 14 行，如果不考虑速度优化，最简单的方法是根据符号 ID 直接绘制符号的各个图元。由于显示列表是一种有效的速度优化技术，非常适用于符号绘制，因此将符号绘制封装到显示列表中，并将其组织为 1 个平衡树以优化查找速度。为了避免显示资源被过多占用，并不将符号库中所有符号都生成显示列表，而是当某个符号第 1 次被使用时才构造显示列表，对于那些长时间不使用的符号，自动将其显示列表删除。由于符号可以外加颜色，因此每种不同的颜色都封装成单独的显示列表，没有外加颜色的符号也封装成 1 个显示列表。

使用显示列表所带来的一个问题是线宽问题：OpenGL 所支持的线宽是以像素为单位表示的线宽，而制图标准中为线符号所规定的线宽以毫米为单位。为使系统能够适用于显示器和打印机等各种输出设备，符号坐标系以毫米为单位描述线宽。如以画线的方式来绘制线图元，需根据屏幕单位与地图单位之间的关系来确定像素线宽。符号可为无级缩放和非无级缩放，在非无级缩放时又可以设置放缩比例，因此线图元在不同参数配置下的像素宽并不一定相同。但是，显示列表中封装的线宽不可随显示列表之外的修改而改变，显示将不正确。

因此，构造算法在符号坐标系下，根据线的宽度，将线集图元转换为多边形图元用于显示，则可既利用显示列表进行优化，又确保在符号实例的各种配置下显示结果的正确性。

三、线状符号绘制方法

首先约定几个概念："线型"由若干个图元组成；"线对象"代表地图上的线状符号；线型沿线对象的定位线重复配置就生成了地图上显示所需的线状符号；线状符号绘制所使用的

有关线型的参数集合类对象称为"线型实例"。

(一)相关知识

地图线状符号的绘制算法主要有三类：①纯函数法，该方法完全通过函数实现，绘制速度较快，但符号可编辑性和维护性很差；②组合绘制方法，认为复杂线符号由具有单一特征的线符号叠加组合而成，该方法的特点是绘制速度快、算法相对简单，但要针对不同的线符号设计好各种单一线型，而且一些结构较复杂的线符号较难实现；③重复配置点符号（线型）法，即沿线符号定位线连续绘制线型，该方法的特点是能够表达复杂线符号、通用性强，但是算法复杂、速度较慢。

在以上三种方法中，由于重复配置线型法所构造的符号库在可编辑性、可维护性、通用性等诸多方面具有明显优势，为一般商用 GIS 软件所支持，也是相关研究的热点。在线状符号绘制算法中，最关键的问题是拐点处变形的处理。

(二)GPU 友好的线状符号绘制算法

GPU 友好的线关符号绘制算法是由作者所提出的一个线状符号绘制算法。

1. 算法思想

地图符号化结果的输出或为计算机显示器，或为打印机等制图设备，前一种情况下，往往需要随时与用户交互，对效率有更高的要求。以往关于线状符号绘制的研究主要集中于符号的数据结构、拐点变形效果等方面，在图元的绘制上主要是利用操作系统的图形设备接口（Graphics Device Interface, GDI）提供的画线、多边形填充等函数，并未专门考虑绘制效率问题。

随着 GPU 的发展，计算机的显示效率不断跃升，OpenGL 和 DirectX 等编程接口虽然主要针对三维显示设计，但是对二维绘制也有较好的支持，虽然功能不如 GDI 丰富，但是由于可以直接利用硬件能力，具有明显的效率优势。

结合 OpenGL 平台，构造了可充分利用硬件性能的、GPU 友好的线状符号绘制算法：对于不跨越拐点的重复配置线型，采用显示列表和标准模板库（Standard Template Library, STL）中的平衡树结合来实现快速绘制；对于跨越拐点的多边形图元首先进行凸剖分，设计的变形算法保证变换结果仍为凸多边形，因此可直接利用 GPU 所支持的多边形图元完成绘制，保证绘制效率。

2. 基于显示列表和 STL 的线型重复配置

显示列表非常适用于需要重复调用的图元，而不适用于仅调用一次的场合。线状符号绘制时，如整个线型落在某个线段上，则相当于对线型做比例、旋转和平移 3 个变换然后进行绘制。这非常适用于将线型封装为显示列表，重复配置时计算出相应的变换参数，然后利用显示列表完成绘制。

与符号一样，线型定义在一个平面直角坐标系下，所有组成图元（包括空白图元）的外接矩形定义了线型的长和宽，这个平面直角坐标系称为线型坐标系，外接矩形的左下角即为线型坐标系的原点。所有图元离散为两类基本图元，即线集和多边形。前者由一系列点连接成线,后者则表示具有填充属性的多边形,即使是封闭的图元,如果不具备填充属性,仍然按线集处理。线对象绘制算法即针对这两类基本图元设计。

　　显示列表可以有效提高效率,但是所有符号显示列表的有效组织管理一样重要。在绘制过程中,一帧地图中往往并不需要用到所有的线型,而显示列表本身需占用显存资源,所以显示列表需根据显示内容的变化动态地创建和释放;而每一帧绘制中,往往有大量的线对象都需查找到自己对应的显示列表。因此,需要在查找、插入、删除三方面都满足效率需求的数据结构来管理显示列表,平衡查找树是首选数据结构。

　　STL 对常用的数据结构进行了封装,其中的 multimap 容器即为关键字可重复的平衡查找树,因此应用此容器管理显示列表。重复配置的线状符号绘制算法如下。

　　算法 8-2:重复配置的线状符号绘制算法。

　　　　01　Algorithm DrawLine{
　　　　02　根据线状符号的线型实例,获得对应的线型 ID;
　　　　03　根据 ID 在显示列表 multimap 容器中搜索;
　　　　04　if(找到线型对应显示列表)进行旋转、比例和平移变换,然后调用显示列表绘制;
　　　　05　else 创建新的显示列表并加入容器中;}

　　为了保证显存资源的及时释放,为每个显示列表加入时间信息,在每一帧地图绘制完成后,遍历一次显示列表容器,释放最近未使用的显示列表。

3. 基于多边形凸分解的拐点处理

　　图元变形方法的关键是生成新顶点,从而提出了一种在线型坐标系下产生新顶点的算法。变形图元并不适合以显示列表进行加速,此时保证实时绘制的效率就显得尤为重要。

　　由于有宽度线集图元需要转换为多边形,无宽度线集图元变形之后可以由 OpenGL 直接绘制,所以主要讨论多边形图元的处理。GDI 可以支持直接绘制多边形,但是 OpenGL 只能支持三角形、四边形和凸多边形图元,对于非凸多边形,需要首先将其转换为凸多边形或三角形再进行绘制,而这个过程不是硬件支持,而由软件实现,效率较低。

　　因此,如果转换的结果仍然为凸多边形,则可以有效地提高绘制效率。采取方法是对于组成线型的每个多边形图元,在初始时（加载线型数据）首先将其剖分为凸多边形,设计算法保证凸多边形的变形结果仍然为凸多边形,以避免多边形的实时凸剖分。

　　拐点处理需 3 个关键步骤:图元裁剪、图元变形和保凸修正。

　　1)图元裁剪

　　根据线集中的每条线段,确定位于其中的图元,且需基于线段长度对图元进行裁剪。

　　如图 8-3(a)所示,地图上有线对象 ABCDE,沿该线对象的定位线重复配置符号。图中为配置到 BC 线段的情况,1234 所定义的矩形范围是根据线型符号在线型坐标系下的宽度、高度以及线型坐标系与屏幕坐标系映射关系,所确定的线型映射重复配置范围,设其长度为 a。

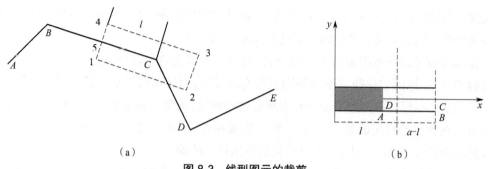

图 8-3　线型图元的裁剪

(a)线型符号重复配置　(b)线型坐标系下的裁剪

在 BC 段重复配置的起点设为图中"5"所标识点，5C 的长度为 l，将该值映射到线型坐标系（根据线型坐标系与屏幕坐标系映射关系进行适当缩放），如图 8-3（b）所示。在坐标系的 x 坐标为 l 处，构造一垂线，对符号的各个图元进行裁剪。图中为铁路的线型符号，由 1 个矩形图元和 2 个有宽度线图元组成。根据前面讨论已知，有宽度线需转换为多边形图元，如图中 ABCD 所示。使用垂线对 3 个图元进行裁剪的结果是需要保留矩形图元的全部和有宽度线图元的部分，这些部分将继续进行变形，裁剪掉的部分将在地图线对象的下一线段中继续处理。

根据垂线进行基于距离的半平面裁剪，需要分为两种情况。

一种是凸多边形的半平面裁剪，针对线型符号的多边形类图元和有宽度线所生成的多边形图元，这两类图元都在线型加载时进行了多边形的凸分解。凸多边形与垂线只可能有 0 个或 2 个顶点（1 个顶点的奇异情况可以不考虑），此时的裁剪算法简单快速：首先判断起点的水平坐标与垂线的位置关系，如果起点在垂线左侧，则将起点输出；然后按顺序访问多边形各个顶点并输出，直到找到在垂线右侧的顶点，计算交点并输出；继续访问后面的顶点，再次找到交点后，将交点输出，而后续所有顶点输出；如果起点在垂线右侧，采用类似策略完成。

另一种情况是非凸多边形的半平面裁剪，对于非凸多边形的半平面裁剪，处理起来会更加复杂，因为这种多边形可能具有多个凹角。裁剪算法需要考虑多边形边界与垂线的交点，以及裁剪后可能生成的多个子多边形。需要注意的是，在处理非凸多边形时，可能会生成多个裁剪后的子多边形。这些子多边形可能是孤立的或相互连接的，取决于多边形的形状和裁剪线的位置。因此，需要在输出列表中管理这些子多边形，并确保它们按正确的顺序连接在一起，以形成完整的裁剪结果。

需要指出的是，线集图元可能闭合，即最后一个顶点到第一个顶点之间有线段相连。线集的半平面裁剪算法只需相应地增加处理一个顶点即可，而且只有当整个图元都落在垂线左侧的情况下输出图元闭合，只要与垂线有交，输出图元就不会闭合。

2）图元变形

裁剪后落在当前线段范围内的图元，需要变形才可以保持拐点处的连续性。根据当前线段长度、线型外接矩形长度、起点到拐点的距离等因素，对裁剪后线型的外接矩形进行变形。图 8-4（a）为裁剪后线型外接矩形,也对应于外接矩形整个落在线段之内的情况。图 8-4（b）对应于外接矩形起点位于线段范围之内,终点超出线段范围的情况。图 8-4（c）对应于外接矩形的起点和终点都在线段范围之外的情况。图 8-4（d）对应于外接矩形起点在线段范围之外,终点在线段范围之内的情况。

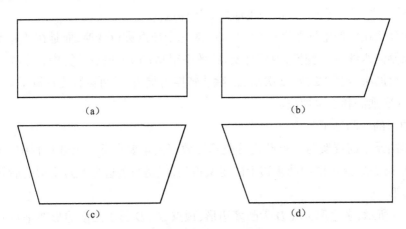

图 8-4　外接矩形的变形

（a）裁剪后外接矩形　（b）单终点超范围　（c）起点终点超范围　（d）单起点超范围

图 8-4 中各图的斜边,由各个拐点处的角平分线确定。

如图 8-5（a）所示,*ABCD* 为线型的外接矩形,针对当前线段重复配置,进行半平面裁剪后为 *abcd*,即该区间裁剪图元为需要变形的图元。图 8-5（b）中 1234 为变形后的四边形。图 8-5（a）中 *a*、*b* 点的坐标为 x_a、x_b。

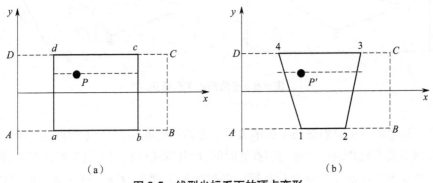

图 8-5　线型坐标系下的顶点变形

（a）变形前　（b）变形后

图元顶点新位置的计算方法:对于顶点 *P*,保持其 *y* 值不变,根据变形多边形左右边线的方程,计算过该点的水平线与左右边线的交点 $s(x_0, y), t(x_1, y)$,则变形后点 *P′* 的水平坐标为

$$x' = x_0 + \frac{x - x_a}{x_b - x_a} \times (x_1 - x_0) \qquad (8-2)$$

式中:*x* 点为点在线型坐标系下的水平坐标;x_a、x_b 分别为 *a*、*b* 点的水平坐标;x_0 和 x_1 是根据

直线方程和 y 坐标计算得到的。

下面简要比较上述裁剪变形方法与现有算法的效率。

现有算法一般是按沿线对象重复配置线型的思路,首先将线型所有图元变换到当前线段,再进行裁剪、变形,此变换需要大量的浮点运算;在不同方法中,顶点变形还涉及仿射变换、三角函数计算、情况判断等,进一步加大了运算量。

本书中算法在线型坐标系下进行,不需要对每个顶点进行变换,而是在计算得到新顶点后由图形绘制流水线进行变换,由硬件支持,效率很高;每个顶点计算中,x_0 和 x_1 各需要 1 次乘法和 1 次加法,式(8-2)需 2 次乘法(除法转换为乘法,且可以预先计算得到)和 3 次加法,共需要 4 次乘法和 5 次加法。

3)多边形的保凸修正

多边形图元不需要实时进行凸剖分是算法效率的重要保证。上述过程中,裁剪后多边形仍然为凸多边形,这可以由凸多边形的定义得到,但是凸多边形经过变形之后并不能保证仍为凸多边形。

如图 8-6 所示,多边形 $ABCD$ 为凸多边形,顶点 B、D 属于凸多边形在垂直方向的极值点,由于每个顶点的 y 值并没有改变,所以该点不会由凸点变为凹点。非垂直方向的极值点有可能会变为凹点。如图 8-6(b)所示,由于顶点 D 的拉伸远大于顶点 C 的拉伸,导致顶点 C 变为凹点。此时采用的技术是将顶点平移至该顶点两侧顶点连线外侧的对称位置,将顶点 C 修正为 C',如图 8-6(b)所示。

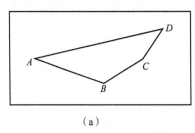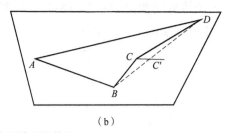

（a）　　　　　　　　　　　　　　　　　　（b）

图 8-6　多边形的保凸修正

(a)变形前　(b)变形后

整个多边形的修正只需遍历 1 次多边形顶点即可完成,由于产生凹点的情况非常罕见,所以其时间主要是判断顶点是否为凹点的时间,而此判断可利用矢量叉积法判断,每个顶点需要 2 次乘法和 3 次加法。整个修正算法的时间复杂度为 $O(n)$,较之通用的多边形凸剖分算法,时间复杂度和每个顶点所需运算都优化得多。

（三）基于线型实例的工程实现

与符号实例的概念类似,构造线型实例表示地图线对象所使用的线型参数的集合。

下面结合线型实例中的主要数据进行阐述。

（1）线型 ID。线型 ID 在每个线型库中唯一,线型驱动算法利用此值在线型库中检索指定 ID 的线型对象,获得线型数据,以进行运算。

（2）颜色。线型符号中每个图元已定义颜色,也支持为线型设置统一的颜色,Color 参数即为此目的。在索引模式下表示索引值,在 RGB 模式下表示 RGB 颜色值。

（3）线型配置模式。线型配置模式可分为 2 类线型:①掩膜线型;②线型库矢量线型。

掩膜线型指定义位掩膜,根据掩膜值,逐像素进行绘制的线型,这也是 GDI 和 OpenGL 绘制线时所直接支持的模式。StyleAndWidth 是 32 位整型数值,高 16 位定义线型掩膜,低 16 位中的高 8 位定义线型掩膜比例,低 8 位定义线宽（像素）。基于 OpenGL 绘制时,这 3 个参数分别对应 glLineStipple 的 2 个参数和 glWidth 的 1 个参数。

线型库矢量线型指前述沿线对象重复配置线型符号,又可分为 3 种模式:固定大小模式、无级缩放模式和按段配置模式。

固定大小线型不随地图放大或缩小而变换,线对象随地图放缩,但是表示线的每段线型的大小稳定,只受到线型实例本身参数和线型坐标系与屏幕坐标系比例关系的影响。固定大小线型所使用参数为 FitScaleX 和 FitScaleY,相应的确定方法是线型坐标系（毫米）与屏幕坐标系（像素）定义比例映射关系,线型符号的范围（以长、宽表示）和 FitScaleX、FitScaleY 相乘,再与该比例映射关系相乘,得到屏幕坐标系的长、宽,以此为基础进行线型的重复配置。如考虑线型坐标系与地图坐标系的关系,则每次地图放缩时,地图与屏幕比例关系改变,所有的绘制数据都需重新生成。

无级缩放线型,线对象随地图缩放时线型也随之缩放,就像线型与地图贴合在一起一样。无级缩放线型的参数是 Length 和 Width。这两个值是定义在地图坐标系上的,直接按这两个值进行线型重复配置即可。在地图缩放时,已经生成的绘制数据可重用。

按段配置线型只根据给定段数在线对象上重复配置线型,线对象由指定段数的线型组成,分段线型可以用于标识桥梁等线型符号在整个线对象上只重复 1 次的情况。分段线型的参数为 Segs,根据线对象的总长度,除以段数得到每个线型所映射的地图尺寸,然后再进行重复配置。

（4）控制字。控制字通过其各位控制线型模式、颜色等,其各位含义见表 8-3。

表 8-3　线型实例控制字的含义

控制字位	含义	默认值
0	为 1 表示掩膜线型,为 0 表示矢量线型	0
1、2	01 表示固定大小矢量线型,10 表示无级缩放矢量线型,11 表示按段配置线型	01
3	为 1 表示设置外加颜色,为 0 使用图元自身颜色	0
4	如具有外加颜色,则本位起作用。为 1 表示外加颜色为颜色表中的颜色,为 0 表示外加颜色为 RGB 值	0
其他	保留	0

（5）绘制数据。Objects 和 GlCmds 分别对应于完全重复配置的线型符号和线对象拐点处变形、裁剪产生的新的几何数据。

线型绘制分为 2 个过程:①线型驱动算法计算输出图元;②利用输出图元进行显示。这种设计的优点：①显示驱动可以独立开来，可以分别开发 OpenGL、DirectX SGDI 的绘制驱动，而不需对线型驱动算法进行任何改变；②避免了重复计算，当需要进行显示刷新时，如地图进行了平移，或地图缩放时线对象的线型实例属性为无级缩放类型，没必要重新生成绘制数据。

对于完全重复配置的线型符号，可使用显示列表进行优化，对于不同位置，主要是比例、旋转和平移参数的不同，因此 Objects 对应的数据结构为

```
struct CObjectCopy{
    double xoff,yoff;
    double xscale,yscale;
    double angle;}
```

上述定义称为对象副本，对于每个重复线型，仅需生成上述数据结构的对象，绘制时根据其中的参数，调用相应函数之后，再利用显示列表进行绘制。

在线型驱动算法和后面的填充模式驱动算法中，涉及大量图元的生成与销毁，如果频繁调用 new 和 delete，必将导致大量的时间开销，可采用类似对象缓冲的技术来管理图元对象和对象副本的生成与销毁。

生成绘制所需数据的线型驱动算法如下。

算法 8-3：线型绘制数据生成算法。

```
01    void CLineStyleInstance∷PrepareData( int num,CPoint2D*pPt,double bpos ){
02    if( 是掩膜线型实例 )return;
03    根据 ID 获得线型几何数据与范围;
04    根据线型实例模式,计算映射后长度、宽度和比例系数;
05    for( 每条线段 ){
06    while( 整个线型落在线段内 ){
07    输出 CObjectCopy 对象或先基于起始距离进行线型半平面裁剪再输出;
08    沿当前线段继续前进,调整线型原点;}
09    if( 线型跨越 2 个或多个线段 ){
10    生成变形四边形数据;
11    对线型所有图元进行基于距离的半平面裁剪;
12    对裁剪后所有图元的顶点进行变形和保凸处理;
13    输出图元;}}}
```

生成绘制数据之后，每一帧显示时，调用线型实例绘制算法如下。

算法 8-4：线型实例绘制算法。

```
01    void CLineStyleInstance∷DrawByGL( ){
02    获得绘制颜色的 RGB 值;
03    if( 掩膜线型 )
04    调用 GL 画线函数完成绘制;return;
```

05　根据线型实例计算比例参数和颜色；

06　遍历 GlCmds，根据线型实例参数修改图元参数，包括颜色、宽度，最后绘制图元；

07　遍历 Objects，进行平移、旋转和比例变换，基于显示列表进行绘制；}

上述两个算法，即是对上述讨论的 GPU 友好的线状符号绘制算法的完整实现。

四、面状符号绘制方法

(一)填充模式实例绘制方法

填充模式与符号、线型一样，也由 1 个或多个图元组成，最后离散为线集和多边形两类基本图元，绘制算法针对此设计。

填充模式数据结构的定义。

(1)填充模式 ID。根据 ID 建立与填充模式的映射，获得填充模式的组成图元、范围等信息。

(2)颜色与背景颜色。参数 Color 和 BkColor 定义填充的颜色和背景色。填充模式的每个图元具有颜色属性，如需强制填充模式颜色，图元绘制图不再使用自身颜色属性，而是使用填充模式的统一颜色。

(3)面状符号绘制模式。其可分为掩膜填充和矢量填充两类。掩膜填充是定义位图，位图为 1 的位置绘制，为 0 的位置不绘制；矢量填充在面对象轮廓内重复配置填充模式符号。矢量填充是在面对象的轮廓线内重复配置点符号。矢量填充可分为两种类型：无级缩放填充和固定大小填充。无级缩放时，重复配置的填充符号随地图放缩而放缩，其参数为 Length 和 Width，按地图上的尺寸定义；固定大小时，重复配置的填充符号不随地图放缩而改变，其参数为 FitScaleX 和 FitScaleY，定义为符号坐标系的比例系数，需根据前述三坐标系架构进行计算。

(4)控制字。控制字通过各个位控制填充模式属性，见表 8-4。

表 8-4　填充模式实例控制字的含义

控制字位	含义	默认值
0	为 1 表示掩膜填充模式，为 0 表示矢量填充模式	0
1	为 1 表示无级缩放矢量填充模式，为 0 表示固定大小矢量填充模式	0
2	为 1 表示设置外加颜色，为 0 使用图元自身颜色	0
3	为 1 表示设置背景颜色，为 0 表示透明	0
4	如具有外加颜色，则本位起作用。为 1 表示外加颜色为颜色表中的颜色，为 0 表示外加颜色为 RGB 值	0
5	如具有背景颜色，则本位起作用。为 1 表示背景颜色为颜色表中的颜色，为 0 表示背景颜色为 RGB 值	0
其他	保留	0

（5）绘制数据。填充模式重复配置时，有的全部落在地图面符号的轮廓线之内，有的部分落在轮廓线内，后者需对填充模式的每个组成图元与面状符号的轮廓线求交。Objects 和 GlCmds 分别对应于完全重复配置的填充模式符号和填充模式符号图元与地图面对象相交所产生的几何数据，其类型与线型实例中相同。

填充模式图元也可分为线集与多边形两类，绘制算法针对此两类图元分别设计。填充模式驱动算法描述：根据填充模式实例中的 ID 获得填充模式图元的几何数据；根据面对象的包围盒，确定填充模式起始配置和结束配置的值；由面对象包围盒左下角到右上角，在水平和垂直方向重复配置填充模式；如果填充模式完全落在面对象之内，则直接生成填充模式副本，否则将填充模式中所有图元平移到该位置处，然后与面对象求交，得到输出图元。

（二）线集与多边形求交算法

填充模式中的另一类图元是线集，线集与地图面对象的求交远比多边形简单。其采用的处理方法是先与面对象的外环求交，然后利用求交结果与面的内环求差。

首先简要阐述线集与多边形的求交和求差算法，然后探讨一些关键技术，这些技术不仅用于线集的处理，对于前述多边形处理同样适用。

1. 线集与多边形求交、求差

线集与多边形求交、求差，采用与前述多边形求交运算类似的思路，但方法简单一些。

同样采用交点、顶交点的定义，数据结构采用链表，只是其中每个节点的 pOther 指针不再使用。

在搜索的过程中，也不需要在两个多边形之间交替搜索，而只是在线集链表自身进行搜索。在搜索的过程中需要区分交点和顶交点分别处理，如是交点，则搜索结束，输出图元；如是顶交点，取该点与链表中下一点的中点进行判断，如仍在边界上，则继续搜索处理，如在多边形之外，搜索结束，如在多边形内部，则重新按内部点的逻辑进行搜索。

线集与多边形的求交算法如下。

算法 8-5：线集与多边形求交算法。

```
01   InterNonFillLoop( ){
02   求线集所有边与多边形所有边的交点，并插入到线集链表之中；
03   if( 无交点 )
04   如果线集第 1 点在环外，输出空；否则输出整个线集图元；return；
05   取链表中第 1 个普通顶点（对于非闭合线集，链表中第 1 个点肯定是普通
     顶点）；
06   if( 该点在多边形之内 )
07   从该点开始搜索，SearchLoopFromIn( )；
08   else
09   找到非普通顶点；
10   if( 该点为交点 )从交点开始搜索，SearchLoopFromIn( )；
```

11 else(顶交点)执行另一种搜索策略,SearchLoopFromOn( );}

在上述算法中有两种搜索策略,分别对应于内部点（或交点）和顶交点的情况,在这两种策略内部,还需根据处理的点的属性,分别递归调用这两种搜索策略。对于 SearchLoopFromIn( ),其内部逻辑是持续处理链表中的点,如遇到交点,则搜索结束;遇到顶交点,则调用另一搜索策略。SearchLoopFromOn( )的逻辑则是取当前节点与下一节点的中点,判断内外属性,如在外部则递归结束;否则将重新调用 SearchLoopFromIn( )。

求差的过程与求交类似,区别是对于那些落在多边形之外的部分才会产生输出图元,不再赘述。

2. 边求交及其优化

填充模式驱动算法中,不管是线集与多边形求交、求差,还是多边形与多边形求交,第一步都是求出所有交点,需对两者之间所有边求交。

对于二线段 $P_0(x_0, y_0)P_1(x_1, y_1)$、$P_2(x_2, y_2)P_3(x_3, y_3)$,可采用参数方程求解,二线段的参数方程为

$$\begin{cases} P = P_0 + (P_1 - P_0) \times t \\ P' = P_2 + (P_3 - P_2) \times s \end{cases} \tag{8-3}$$

线段参数 t 和 s 必须在 [0, 1] 范围内,交点 $P = P'$,将式（8-3）的两个式子代入并写成分量形式,得到二元一次方程组

$$\begin{cases} x_0 + (x_1 - x_0) \times t = x_2 + (x_3 - x_2) \times s \\ y_0 + (y_1 - y_0) \times t = y_2 + (y_3 - y_2) \times s \end{cases} \tag{8-4}$$

解上式,可得

$$s = \frac{(x_0 - x_2) \times (y_1 - y_0) - (y_0 - y_2) \times (x_1 - x_0)}{(x_3 - x_2) \times (y_1 - y_0) - (y_3 - y_2) \times (x_1 - x_0)} \tag{8-5}$$

$$t = \frac{x_2 - x_0 + (x_3 - x_2) \times s}{(x_1 - x_0)} \tag{8-6}$$

如果 s、t 均在 [0, 1] 范围内,得到一个合法交点（可能交于线段顶点）。可以看出,式（8-5）需要 8 次浮点加（减）法、4 次浮点乘法和 1 次浮点除法运算,式（8-6）需要 4 次浮点加（减）法、1 次浮点乘法和 1 次浮点除法运算。两式还分别需要判断分母为 0 的特殊情况:前者分母为 0,则二线段平行或重合,重合还要进一步判断交点;后者分母为 0,表示第 1 条线段为垂直线段,需使用 y 坐标分量计算。

因此,边求交的运算比较耗时,需要进行优化:①减少求交次数;②必须求交时减少运算量。

设两者边数分别为 n、m,边求交的时间复杂度为 $O(nm)$,且边求交比搜索过程的单步搜索更为耗时。前述多边形求交中的网格划分技术可显著减少求交次数,但网格划分毕竟相对复杂,且对于面对象边数较少的情况并不适用,因此探讨应用包围盒的简单优化技术。

包围盒是图形学中常用的加速技术。在填充模式中,最普遍的情形是面中重复配置多个填充模式,即面的大小一般远大于填充模式。根据这一特点,在包围盒的应用中,基于填

充模式的包围盒来进行加速,边求交是2重循环,把面中环的遍历放在第1重循环,内层循环遍历填充模式中的图元。因此,如面对象中一边落在包围盒之外,则内层循环完全不必执行。经测试,这种循环方式的包围盒应用,较之于相反的包围盒应用方式,速度大约提高1倍,如完全不应用包围盒则更慢。

经过包围盒或网格划分之后仍需进一步计算的边,并不直接应用式(8-5)和式(8-6),而是采用矢量叉乘法进行优化。

对于线段 $P_0(x_0,y_0)P_1(x_1,y_1),P_2(x_2,y_2)P_3(x_3,y_3)$,由构造二维矢量 $\overrightarrow{P_0P_1},\overrightarrow{P_0P_2},\overrightarrow{P_0P_3}$,分别计算 $\overrightarrow{P_0P_1},\overrightarrow{P_0P_2}$ 和 $\overrightarrow{P_0P_1},\overrightarrow{P_0P_3}$ 的矢量积,按三维矢量运算,相当于计算得到 z 分量,根据右手法则,如果结果大于0,则 P_2 在矢量 $\overrightarrow{P_0P_1}$ 的左侧,否则在矢量 $\overrightarrow{P_0P_1}$ 的右侧。如果 P_2、P_3 位于矢量 $\overrightarrow{P_0P_1}$ 的同侧,或者 P_0、P_1 位于矢量 $\overrightarrow{P_2P_3}$ 的同侧,则二线段肯定不相交。

二维矢量 $\overrightarrow{P_0P_1},\overrightarrow{P_0P_2}$ 和 $\overrightarrow{P_0P_1},\overrightarrow{P_0P_3}$ 的叉乘为

$$\begin{cases} C_0 = (x_1-x_0)\times(y_2-y_0)-(y_1-y_0)\times(x_2-x_0) \\ C_1 = (x_1-x_0)\times(y_3-y_0)-(y_1-y_0)\times(x_3-x_0) \end{cases} \qquad (8-7)$$

通过 C_0 和 C_1 乘积的正负判断 P_2、P_3 是否位于矢量 $\overrightarrow{P_0P_1}$ 的同侧。其共需要10次浮点加(减)法和5次浮点乘法运算,而只有 P_2、P_3 位于矢量 $\overrightarrow{P_0P_1}$ 异侧时,才需判断 P_0、P_1 是否位于矢量 $\overrightarrow{P_2P_3}$ 的同侧。上述判断的浮点加法和浮点乘法次数,与式(8-5)基本相当,但由于不必进行耗时的浮点除法运算,其效率有所提升。

3. 点在边上的计算与处理

浮点数的比较需给定一个容差,上述矢量积判断方法也不例外,这种方法可以精确判断点不在线上,但是判断点在线上存在误差,因此需更精确的方法,即计算点到线段的垂线距离,当距离小于数据精度所要求的容差时,判断点落在线段上。点到线段距离的计算方法是构造线段的垂线方向矢量并单位化,构造待判断点到线段起点的矢量,两个矢量数量积的绝对值即为所求。

当二线段交于其中一线段的顶点时(即二线段不共线),只需将该点属性设为顶交点,并插入链表即可。但是当二线段共线时,情况会复杂一些。

(三)多边形与网格求交的优化技术

以上技术解决了地图面对象与填充模式的求交问题,而在实际应用中,需要求交的只是重复配置的填充模式中的一部分,还有很多的填充模式完整地落在面对象内部。

1. 边相交判断法及其优化

最简单的方法是判断面对象每条边和网格四条边是否有交。如果面对象边与网格任一边有交,表示网格与面对象有交,需要计算填充模式所有图元与网格的交;如果面对象边与网格四条边均无交,取网格任一顶点,判断其是否在面对象之内,如该点在内部则表示网格整个位于面对象之内,生成填充模式副本进行绘制。

上述方法最大的问题在于效率过低,当网格数非常多的时候,需要大量的计算,而且这些计算很多是重复的。采用这种方法时,可以利用网格边水平或垂直的特点,进行一定的

优化。

算法 8-6:多边形与水平边的求交算法。

```
01    HorWithLoop( ){
02    count=0;
03    取多边形最后一个点,记录该点在水平线段的上方还是下方;
04    for( 多边形顶点 ){
05    if( 当前点与上一个点在水平线段的两侧 ){
06    if( 相交 )返回
07    else if( 水平线段在多边形当前边左侧 )count++;}}
08    if( count 为奇数 )水平线段在多边形之内;
09    else 水平线段在多边形之外;}
```

该算法并不对每条进行求交,而是通过坐标比较确定边是否跨越水平或垂直边的直线,对于跨越的边才需进一步处理。由于坐标比较的速度远大于求交运算,因此可以有效提高效率。

在上述算法的第 06 行中,需要计算出交点。如果该交点位于网格水平边内部,表示面对象与网格有交,直接返回。如果交点位于网格水平边的左侧,则不需进行处理。如果交点位于网格水平边的右侧,则计数器 count 增加。如果遍历之后,网格水平边与面的边始终无交点,则通过 count 的奇偶性来判断(可参见计算机图形学中判断点是否在多边形内部的射线法),为奇数,则网格水平线在多边形内部。因此,通过遍历既判断了相交关系,也判断了多边形对网格的包含关系,效率进一步提高。

如面对象存在内环（孔）,当网格完全落在面对象外环的内部时,还要判断网格 4 条边与内环的位置关系:如内环与网格边有交或内环在网格内部,按相交处理;如网格完全落在内环内部,则网格与面对象按无交处理;其他情况按网格完全落在面对象内部,生成填充模式副本处理。

如网格 4 条边都在面对象外环的外部,还需判断面对象是否完全部落在网格中,如落在网格中,按相交处理。

2. 左侧填充法

根据网格的个数,构造相应的标志二维数组。

对于面对象的每条边,网格与该边的位置关系可分为 3 种:位于边左侧、位于边右侧或与边相交。算法原理:对于与边相交的网格,对应数组元素直接设置特殊值(采用 3 表示);对于边右侧的网格,不处理;对于边左侧的网格,对应数组元素的值,为 0 变成 1,为 1 变成 0。

由于对面对象的每条边,只需处理与该边有交的水平线或垂直线,因此效率很高。同时,对于带内环的面对象,该算法也完全适用,不需要特殊处理。其缺点是需要较大的额外存储空间。

五、符号绘制的编程法

信息法绘制的符号必须满足一定条件：点状符号，可通过平移、旋转、缩放甚至仿射变换，将符号图元由符号坐标系变换到绘制所用的地图或设备坐标系；线状符号，可通过重复配置及适当扭曲完成绘制；面状符号，可通过重复配置符号完成绘制。

但还有很多其他类型符号，如部分军标符号，信息法无法支持，或效果不理想，而必须运用编程法或者各种组合绘制技术来实现。这些无法支持的符号，从特征上看，既不同于在符号坐标系下有固定几何位置与特征的点状符号，也不类似重复配置的线状符号或面状符号。因此，这类符号虽然从表现可归类为点状、线状或面状符号，但从技术角度可认为无法具体归属于哪类符号。

总体而言，信息法难以支持的符号主要包括以下几种情况。

（1）符号控制点个数不定。

（2）符号内部图元的控制点个数、位置均不定。根据实际部署，其内部曲线的位置、形状等均需调整，即曲线的控制点不具备相对固定的位置关系，需要在标绘时根据实际情况动态地创建、删除、调整，信息法无法支持。

（3）非重复配置线型或填充模式。

（4）虽可以通过信息法实现，但编程法更符合相关规定和要求。该符号可通过点状符号的平移、旋转、放缩实现，但应用中更习惯的方式是输入多个控制点，生成的区域边界经过这些控制点，编程法更合理。

对于上述符号，考虑如下技术路线。

（1）纯粹编程法。采用编程法，每个符号或每类符号实现绘制代码。其中一个难点在于控制点的输入与编辑，由于不同符号控制点个数、逻辑有所区别，一种方法是每个符号实现相应的控制点输入与编辑代码，另一种方法是开发一个相对独立的控制点输入、编辑模块，各个符号对其进行解释和响应。

（2）扩充信息法。信息法之所以不支持上述符号，主要是因为其中仅包含几何信息，如果将其扩展，支持一些逻辑关系，相当于定义一套相应的语法和语义，则可以对上述符号进行支持。

不管是哪种方法，都相当于需要不再绝对区分图元和符号的界限，使得符号使用者具有更底层的控制权。

第三节　符号库系统

一、符号库与符号

(一)符号库、符号与图元的关系

本书采用面向对象思想设计符号库系统,并开发了符号编辑软件,实现符号库的创建与编辑。点状符号库、线型库和填充模式库是用于存储符号数据的文件,采用了基本一致的结构,主要区别是点状符号库比后两者多了树状目录,且三者所支持的图元稍有区别。

符号库由符号组成,符号由 1 个或多个图元组成。

(二)符号编辑软件

符号编辑软件的主要功能如下(以点状符号库为例)。

(1)库管理功能,包括新建符号库、打开符号库、保存符号库、符号库另存、关闭符号库等功能。

(2)符号管理功能,包括创建目录、创建符号、复制目录或符号、删除目录或符号、粘贴目录或符号、剪切目录或符号、修改符号属性、查找符号等功能。

(3)符号编辑功能,包括创建图元、拾取图元、设置定位点、修改图元属性、复制图元、剪切图元、粘贴图元、删除图元、图元上移、图元置顶、图元下移、图元置底、图元水平镜像、图元垂直镜像、图元旋转、图元闭合、图元开放以及鼠标对图元的各种交互操作功能。

(4)符号实例功能,包括输入和拾取线、面对象的顶点,修改实例参数,放大或缩小地图等。

此外,还提供颜色模式(即颜色表)的编辑功能,主要功能包括添加、删除、插入、编辑颜色等。

(三)符号库的存储结构

利用符号编辑软件建立的符号数据存储在符号库文件中。符号库文件包括三部分: 文件头、目录区和数据区。

文件头中存储的信息包括版本号、符号的基本单位等。测绘标准中对符号的定义以毫米为单位,但是其粒度往往小于 1 mm,如测量控制点的高度为 0.8 mm。符号基本单位是库所支持的最小粒度,以便在编辑系统中进行精确输入。

点状符号库中以树形目录管理符号。如地图符号库可分为测量控制点、居民地、水系等,军标符号库的结构则更为复杂。树状库结构使得库的层次清晰、易于使用和维护。

数据区存储符号数据,包括每个符号的 ID、定位点、符号名字以及符号所有组成图元的信息。

符号目录的节点定义如下。

```
class CSymbolTreeNode{
        CString name;// 符号的名字
        int ID;// 符号的 ID,为 -1 表示为子目录
        DWORD subNodeNum;// 子目录下的子目录个数 };
```

其中,name 为符号或目录的名字;符号 ID 在库中唯一,目录树中节点通过 ID 与数据区中符号数据建立关联,如 ID 为 -1 表示该节点代表目录;subNodeNum 表示子目录下的项的个数,符号的此项值为 0。

在文件中顺序存储的目录,需与编辑软件中的树状目录互相转换,只要在转换中采用相同的深度优先遍历顺序即可,subNodeNum 变量即为此而定义。

在库文件中,目录区之后按顺序存储符号的实际数据。在符号库加载到内存中时,将库中所有符号以符号 ID 为关键字组织为符号指针 Hash 表。组织为 Hash 表的目的在于可以快速访问符号,符号的访问、绘制等都基于符号 ID 进行,如库中存在大量符号,搜索指定 ID 的符号将消耗大量时间,所以将其组织为符号指针 Hash 表。

(四)符号

除符号 ID、符号名称外,主要成员变量有:定位点,符号坐标系中的一个位置,将符号放置在地图上时,以该点与地图上的点对象位置对齐,同时该点也是对符号进行旋转、放缩时的中心点;水平和垂直范围,以整型给定,与符号的基本单位共同确定符号大小;图元指针数组,把组成符号的所有图元组织在一起。

符号类的主要方法包括:绘制方法 Draw 和 Draw2Rect,后者将符号绘制到给定矩形中,用于生成符号的预览图形;从文件中存储和加载符号方法 LoadFromFile 和 SaveToFile;从内存中存储和加载符号的方法 LoadFromBuffer 和 SaveToBuffer,这两种方法主要用于符号的复制和粘贴;图元管理系列方法,包括加入、删除图元等;设置外加文字接口 SetSign( )和设置颜色接口 SetColor( ),直接作用于图元,由符号实例类根据其控制字在绘制之前调用。此外,还包括其他设置和获得 ID、名称、范围等各类辅助方法。

在符号实例绘制算法中,生成绘制所需显示列表,即需调用符号类的绘制方法完成。符号的绘制方法内部逻辑非常简单,按顺序调用图元的绘制方法即可。

线型类结构与点状符号大体一致,主要区别有:①范围的含义与点状符号不同,线型所定义的范围仅用于编辑系统,而在绘制算法中,并不是根据该范围确定线型重复配置的距离,而是根据线型所有组成图元的包围盒计算;②由于线型重复配置中会产生大量线型,当线型实例参数所映射的屏幕尺寸非常小时,产生图元数量非常多,且从显示效果上与直接把线对象按直线绘制基本没有区别,此时直接按某种颜色将地图线对象的线集连接起来即可,颜色值取线型符号中占面积最大图元的颜色,因此在线型类中有主颜色变量 PrimerColor;③由于线型绘制算法中需对图元进行扭曲处理,因此需访问线型类中每个图元。

填充模式类的结构与点状符号、线型非常接近,因此本书中不再给出。填充模式的主要

作用是组织填充模式所使用图元,主要区别有:①范围与点状符号接近,绘制算法依据该值进行重复配置;②也可能映射尺寸极小,故也有主颜色;③需要访问每个图元数据;④没有文字图元。

二、图元及其模型

(一)面向对象的图元设计

面向对象技术的重要特征之一是抽象和继承,非常适用于描述和定义图元。定义基本图元,将所有图元的共性抽取出来,并定义一系列的方法(虚函数),对图元的存储、绘制、编辑等提供支持。

所有图元最终离散为线集和多边形两类,基本图元对此提供支持,pPts 为组成图元的点集,color 为图元颜色,CtriMask 为控制字。

控制字定义见表 8-5。

表 8-5　图元控制字的含义

控制字位	含义
0	图元是否封闭,为 1 则图元首尾相连,为 0 不封闭
1	图元类型,为 1 表示多边形,需要填充,为 0 表示线集,按线进行绘制
2	图元是否具有宽度,为 1 具有宽度,为 0 表示单像素线
其他	保留

图元可闭合,也可不闭合,不闭合图元只能是线集,闭合图元可为线集或多边形。多边形需要填充,如一矩形,当其是线集时只显示矩形边框,当其为多边形时显示实心矩形。对于线集图元,可以具有宽度属性,其宽度值以毫米为单位,根据三坐标系关系计算其对应的像素宽度。

其他各类图元都由基类图元派生得到,支持基类图元所定义的方法,同时在基类图元所定义的共同属性之上定义各类图元的专门属性。

共支持 10 类图元,其中从基类图元派生的有 6 个,从派生类图元再派生的有 4 个。

CRectPrimitive 是矩形图元,由基本图元直接派生,既可为闭合线集,也可为实心矩形,数据管理和绘制、加载、存储等方法都共用基类的代码,派生类只实现一些操作方法和离散方法。CTextPrimitive 是文字图元,由于其操作逻辑完全可按照矩形图元的逻辑,只是绘制有区别,因此该类由矩形图元派生。CBlankPrimitive 是空白图元,仅用于线型符号。由于线型符号绘制算法根据其所组成图元的包围盒进行重复配置,为了支持有一定间断的线型,设计空白图元,只占据一定空间,影响线型的包围盒,但并不参与计算和绘制,该类也由矩形图元派生。矩形图元以 4 个角点表示,即以 4 个关键点表示矩形,而离散后也是 4 个顶点,矩形图元一定闭合,可修改属性为是否填充、是否具有线宽和颜色等;空白图元与矩形图元的区别在于显示的不同,空白图元没有任何属性可修改。

　　CEllipsePrimitive 是椭圆图元，CCirclePrimitive 是圆形图元，CHermittePrimitive 是 Hermitte 曲线图元，这 3 类图元都由基本图元派生，有各自的输入逻辑和离散算法。椭圆图元的关键点与矩形一样，但是根据角度进行离散，离散后顶点沿椭圆分布。椭圆图元一定闭合，可修改属性为是否填充、是否具有线宽和颜色等。圆形图元以圆心和半径表示，同样根据角度进行离散。圆形图元一定闭合，可修改属性为是否填充、是否具有线宽和颜色等。Hermitte 曲线图元由顶点及其切线定义，可闭合，可修改属性为是否填充、是否具有线宽和颜色等。

　　CFanPrimitive 是扇形图元，CArcPrimitive 是椭圆弧图元，二者的区别在于前者为实心多边形，后者为线集，输入和离散逻辑基本一致，所以后者由前者派生。扇形图元和椭圆弧图元都由 6 个关键点控制，前 4 个关键点定义图元的外接矩形，后 2 个点分别定义图元的起始角度和结束角度。扇形图元一定闭合，可修改属性为是否填充、是否具有线宽和颜色等。椭圆弧图元可修改属性为是否闭合、是否填充、是否具有线宽和颜色等。

　　COpenLinsPrimitive 是非闭合的自由曲线图元，是设计的一个非常灵活的编辑工具，在自由曲线中可以分段组织多种形式的曲线，类型有直线段、1/4 圆弧、3 点圆弧、半椭圆弧、3 次 0 阶连续 Bezier 曲线、3 次 1 阶连续 Bezier 曲线、抛物线等。CCloseLinesPrimitive 是闭合的自由曲线图元，由非闭合自由曲线图元派生，既可为线集，也可为实心多边形。

（二）Hermitte 曲线图元

　　Hermitte 曲线是由端点及其切矢量定义的三次参数曲线，定义为

$$\boldsymbol{P}(t)=(t^3 \quad t^2 \quad t \quad 1)\times\begin{pmatrix} 2 & -2 & 1 & 1 \\ -3 & 3 & -2 & -1 \\ 0 & 0 & 1 & 0 \\ 1 & 0 & 0 & 0 \end{pmatrix}\times\begin{pmatrix} \boldsymbol{p}_0 \\ \boldsymbol{p}_1 \\ \boldsymbol{p}_0' \\ \boldsymbol{p}_1' \end{pmatrix} \quad 0\leqslant t\leqslant 1 \tag{8-8}$$

式中：t 为参数；$\boldsymbol{p}_0$，$\boldsymbol{p}_1$，$\boldsymbol{p}_0'$，$\boldsymbol{p}_1'$ 分别为曲线的起点矢量、终点矢量、起点切矢量和终点切矢量。

　　为了便于进行编辑，以 3 个点表示曲线的 1 个控制点：第 1 个点表示控制点位置；第 2 点与第 1 点之间构成的矢量表示前 1 条曲线终点切矢量；第 3 点与第 1 点之间构成的矢量表示后 1 条曲线起点切矢量。

三、系统实现中其他关键技术

　　符号编辑系统是一个复杂的系统，还涉及其他关键技术。

（一）图元交互编辑

　　图元交互编辑是指通过鼠标操作进行图元创建、拾取、移动等各种操作。在软件界面上选择不同的按钮或菜单项后，进入相应的操作状态。

1. 图元创建

　　图元创建主要包括 3 种逻辑，即图元类内部记录当前的操作状态、前一点的位置和当前位置，并根据需要实现 Create( )、Moving( )、EndOperate( )、CancelOperate( )、AddKeyPt( )

等函数。这些函数逻辑都很简单,主要是改变操作状态、记录位置以及调用图元的离散和绘制函数。

矩形图元、椭圆图元、文字图元、扇形图元、椭圆弧图元、空白图元的创建,采用相同逻辑:按下鼠标左键,根据当前操作状态,创建对应的图元对象;将当前图元属性赋予新创建的对象;在鼠标移动消息中调用 Moving 接口;如果再次按下鼠标左键调用 EndOperate 接口结束创建;如果按下鼠标右键或 ESC 键则调用 CancelOperate( )取消创建,删除对象。以上图元无须实现自己的创建函数,只需要实现离散、绘制功能即可。

自由曲线图元的创建逻辑:按下鼠标左键开始输入;再次按下鼠标左键输入下一点;在输入过程中,可以进行输入段类型的切换,切换前提是当前段已完成输入,如输入的是 3 点圆弧,当输入两点时不可改变为输入其他段,此判断在类内部计数进行;按下鼠标右键结束输入。结束前提也是当前段完成输入,否则不可结束。

Hermitte 图元的创建逻辑:按下鼠标左键开始创建对象;每次按下鼠标左键确定三元组第 1 点位置,即控制点位置;松开鼠标左键时决定三元组第 2、3 点,即切线方向和大小;按下鼠标右键结束创建。

2. 图元拾取

图元拾取是交互操作的基础,根据不同的拾取位置,图元可以进入移动关键点、整体移动等操作状态。将判断对应位置的操作封装为 HitTest( ) 函数,不但拾取时调用,当未拾取鼠标移动时也调用该函数,根据不同的"击中"位置改变鼠标光标形状以进行提示。

"击中"需要一定的容差,该值需定义在窗口坐标系下(在地图坐标系下,由于地图缩放的原因,无法选择固定的容差);然后根据当前的映射关系计算该值在地图坐标系下的值,从而定义一个拾取的范围(正方形或圆形,本书采用正方形);最后进行判断。判断逻辑:遍历每个关键点,如果击中位置(鼠标位置变换到地图坐标系)位于该关键点的容差正方形内,则"击中"关键点;如果图元为线集图元,构造以击中位置为中心、容差为边长的正方形,遍历图元的边,如果边与该正方形有交,则"击中"整个图元;如果图元为多边形图元,判断击中位置与多边形位置关系,如果击中位置位于多边形内部,则"击中"整个图元。

基于 HitTest,实现拾取函数 PickUp,主要是修改图元对象的操作状态变量,记录位置。拾取逻辑:按下鼠标左键时,调用 PickUp 接口;如果拾取成功,则在鼠标移动消息中调用 Moving 接口;如果再次按下鼠标左键调用 EndOperate 接口则结束创建;如果按下鼠标右键或 ESC 键则调用 CancelOperate( )取消创建。

拾取逻辑的一个特例是 Hermitte 曲线图元,区别在于对关键点三元组重合情况的处理,此时鼠标左键第 1 次按下拾取到第 1 个点,第 2 次按下拾取到第 2 个点,依此类推。

3. 交互移动

当拾取结果是整个图元时,随着鼠标移动,整个图元随之移动,这仅需要改变每个关键点的位置即可。而当拾取结果是关键点时,处理相对复杂。

4. 移动关键点交互

第一种是矩形图元、椭圆图元、文字图元、扇形图元、椭圆弧图元、空白图元的移动角点交互。

以上图元的移动角点操作,首先要根据拾取到的角点,确定不动角点,如拾取到右上角的角点,则相当于以左下角角点为原点的缩放操作,即根据移动前后角点位置,计算出矩形二轴向的变化比例;对于图元每个点,根据该图元在以不动角点为原点的局部坐标系下的坐标,进行比例变换。

如图 8-7 所示,椭圆图元具有 4 个角点,将 V_0 移动到 V_1。此时,O 为不动角点,根据 V_0、V_1 和 O,计算出比例关系,据此改变椭圆的长半轴和短半轴,离散后各顶点坐标为

$$P' = P + P \cdot x \times s_x + P \cdot y \times s_y \tag{8-9}$$

式中:P 为顶点位置矢量;x、y 为图中所示局部坐标系的坐标轴矢量;s_x, s_y 为比例系数。该式的直观解释是图元中的点距离原点的距离不同,在移动角点操作中移动的距离也应不同,以保持图元形状。如不按此方法,而是图元所有点移动相同距离,则图元会发生很不协调的变形。

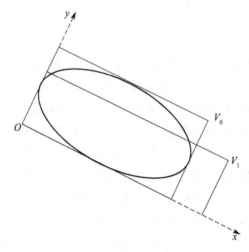

图 8-7　移动角点操作

对于扇形图元和椭圆图元,除与矩形图元一致的移动角点操作外,还有移动起始角度关键点和终止角度关键点的操作。移动时并不能直接按鼠标位置移动,而是需要根据鼠标位置计算对应角度,然后根据角度计算对应的位于圆上的点。

第二种移动关键点是自由曲线图元。对于段内部的关键点,其移动逻辑遵循其内部一般准则即可,如移动后不可以造成填充多边形的自相交;移动后不可以造成图元超出符号范围;三点圆弧关键点不可以共线;半椭圆弧关键点不可以共线;等等。对于两段结合处的关键点,要依据其组合情况决定其移动逻辑,如两端都是 1/4 圆弧不可以移动,因为移动将无法保证两段继续都是 1/4 圆弧等。

第三种移动关键点是 Hermitte 曲线图元,对于表示位置的关键点,移动时切点做相应移动;对于切点,如果是平滑点要始终保持两个切点共线且在位置点的相反方向。

5. 其他图元编辑功能

除上述通过鼠标交互的图元编辑功能外,还有一些其他功能通过菜单项或按钮完成,以下简要阐述其实现机制。

严格来说,设置定位点属于符号编辑功能,而非图元编辑功能。作为一种操作状态,按下鼠标时,将该位置作为符号的定位和旋转中心;修改图元属性,修改图元是否闭合、是否具有宽度、设置颜色等;删除图元,在符号组成中删除图元;图元上移、图元置顶、图元下移、图元置底,图元(基类符号指针的形式)在符号中组织为线性表,按由前到后的顺序进行绘制,此四个操作是改变图元在表中的顺序;图元闭合、图元开放,此两个操作改变图元是否闭合的属性。

(二)复制、剪切与粘贴功能

为了有效地利用已输入的图元、符号数据,复制、剪切与粘贴功能是编辑系统的一项重要功能,既包括对图元的复制、剪切和粘贴,也包括对符号和符号目录的复制、剪切和粘贴。

为了在不同的符号库之间进行复制操作,需要在进程间共享数据。进程间共享数据的方式包括消息、动态数据交换、剪贴板、管道、套接字、内存映射文件等,本书采用内存映射文件技术。

1. 内存映射文件

内存映射文件是在内存中开辟一块存放数据的区域,该区域与硬盘上特定文件对应。进程将这块内存映射到自己的地址空间中,访问它与访问普通内存一样。当进程间需要共享的数据量较大时,内存映射文件是较好的选择。

内存映射文件的使用步骤:创建或打开一个文件内核对象 OpenFileMapping( );创建文件内核映射对象 CreateFileMapping( );将文件映射对象的全部或部分映射到进程地址空间中 MapViewOfFile( )。

为便于使用,将其封装为一个 Singleton 模式的类,需进行复制、粘贴时直接获得地址进行读写即可。

2. 实现方法

需利用内存映射文件交互的数据类型包括符号(目录)、线型、填充模式和图元,因此内存映射文件的前 4 个字节是标志位,用于表示当前缓存的数据类型。

图元的复制相对简单,所有图元都支持 SaveToBuffer 和 LoadFromBuffer 方法,实现将对象写入内存和利用内存中的数据流重建对象。而且由于图元类支持上述方法,因此符号、线型、填充模式在进行复制时也直接调用上述方法来实现组成图元的复制与粘贴。

填充模式和线型在界面中都以线性表形式呈现,其复制机制与图元基本类似,通过定义 SaveToBuffer 和 LoadFromBuffer 方法完成。

符号组织为树状目录,因此其复制相对复杂,必须支持树结构的保存和重建,其原理与存储到符号库中一样,在转换中采用相同的深度优先遍历顺序即可。

（三）符号库封装与应用

通过符号库编辑软件所建立的符号库，最终要应用到二维显示系统中，因此良好的封装就非常必要，可通过定义一系列的类和函数实现。

符号类、符号库类、线型类、线型库类、填充模式类、填充模式库类也需封装并供显示系统调用，此外还有设置当前地图坐标系到屏幕坐标系变换关系（矩阵）的接口 SetRangeAndTrans（ ）、设置屏幕像素与符号坐标系比例关系的接口 SetGlobalMapScale（ ）、开发包初始化接口 APIInit（ ）等。

显示系统使用这些类的基本过程如下。

（1）调用开发包的初始化接口，实现数据初始化、颜色模式库加载等。

（2）使用符号库类、线型库类和填充模式库类对象加载库。

（3）从文件或数据库中加载地图点、线、面矢量数据。

（4）每个点、线、面矢量，根据其类型生成点状符号实例对象、线型实例对象、填充模式实例对象。

（5）调用绘制算法进行绘制。

（6）根据交互操作或编程控制（如漫游）改变地图与屏幕的变换矩阵。

（7）根据交互操作设置屏幕像素与符号坐标系比例关系。

此外，二维绘制中还必须解决文字绘制问题。GDI 文字输出非常简单，但 OpenGL 输出文字稍微复杂一些，在 Windows 操作系统中采用绘制到位图或者直接以文字轮廓线绘制的技术。前者效率更高，后者虽可支持无级缩放，但是当地图中绘制大量较小文字时，效果并不理想，有时甚至不如前者。同时，在不同位置显示同一文字时，为了避免重复绘制文字位图，可采用显示列表或存储位图数据，供后续调用直接使用。

第四节　基于分块数据的二维态势系统

提高绘制效率可采用多种途径，如设计更有效的算法、应用内存池技术、使用效率更高的 OpenGL 而非 GDI 等。但无论如何，随着数据量的提升、使用者要求的提高，需显示的数据量必然会超出显存乃至内存的能力，不能期望把所有数据加载到内存并绘制。人们已经研究了应用层次细节技术进行二维显示的技术。采用四叉树层次细节技术，生成不同层的地图矢量数据，根据要显示的比例关系，选择合适的层的数据进行绘制；对于同一层内的矢量数据，也不能同时加载和绘制，而是分块存储、加载和绘制。

一、矢量数据分块与入库算法

原始矢量数据往往按图幅给定，需经过拼接、分割、抽稀等步骤才能加入四叉树中。

(一)海量空间线矢量自动拼接

目前,数字矢量地图多从纸质地图扫描得到,扫描时大多采用分幅生产,并以图幅为单位进行存储,因此造成了跨图幅的线矢量、面矢量的断裂。实践中的这些问题,都对空间线、面矢量的拼接提出了要求。

根据大量实践数据分析,面矢量在图幅内断裂的情形极少,图幅内线矢量的断裂为数不少,且可以在图幅间线矢量拼接基础上解决。对于小数据量的矢量拼接,可通过商用软件或简单程序处理实现。以下重点讨论海量线矢量的自动拼接。

海量线矢量的自动拼接,根据解决的断裂性质不同,可分为图幅内线矢量自动拼接和图幅间线矢量自动拼接。

1. 图幅内线矢量自动拼接

海量图幅内线矢量自动拼接需解决的关键问题是如何提高拼接效率,以减少线矢量拼接的时间。分析可知,对于图幅内线矢量数量庞大的情形,拼接效率的瓶颈主要在于判断线矢量间是否满足拼接条件。如果采用线矢量两两判断,则在图幅内有 n 条线矢量时,其时间代价为 $O(n^2)$,效率极低。

最简单的优化技术网格划分技术,对于每个线对象端点,划分到对应的网格中,在拼接时只需要比较网格内(或在一定容差范围的相邻网格)其他端点,即可完成拼接。网格划分算法的效率为 $O(n)$,如果网格划分较为合理,使得每个网格内的线矢量数仅为几个,则拼接算法效率也为 $O(n)$。在具体的数据结构上,网格组织为一个数组,数组中的元素是线对象指针数组,存储端点落在网格内的线对象指针。

线矢量拼接时,其拼接端必然具有相等的地理位置(图幅内部的容差不必取得很大),线矢量拼接的条件,在有多条线交于一端时,还必须加入两线夹角大小比较等附加条件。

采用一个队列来表示未拼接的线对象(指针),算法如下。

算法 8-7:图幅内线对象拼接算法。

```
01  AddjointLine( ){
02    for( 所有线对象 ){
03      取得线对象的 2 个端点,计算端点所在网格;
04      将线对象指针加入对应的网格数据结构中;
05      构造一个队列,将所有线对象指针加入队列中;
06      while( 队列不空 ){
07        取出队列中第 1 个线对象;
08        根据端点坐标确定对应的网格,在网格中查找其他线对象是否与其拼接;}
09      if( 不拼接 )线对象输出;
10      else 拼接后重新加入队列中;}}
```

在上述算法中,第 02~04 行为网格划分的过程,第 05~10 行为拼接的过程。

2. 图幅间线矢量自动拼接

海量线矢量图幅间的拼接,线对象可能跨越多个图幅,但不能将全部图幅数据加载到内存进行拼接;如果按某种顺序访问各个图幅,又可能导致有些图幅被多次加载,应尽可能减少磁盘读写,因此提出"虚拼接"方法,具体步骤如下。

(1)自动拼接前,在全部图幅范围内,将线矢量统一编号。

(2)依次搜索各图幅,建立符合拼接条件的线矢量的索引。

(3)在此基础上,判断哪些线矢量应拼接并建立拼接链。

(4)根据拼接链,将同一拼接链中矢量 ID 映射一致,形成逻辑上完整的拼接后的矢量。

由于矢量数据并没有真实拼接在一起,只是将其应拼接矢量 ID 映射成同一 ID,故称此过程为"虚拼接"。"虚拼接"避免了大范围图幅间拼接数据重组,拼接结果满足 GIS 应用中的分析计算要求,从而简化程序,提高效率。

由于原始各图幅内线矢量为单独编号,因此图幅间会出现矢量 ID 重复。在图幅间拼接时首先统一编号就是为了给所有图幅的矢量一个全局唯一的 ID,可以在分别进行图幅内部拼接时进行 ID 统编。因此,设定进行图幅间线矢量拼接时,线矢量 ID 在全局范围内已经唯一。

(二)基于多路归并的空间矢量数据库构建方法

各图幅矢量数据虚拼接之后,将属性数据单独存储在数据库或文件中,几何数据则需加入全球四叉树中。根据图幅比例尺的不同,映射到不同的四叉树层次,映射方法为根据比例尺确定 1 mm(相当于最小粒度)所对应的实际尺寸,根据该实际尺寸对应的 DEM 数据四叉树的层次确定矢量数据的四叉树层次。

图幅只是提供了映射到某一层的矢量数据,以上各层数据需要由高精度数据抽稀得到,属于制图综合的技术领域,典型算法是抽稀线对象的道格拉斯算法。

由于建立的全球空间矢量四叉树数据库包含的层数(非四叉树层,而是 GIS 中的层,指地物类型)达数十种,每层的文件可能达到上百 MB 甚至 GB 级,并且每个节点可能覆盖多层多个文件。但由于内存容量限制,为了得到某个节点,不可能将所有的矢量层同时读入内存进行分割,也不可能将某一层数据先分割入库,然后逐一将其他层插入库中,这样会造成入库效率极低以及数据库磁盘空间破碎。

为有效解决上述海量入库矢量与有限内存间的矛盾,可以先将各层数据分割为单层的节点顺串并暂存到磁盘;然后对各顺串进行多路归并排序,形成有序的节点序列;再将序列中具有相同四叉树序号的节点合并为一个节点存入数据库。由于各顺串是在分割时自动形成的有序序列且各顺串的序号范围一致并均匀分布,因此采取多路归并排序的建库方法具有天然优势。整个建库过程可分为两个阶段:矢量的四叉树分割;节点排序与合并输出。

按照四叉树节点序号大小顺序遍历各节点,将各节点与各层求交结果所得节点暂存到磁盘,便可以得到在各层节点范围内有序的节点序列,称为节点顺串。为了提高归并排序时文件读取的速度,将各节点顺串保存在一个大文件中,各层的起始位置记录在此分割节点矢量文件的头部。相较于分文件存储各节点顺串,应用内存文件映射技术读写各顺串,读写磁盘的速度基本等于读写内存的速度,可以提高 I/O 效率。

分割后存储的节点文件以顺串为单位,是局部有序的。节点排序,即对分割形成的顺串进行多路归并外排序,形成整体有序的节点序列。合并输出,即对此节点序列中四叉树序号相同的矢量节点合并其矢量数据,并存储到全球空间四叉树数据库中。

二、基于分块矢量数据的二维可视化

(一)视图管理与分块调度

二维态势系统最基本的功能是视图功能,即建立地图坐标系与屏幕坐标系的映射关系,一般用 3×3 矩阵表示。基本视图调度功能包括全图显示、地图放缩、地图平移等,其实质都是改变该映射关系矩阵。

显示调度的基本过程:①根据当前的比例和平移参数,计算屏幕坐标系所映射到的地图坐标系的范围(窗口四个角点所对应的经纬度坐标);②根据步骤①确定的显示参数计算当前显示内容所对应的四叉树层次;③根据所选四叉树层次中的节点大小和窗口四个角点的经纬度范围,确定窗口显示范围的四叉树节点编码;④对于每个四叉树节点,加载其点数据、线数据和面数据;⑤生成符号显示数据并显示。

根据当前地图坐标系与屏幕坐标系之间的比例关系确定四叉树层次的方法:最原始情况,限定地图上经纬度范围 180°×180° 映射为屏幕坐标系下 128×128 像素范围,针对每种支持的投影范围,计算对应的坐标单位与屏幕像素之间的映射关系;得到当前地图坐标系与屏幕坐标系之间的比例系数并除以原始比例,得到的值为 scale;计算与 scale 最接近的 2^n 值,其中 n 即为所求层次。

显示时确定四叉树节点的方法:取屏幕坐标系四个角点,计算其对应的地图坐标系中位置;计算当前层节点边长(以经纬度表示);根据四个角点所限定的范围和节点边长,计算当前帧所覆盖的节点的编号。

为了优化速度,采用了以下多项技术。

1. 块二维数组

四叉树中可有各种比例尺、各个范围的数据,即四叉树非均衡,因此在确定视图关系后,屏幕坐标系所对应的范围之内可能有些四叉树节点数据存在,有些四叉树节点没有对应数据。对于不存在数据的四叉树节点,如果不显示,显然不合理;如果直接回溯到上层四叉树节点进行显示,一是会增大管理的难度,二是会产生数据覆盖。

采用技术:确定视图关系后,根据当前的比例关系,确定当前显示的四叉树层次;根据当前层四叉树节点的范围大小(以经纬度表示的边长)以及当前屏幕的范围,确定屏幕的分块(当前层的节点)数以及块的位置,并将块按顺序组织为一个二维数组;对于二维数组中每一块,获取该块数据,如果对应四叉树节点有数据,取该数据;如果没有对应数据,则向上回溯,直到找到有数据的父节点,然后将节点中的数据实时分割到二维数组中对应块之中。

随着地图的不断放大,必然会出现全部节点都为空的情况,此时最简单的方法是进行控制,不允许继续放大。

2. 缓存技术

缓存是提高速度的有效途径,在数据加载和显示过程中,可应用多种缓存技术。

(1)读节点缓存。构造一个具有一定大小的块节点的最近使用优先队列,在读取节点时,先在此队列中查找所需节点是否存在,如存在就直接取节点数据,如不存在再去读取实际的数据。数据存储采用基于 IP 网络的分布式存储,读取数据时根据读取的节点编号,经由网络向服务器发送请求,服务器从磁盘中读取数据后,再将数据传送到客户端。以上过程既涉及磁盘操作,又涉及网络传输,较之于单纯在本地内存中的操作,从服务器读数据的时间消耗要大得多,节点缓存可减少从服务器读数据的次数。

用户可通过交互操作对地图放缩或平移,屏幕的显示范围、显示比例都发生改变,显示的节点可能发生变化;但有时一个操作改变了显示节点,下一次操作又重新显示最近显示过但上一帧未显示的节点,如先向右平移,再向左平移;进行地图的放缩也会出现类似的情形。此时,利用节点缓存可减少从服务器读节点的次数。

另一种发挥节点缓存效用的情况是对一个没有数据存在的四叉树节点,需向上回溯找到有数据的祖先节点,将其中的点、线、面数据实时裁剪到当前节点中。在此过程中,普遍情形是一帧中多个节点回溯到同一祖先节点,如每个节点都经由网络到服务器取数据,效率过低。

(2)双数组。利用二维数组管理当前显示的所有节点,但并不仅使用一个二维数组,而是交替使用 2 个二维数组。双数组主要目的是实现线对象的帧间拼接,以使得拖动时线型稳定,但是也间接起到了缓存作用。在加载某个节点数据时,先在另一个二维数组中查找节点,如找不到,再到节点缓存优先队列中寻找。

(3)对象缓存。在地图的平移放缩过程中,涉及大量节点的改变,节点中的点、线、面对象也发生改变,即会发生大量对象被创建和销毁。有效的方法是采用对象缓存技术,此技术前已提及,不再赘述。

3. 求交的优化

通过缓存技术已经有效地减少了从网络和磁盘加载四叉树节点的次数,前面的绘制算法也对绘制速度做了优化。此处还有一个需优化的环节,即根据祖先节点的数据求得子节点对应数据。对于祖先节点中的点对象,直接根据其位置是否落在子节点中即可完成,线、面对象需要与子节点实时求交,必须具有较高的效率。

求交算法中的跟踪搜索仍然采用双策略跟踪,边求交可以进行优化。由于子节点是一个矩形,其边界视为水平边和垂直边,在计算线、面对象与子节点交点时,不必使用通用的线段求交算法,而是通过坐标比较分别处理水平边和垂直边。如对于水平边,遍历线、面对象所有顶点,只有当两顶点坐标恰好跨越水平边的时候,才需计算交点,以此来优化求交的计算。

（二）分块矢量数据的符号化算法

随着数据规模的不断增大，电子地图的实时显示也需要层次细节技术的支持。已经有学者针对各种地图要素，运用制图综合技术建立了地图矢量数据的 LOD 模型，也有学者研究了速度优化的具体技术。

在 LOD 模型中，电子地图绘制时只是根据当前参数选择某一个细节层次的数据，同时显示的内容包括多个数据块，而同一个线要素或面要素可以跨越多个块。此时，应用间接信息法产生绘制数据的策略有两种：①在任何需要更新绘制数据时，将各块中同一要素拼接为一个整体，然后应用传统的符号化算法；②对于分块内的要素单独更新，但保持整体效果。由于可以保持已有符号化结果而不必每次更新全部数据，后者具有明显的效率优势，尤其是对于地图平移的场合更为明显。但这需要新的符号化算法来支持，对于点状要素，只落在一个分块之内，并不需特殊处理，以下重点讨论线状要素和面状要素。

1. 分块面状矢量的符号化算法

面状矢量的符号化算法是在面对象范围内重复配置点符号的过程，与传统符号化算法相比，分块后的面对象符号化算法需特别注意两点。

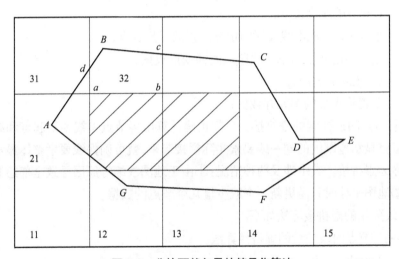

图 8-8　分块面状矢量的符号化算法

（1）定位点问题。如图 8-8 所示，面状要素分割到各个数据块中，面要素 *ABCDEFG* 被分割到 12 个节点（图中 11、21、32 等所标示矩形）中，各节点分别独立生成符号化数据，必须保证整个面要素显示效果一致连续，如图中阴影节点所示。解决方法是各节点中同一面对象从相同定位起点开始进行符号重复配置。

（2）边界问题。如需显示面要素的边界，由于每个节点内的边界不一定是原始面要素的边界，因此采用如下方法处理：如果 2 个端点落在节点同一边上，则不显示；否则显示。如图 8-8 中节点 32 中，面要素分割的结果多边形为 *abcBd*，其中的 *ab*、*bc*、*da* 边均不显示，*cB*、*Bd* 边需要显示。

2. 分块线状矢量的符号化算法

针对分块地图数据,提出基于距离控制的线型绘制数据生成算法和数据块间线矢量虚拼接方法,保证整体显示效果的分块显示。

(1)基于距离控制的节点内线型绘制数据生成算法。节点中的每个线元素有一个起始距离,设为 d_0,设线型符号的长度为 l,线元素总长度为 tl,则线型绘制算法:起点有控制距离,终点可能有控制距离 d_1,该值的获得将在后续讨论;如起点和终点同时有控制距离,则调整线型符号长度(即调整图元由符号坐标系映射到地图坐标系的比例);沿定位线重复配置线型符号,以起点控制距离、线型符号长度和重复配置。

算法 8-8:基于距离控制的节点内线型绘制数据生成算法。

01   AlgorithmGenerateLineData {

02   if(终点有控制距离) $l = \dfrac{tl - (d_1 - d_0)}{\text{int}(tl / l)}$

03   定义累加距离 $x=d_0$;

04   if($x! = 0$)配置线型符号图元并裁剪;$x=l-d_0$;

05   for(线元素中每条线段){

06    $x +=$ 当前线段长度;

07   根据 x/l,生成本线段区间重复配置的线型数据;

08   生成当前线段与下一线段之间的变形数据;

09    $x=l-\text{fmod}(x,l)$;}

10   配置终点处的图元并裁剪;}

(2)不同节点间线要素的虚拼接。只需正确计算出各节点中线要素起点和终点的控制距离,而不需将显示范围内的同一线要素实际拼接起来,就可确保线要素整体显示效果的连续性,因此称为虚拼接。其中涉及两种情况:①由于地图放缩等原因导致全部绘制数据都要重新更新;②地图平移时只需更新一个或少量几个节点的数据。

节点内线矢量的虚拼接算法如下。

算法 8-9: 节点内线矢量的虚拼接算法。

01   Algorithmjoint {

02   if(起点位于节点边界上)

03   根据起点所位于的边界,查找相邻节点中是否存在同一线矢量数据;

04   如果该边界相邻节点存在同一线矢量,从该矢量获得起点控制距离;

05   否则,起点控制距离为 0;

06   else 起点控制距离为 0;

07   按同样方法处理终点;}

3. 绘制结果与效率

生成数据后进行分块绘制,在每个节点内按面、线、点的顺序绘制。不论是面状要素还是线状要素,虽各分块独立绘制,但整体效果连续,无拼接痕迹。

地图平移时,分块算法比非分块算法有较大提升,效率的提高程度与窗口大小、数据量等有关。表 8-6 为地图平移时典型帧耗时,其中数据个数是指分割到节点后的数据量,效率平均达非分块算法 4 倍以上。

表 8-6　分块与非分块绘制算法效率对比

窗口大小	点要素个数	线要素个数	面要素个数	耗时 /ms	
				非分块	分块
1 276 × 859	218	2 218	1 325	129	31
969 × 657	157	1 638	723	87	25

传统符号化算法针对整个矢量设计,当应用于分块数据时,一方面由于每次绘制更新全部数据而降低效率,另一方面如果当前窗口只显示地图的一部分,平移时重新对线、面进行符号化会产生线型、填充符号随地图移动而“流动”的效果,视觉上很不理想。所提出的算法有效解决了上述问题,平移时显示稳定,整体效果连续,能够实时漫游。

(三)地图投影

地理数据处理的一项重要内容是地图投影变换。目前支持的投影方式有高斯 6° 带投影和高斯 3° 带投影方式,其他投影方式暂时未加入系统,但其实现原理类似。

高斯投影是一种横轴等角切椭圆柱投影,将一椭圆柱横切于地球椭球体上。根据高斯投影的原理和计算公式,高斯 6° 带投影是将每个 6° 经度范围投影到一个平面上,且所有的 6° 带所投影的平面坐标范围一样。由于要处理的是全球数据,所以要将各个 6° 带隔离开,将全部 60 个 6° 带展平在一个平面上。

因应这种要求,投影变换要进行如下修改:经纬度转换为高斯坐标时,要根据经度坐标,将变换后的结果平移,以东经 3° 所投影的直线作为高斯平面的 y 轴,其他投影要平移,平移量是根据该经纬度所在的高斯带,再乘以每个高斯带的宽度;为了处理边界时的奇异情况,需单独指定中央经线的变换函数;由于高斯投影的特点,其展开后并不铺满整个高斯平面,而是存在很多空洞;同时显示可以位于无限平面的任何位置,所以在高斯反变换中,对于超出高斯变换范围的部分,要能够识别,并变换到最接近的经纬度位置。

实现高斯投影变换过程如下。

(1)初始化。预先计算出每个高斯投影带的范围(平移量)、完全展开后的坐标范围、相对于屏幕像素的基础变换关系(用于加载数据时确定当前屏幕显示比例所映射的四叉树层次)。

(2)数据调度。在数据调度环节,涉及投影变换的有两点:①要根据初始化时针对投影方式计算得到的初始值和当前的地图坐标系与屏幕坐标系的比例关系,确定当前显示的四叉树层次;②对于屏幕的 4 个角点,首先计算其在高斯投影平面的坐标,然后计算其经纬度,这些点有可能落在高斯投影范围之外,所以计算得到的 4 个点在经纬度平面不再构成矩形,此时还要再遍历这 4 个点以计算出经纬度的包围盒,然后利用包围盒计算要读取的四叉树节点范围。

（3）节点加载。对于一个节点中的线对象和面对象,可能跨越一个或多个高斯 6° 带（3° 带）,此时对其每个点应用高斯变换,将导致整个对象严重的变形,同时覆盖不应有高斯投影结果的范围,这完全不符合高斯变换的原理。因此,采取的方法是对于节点中的线对象和面对象,与其所跨越的每个高斯 6° 带求交,求交的结果作为新的线、面对象,继续进行后续的各种处理,求交算法分别应用前述的线集、多边形与矩形求交算法。

（4）节点的投影变换。在单个节点加载之后,要对其进行投影变换,即对其中的点对象、经过各个 6° 带求交之后的线面对象进行投影变换。投影变换中,由于大量对象会存在恰好位于 6° 带边界上的点,所以要依据其所在的分度带进行变换。

三、基于 DOM 与 DEM 的二维可视化

在第五章已经讨论了基于数字高程模型(DEM)和数字正射影像(DOM)实现地形实时绘制的原理与方法,这些数据同样能应用在二维场合。以二维形式显示 DOM 和 DEM,可以直观地浏览地物和地形变化情况,也可以在其上叠加矢量图形,获得更为直观的印象。在DOM 上叠加矢量显示,已经成为目前主流的商用软件的基本功能。

基于 DOM 和 DEM 的二维显示,在视图管理和数据调度方面,与矢量数据的调度完全一致,也组织为四叉树节点数据块数组。

对于没有数据的节点,同样需要取其祖先节点的数据来获得。对于 DOM,采用与地形纹理数据生成完全一样的技术。对于 DEM,算法也与之类似,只是数据形式和分辨率有所区别。

对于生成的节点数组数据, DOM 绘制方法是根据节点四个角点的经纬度坐标,构造 1个四边形,将 DOM 数据作为纹理,直接绘制四边形即可。与地形绘制一样,纹理的采样方式需为最近邻采用,线性插值将导致块与块之间出现拼接痕迹线。

DEM 的绘制相对复杂,由于 DEM 数据可能由父节点甚至更远的祖先节点得到,其原始分辨率不能保持一致。为了简化绘制算法,将所获得的 DEM 数据都加密为 33×33 的网格,即每一帧中所有节点块的分辨率相同。

DEM 的绘制采用一维纹理映射的方法,只需要根据高度计算每个采样点的纹理坐标即可实现。

思考题

1. 简述地图的特点与分类。
2. 矢量结构与栅格结构的优缺点各有哪些?
3. 符号化方法有哪些?
4. 简述实现高斯投影变换过程。

第九章　空间态势量化分析技术

导读：

空间态势分析中可以得到量化结果的技术有很多,其中相当一部分与时间和空间有关。同时,简单输出数字形式的分析结果并不直观,需采用有效的可视化方法以满足人们的使用要求。

本章首先阐述作者提出的二次扫描的时间窗口快速计算算法以及算法中涉及的各种模型和时间窗口表现形式;在卫星区域覆盖分析方面,详细介绍作者提出的两种分析算法以及与地理信息结合的分析结果可视化方法;最后为解决单纯依赖卫星过境预报进行防御航天侦察的不足,对防御航天侦察的综合分析进行初步探讨,并深入研究安全窗口规划算法的实现技术。

学习目标：

1. 学习时间窗口分析的方法。
2. 了解卫星区域覆盖分析的方法。
3. 掌握防御航天侦察的综合分析。
4. 明白部分辅助决策技术。

第一节　时间窗口分析方法

时间窗口是空间态势中两个对象之间能够完成某项任务的时间段,在空间态势分析中具有非常重要的作用,既是很多分析方法需要得到的结果,也是一些分析规划方法的输入条件。本书认为时间窗口分析方法可分为两类:时间窗口计算和时间窗口规划。

时间窗口计算是指通过计算直接得到 1 个或多个时间窗口,包括卫星对地面目标的覆盖时间窗口、可见时间窗口、空间目标之间的可见时间窗口、地面雷达或测控设备对卫星的测控探测时间窗口、卫星对空间区域的过境时间窗口等。

时间窗口规划则是以时间窗口作为输入,在其他资源的约束下,按某种准则从多个时间窗口中选择一个或多个时间窗口作为输出,输出除时间窗口外,一般还包括其他信息。时间窗口规划包括星地数传时间窗口规划、中继卫星资源调度、测控任务规划等。

一、二次扫描的时间窗口快速计算方法

在时间窗口的计算方面,提出一种通过偏近点角的超越方程计算时间窗口的方法,采用以大圆近似星下点轨迹的方法求解此方程;使用"特征圆锥"判断是否满足成像条件,将成像条件方程改写为关于偏近点角的超越方程,采用基于"目标纬圈"的初值选择方法和星下点轨迹周期性漂移的初值过滤方法,保证了条件方程的可解;首先分析未考虑地球自转时的卫星对地面目标的时间窗口,然后根据地球自转特征对计算结果进行迭代修正,从而得到该周期内卫星精确的时间窗口的算法。上述算法均采用了较为复杂的数学方法,且针对某类具体时间窗口计算问题,而非窗口计算的通用算法。

时间窗口计算的通用算法是传播法,采用对卫星轨道连续跟踪采样,逐次判断各采样点处卫星对目标的可观测性的方式计算时间窗口。该方法过程简单,能针对多种要求下时间窗口进行计算,计算结果可以任意精确,但时间窗口占卫星整个周期的比例小,通过全程跟踪卫星轨道计算时间窗口的方法效率较低。

下面主要阐述作者所设计的一种通过二次扫描来提高时间窗口计算效率的算法,该算法从几何角度解决计算问题,只适用于解析形式的轨道预推模型,如二体模型或 SGP4 模型。

时间窗口具有如下特点:①时间窗口存在所依赖的 2 个对象至少有 1 个是卫星等空间目标;②时间窗口存在的先决条件是某种空间关系的成立。

时间窗口定义为

Time Window={

bt,et:QDateTime;};

即时间窗口由开始时刻和结束时刻定义。根据需要,时间窗口也可附着其他信息。

最简单的时间窗口计算方法是逐点判断,针对给定的时间区间,按照所要求的计算精度确定步长,预推出每个时刻的空间目标(1 个或 2 个)位置;根据 2 个对象的位置关系判断是否满足条件,如星地可见性判断可以根据相关方法;将满足条件的连续时间搜索出来,得到各个时间窗口,具体算法如下。

算法 9-1:时间窗口直接计算方法。

```
01    Algorithm CaculateWindowTime( QDateTime tO, QDateTime tl ){
02    创建空的 TimeWindow 列表作为输出;
03    QDateTime t=tO;
04    while( 1 ){
05    计算 t 时刻的卫星位置;
06    if( 待计算 2 对象满足条件 ){
07    创建新的 TimeWindow 结果 tw;
08    while( 1 ){
09    使用 t 更新 tw 结构;
```

10　t 增加 1 s；

11　计算 t 时刻的卫星位置；

12　if(待计算 2 对象不再满足条件)break;}

13　将 tw 加入到输出列表;}

14　t 增加 1 s;}}

上述算法,将轨道预推与扫描跟踪时间窗口结合在一起。从第 04 行开始,根据待计算的时间范围控制循环;第 08~12 行,当遇到符合条件的时刻时,进行持续跟踪,直到遇到不符合条件的时刻,则形成一个时间窗口。如此不断进行,直到跟踪出所有的时间窗口。

如图 9-1 所示为地面测控的时间窗口计算,其中以 O 为中心的半球为测控设备的测控范围,需计算相对卫星的可测控时间窗口。从开始时刻对应的 A 点开始逐秒计算,一直到 B 点都在测控范围之外,算法中主要执行第 05、14 两行,不进入内层循环;到 C 点所对应的时刻,卫星处于测控范围之内,进入内层循环,创建新的时间窗口;一直到 E 点,始终处于内层循环,更新时间窗口的结束时刻;到 F 点卫星超出测控范围,内层循环终止,计算得到一个时间窗口。

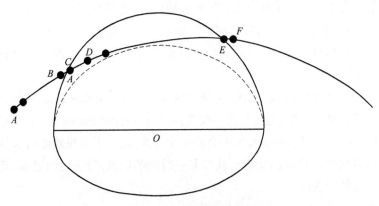

图 9-1　时间窗口直接计算

显然,上述算法中最为耗时的是逐秒计算卫星位置的运算,由于时间窗口在整个时间范围内只占很小的比例,因此存在大量的无效计算。

一个优化的思路是将逐秒计算卫星位置改为更长的时间间隔计算,如每分钟计算一次卫星位置,当此时卫星位置满足时间窗口条件时,才进一步按秒计算。如此可以有效减少计算量,但是其存在的一个问题会导致错误判断,过小的时间窗口可能会被漏掉。

如图 9-2(a) 所示,以分钟为单位的连续 2 个采样点 A、B 均不在测控范围之内,但是 2 个采样点之间却位于测控范围之内,即存在不到 1 min 的时间窗口,如不进行任何处理则该窗口将被漏算。

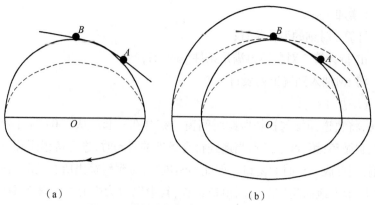

（a）　　　　　　　　　　　　　（b）

图 9-2　增加步长导致的问题及区域扩展

（a）增大步长导致漏判　　（b）区域扩展

　　采用的对策是根据卫星最大运行速度和步长对区域进行扩展。如图 9-2（b）所示，由于卫星运行的最大速度已知，因此其在 1 min 内运行的距离也可以计算出来，根据此值将原有区域进行扩展，在进行大步长搜索时，根据扩展后的区域大小来进行判断。当然，由于此时区域扩大了，肯定会出现 1 个采样点落在扩展区域内，但是并不在实际区域内的情况。

　　为使算法具有较强的通用性，将时间窗口涉及的 2 个对象抽象为作用域。作用域定义为纯虚基类，所有参与时间窗口计算的对象都由作用域基类派生，时间窗口计算算法的参数为作用域基类指针。

　　作用域基类定义如图 9-3（a）所示，主要实现 4 个方法：IsPtlnRange，判断点是否符合作用域条件，如是否满足可见性、是否落在测控范围之内等；IsPtInRangeEx，判断点是否符合扩展作用域条件；IsFileteredByHeight，是否会被高度过滤掉，由于卫星轨道具有最小高度和最大高度，据此可以减少运算量；GetPos，获得某一时刻的位置，对于地面目标，其位置往往固定，空间目标位置处于变化中。

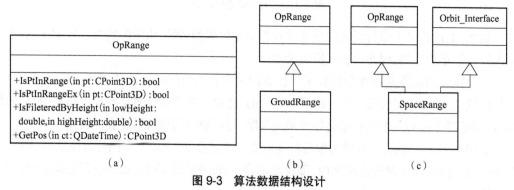

（a）　　　　　　　　　（b）　　　　　　　（c）

图 9-3　算法数据结构设计

（a）作用域基类　　（b）地面作用域类层次　　（c）空间作用域类层次

　　对于相对固定的对象，如地面站、地面区域，由 OpRange 基类直接派生；对于依赖于卫星的对象，如覆盖范围、数传范围等，则由 OpRange 基类和第二章的 Orbit_Interface 类派生。

　　基于上述数据结构，二次扫描的时间窗口计算算法如下。

算法 9-2：二次扫描的时间窗口计算方法。

```
typedef bool((*IsRangeFitExFunc)(OpRange*rO,OpRange*rl));
typedef bool((*IsRangeFitFunc)(OpRange*rO,OpRange*rl));
01  Algorithm CaculateWindowTimeFast(QDateTime bt, QDateTime et,
OpRange*iO,OpRange*rl,IsRangeFitExFunc funcex,IsRangeFitFunc func){
02  对 rO、rl 进行类型转换,如果可以转换为 Orbit_Interface,则获得其最大和最小高度
03  进行高度过滤,如不在高度范围内,返回;
04  创建空的 TimeWindow 列表作为输出;
05  QDateTime t=bt;
06  while(1){
07  计算 t 时刻的对象位置;
08  if( funcex( rO,rl )){
09  t 减去 1 分钟;
10  while(1){
11  计算 t 时刻的对象位置;
12  if( func( rO,rl )){
13  创建新的 TimeWindow 结果 tw;
14  while(1){
15  使用 t 更新 tw 结构;t 增加 1 秒;
16  计算 t 时刻的卫星位置;
17  if( ! func( iO,rl ))break;}
18  将 tw 加入到输出列表;
19  break;}}
20  t 增加 1 秒;}
21  t 增加 1 分钟;}}
```

该算法首先定义了 2 个函数指针 IsRangeFitExFunc 和 IsRangeFitFunc,用于判断 2 个对象是否满足作用条件和扩展作用条件,之所以在 IsPtlnRange 和 IsPtlnRangeEx 之外再定义这样 2 个函数指针,是因为有些窗口涉及的 2 个对象无法抽象为点,如计算卫星对地面区域的覆盖时间窗口。针对不同的覆盖计算需求,只需分别实现对应的派生类和上述 2 个函数即可,算法本身不必做任何修改。

该算法第 08 行,根据对应的 IsRangeFitExFunc 函数判断是否满足扩展的作用条件,如满足条件,从当前时间的前 1 min 开始,利用 IsRangeFitFunc 进行逐秒的计算和搜索。由于大部分情况的计算步长为 1 min,因此效率有较大提高。

二、计算模型

下面讨论对于不同的时间窗口计算需求,作用条件和扩展作用条件的模型及实现,根据

实现机制可分为两类。

一类是参与的 2 个对象中的 1 个或 2 个可抽象为点。如测控时间窗口计算,此时对于测控对象,进行的判断即判断点(卫星位置)是否落在代表测控范围的半球(或圆锥)之内;对于卫星对象,其判断始终为真即可。以上 2 个判断分别在对应类的 IsPtlnRange 和 IsPtlnRangeEx 实现即可。

另一类是参与的 2 个对象均无法抽象为点。如地面区域对象的覆盖时间窗口计算,对于地面区域,需判断卫星覆盖区域(圆锥、四棱锥或其他形状)在地面的投影是否与地面区域相交;对于卫星,需判断地面区域是否落在卫星覆盖范围之内。此时的判断需同时利用 2 个对象的区域数据,类的成员函数 IsPtlnRange、IsPtlnRangeEx 难以支持,需在算法 9-2 中的 IsRangeFitExFunc 和 IsRangeFitFunc 中实现。

(一)星间可见性模型

星间可见性模型计算 2 个空间目标之间所形成的可见时间窗口,可用于星间链路、天基空间目标监视等许多场合。

1. 两个空间对象作用范围均为球形

不考虑方向性,每个空间目标形成的区域可视为以其位置为中心的一个圆球。圆球半径根据对象的物理意义设置,如根据星载中继天线的功率确定其作用距离作为半径,或根据星载光学设备的分辨率等确定其探测距离作为半径。

星间可见的第一个条件是必须不被地球遮挡,如图 9-4(a)所示。若空间目标连线与地球有交,则二者肯定不可见。

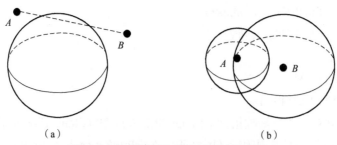

（a）　　　　　　　　　　　　　（b）

图 9-4　空间目标作用可见性计算模型

（a）2 星与地球有交　（b）空间目标作用范围

在不被遮挡的前提下,需根据空间目标作用半径进一步判断其可见性,如图 9-4(b)所示空间目标 A、B,空间目标 A 落在空间目标 B 的作用范围之内,但反之并不成立,因此也不构成可见关系。此判断只需计算空间目标之间的距离,然后与作用球的半径进行比较,距离小于该半径则落入区域内部。

当对卫星载荷信息一无所知或是空间碎片等其他目标时,上述模型改为球的半径为无穷大,相应判断永远为真。如果进行计算的 2 个空间目标作用范围都为无穷大,相当于只依赖于地球遮挡进行判断。

相应的 IsPtlnRange 函数逻辑如下。

算法 9-3：空间目标可见性的 IsPtlnRange 函数逻辑。

01　　bool SpaceObject：:IsPtlnRange(CPoint3D&p){

02　　根据相关算式计算参数 t;

03　　if(t<0 ‖ t>1)return true;

04　　计算 P 到本对象中心位置的距离 d;

05　　if(d<radius)return true;

06　　return false;}

如果球半径为无穷大,可设 radius 为 1e20 或其他足够大的值即可。后续其他各计算模型的对应函数实现与此类似,均不再详述。

当进行以分钟为单位的扩展判断时,地球遮挡和作用范围判断都需调整。

当前时刻两空间目标即使被地球遮挡,并不能保证在该时刻之后的各秒采样点处仍然被地球遮挡。如图 9-5(a)所示,当 A、B 之间与地球有交时,计算地球球心到 AB 线段的垂直距离,如图中 a;以地球半径减去该距离,得到 $R-a$,如空间目标在 1 min 的最大运动距离大于 $R-a$,则空间目标被地球遮挡的情况在 1 min 内有可能变为不被遮挡,因此据此判断为真。

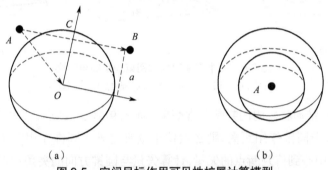

（a）　　　　　　　　　　　　　　（b）

图 9-5　空间目标作用可见性扩展计算模型

（a）地球遮挡扩展　（b）空间目标作用范围扩展

空间一点到直线垂直距离的计算方法：构造 AB 矢量和 AO 矢量,将 AB 矢量归一化,然后计算 AO 矢量与其数量积,该数量积相当于 AO 矢量在 AB 矢量方向上的投影,即图 9-5(a)中 AC;此时 AO、AC 与 OC 构成直角三角形,前二者的值已知,通过勾股定理即可计算得到 OC 的长度,即图 9-5(a)中 a。

对空间目标作用范围的扩展相对简单,如图 9-5(b)所示,在原有圆球的基础上增加半径,增加距离是空间目标在 1 min 内的最大运动距离,增加后的判断原则与扩展前相同。

相应的 IsPtlnRangeEx 函数逻辑如下。

算法 9-4：空间目标可见性扩展判断 IsPtlnRangeEx 函数逻辑。

#define DisOfOneMinute 7800*60

01　　bool SpaceObject：:IsPtlnRangeEx(CPoint3D&p){

02　　根据相关算式计算参数 t;

03　　if(t<0 ‖ t>1)return true;

04　计算地球中心 P 与本对象位置构成线段的距离 a；

05　If(R−a>DisOfOneMinute)return false；

06　计算 P 到本对象中心位置的距离 d；

07　if(d<radius+DisOfOneMinute)return true；

08　return false；}

按卫星运行的最大速度 7.8 km/s，定义 1 min 内的最大运动距离，根据此值进行扩展判断。后续其他各计算模型的对应函数实现与此类似，均不再详述。

2. 空间对象作用范围为圆锥形

如果 2 个对象中的一个具有明显的指向性和确定的形状、距离，则模型需做调整。如图 9-6(a) 所示，空间对象 A 的作用范围呈简单圆锥形状，此形状适用于表现数据中继等，空间对象 B 落入空间对象 A 的作用范围，而空间对象 A 在空间对象 B 的作用范围之外。

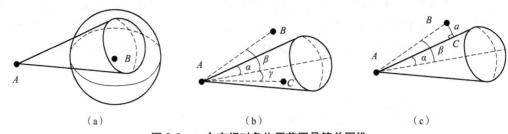

(a)　　　　　　　　　(b)　　　　　　　　　(c)

图 9-6　一个空间对象作用范围是简单圆锥

(a)(b)落入圆锥范围的判断　(c)圆锥扩展作用判断

点是否落在圆锥形状之内的判断非常简单：如图 9-6(b) 所示，首先计算点到中心的距离，如果该距离大于圆锥作用距离，则必然位于圆锥之外（圆锥作用距离也可能设为无穷大）；构造由圆锥中心到待判断点的矢量，计算矢量与圆锥方向的夹角（矢量单位化后，计算数量积，然后利用反余弦计算）；如果夹角小于圆锥的半锥角，则在圆锥内部，如图 9-6(b)点 C，否则在圆锥之外，如图 9-6(b)点 B。

圆锥的扩展判断方法：如图 9-6(c) 所示，构造圆锥中心到待判断点的矢量 AB，计算出矢量与圆锥方向的夹角后，计算该角与圆锥半角的差，据此计算出矢量在圆锥边界上的投影长度，如图 9-6(c)中 AC；最后计算待判断点到圆锥的距离，即

$$a = \sqrt{l \times l - l \times \cos(\beta - \alpha) \times l \times \cos(\beta - \alpha)} \qquad (9\text{-}1)$$

式中：l 为矢量 AB 的长度；α 为圆锥半角；β 为矢量 AB 与圆锥方向的夹角。

由于空间对象为点对象，即不论其传感器作用形状如何，待判断的空间对象始终可视为一个点。因此，当 2 个空间对象作用范围都是圆锥时，只需分别应用上述方法即可。下述的空间对象作用范围是四棱锥形的情况与此相同。

3. 空间对象作用范围为四棱锥形

另一种典型的空间对象作用形状是四棱锥，可用于表达天基光学监视设备等。

严格来说，光学探测设备所形成的形状并不是四棱锥，而是如图 9-7(a)所示的形状，虽然有 4 个棱，但是其前端为球形，很多时候可以视为探测距离无穷远，此时就形成了不封闭

的四棱锥。图 9-7(a) 中,空间对象 B 落在空间对象 A 的作用范围内,但是空间对象 A 在空间对象 B 的作用范围之外。

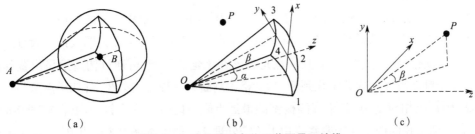

图 9-7　一个空间对象作用范围是四棱锥

(a)2 目标的作用范围　(b)落入四棱锥范围的判断　(c)计算矢量与平面夹角

1)精确判断

点在四棱锥作用范围内的判断,首先进行距离判断,距离超出设备作用距离的点肯定在作用范围之外。

四棱锥可视为由 2 个角度确定:如图 9-7(b) 所示,建立以四棱锥朝向为 z 轴的右手坐标系,y 轴向上;x 轴方向的半角为 α,y 轴方向的半角为 β。

判断点在四棱锥范围的第一种方法如下。

第一步,根据作用距离和 α、β 角度值,计算四棱锥的 4 个角点,如图 9-7(b)中 1、2、3、4 点,此 4 个角点可通过矢量运算得到:

$$\boldsymbol{P} = \boldsymbol{O} + l \times \boldsymbol{z} \mp l \times \tan\alpha \times \boldsymbol{x} \mp l \times \tan\beta \times \boldsymbol{y} \tag{9-2}$$

式中:$\boldsymbol{P}$ 为待计算点矢量;$\boldsymbol{O}$ 为空间对象位置矢量;l 为作用距离;α、β 为确定四棱锥的 2 个半角;x、y、z 为局部坐标系各轴在世界坐标系中的矢量。

第二步,由空间对象位置和 4 个角点确定四棱锥的四个面,即 $O12$、$O23$、$O34$、$O41$,只需计算出每个平面的法矢量,但需确保该矢量朝向四棱锥内部。如图 9-7(b)中平面 $O12$ 的法矢量,可采用 $O1$、$O2$ 组成的 2 个矢量的矢量积表示;$O41$ 的法矢量,可采用 $O4$、$O1$ 组成的 2 个矢量的矢量积表示。

第三步,对于空间任一待判断点,构造点 O 到该点的矢量,计算该矢量与 4 个锥面法向的数量积。该数量积如果大于 0,则在平面的正方向;如点同时位于 4 个平面的正方向,则点在锥内部;如点落在任何一个平面的负面,则点在锥外部。

判断点在四棱锥范围的另一种方法可通过角度进行:如图 9-7(b) 所示,如 OP 所构成矢量与 yz 平面的夹角(绝对值)小于 α,且与 xz 平面的夹角(绝对值)小于 β,则点落在四棱锥内部。

如图 9-7(c) 所示,确定局部坐标系后,计算点在局部坐标系中的坐标,则其与 xz 平面的夹角为

$$\beta = \arctan\left(\frac{y}{\sqrt{x^2 + z^2}}\right) \tag{9-3}$$

与锥平面夹角的计算与此类似。

2)扩展判断

四棱锥形状的扩展判断方法比圆锥更为复杂,基本原理是对于四棱锥外的点,根据其到四棱锥的距离判断是否满足扩展条件。

如图 9-8 所示,点 P 位于四棱锥之外,其到四棱锥的最近距离分为两种情况。一种是点位于四棱锥覆盖范围的延长区域内,如图 9-8 中点 P_0,此种情况下点到四棱锥的最近距离即为点到 O 的距离减去作用距离,判断点是否落在该延长区域,可通过构造卫星位置到点的矢量与 4 个锥面法矢量的数量积判断,参见精确判断第一种方法第 3 步;如果点未落在该延长区域,则情况相对复杂,其距离四棱锥的最近点既可能位于一个锥面内部,如图 9-8 中点 P_1,也有可能落在四棱锥面的两直线边上(需处理 2 个面),如图 9-8 中点 P_2,还有可能落在四棱锥面的圆弧边上,如图 9-8 中点 P_3。下面主要阐述第二种情况的处理方法。

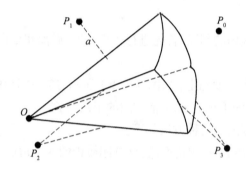

图 9-8   空间对象作用范围是四棱锥的扩展判断

首先需判断点是否位于 4 个锥面的背面(与面矢量的数量积为负值),点可能位于 1 个或 2 个锥面的背面,但是不可能同时落在 3 个锥面的背面。

当点位于 1 个锥面的背面时,类似于图 9-8 中点 P_2,肯定是落在该扇面及其延长区域内,否则将处于 2 个锥面的背面。此时,点到四棱锥最近距离的计算如图 9-9 所示:首先构造平面的局部坐标系,以卫星位置为原点,锥面的一条边界为 x 轴,锥面的法向为 z 轴,按右手法则确定 y 轴;计算锥面扇面在局部坐标系下水平面的投影,如图中 O、A、B 点,其中 O 为原点,A 根据四棱锥作用距离确定,B 则根据四棱锥的对应半角确定;计算点在局部坐标系下的坐标,其 (x, y) 坐标相当于点在水平面上投影(即锥面上投影);根据投影点到原点的距离,可以判断点是否落在扇面内,如图 9-9 中点 P_0 的投影 V_0 落在此扇面内,此时点到四棱锥的距离即为 P_0V_0 的长度;如果点未落在扇面内,如图 9-9 中点 P_1 的投影 V_1,则计算出 OV_1 与 OA 的夹角 β(二矢量数量积的反余弦),根据夹角值计算出 OV_1 与圆弧 AB 的交点 I(根据角度和半径计算圆上点坐标),P_1I 的距离即为所求。

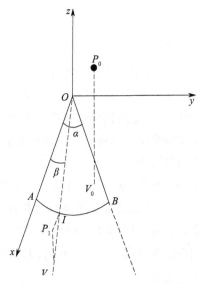

图 9-9　点仅位于 1 个锥面背面时与四棱锥最近距离的计算

当点同时位于 2 个锥面的背面时,点在锥面上的投影不再落在扇状区域及其延长范围。如图 9-10 所示,OA、OB 及其延长线将平面区域划分为区域 1、2、3、4,此时点在锥面上的投影不是落在区域 4 范围,而是落在 1、2、3 范围。判断点投影落在哪个范围的方法:计算出点在平面投影后,采用矢量叉乘法判断。

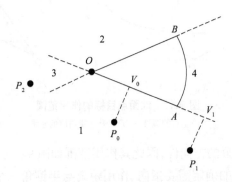

图 9-10　点位于 2 个锥面背面时与四棱锥最近距离的计算

当投影点位于区域 1 时,点到四棱锥的最短距离计算方法:首先判断点在空间线段所确定直线上的投影是否落在 OA 范围内,如果投影点落在该范围之内,如图 9-10 中点 P_0 的投影 V_0,则 P_0 到 V_0 的距离即为所求;如果投影点落在该范围之外,如图 9-10 中点 P_1 的投影点 V_1,则最短距离为点与 O、A 两个端点距离中较小的值。

点到空间线段投影点的计算,可采用矢量计算:如图 9-10 点 P_0,构造矢量 OP_0,并与矢量 OA 归一化后的矢量计算数量积,然后以点矢量与该数量积与归一化 OA 的乘积相加,即得到投影点;根据投影点与两个端点所构造矢量是否具有相同方向判断投影点是否落在区间内。

投影点落在区域 2 时的处理与区域 1 类似。当投影点位于区域 3 时,最近距离即为点

到 O 的距离。

（二）卫星与地面点目标关系的计算模型

空间目标与地面点目标的关系,可用于地面测控、地基空间目标监视、卫星对地覆盖、卫星对点目标的过境分析等,覆盖分析和可见性分析都可采用此模型实现。

从目标属性而言,此时空间目标和地面目标本身都属于点目标,可能具有一定的作用范围,但是在进行是否落在作用范围判断时,都将另一对象视为空间一个点。

1. 地面点目标作用范围为简单圆锥

测控范围等往往可以采用如图 9-11(a)所示的垂直向上的简单圆锥形状表示,该形状可以采用角度 α 和作用距离 l 定义,这也是很多可见性分析所采用的模型。可根据这两个参数判断空间目标是否落在范围之内,如图 9-11(a)中点 P_0 位于区域内部,点 P_1 不满足角度限制,点 P_2 不满足距离限制,均在区域外部。当 $\alpha = 0$ 时,形状退化为半球,作用距离也可为无限大。

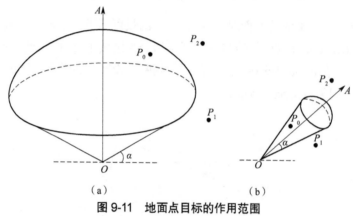

图 9-11　地面点目标的作用范围
(a)垂直的圆锥　(b)具有一定角度的圆锥

有些设备具有较为明显的方向性,因此其作用范围如图 9-11(b)所示,表现为指向一定方向的圆锥形状。该形状的确定需要指向、作用距离与半锥角三个参数。图 9-11(b)中点 P_0 位于区域内部,点 P_1 不满足角度限制,点 P_2 不满足距离限制,均在区域外部,作用距离也可为无限大。

在点目标采用上述模型的情况下,其精确判断和扩展判断方法均与前述星间可见性模型中的圆锥形状判断方法基本一致,不再赘述。

即使地面点目标本身设备瞬时作用范围是四棱锥形状,如地基光学探测设备,但是考虑到设备本身具备较大范围的调整能力,其整体作用范围也可不视为四棱锥形状。如果必须采用四棱锥形状描述,亦可采用星间可见性中对应模型。

2. 空间目标作用范围是简单圆锥或四棱锥

在地面点目标与空间目标关系的判断中,空间目标不可能为球形,即使是球形,也没有意义,比较常见的是简单圆锥和四棱锥两种。而这两种形状的精确判断和扩展判断,与星间可见性所讨论的对应方法基本一致,但当判断地面目标是否落在范围之内时,还需判断地面目标是否落在地球背向空间目标的一侧,这可通过两点连线与地球交点是否就是地面目标来判断。

3. 地面目标或空间目标的作用范围是复杂圆锥

复杂圆锥除表现卫星传感器覆盖范围外,还可表现地面雷达等设备的作用范围,用途也比较广泛。

如图 9-12(a) 所示,空间线段 OA, OB 及 AB 形成的弧段构成平面上的封闭图形,其中 OB 与 xy 平面的夹角为 α, OA 与 xy 平面的夹角为 β。当该形状绕 z 轴旋转一定角度后,就形成了复杂圆锥,如图 9-12(b) 所示。如果角度 α 为 0,且绕 z 轴旋转 360°,则形成如图 9-12(c) 所示的特殊形状。

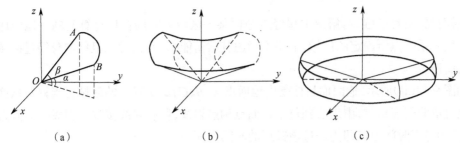

图 9-12　作用范围为复杂圆锥

(a)空间扇形　(b)扇形旋转一定角度　(c)简单圆锥中的特例

点是否落在复杂圆锥范围内的精确判断可通过计算原点到待判断点的矢量与 xy 平面的夹角确定。如图 9-13(a)所示,空间点 $P_0(x_0,\ y_0,\ z_0)$ 与 xy 平面的夹角为

$$\varphi = \arctan\left(\frac{z_0}{\sqrt{x_0^2 + y_0^2}}\right) \tag{9-4}$$

C 语言中,atn2 函数可直接返回 $[-\pi, \pi]$ 之间的值。

得到该角度后,可与定义复杂圆锥的角度比较,同时还要进行距离比较来进行判断。如图 9-13(b)所示,P_0 为落在复杂圆锥内部的点;P_1 不满足距离约束,P_2 不满足角度条件,都是落在复杂圆锥之外的点。

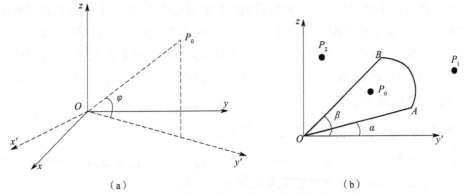

图 9-13　点与复杂圆锥位置关系的精确判断方法

(a)确定点所在平面　(b)平面内判断

扩展判断中,需要判断点到简单圆锥的距离,这同样可以转化到二维平面上进行。如图 9-13(a)所示,点 P_0 在 zy' 平面上的坐标为($\sqrt{x_0^2+y_0^2}$, z_0)。在平面上,圆锥切面的 2 条边线分别是过原点且斜率为 $\tan\alpha$ 和 $\tan\beta$ 的直线,圆锥切面的弧段根据作用距离确定。

与图 9-9 所示的四棱锥扩展判断方法类似,在计算点到圆锥最近距离时,首先需判断点位于哪个范围,可采用角度判断;判断之后,对于落在不同区的处理,与四棱锥完全一样。

地面点目标的作用范围主要是简单圆锥和复杂圆锥,也有一些装备本身会造成一些更为复杂的形状,本书不做进一步讨论。相应的卫星作用范围,除简单圆锥、复杂圆锥,还可能为四棱锥、SAR 等形状,四棱锥的处理方法与星间关系判断一致。

(三)地面面目标的卫星过境计算模型

此模型针对性较强,可解决卫星经过地面某一区域的时间窗口计算问题。地面面目标是由地表一系列点所确定的区域,卫星不考虑其载荷能力,而只考虑卫星本身经过区域上方的时间窗口。

如图 9-14(a)所示,地面面目标是由地面点 A、B、C、D 所确定的区域。当针对该区域计算卫星过境时间窗口时,由地心到每个地面点构造射线,所有射线按顺序围成一无限远的锥形,卫星的过境时间窗口即为经过该锥形的时间区间。

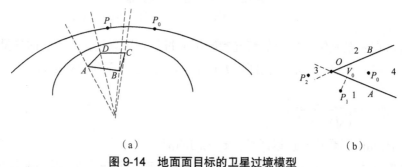

（a）　　　　　　　　　　　　　（b）

图 9-14　地面面目标的卫星过境模型

(a)模型示意图　(b)点在平面上的分布示意图

扩展算法相当于计算点到锥的最近距离,需计算点位于其负侧的所有锥面的最短距离,所有最短距离的最小值即为所求。计算点到锥面的最短距离方法:首先计算点在每个平面上的投影,点在平面上投影的分布如图 9-14(b)所示;如果投影点落在区域 4,则最短距离即为点到平面的距离,如图 9-14(b)中 P_0 点;如果投影点落在区域 1、2,则计算点到射线 OA 的垂直距离、点到 O 的距离,取二者之中的小值作为最短距离,如图 9-14(b)中 P_1 点;如果落在区域 3,则点到 O 的距离即为所求。

(四)卫星与地面面目标的覆盖过境计算模型

上述地面面目标的卫星过境计算模型,并未考虑卫星的实际覆盖范围,而是将卫星假设为一个点。如果要考虑卫星覆盖范围,情况就会复杂很多。

如图 9-15 所示,地面面目标 $ABCD$,卫星载荷覆盖范围是简单圆锥形状。显然,卫星对地面区域对象形成覆盖并不等于卫星在面对象的上空,而是可能卫星距离图9-14(a)所示的锥形还有一定的距离。

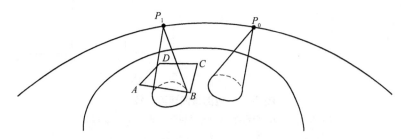

图9-15　考虑覆盖范围的地面面目标卫星过境模型

两对象之间的精确判断,采用投影到经纬度平面进行判断的方法:地面面目标采用经纬度定义,卫星覆盖采用相关方法,先将表示覆盖范围的区域离散,然后计算射线与地球表面的交点或切点;在经纬度平面上,如果2个多边形相交,则视作卫星已对地面面目标形成过境。

如图9-16(a)所示,地面面目标为$ABCD$,简单圆锥传感器在经纬度平面上的投影为多边形2,矩形传感器的投影为多边形1(上述投影均为离散后计算得到)。显然,多边形2与面目标有交,已处于过境时间窗口内;多边形1与面目标无交,当前时刻尚未处于过境时间窗口。

(a)　　　　　　　　　　　　　　　　　　　(b)

图9-16　经纬度平面上覆盖判断

(a)地面面目标与卫星覆盖相交判断　(b)基于包围盒的距离计算

扩展判断也可在经纬度平面上进行。直接计算2个多边形的最近距离的方法较为复杂、耗时,由于扩展判断的目的主要是为了避免漏算时间窗口,因此适当放宽条件并不会导致错误,可采用多边形包围盒来计算最短距离。如图9-16(b)所示,分别计算得到2个多边形的矩形包围盒。

两个包围盒之间的位置关系有4种:相交,如图9-17(a)所示,此时最近距离视为0;水平相离而垂直方向有重合,如图9-17(b)所示,此时最短距离为左侧包围盒右端到右侧包围盒左端,如图中虚线的距离d;垂直相离而水平方向有重合,如图9-17(c)所示,此时最短距离为下方包围盒上端到上方包围盒下端,如图中虚线的距离d;水平垂直均相离,如图9-17(d)所示,此时最短距离为左下包围盒的右上角到右上包围盒的左下角,如图中虚线的距离d。

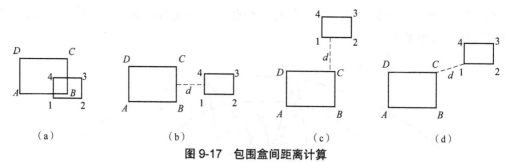

图 9-17   包围盒间距离计算
(a)相交   (b)水平相离   (c)垂直相离   (d)水平垂直均相离

图 9-17 中都是经纬度平面上的坐标,将其变换为世界坐标系中的地球球面坐标时会产生变形,这对于最短距离计算有一定的影响。因此,要确定 2 个合适的点,变换到球面后,在世界坐标系下计算直线距离或球面距离。图 9-17(d)中,2 个点直接确定;图 9-17(c)中,不同的垂线代表不同的经度,因此可在 12 线段和 CD 线段上任选 2 个经度相同的点;图 9-17(b)中,不同的水平线代表不同的纬度,其空间距离不同,因此选择纬度最大的点,如图中区域在北半球,选择点 4 与 BC 线上的同纬度点,如图中区域在南半球,选择点 1 与 BC 线上的同纬度点。虽然球面的距离更为精确,但是直接按欧氏距离计算也足够。

在前述各模型中,不管是精确判断还是扩展判断,不管是卫星还是地面目标,事实上都是将待判断的对象视作一个点。此时,二次扫描算法应用类似算法 9-3、算法 9-4 逻辑,在所实现类内部完成判断。而在此模型中,由于待判断的双方都是区域,在判断时需要访问其他类内部除位置外的其他数据,而对于不同的类,其表示数据、模型并不相同,在基类中抽象共性方法会相对麻烦,且导致类间关系复杂、耦合度增加。这也是在算法 9-2 中定义 IsRangeFitFunc 和 IsRangeFitExFunc 函数指针的原因,前者用于精确判断,后者用于扩展判断。如需要访问类间数据,则在上述两个函数实现中访问 2 个对象数据,且实现相应模型,否则只调用两对象的 IsPtInRange 和 IsPtInRangeEx 方法即可。

按上述算法,还可实现其他计算模型,如卫星与地面线目标位置关系等,不再展开。同时,很多不同的应用可以采用同类模型实现,如星间链路的时间窗口和天基目标监视的时间窗口,可采用不同参数配置的星间可见性模型实现。

三、时间窗口的表现方法

计算得到的时间窗口可作为进一步处理的输入,如可用于数传任务规划等。很多时候,时间窗口需直接展现给使用者,因此时间窗口的表现方式也非常重要。

实际应用中,计算得到的往往并不是一个单独的时间窗口,而且参与计算的往往也并不仅是 2 个对象,而是一系列同类对象。在这样的需求下,探讨时间窗口的表现方式。

最简单的表现方式是文本,即在界面的文本框或文本文件中,按规定的格式,每个时间窗口生成一行文字,可包括开始时间、结束时间、时长等信息,最后形成时间窗口的报告。其次可采用表格的形式表示时间窗口,以每个时间窗口生成表格中的一行,相当于文本方式的规格化。文本和表格方式中,也可以把同一组对象的时间窗口集中起来,作为一行数据;还可以对时间窗口进行各种排序。

采用图形的方式表现时间窗口,更为直观形象。如仅针对一组对象,如两卫星间的可见时间窗口,单个卫星对单个地面目标的过境时间窗口等,完全可在一个时间轴上以特殊的颜色、线宽、图标、填充等方式表现时间窗口,此处不讨论。本书研究的是对多个同类对象分析得到时间窗口的表现方式,如单一卫星对多个地面目标的过境时间窗口分析、多个卫星对同一地面目标的覆盖时间窗口分析、地面站对多个卫星的数传时间窗口分析等。

(一)时间窗口图形化表现的基本框架

以二维直角坐标系作为表现时间窗口的手段,水平轴为时间轴,时间窗口是在时间轴上的一个区间,不同对象在垂直轴方向表现。

为便于使用,图形窗口需支持放大和缩小。针对时间窗口显示的要求,将整个显示范围划分为多个区域:图例区,最上方设计为图例区,用于显示所用图形或颜色的含义;时间轴标记区,用于标记坐标轴上的时间,由于时间窗口位置非常重要,因此在上下两侧各设置时间轴标记,且在图形进行放大和缩小时,只在水平方向进行放缩,垂直方向保持固定,确保使用者可以观察到时间;一组对象时间窗口显示区,用于一组对象的时间窗口,分析可为多个卫星对单个地面目标,也可为单个卫星对多个地面目标。

显示时放缩操作主要作用于水平方向,通过一个比例系统控制所有的绘制即可。

为了增强显示组件的通用性,采用分组管理时间窗口数据的方式,组定义如下:

GroupOfTimeWindow={

name:QString;

time Windows:Q Vector<Time Window>;}

不管是哪类分析,都采用该数据结构管理数据并进行显示。如图 9-18 中,每个卫星生成一组时间窗口,共 8 组数据。在将时间窗口加入的过程中,要完成时间窗口的排序。

合并算法如下。

算法 9-5:多组时间窗口合并算法。

```
01    Algorithm MergeWindowTime( QVector<TimeWindow>&mergeTWs ){
02    QVector<TimeWindow>tmp;
03    for( 所有组 )将组中的每个 TimeWindow 加入 tmp;
04    tmp 排序;
05    for( int i=0;i<tmp.size( );i++ ){
06    TimeWindow a=tmp[i];
07    while( 1 ){
08    i++;
09    TimeWindow      b=tmp[i];
10    if( a 与 b 存在重合部分 )修改 a 的结束时间;
11    else break;}
12    a 输出到 mergeTWs;}}
```

（二）定位示意性表现模式

设计的第一种时间窗口表现形式为定位示意性模式。此模式下，所有的时间窗口都用等长的颜色块（或其他图形）表示，图形的水平中心位于时间窗口的中心点，但是图形的宽度并不代表实际的时间窗口长度。

（三）等距时间轴表现模式

等距时间轴时间刻度处理涉及两个问题：①构造一数组，将整点时刻值和每个时间窗口开始时刻、结束时刻都加入其中并排序，基于该数组进行时间刻度绘制；②整点时间刻度和窗口时间刻度以不同颜色绘制，整点时间刻度在任何情况下均绘制，窗口时间刻度则有相应绘制策略，根据当前的比例关系、字体的宽度等参数，确定该刻度绘制时不会和前后的时间刻度（可能为整点时间刻度和窗口时间刻度）发生覆盖的情况下，才进行绘制。

（四）不等距时间轴表现模式

定位示意性表现模式可以突出时间窗口，但是缺少精确的时间信息；等距时间轴表现模式可以获得精确的时间信息，但是在整体观察情况下时间窗口不够突出，因此设计了一种不等距时间轴表现模式。

将所有时间窗口的开始时刻和结束时刻组织在一起，每个时间点作为一个时间轴刻度，2 个时间轴刻度之间用一个固定大小的网格表示（网格大小不等距，因此称为不等距时间轴表现模式），对于每个时间窗口，将其所跨越的网格用特殊颜色或图形绘制出来。

这种模式也可用于多颗卫星对单个地面目标时间窗口分析等，不再赘述。

第二节 卫星区域覆盖分析方法

卫星区域覆盖分析对于卫星任务规划、星座设计等都具有非常重要的意义，其主要任务是计算单颗或多颗卫星（星座）在给定时间范围对待分析区域的覆盖率、覆盖次数、总覆盖时间、平均覆盖时间、最大覆盖间隔和平均覆盖间隔等指标，其中覆盖率是核心指标。

卫星区域覆盖分析方法主要有解析法、网格点法和基于几何运算的方法。解析法是基于卫星与地球的几何关系，直接得到覆盖面积计算的解析公式。这种方法只适用于单颗卫星覆盖性能分析，且待分析区域必须包含卫星覆盖范围。

目前最常用的是网格点法，将待分析区域划分为一系列网格（可按经纬度、距离和面积划分网格点），对于每颗卫星按一定步长计算其覆盖网格，根据覆盖网格数与总网格数的关系得到覆盖率等指标。这种方法易于实现、应用广泛，且可以避免重合覆盖区域的多次统计；但计算量大、重复计算多、计算结果受网格大小影响，基于网格交点和按一定步长的计算方式都有可能导致误判。

基于几何运算的方法是将卫星瞬时覆盖投影到二维平面上形成覆盖多边形，通过多边形并运算获得总的覆盖多边形，从而得到总瞬时覆盖率。该方法效率高，且计算得到的面积较为精确；但只适用于瞬时覆盖分析，且只能得到总覆盖率，无法得到覆盖次数等其他信息。

一、基于多边形布尔运算的卫星区域覆盖分析算法

基于多边形布尔运算的卫星区域覆盖分析算法，通过计算卫星在经纬度平面上覆盖带与待分析区域的相交多边形，一方面减少了网格点法中各步长覆盖之间的重复计算，另一方面消除了步长取值过大所导致的漏判。通过多边形交、差运算将区域覆盖多边形划分为具有单一覆盖属性的子多边形，不但可用于瞬时覆盖分析，也可用于一段时间的覆盖分析；不但可计算总覆盖率，也可计算各卫星覆盖率、覆盖次数等其他关键指标。该算法的时间复杂度与分解后多边形数有关，而不像网格点法取决于划分的网格数目，效率更高。在覆盖面积和覆盖率的计算上，采用多边形三角剖分之后运用球面三角形面积公式计算的方法，计算结果稳定，不像网格点法会受到网格大小等因素影响。

（一）待分析区域内卫星覆盖多边形的计算

待分析区域往往以经纬度坐标给定，在经纬度平面上既可能是规则矩形，也可能是复杂多边形，如某个国家或地区。卫星飞行过程中只有有限时间经过该区域，首先计算这段时间形成的覆盖多边形。

卫星传感器覆盖其星下点周围一定范围，沿卫星飞行方向在地球表面形成覆盖带，如图9-18（a）所示。根据卫星位置，计算覆盖带两侧点的经纬度坐标，如图9-18（a）中a、b、c、d点；根据卫星位置和覆盖角，构造三维空间中射线，计算该射线与地球表面的交点，根据交点坐标反算其经纬度；当卫星轨道高、覆盖角大时，射线可能与地球表面无交，此时构造过该射线和地球中心的平面，以该平面与地球表面的切点作为覆盖带边界点，得到覆盖带在经纬度平面的投影，如图9-18（b）所示。

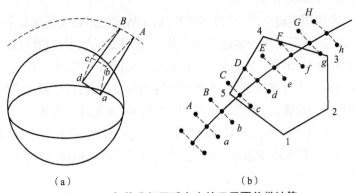

图9-18　与待分析区域有交的卫星覆盖带计算

（a）卫星覆盖带　（b）卫星覆盖经纬度投影与待分析区域

首先利用多边形求交算法计算相交的覆盖带，对于卫星轨道上每个采样点，算法如下。

算法9-6：相交覆盖带计算算法。

```
01    Algorithm CoverageStreet{
02    for（卫星轨道每个采样点）
```

03　利用该采样点的 2 个覆盖边界点和下一采样点的覆盖边界点构造一四边形；

04　if(四边形与待分析区域有交)

05　if(无已形成的相交区域)构造 2 个空的点表 leftpts 和 rightpts；

06　将边界点分别输出到 leftpts 和 rightpts 中；

07　else if(leftpts 和 rightpts 不为空)合并 leftpts 和 rightpts 为多边形并输出；}

以图 9-18(b) 为例,开始 $AabB$ 与区域 12345 无交,继续下一采样点；$BbcC$ 与 12345 有交,则将 bc 输出到 leftpts 中, CB 输出到 rightpts 中；依此处理,分别将 $cdefg$ 加入 leftpts, $GFEDC$ 加入 rightpts 中；$GghH$ 不再与 12345 有交,则将 leftpts 和 rightpts 合并为 $bcdefgGFEDCB$,即为相交的覆盖带。

上述算法中,对卫星轨道上第一个和最后一个采样点,要根据传感器类型进行特殊处理。如果是圆锥形传感器,则需要在对应方向加入半圆（离散为多边形）；如果是四棱锥形传感器,则需要在对应方向扩展出 2 个点。

(二)区域覆盖多边形分解与面积计算

经过第 1 步处理,得到的相交多边形并不能直接计算覆盖率,因为存在某个区域被多颗卫星覆盖,或者被同一卫星多次覆盖等情况,即多边形存在复杂的相交情况。如果仅计算总覆盖率 1 个指标,可以通过对所有多边形求解并实现。为了支持其他指标的计算,将这些相交多边形分解为独立的具有单一覆盖属性的小多边形,即分解后的每个小多边形覆盖次数、覆盖卫星等情况一致。

通过一个先进先出队列来实现覆盖多边形分解,首先创建队列并将第 1 步计算得到的覆盖多边形加入队列,然后以队列是否为空来控制循环,执行如下逻辑：取出队列中第 1 个多边形；判断该多边形与队列中所有其他多边形的关系,如果均无交,则输出；否则按上一段的描述生成新多边形并加入队列尾部。

以上算法中,需使用多边形交、差布尔运算,由于各多边形相交情况复杂,布尔运算组合情况多,因此在多次运算后会出现多边形有公共点、公共边的情形,对算法稳定性要求高,因此使用开源几何引擎(Geometry Engine-Open Source, GEOS)作为多边形布尔运算工具。而在第 1 部分的相交覆盖带计算算法中,不存在上述奇异情况,但由于对卫星轨道上每个采样点都需应用多边形求交运算,对效率要求高,因此使用效率更高的算法。

不同于网格点法以网格数比值来表示覆盖率,该算法通过计算每个分解多边形的面积来实现。采用的方法：首先将多边形三角化,然后将其反算到地球表面,使用球面三角形面积公式进行计算。

使用 OpenGL 的 GLU 辅助库中的 GLUtesselator 来实现多边形三角化。GLUtesselator 对多边形剖分的结果是 OpenGL 中的基本图元,而并非都是三角形。因此,通过其回调函数记录剖分结果之后,再根据图元类型（包括三角形扇、三角形带、矩形、凸多边形等）,将其转化为三角形。

虽然也有椭球面三角形面积的计算算法,但是其计算复杂、计算量大,对地球采用球形近似对精度影响很小,因此采用球面三角形面积计算公式,即

$$S = R^2(A + B + C - \pi) \tag{9-5}$$

式中：S 为三角形球面面积；A、B、C 分别为球面三角形的 3 个内角（大圆弧在交点处切线的夹角）；R 为地球半径。

内角计算方法：根据顶点经纬度坐标计算地心坐标，过地心到顶点构造单位矢量；每两个矢量计算矢量积得到大圆平面的法向量；通过单位法向量的数量积，反余弦计算得到内角。

（三）结果的分类统计与统计结果的可视化

通过统计分解后的多边形信息，可以得到区域覆盖率等指标。累加所有分解多边形的面积，得到总覆盖面积；将待分析区域三角化后，计算得到区域总面积；以总覆盖面积除以总面积，得到覆盖率。

由于每个分解后的多边形是具有单一覆盖属性的最小单元，因此除覆盖面积、总覆盖率外，还可以依据分解后多边形覆盖属性进行分类统计，得到相应信息。

1. 统计结果显示组件设计

设计实现了覆盖分析结果显示组件，支持柱形图和饼图两种显示模式。

显示组件可划分为图表头、图例、统计图等区域。组件的输入包括：表头文字及字体；图例文字及颜色；每个显示对象及其颜色；显示位置等其他参数。

柱状图的绘制过程：组件根据输入的待显示数值，自动计算垂直方向划分的网格数（5个或 10 个）及标尺、比例关系；为每个输入的对象，从预先设置好且可编辑的颜色表中分配颜色；根据比例关系和组的值计算柱的高度并进行绘制，如果组中只有一个对象，则以单一颜色绘制，如果组中有多个对象，则将柱分段绘制，此外还包括坐标系、标尺等的绘制。

饼图可清晰反映百分比情况，其绘制过程：计算出每个组的百分比以及累加百分比；根据各组累加百分比和百分比，确定其在饼图中的开始角度和终止角度；分配颜色并进行绘制，与柱状图一样，每个对象分配一种颜色，多个对象合成的组以多个颜色绘制。

2. 按卫星统计覆盖分析结果

该算法中最后得到的每个不再继续分割的多边形具有相同的覆盖属性，并且已经计算出其面积，支持按各种不同方式进行结果统计。

按卫星统计，就是统计不同的卫星组合所覆盖的面积及其百分比。按卫星统计时，首先要遍历所有的分割结果多边形，从而获得所有的卫星组合。每个卫星具有唯一的 ID，卫星组合采用 ID 数组表示，定义一个 ID 组合的输出数组；每遍历一个结果多边形，判断其卫星组合是否已经在输出数组中，如不在，加入输出数组。

第二次遍历则是生成统计数据：定义大小为卫星组合数的面积数组；遍历结果多边形时，根据其 ID 组合值，将其面积值累加到对应的面积数组项中；最后将面积数组中的值除以总面积得到每种卫星组合的覆盖百分比。

3. 按覆盖次数统计覆盖分析结果

按覆盖次数统计，即统计被覆盖不同次数的区域的面积和百分比。按覆盖次数统计非常简单，只需对所有的结果多边形进行一次遍历即可，结果多边形由几个原始多边形相交得到，将相同覆盖次数的所有多边形面积相加，得到统计结果。需要指出的是，同一区域的多次覆盖可能来自同一卫星。

按覆盖次数统计的显示也较按卫星统计简单,因为对于显示组件而言,此时对象代表覆盖1次、2次……,而并不存在一组中有多个对象的情况,即柱状图中每个柱和饼图中每个扇均为单一颜色。

4. 按分辨率统计覆盖分析结果

按分辨率统计,仅针对成像侦察卫星有意义,从技术实现角度与按卫星统计非常类似,首先进行一次遍历,得到所有的分辨率组合;第二次遍历的时候获得每种分辨率组合的统计数据。

由于支持上述不同的统计方式,可以从不同角度了解区域覆盖情况,较之单纯的覆盖率一个指标,可以得到更为精确的分析结果。

(四)精度效率分析

首先对本书算法和网格点法的效率进行简单的理论分析。极端情况下,任意两个卫星覆盖条带都有交,相交多边形为 n^2 级,此时多边形布尔运算次数为 n^3 量级;对于网格点法,卫星个数为 n 个,网格划分为 m 个,采用判断覆盖条带与网格关系的方法(原始网格点法是针对卫星轨道上每个采样点,对所有网格进行判断,非常耗时,但可记录每个网格的时间信息尤其是持续信息,这是本书算法和采用覆盖条带与网格相交关系方法无法支持的),其运算量为 n^2。有两个条件决定了本书算法的效率优势:①卫星区域覆盖分析一般针对星座或有限多颗卫星进行(一方面 n 值有限(20~30),另一方面这些卫星轨道具有一定的相关性,任意 2 个覆盖带都相交的极端情况出现的可能性非常小);② m 的值远远大于 n,如对于经纬度范围 1° 左右的区域,按 1 km 划分网格,其 m 值约为 10 000,即 nm 远大于 n^3。

对东经 110°~130°,北纬 35°~45° 之间的区域,分析 12 颗卫星(两行轨道根数略,覆盖角均为 5°)在 20140501T080000 时刻开始 24 h 的覆盖情况,网格点法和本书算法得到的覆盖率及用时见表 9-1。

表 9-1   网格点法和本书算法覆盖率计算结果及用时对比

方法	覆盖率 /%	用时 /ms
网格点法(50 km 网格)	87.86	267
网格点法(20 km 网格)	82.43	2 938
网格点法(10 km 网格)	78.23	14 637
网格点法(5 km 网格)	77.50	78 293
网格点法(1 km 网格)	76.64	283 275
本书算法	76.32	13 336

可以看出,网格点法计算精度受到网格大小的影响。在本算例中,网格大小约为 1 km 时,其精度才接近本书算法。在算法效率方面,本书算法用时与网格大小为 10 km 左右时接近,而与精度接近的 1 km 网格相比,用时不到网格点法的 1/20。需要指出的是,本书算法对比所用的网格点法实现中,已经采用本书算法第 1 部分的技术对卫星轨道采样点进行了快

速排除,否则其效率更低。

与网格点法相比,本书算法在覆盖面积和覆盖率计算的精度和效率方面有明显优势,存在的主要不足有三点:①无法支持总覆盖时间、平均覆盖时间等与时间有关指标的分析,这是由于网格点法可以将时间作为网格的属性,但是本书算法使用的多边形大小不一,无法做此处理,应用中相应指标可以通过前面对地面目标的覆盖时间窗口分析技术来获得;②采用的面积计算方法,假定地球为球形,与应用椭球模型或地理投影方式相比,存在可忽略的微小误差;③当卫星轨道倾角很大,地表覆盖带很宽,且待分析区域也在高纬度地区时,星下线转折相对陡峭。算法第1步中,星下线两侧点位置关系可能错乱,如图9-18中 *Aa*、*Bb*、*Cc* 可能相交,此时生成的覆盖多边形有时不再是简单多边形,结果不再准确。

二、基于覆盖带的卫星区域覆盖分析网格法

卫星区域覆盖分析的传统算法是网格点法,既可以把待分析区域视作一个个网格,也可以将其作为网格点,然后基于各采样时刻的卫星位置、传感器参数等计算卫星对各采样点的覆盖情况。由于每个采样时刻需要计算卫星与所有网格点的覆盖关系,因此其运算效率较低。下面探讨利用覆盖带实现的网格点法优化算法。

(一)原理

将待分析区域剖分为一系列网格,计算网格与各卫星覆盖带是否有交,通过统计有交网格占所有网格的比例得到覆盖率,通过分类统计得到需要的其他结果。

如图9-19所示,区域划分为24个网格,卫星覆盖带为 *abcd* 和 *ABCD*（覆盖带计算方法采用图9-18方法,但不需再进行覆盖带与多边形求交过程）。图中,与覆盖带多边形 *abcd* 有交的网格为11、21、31、22、32、23、33、43、24、34、44,与覆盖带多边形 *ABCD* 有交的网格为41、32、42、33、43、34,被覆盖的网格共13个,网格总数为24个,则总的覆盖率为13/24=54%。网格34、33、43、32是同时被2颗卫星覆盖的网格,其他是被1颗卫星覆盖的网格,据此可得到其他分类统计信息。

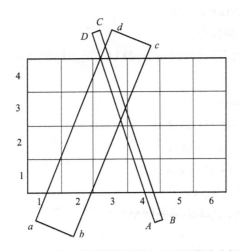

图9-19　基于覆盖带的网格点法区域覆盖分析

(二)网格划分方法

该算法首先需对待分析区域进行网格划分,最简单的方法是首先计算出待分析区域的包围盒,然后对该包围盒所限定的范围进行均匀的网格划分。如图 9-20(a)所示,将待分析区域的包围盒划分为均匀的网格。由于算法在经纬度平面上处理问题,因此其最大的问题是所划分的网格实际大小不一致,纬度越高,实际的地理范围越小。

因此,根据不同的纬度采用不同的网格大小。图 9-20(b)为待分析区域位于地球北半球的情况,此时在经纬度平面上,最下一行的网格尺寸最小,随着纬度增加,网格尺寸加大,如果待分析区域位于地球南半球,则与此相反;图 9-20(c)为待分析区域跨越赤道的情况,此时纬度 0° 网格的尺寸最小,向两侧网格尺寸增加。非均匀网格动态划分方法算法如下。

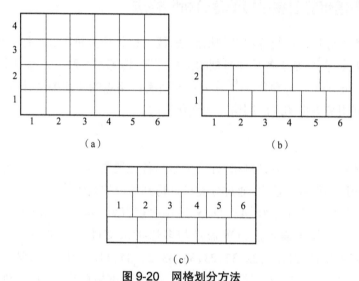

(a)   (b)

(c)

图 9-20   网格划分方法
(a)均匀网格   (b)北半球非均匀网格   (c)跨越赤道非均匀网格

算法 9-7:经纬度平面非均匀网格动态划分算法。

```
01    Algorithm DynamicGrid{
02    计算区域的包围盒;
03    根据要求的网格尺寸(km)计算对应的经纬度尺寸(赤道)gridsize;
04    if( 在北半球){
05    double y=ymin;
06    while( y0<ymax-TOLER ){
07    根据 gridsize 定义网格;
08    double y1=y0 4-gridsizex;
09    if( y1>ymax )y1=ymax;
10    处理 y0 和 y1 之间形成的网格;
11    y0+=gridsizex;
```

```
12    gridsize*=( cos( y0*PI/180.0 )/cos( y0*Pl/180.0 ));}}
13    else if( 在南半球 )
14    类似北半球处理;
15    else {
16    gridsize*=( 1.0/cos( ymin*PI/180.0 ));
17    其他处理与北半球类似;}}
```

上述算法中,第7~12行为对网格进行调整的过程,大小调整时需同时调整水平方向和垂直方向。

（三）多边形与单行网格的求交算法

由于网格并不均匀,所以判断覆盖带是否与网格有交只能针对一行网格进行。多边形与网格进行2次求交。

首先需要判断网格是否位于待分析区域多边形内部或有交,对内部和有交网格设置标志,同时统计网格总数,如图9-21(a)所示待分析区域多边形为 *ABCDEFGHI*,当前行的网格为1~6,落在多边形内部或与多边形有交的网格是2、3、5,网格1、4、6则完全位于待判断区域之外。

算法9-7中第10行是处理每个单行的算法,由于网格总数及每行的个数不定,因此采用的方法是处理一行、生成其对应的网格对象数组,对于其中每个网格对象,设置一个标志表示其是否落在待判断区域之外。最后当统计网格总数的时候,根据网格标志进行统计。

第二次求交发生在覆盖带多边形与网格之间,如图9-21(b)所示覆盖带多边形 *abcd* 与网格求交的结果是3、4,而网格4属于待分析区域之外的网格,只需在网格3对应的对象中记录相应卫星信息。

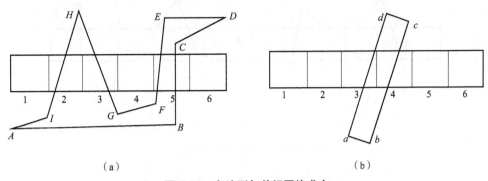

（a）　　　　　　　　　　　　　　　　　（b）

图9-21　多边形与单行网格求交

（a）待分析区域多边形与网格求交　（b）覆盖带多边形与网格求交

另外,也可采用如下方法:遍历多边形所有边,计算出每条边与网格两条水平边的所有交点;水平边上两交点之间的网格为与多边形有交或在多边形内部的网格。

如图9-22(a)所示, *ABCDE* 为多边形的一部分,与当前网格的2个水平行形成的交点分别为1、2、3、4和5、6、7、8。按上述规则确定为多边形内部或相交网格的包括:交点1、2

之间 2 个网格和 3、4 之间的网格,交点 5、6 之间 2 个网格和 7、8 之间的 1 个网格。显然,如单独利用一个水平行的交点进行判断可能产生误判。

　　需要特殊处理的是多边形边与网格水平线交于顶点的特殊情况。第一种情况是相交的顶点是局部极值点,即与其相邻的两个顶点同时位于其上方或下方,如图 9-22(b)所示边 bc、cd 与网格水平线交于顶点 c,此时如果把其当作普通的交点处理,会发生错误,c 和 5 之间的网格就会漏掉。这种情况的处理方法是该顶点不作为交点处理,即图 9-22(b)中网格上方水平线与多边形交点为 3、5,将 3、5 之间所有网格判断为多边形内部或有交网格。

　　如果与水平线相交的顶点不是局部极值点,与其相邻的两个顶点位于该点的上下两侧,此时将该顶点作为一个交点处理,如图 9-22(c)所示边 bc、cd 与网格水平线交于顶点 c,此时将该点视作一个交点处理即可。

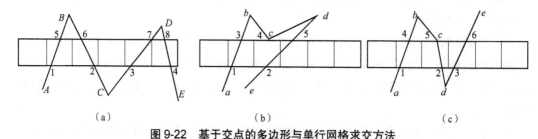

图 9-22　基于交点的多边形与单行网格求交方法

(a)求交方法　(b)交于顶点且为局部极值点　(c)交于顶点且非局部极值点

　　更为特殊的情况是多边形边恰好落在网格水平边之上。第一种情况是局部极值边,如图 9-23(a)所示边 cd 位于水平边之上,相邻顶点均在边的上方,此时的处理方法是不将其视作交点。

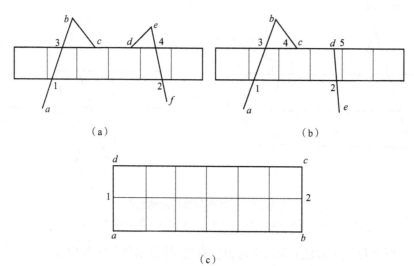

图 9-23　多边形边位于网格水平线之上的特殊情况

(a)局部极值边　(b)非局部极值边　(c)区域多边形为矩形

　　第二种情况是非局部极值,如图 9-23(b)所示多边形边 cd 位于网格水平边上,但其相邻顶点分别位于水平线的上下侧。此时并不能简单地将其视作一个交点,因为在处理时无法确定该顶点在交点序列中的位置,如果视作一个交点显然应该将顶点 d 视作交点,但如 cd 边位于交点 3 左侧,则须将左侧顶点视作交点。采用的处理办法:构造一个二元组表示交点,同时记录两个顶点的位置;所有交点进行排序时,以二元组中小值作为排序依据;排序后,奇数位置二元组交点取小值,偶数位置二元组交点取大值。

上述第一种情况的一个极端情况如图 9-23(c)所示,多边形 $abcd$ 为矩形,其包围盒即为自身。当处理上一行网格的上方水平线时,虽然 cd 边属于局部极值边,不视作交点,不进行任何网格的判断,但利用 ad 边与网格下方水平线交点 1 和 bc 边与网格下方水平线交点 2,可以对涉及的所有网格进行正确判断。

三、区域覆盖分析情况的二维可视化方法

(一)主要绘制要素

除遥感影像之外,主要的绘制要素包括区域、覆盖带、网格、图例、卫星星下线与卫星军标等。

既然是区域覆盖分析,则待分析区域显然属于必须绘制的内容。待分析区域需要绘制两项内容:具有一定透明度的区域内部和具有一定宽度的区域边界。在绘制区域内部时,由于区域并不一定为凸多边形,因此在绘制时不能直接使用 OpenGL 的图元,而是需要先进行凸分解。区域的边界只需按顺序连线即可。

针对区域覆盖分析算法,其二维表现形式主要是将覆盖叠加在区域之上,可让使用者获得覆盖的直观印象。第 1 种表现形式是将与区域相交的卫星覆盖带叠加在区域之上;第 2 种表现形式是将覆盖带多边形与待分析区域求交之后再绘制。上述两种情况的绘制方法有所区别:第 2 种情况,覆盖带求交之后得到的多边形,采用与区域绘制相同的技术实现;第 1 种情况,由于覆盖带是由成对的顶点所确定的,因此采用 GL_QUAD_STRIP 图元绘制即可。

绘制用网格和分析用网格有所区别,后面再进行分析,此处阐述网格的绘制算法。根据不同的分析要求,单个网格可以有不同的覆盖情况,如有多个卫星、多个不同分辨率覆盖了网格。因此,网格并不是以某一颜色透明绘制即可,而是根据覆盖的个数,组合使用相应颜色分块进行绘制:首先确定颜色映射表,每个颜色对应一颗卫星、一种分辨率或次数;根据网格的覆盖情况将网格分为多个小块,分别取得对应的颜色绘制这些小块;最后绘制网格的边界。

(二)网格大小根据视图动态调整

在采用网格点法进行覆盖分析时,网格越小,则分析结果越精确,相应的计算量也较大。如果绘制网格大小与分析网格大小一致,一方面计算量过大,无法实时计算;另一方面网格数量过大,也难以实时绘制。因此,绘制所采用的网格大小按像素定义,根据视图比例关系的改变实时调整网格大小,根据视图位置映射动态确定网格。

算法 9-8:绘制网格动态实时分析算法。

```
01    Algorithm RendefGridAnalysis{
02    根据当前视图映射关系和规定的网格像素数计算网格的经纬度尺寸；
03    根据算法 9-7 确定每行网格；
04    for( 每行网格 )
05    if( 网格行在垂直方向落在屏幕范围之外 )continue；
06    计算网格行与屏幕范围水平方向的交点网格；
07    遍历相交范围内的网格并进行分析；
08    位于边界的网格,需计算网格与多边形的交以进行绘制;}
```

（三）网格大小根据纬度动态调整

网格固定大小（经纬度平面）,但其实际的空间大小并不一致,当跨越纬度范围较大时,网格大小的差距较大。根据纬度动态调整网格大小的算法在前面已经讨论。

网格大小随纬度动态调整的情况：待分析区域位于南半球,在经纬度平面上,位于上方的网格最小,随着纬度升高,网格逐渐变大；待分析区域跨越赤道,赤道附近的网格最小,向上下方向网格都逐渐变大。

本书提及的两种实现方法,都从效率角度进行了优化,但由于直接利用了覆盖带,因此均无法计算网格点覆盖开始时刻、覆盖结束时刻以及平均覆盖时间等指标。

第三节   防御航天侦察综合分析与辅助决策技术初探

航天侦察手段在现代战争中发挥着越来越重要的作用,对抗双方尤其是处于相对劣势的一方,在战争中必须有效地防御航天侦察。单纯采用卫星过境预报表的形式进行防御航天侦察存在诸多不足。本节对防御航天侦察的问题进行了分析,并探讨了结合装备设备、防御手段的防御航天侦察综合分析与辅助决策方法。

一、防御航天侦察综合分析与辅助决策系统设计

（一）问题分析

采用卫星过境预报进行防御航天侦察主要存在如下不足。

1. 缺乏与装备、卫星载荷的结合,针对性弱,不实用

不同单位配属装备、设施不同,不同类型载荷甚至不同分辨率的卫星,对其是否构成威胁以及威胁的程度并不相同。如一颗 3 m 分辨率的光学成像侦察卫星,可对大型水面舰船构成有效的侦察威胁,但是并不能发现没有大型装备的小分队。笼统地提供卫星过境预报,就把本应由航天支持处理的工作,直接交给了非专业的航天信息使用者。

同一单位对不同卫星的防御等级有区别,在过境情况下,同一卫星对不同单位的侦察能力也有区别。从防御航天侦察角度,应根据单位装备情况,对过境卫星进行筛选,把对单位

真正形成侦察威胁的卫星找出来,避免使用者在大量的数据面前无所适从。

2. 缺乏与防御手段、措施的结合,指导性弱,不好用

根据卫星轨道预报,当卫星过境时进行机动规避、无线电静默等,是防御航天侦察的一种有效手段。除此之外,随着技术的不断发展,各种防御手段、措施逐步应用,都能够起到防御航天侦察的作用。但任何手段、措施都不可能对所有载荷的卫星都起作用;同时这些手段、措施也和装备相关,针对不同装备需应用不同的防御手段。

防御航天侦察系统,除预报卫星过境及其对单位、装备造成的威胁外,还应根据受到的航天侦察威胁情况,进行防御手段辅助决策,提供应采用的防御手段、措施建议,并给出不同防御手段、措施所产生的效果。

3. 表现形式尤其是图形化表现形式少,不易用

较简单系统过境预报往往采用文字、表格形式,复杂一些的系统仿照 STK 的几种简单示意性图形形式。采用这些过境表现形式,要完成防御航天侦察任务,还有大量数据挖掘和进一步分析需使用者手工完成,使用不便。

因此,有必要创新运用图形、报表等各种表现形式,支持显示不同类型、级别、能力等特征和对比分析显示,支持威胁程度、防御手段运用效果等的可视化,把数据用活,提供足够多的视图,提高易用性。

4. 过境预报模型还有改进余地,不精确

有些过境预报采用计算卫星与地平线夹角进行判断的方法,但这不符合卫星侦察实际,会导致错误扩大威胁时间范围,不够精确。

(二)解决思路

为解决上述问题,结合装备和防御手段进行防御航天侦察预报分析,将人员视为特殊的装备。防御航天侦察的任务可描述为分析出在某个时间段内覆盖单位(装备、设施、人员)位置的、载荷战技指标满足一定要求的所有卫星,并针对防御手段的运用进行辅助决策。

为完成上述任务,通过轨道预推模型确定卫星位置,根据载荷参数确定覆盖时间窗口,结合装备、载荷参数和防御手段(如坦克尺寸、成像侦察卫星分辨率)提供防御手段运用决策。

因此,需在装备、卫星、防御手段之间搭建桥梁,提出 3 个概念:①卫星的"航天侦察属性";②装备的"防御航天侦察属性";③防御手段的"防御手段属性"。

结合卫星的航天侦察属性和装备的防御航天侦察属性,对过境的卫星可进行进一步分析。如对于前述坦克,如过境卫星搭载了 1 m 分辨率的可见光成像侦察卫星,对其威胁程度为"确认";而 5 m 分辨率的过境卫星,则没有任何威胁。

如某防护迷彩的防御手段属性集合为(可见光、分辨率、3 m)、(近红外、分辨率、3 m),表示该防护迷彩对分辨率劣于 3 m 的可见光、近红外侦察,能够起到防护作用。进一步也可考虑在防御手段属性中加入识别概率等属性,但暂时定义为能防御或不能防御。

对于每个具体的防御手段,定义防御手段属性集合后,就可以根据形成威胁的卫星侦察

类型、指标和值,进行辅助决策,在多种防御手段中选择最为合适的手段。

以上定义的 3 类属性中,(卫星侦察类型,指标类型,值或值域)都存在,以此为纽带,结合卫星轨道预推、覆盖分析,进行针对装备的防御航天侦察分析,具体分析过程如下。

(1)单位由装备组成,装备(包括其防御航天侦察属性集合)存储在装备库中;防御手段及其防御属性集合构成防御航天侦察手段库;根据战训实际要求,对装备应用防御手段。

(2)匹配装备的防御侦察属性集合和卫星的侦察属性集合,根据"卫星侦察类型"字段确定所有待分析卫星。如某装备只需防御电子侦察,则导弹预警、光学成像侦察等类型的卫星不必考虑。

(3)计算出所有待分析卫星对该装备的覆盖时间窗口。

(4)根据用户需求,进行分类、分级、分能力的分析和输出,包括:卫星覆盖窗口总体情况;单位的不同类型卫星的覆盖情况,包括可见光成像侦察覆盖窗口图表、近红外成像侦察覆盖窗口图表、电子侦察覆盖窗口图表等;单个装备的不同类型卫星覆盖情况;不同类型卫星覆盖装备情况;通过匹配装备航天侦察属性和防御手段属性的相应字段,根据装备本身所运用的防御手段,输出在运用防御手段的情况下各种卫星覆盖窗口图表;使用与未使用防御手段情况下,覆盖情况的对比分析显示图表;其他辅助分析可视化手段,如卫星能力与装备映射图表等;防御手段辅助决策,根据单位或装备所受航天侦察威胁、配属或现有的防御手段,提供采用防御手段的建议。

(三)系统组成

1. 系统架构

系统应采用 B/S 或 C/S 架构,建立数据中心统一管理卫星轨道数据、装备数据和防御手段数据,根据用户权限发布数据。

服务器端建立主要航天国家航天侦察属性库,包括卫星轨道根数及其侦察属性集合;建立装备库,包括装备及其防御航天侦察属性;建立防御手段库,包括防御手段及其属性。建立分级、分类的数据管理机制,根据权限进行数据分发,如采用网络、光盘介质等分发给授权用户。

2. 客户端软件组成

客户端软件是应用的核心,需保有服务器端数据的一个子集。

1)数据层

数据层相当于在客户端本地采用文件形式管理服务器端发布的数据。如服务器端可根据软件所部署单位实际配备装备,发布相应的装备防御航天侦察属性数据到客户端,而不能也不必将单位未配备装备的属性发布;防御手段属性数据也是如此,根据单位实际发布数据。

2)管理层

管理层构造相应的数据结构,实现对应数据的加载、修改、删除等操作。防御航天侦察综合分析时针对装备部队进行,但是从用户角度看应该是针对单位开展。单位是装备、设施、人员的集合,既可以是一支部队,也可以是某个民用商用机构。单位管理类似于软件开发中的"工程",把这些基本组成组合在一起管理。例如,一支部队有 2 辆装甲车、3 辆坦克、若干人员等。

3)算法层

算法层包括软件实现所需核心算法,主要包括:卫星轨道预推快速算法;基础分析算法,包括覆盖分析、可见性分析等最基本的支撑算法,以及在此之上结合装备防御航天侦察属性、卫星航天侦察属性、防御手段属性等设计的防御航天侦察综合分析算法,其输出多为时间窗口集合;防御手段辅助决策算法,其基础是覆盖分析得到的时间窗口集合,结合时间窗口的卫星侦察属性和各种防御手段的属性,得到不同时间范围可采用的防御手段;图表生成算法,需开发相对独立的模块,在数据驱动下,实现各种图表显示方式,上述算法均需对应的图表输出。

4)应用层

应用层是在前三者之上构造的应用模块,包括:预报分析模块,即前述各种预报分析功能的实现和相应的交互界面;能力分析模块,主要结合装备属性,提供卫星的侦察能力视图;数据挖掘模块,根据大量的卫星轨道根数、姿态的历史数据进行威胁分析,如可以分析某个装备、地区受到侦察的次数等;推演模块,以三维或二维形式,直观显示某个时间点、某个视点下,装备或部队受到侦察的场景。

二、防御航天侦察可视化分析功能设计

防御航天侦察综合分析和辅助决策最终需以友好的可视化方式将分析结果呈现给使用者,下面讨论所设计的各种功能。

(一)简单覆盖分析、可见性分析功能

实现简单的覆盖分析、可见性分析功能,实现对给定地面点、线、面目标的分析功能。

(二)结合装备防御航天侦察属性的预报分析功能

结合装备的防御航天侦察属性,设计预报分析结果的可视化表现形式。

分析结果是各个时间窗口,但是考虑到装备的防御航天侦察属性之后,需要以可视化形式表现两种信息:航天侦察类型和威胁程度。航天侦察类型包括可见光、近红外、SAR 和电子侦察等;威胁程度包括发现、识别、确认、详细描述等,对于电子侦察、导弹预警等,威胁程度也可采用不同的数字等级表示,如1~10级。可运用颜色、粗细、线型、填充等来区别航天侦察类型和威胁程度。

进一步说明如下几点设计考虑。

(1)垂直方向是卫星载荷而非卫星,一颗卫星可以占据多行。

(2)每一行的分析都结合卫星载荷和装备的防御航天侦察属性进行。

(3)支持分类、分级的分析和结果表现。如单纯针对可见光、电子侦察等进行分析,得到分类输出结果;如只分析构成详细描述威胁程度的卫星,得到分级输出结果。

（4）在分类显示的时候，同时也显示分类总时间窗口和安全窗口。

（5）生成分类时间窗口时，如果有多个卫星的覆盖存在交叉，则按威胁大小进行合并。

（6）安全窗口是没有任何航天侦察威胁的时间范围。

（7）由于不同载荷的参数（如侧摆角等）并不相同，因此同一卫星在不同行的时间窗口可能并不一致。

（8）可见光、近红外的威胁分析要考虑季节、昼夜等导致的光照影响。

（三）结合防御手段的预报分析功能

采用透明且具有一定填充图案的色块表示防御手段运用的时间窗口。

（1）对于多个防御手段同时起作用的情况，如可见光侦察，选择其中一种显示。

（2）支持防御手段所遮挡的威胁窗口的显隐，以体现防御手段运用前后的对比。

（3）安全窗口变长，体现防御手段的作用。

此外，还可采用表格输出形式，具体能输出何种表格取决于文字处理工具及其二次开发API。最理想的情况是将图中每一行转换为表格的一行；最不理想的情况是将图中每个窗口转换为表格中的一行。

（四）装备的防御航天侦察辅助决策功能

装备的防御航天侦察辅助决策，根据装备航天侦察威胁分析的结果，给出运用航天侦察防御手段的建议。

1. 辅助决策结果输出

（1）辅助决策需根据配置的防御手段，结合航天侦察、装备属性确定，即针对侦察威胁来选择防御手段。

（2）辅助决策需设定一些原则，如防御手段展开和撤收次数尽可能少原则、最接近覆盖侦察窗口原则、不影响部队作战原则等，否则最简单的方法就是在所有时间范围内运用所有的防御手段，但这显然会导致资源的浪费或方案的不可行。

（3）对于每种防御手段，可根据实际给出展开和撤收时刻，作为决策的重要参数。

2. 防御手段运用方案编辑

自动计算得到的辅助决策结果，使用者不一定满意，可对方案进行修改、调整，因此需进行方案编辑。仍以相关的形式作为交互界面，支持对于防御手段窗口的创建、删除、移动、改变长度、分裂、合并等操作，交互形成不同的防御手段运用方案。

3. 决策方案的效果

对于不同的决策方案，采用相关的形式来表达决策方案的效果。

（五）单位的防御航天侦察预报分析功能

前述内容都是针对装备设计，在应用中还需考虑针对单位（多个装备、人员的组合）考虑如何表现防御航天侦察预报分析，设计了如下两种分析图。

1. 单位总体防御航天侦察预报分析图

（1）对于同一单位的不同装备,卫星的侦察窗口基本一致,选择所有装备受到的最大威胁作为整个单位受到的威胁。

（2）对于每个装备的威胁窗口,是指运用了防御手段之后计算得到的窗口,如其中最下一行,同一窗口中既有"确认",也有"发现",就是由于在相应时间开始运用了一定的防御手段导致后来威胁程度降低;有些会存在窗口,由于运用了防御手段,已经不再出现。

（3）由于单位可能存在大量装备、人员的聚集,导致侦察威胁等级上升,如单个装备的侦察等级只是"发现",但当成百上千个装备部署在同一地区时,侦察等级可能上升为"详细描述"。

2. 卫星对单位装备的侦察威胁分析图

（1）如卫星在分析时间范围内形成对部队的覆盖,则基本会对所有装备形成覆盖,但不一定对所有装备都形成侦察威胁。

（2）在该时间范围卫星可以均不形成覆盖。

（3）可同时表示运用防御航天侦察手段的情况。

（六）防御航天侦察临近预报功能

防御航天侦察临近预报更强调紧迫感和实时性,设计了如下 3 种预报方式。

1. 装备航天侦察威胁实时动态表格式预报

（1）表动态更新,根据卫星到达时刻进行排序,显示指定时间范围内将到达的卫星。

（2）表内容动态更新,随时间改变。

（3）装备的"发现""识别"等也可采用图例表示。

（4）装备行中,可表现被哪颗卫星威胁,如果被多颗卫星威胁或者同一卫星多个载荷威胁,处理方法有两种,即一个装备用多行显示或一行内同时显示多个图例。

2. 单位航天侦察威胁动态表格预报

同时表示多个卫星对单位的整体侦察威胁,不具体到装备级。

3. 态势嵌入预报

在二维或三维态势图中各单位地理位置附近,显示未来一段时间卫星的侦察威胁情况。

采用在单位附近顺序绘制航天侦察威胁图例的方法,表示单位在未来一段时间内面临的航天侦察威胁。图例的颜色属性表示航天侦察类型,宽度表示侦察威胁程度。

在二维态势和三维态势中,更有效的实时预报方法是采用伴随卫星的方法:对于场景中的卫星(以实体模型或军标表示),当其距离形成威胁还有一定时间(如 30 min)时,以特殊的颜色、图例、修饰、闪烁等方式突出显示,当形成覆盖和直接威胁时,再以另外的模式突出显示,前者称为"告警状态",后者称为"威胁状态"。不管是"告警状态"还是"威胁状态",运用的显示方式都可考虑把威胁等级、类型等表示出来,如在卫星模型旁边加前述各图中所运用的图例。

（七）基于历史数据的航天侦察威胁统计分析功能

历史数据主要指所记录的各卫星过往的轨道参数以及可能获得的卫星姿态数据（间接得到了传感器指向）。

假设一大型阵地铺设了伪装，当前可以起到较好的防御效果。但必须考虑到，在阵地建设的很长时期内，并没有伪装，可能被敌方侦察过很多次，即阵地上装备可防御航天侦察，但阵地本身却早已暴露，因此有必要基于历史数据进行信息挖掘。

1. 基于历史数据的航天侦察威胁统计分析

（1）水平轴为时间区间，不一定均匀分布，可根据待分析地的情况将时间划分为若干阶段，如阵地建设可考虑划分为地质施工、铺设水泥、搭建设备等一些阶段。

（2）垂直方向表示被侦察次数，每颗卫星的每个传感器单独一列显示，颜色表示航天侦察类型，宽度表示威胁程度。

（3）可分析出待分析地被航天侦察的次数及其简单对比，如敌方卫星有明显的高密度侦察，可直接看出。

（4）如已获得敌方姿态数据，进而确定传感器指向等参数，可得到更为精细的分析结果。

2. 基于历史数据的单颗卫星侦察统计分析

（1）水平方向采用均匀的时间轴（也可不均匀，尽量均匀），统计时间刻度之间的侦察次数。

（2）该曲线一般情况应比较平坦，易于发现高频度侦察。

上述各设计主要从表现形式角度分析了防御航天侦察综合分析与辅助决策系统应具备的功能，具体实现方面的技术与方法，后续将逐渐开展研究。

三、防御航天侦察安全窗口规划方法

毫无疑问，航天侦察对于地面目标是一个巨大的威胁，地面目标没有被航天侦察即是安全。因此，地面目标的安全窗口定义为对于给定地面目标和一组卫星，地面目标没有被任何卫星侦察威胁的时间范围。地面目标可以是单位、装备，也可仅是一个地点，而地点又可以是点目标、线目标或面目标。

（一）安全窗口计算方法

此处只讨论最基本的安全窗口计算方法，不考虑装备属性和防御手段属性，只要卫星对目标形成覆盖或可见关系，即认为存在威胁。

可计算出卫星的覆盖或可见性时间窗口，将所有卫星的时间窗口合并得到总的时间窗口，多个卫星时间窗口的合并算法见算法9-5。整个时间范围减去总时间窗口，即为安全窗口。

根据总时间窗口集合，计算安全窗口集合的算法非常简单：按顺序遍历总时间窗口集合，前一时间窗口的结束时刻和后一时间窗口的开始时刻，即构成1个安全窗口。例外是第

1个安全窗口和最后1个安全窗口,第1个安全窗口的开始时刻为待分析时间范围的开始时刻,最后1个安全窗口的结束时刻为待分析时间范围的结束时刻。

(二)安全窗口规划方法

首先对本书中安全窗口规划的任务加以界定:为获得给定时长的安全窗口,在给定防御卫星个数的前提下,确定防御航天侦察的目标卫星。

为完成安全窗口规划任务,可考虑各种任务规划算法,如贪婪算法、遗传算法、模拟退火算法等,但为便于用户选择,本书采用穷举法计算出所有的可能。算法时间复杂度高,当卫星数量很多时,显然不可行。但实际上防御航天侦察有其特殊性,需要防御的卫星实际上非常有限,不需像一般算法那样考虑问题规模极大的情况。

安全窗口规划算法的输入包括:①规划的开始和结束时刻;②进行规划的卫星(轨道根数);③待防御的卫星个数;④地面目标的经纬度;⑤需要的安全窗口时长。算法输出为所有满足安全窗口时长要求的卫星组合及其安全窗口。

该算法分为3个步骤:①根据起止时刻、卫星轨道根数和地面目标经纬度,计算每个卫星的侦察时间窗口;②根据防御卫星个数,求出所有的卫星组合;③对于每种卫星组合,计算安全窗口,如果有满足长度要求的安全窗口,则该组合为算法的可行解。

思考题

1. 列举时间窗口分析方法。
2. 简述时间窗口的表现方法。
3. 简要分析区域覆盖分析情况的二维可视化方法。
4. 简述装备的防御航天侦察辅助决策功能。
5. 安全窗口规划算法的输入包括哪些?

参 考 文 献

[1] 李得天,张天平,张伟文,等.空间电推进测试与评价技术 [M].北京：北京理工大学出版社,2018.

[2] 顾国荣,杨石飞,苏辉.地下空间评估与勘测 [M].上海：同济大学出版社,2018.

[3] 王耀兵.空间机器人 [M].北京：北京理工大学出版社,2018.

[4] 雷敏,李小勇,李祺,等.网络空间安全导论 [M].北京：北京邮电大学出版社,2018.

[5] 倪丽萍,蒋欣,郭亨波.城市地下空间信息基础平台建设与管理 [M].上海：同济大学出版社,2018.

[6] 田劲松,薛华柱.GIS 空间分析理论与实践 [M].北京：中国原子能出版社,2018.

[7] 贺三维.地理信息系统城市空间分析应用教程 [M].武汉：武汉大学出版社,2019.

[8] 石拓.犯罪空间分析模式与方法 [M].北京：中国社会出版社,2020.

[9] 王劲峰,廖一兰,刘鑫.空间数据分析教程 [M].北京：科学出版社,2010.

[10] 苏世亮,李霖,翁敏.空间数据分析 [M].北京：科学出版社,2019.

[11] 刘耀彬.门槛模型与空间回归案例分析 [M].北京：科学出版社,2019.

[12] 朱莉莉,王广欣.空间曲线梁的力学分析与研究 [M].北京：北京理工大学出版社,2020.

[13] 王新波,崔万照,张洪太,等.空间微波部件多载波微放电分析 [M].北京：北京理工大学出版社,2020.

[14] 史舟,周越.空间分析理论与实践 [M].北京：科学出版社,2020.

[15] 刘佳.中国旅游经济增长质量及其空间分析 [M].北京：经济科学出版社,2020.

[16] 郑彩侠,吕英华,孔俊.多空间域场景识别与分析 [M].北京：科学出版社,2020.

[17] 张国彪.中国 CHN 空间规划的基础分析与转型逻辑 [M].北京：中国建筑工业出版社,2020.

[18] 张景瑞,杨科莹,李林澄.空间碎片研究导论 [M].北京：北京理工大学出版社,2021.

[19] 李建华.信息内容安全管理及应用 [M].北京：机械工业出版社,2021.

[20] 吕琛,马剑,刘红梅,等.基于认知计算与几何空间变换的故障诊断与预测 [M].北京：国防工业出版社,2021.

[21] 李英冰,张岩.应急大数据的空间分析与多因素关联挖掘 [M].武汉：武汉大学出版社，
2021.

[22] 田大可,刘荣强,金路.模块化空间可展开天线支撑机构设计方法与试验研究 [M].徐
州：中国矿业大学出版社,2021.